Verschleiß und Härte von Werkstoffen

Karl-Heinz Habig

Verschleiß und Härte von Werkstoffen

Carl Hanser Verlag München Wien 1980

Dr.-Ing. Karl-Heinz Habig, Laboratorium für Verschleißschutz, Tribometrie und Tribophysik der Bundesanstalt für Materialprüfung (BAM)

Die Abbildungen Seite 89 (DIN-Norm 50 320), Seite 55 (DIN-Norm 50 321) und der Seiten 254 bis 258 (DIN-Norm 50 150) wurden mit der Erlaubnis des DIN Deutschen Institut für Normung e.V. wiedergegeben. Maßgebend für das Anwenden der Norm ist deren Fassung mit dem neuesten Ausgabedatum, die bei der Beuth Verlag GmbH, Burggrafenstraße 4-10, 1000 Berlin 30 erhältlich ist.

CIP-Kurztitelaufnahme der Deutschen Bibliothek:

Habig, Karl-Heinz:
Verschleiß und Härte von Werkstoffen/
Karl-Heinz Habig. — München, Wien: Hanser, 1980.
ISBN 3-446-12965-0

Dieses Werk ist urheberrechtlich geschützt. Alle Rechte, auch die der Übersetzung, des Nachdrucks und der Vervielfältigung des Buches oder Teile daraus vorbehalten.
Kein Teil des Werkes darf ohne schriftliche Genehmigung des Verlages in irgendeiner Form (Fotokopie, Mikrofilm oder ein anderes Verfahren), auch nicht für Zwecke der Unterrichtsgestaltung, reproduziert oder unter Verwendung elektronischer Systeme verarbeitet, vervielfältigt oder verbreitet werden.

© Carl Hanser Verlag, München Wien 1980
Satz: SatzStudio Pfeifer, Germering
Druck: Druckerei Georg Wagner, Nördlingen
Printed in Germany

Vorwort

Welcher Zusammenhang besteht zwischen dem Verschleiß und der Härte von Werkstoffen? Diese Frage stellte sich mir erstmals vor etwa zehn Jahren, als ich mit Verschleißuntersuchungen an Werkstoffen hoher Härte begann. Es zeigte sich bald, daß sie nicht einfach und allgemeingültig beantwortet werden kann. Daß die Antwort den Inhalt eines Buches füllen könnte, war zunächst jedoch nicht abzusehen. Je mehr ich mich aber mit der eingangs gestellten Frage auseinandersetzte, desto klarer erkannte ich, daß sie sich nur von den Grundlagen her beantworten läßt. Daher werden in diesem Buch zuerst die Grundlagen des Verschleißes und dann der Härte und darauf aufbauend der Zusammenhang zwischen dem Verschleiß und der Härte von Werkstoffen behandelt.

Nach der Einführung ist das zweite Kapitel dem Verschleiß gewidmet. In ihm sind die für den Verschleiß wichtigen Einflußgrößen zusammengestellt und mit der Methodik der Systemanalyse übersichtlich geordnet. Eingehend werden die mechanischen und physikalisch-chemischen Ursachen des Verschleißes dargestellt. Hierbei kommt der Adhäsion, der Tribooxidation, der Abrasion und der Oberflächenzerrüttung als den wichtigsten Verschleißmechanismen eine besondere Bedeutung zu. Das Kapitel über den Verschleiß von Werkstoffen enthält weiterhin die gebräuchlichsten Methoden der Verschleißprüfung in Betrieb und Labor. In diesem Zusammenhang werden auch die Möglichkeiten und Grenzen der Simulation von Verschleißfällen der Praxis mit Hilfe von Modell-Verschleißprüfungen diskutiert.

Das Verschleißkapitel soll Ingenieuren, Physikern und Chemikern bei der Bearbeitung von Verschleißproblemen helfen. Hierzu dient in besonderem Maße eine am Ende des Kapitels wiedergegebene Checkliste nach DIN 50 320, in der die für den Verschleiß wichtigen und daher zu beachtenden Einflußgrößen aufgeführt und erörtert werden. Dem Studenten, dem nicht an allen Hochschulen ein ausreichendes Lehrangebot über den Verschleiß von Werkstoffen, Bauteilen und Konstruktionen zur Verfügung steht, kann dieses Kapitel als eine Einführung dienen. Schließlich kann es dem Praktiker, der die Lösung von speziellen Verschleißproblemen beherrscht, allgemeingültigere Zusammenhänge aufzeigen.

Das dritte Kapitel über die Härte erwies sich als notwendig, weil die Härte keine eindeutig definierte Größe ist. Der allgemeinen Definition, nach welcher die Härte den Widerstand eines Körpers gegenüber dem Eindringen eines anderen ausmacht, fehlt der Hinweis, ob das Eindringen mit einer elastischen, viskoelastischen oder plastischen Verformung verbunden ist. Im Hinblick auf die zentrale Frage dieses Buches über den Zusammenhang zwischen dem Verschleiß und der Härte von Werkstoffen war eine Einschränkung des Härtebegriffes erforderlich. Da die meisten Verschleißprozesse mit plastischen Verformungen verbunden sind, wird die Härte hier als der Widerstand eines Werkstoffes gegenüber einer plastischen Verformung seiner Oberflächenbereiche bezeichnet, die durch das Eindringen eines Prüfkörpers hervorgerufen wird. Die so definierte Härte kann bekanntlich mit den Verfahren nach Brinell, Vickers, Knoop und Rockwell ermittelt werden. Da diese Härteprüfverfahren vor allem zur Bestimmung der Härte von metallischen Werkstoffen benutzt werden, wird diese Werkstoffgruppe ausführlich behandelt. Dies ist auch deshalb angebracht, weil die meisten Ergebnisse über die Abhängigkeit des Verschleißes von der Härte an metallischen Werkstoffen gewonnen wurden. Im Hinblick auf den zunehmenden Einsatz von keramischen und polymeren Werkstoffen wird aber auch auf die Härte dieser Werkstoffgruppen eingegangen.

Ein gesonderter Abschnitt ist den Beziehungen zwischen der Härte und den anderen Werkstoffeigenschaften gewidmet, zu denen die mechanisch-technologischen, die gefügemäßigen, die physikalischen und die chemischen Eigenschaften gezählt werden können. Da die Härte wesentlich durch eine Veränderung der Gefügeeigenschaften beeinflußt werden kann, werden die Ursachen der Härte und die Möglichkeiten der Härtesteigerung in diesem Abschnitt erläutert.

Das Kapitel über die Härte wendet sich in erster Linie an Ingenieure und Naturwissenschaftler, für die die Werkstoffkunde nur ein Randgebiet darstellt. Der Werkstofffachmann kann sich beim Lesen des 3. Kapitels auf die Abschnitte 3.3 und 3.4 beschränken und sich anschließend dem 4. Kapitel zuwenden.

Im vierten Kapitel wird die Kernfrage dieses Buches untersucht, inwieweit nämlich ein Zusammenhang zwischen dem Verschleiß und der Härte von Werkstoffen besteht. Dabei wird im einzelnen der Frage nachgegangen, ob die Härte eine Aussage über eine Grenze der Beanspruchung ermöglicht. Mit zahlreichen Untersuchungsergebnissen wird ausführlich dargelegt, wie der Widerstand von Werkstoffen gegenüber dem Wirken der verschiedenen Verschleißmechanismen von der Härte der am Verschleiß beteiligten stofflichen Elemente abhängt. Da die Verschleißmechanismen in der Praxis nur selten allein, sondern meistens überlagert auftreten, wird anhand von ausgewählten tribotechnischen Bauteilen und Systemen gezeigt, welche Konstellation von Verschleißmechanismen für den Verschleiß dieser Bauteile bzw. Systeme verantwortlich ist und welche Werkstoffe oder Werkstoffhärten in den speziellen Fällen erforderlich sind.

Den Abschluß des Buches bildet ein Anhang mit Tabellen, in denen die Härtewerte der wichtigsten tribotechnischen Werkstoffe zusammengestellt sind. In weiteren Tabellen sind Werkstoffpaarungen mit einem großen Widerstand gegenüber der Adhäsion aufgeführt, weil vor allem für den adhäsiven Verschleiß und für das adhäsiv bedingte „Fressen" die Härte der Verschleißpartner oft nur eine untergeordnete Rolle spielt und hier somit die Härte kein Kriterium für die Werkstoffauswahl bietet.

Die Klärung der Frage, wo ein Zusammenhang zwischen dem Verschleiß von Werkstoffen und ihrer Härte besteht und wo andere Werkstoffeigenschaften dominieren, dient nämlich letzten Endes dem Ziel, die Auswahl von Werkstoffen oder Werkstoffpaarungen für die Lösung von Verschleißfällen mit Hilfe von werkstofftechnischen Maßnahmen zu erleichtern, um dadurch die Gefahr eines unzulässig hohen Verschleißes oder eines Versagens zu verringern.

Bei der Arbeit an diesem Buch hat mich eine Reihe von Kollegen und Mitarbeitern unterstützt, denen ich vielmals danken möchte. Mein besonderer Dank gilt allen Mitarbeitern des Laboratoriums für Verschleißschutz, Tribometrie und Tribophysik der

Bundesanstalt für Materialprüfung (BAM), und zwar den Herren Ing. W. Evers, Ing. M. Gienau, Ing. grad. N. Kelling, Ing. grad. W. Schrag und Ing. grad. J. Schwenzien sowie Frau S. Binkowski, Frau R. Pahl und Frau R. Rambow. Die graphischen Darstellungen wurden von Frau G. Blamberg, Frau G. Gabriel und Frau I. Walther gezeichnet und die Tabellen von Frau M. Awe geschrieben. Für die kritische Durchsicht des gesamten Manuskriptes möchte ich Herrn Prof. Dr. H. Czichos, Herrn Prof. Dr. K. Kirschke und Herrn Dipl.-Ing. P. Feinle herzlich danken. Herrn Dr. J. Ziebs danke ich sehr für das sorgfältige Durchlesen des 3. Kapitels über die Härte von Werkstoffen. Die von der Bundesanstalt für Materialprüfung (BAM), Fachgruppe ,,Rheologie und Tribologie", seit 1967 jährlich herausgegebene Dokumentation ,,Tribologie – Verschleiß, Reibung und Schmierung" hat das Schreiben des Buches sehr erleichtert.

Ganz besonders möchte ich meiner Frau Elke und meinen Kindern Ingo und Ellen dafür danken, daß ich ungezählte Stunden in Ruhe an diesem Buch arbeiten konnte.

Berlin, den 15. Juni 1979
Karl-Heinz Habig

Inhalt

1 Einführung 11

2 Verschleiß von Werkstoffen 16
   2.1 Grundlagen des Verschleißes 16
      2.1.1 Systemanalyse des Verschleißes 18
      2.1.2 Funktion von Tribosystemen 20
      2.1.3 Beanspruchungskollektiv und Werkstoffanstrengung ... 21
      2.1.4 Die am Verschleiß beteiligten stofflichen Elemente .. 32
      2.1.5 Übersicht über die für den Verschleiß wichtigen Eigenschaften der Elemente 33
      2.1.6 Die Verschleißmechanismen 35
          2.1.6.1 Adhäsion 37
          2.1.6.2 Tribooxidation 40
          2.1.6.3 Abrasion 41
          2.1.6.4 Oberflächenzerrüttung 44
          2.1.6.5 Tribosublimation, Diffusion 44
          2.1.6.6 Überlagerung der Verschleißmechanismen 46
      2.1.7 Ordnung des Verschleißgebietes nach Verschleißarten und Verschleißmechanismen 47
   2.2 Verschleißprüfung 47
      2.2.1 Besonderheiten der Verschleißprüfung 47
      2.2.2 Verschleiß-Meßgrößen 49
      2.2.3 Verschleiß-Meßmethoden 54
      2.2.4 Betriebliche Verschleißprüfung 59
      2.2.5 Modell-Verschleißprüfung 62
      2.2.6 Bauteil-Verschleißprüfung 84
      2.2.7 Vergleich der verschiedenen Verschleißprüfmethoden .. 84
   2.3 Verschleiß in Abhängigkeit vom Reibungs- bzw. Schmierungszustand 86
   2.4. Checkliste zur Bearbeitung von Verschleißfällen 88

3 Härte von Werkstoffen 92
   3.1 Definitionen der Härte 93
   3.2 Härteprüfverfahren
      3.2.1 Härteprüfung durch einen statisch belasteten Eindringkörper 94

Inhalt 9

    3.2.2 Härteprüfung durch Tangentialbewegung eines belasteten
           Eindringkörpers 99
    3.2.3 Härteprüfung durch eine impulsartige Beanspruchung............ 101
    3.2.4 Vergleich der mit den verschiedenen Prüfverfahren bestimmbaren
           Härtewerte 102
3.3 Festlegung auf eine eingeschränkte Härtedefinition 106
3.4 Für die Brinell-, Vickers-, Knoop- und Rockwell-Härte wichtige
    Einflußgrößen 107
    3.4.1 Härte in Abhängigkeit von den Beanspruchungsgrößen........ 107
    3.4.2 Härte in Abhängigkeit von der Struktur des Prüfsystems...... 111
    3.4.3 Durch die Härteprüfung hervorgerufene Werkstoffanstrengung.. 117
3.5 Beziehungen zwischen der Härte und anderen Werkstoffeigenschaften 119
    3.5.1 Härte und andere mechanisch-technologische Eigenschaften 121
    3.5.2 Härte und Gefügeeigenschaften 128
    3.5.3 Härte und physikalische Eigenschaften 130
    3.5.4 Härte und chemische Eigenschaften 131

4 Zusammenhang zwischen dem Verschleiß und der Härte von Werkstoffen 132

    4.1 Ähnlichkeiten und Unterschiede der Beanspruchung bei Härteprüfung
        und Verschleiß 133
    4.2 Härteänderungen durch tribologische Beanspruchungen und ihre
        Auswirkungen auf den Verschleiß 134
    4.3 Zur Frage einer zulässigen Werkstoffanstrengung in Abhängigkeit von
        der Härte der beanspruchten Werkstoffe 139
    4.4 Das Wirken der Verschleißmechanismen in Abhängigkeit von der
        Härte der am Verschleiß beteiligten stofflichen Elemente 141
        4.4.1 Adhäsion und Härte 142
                4.4.1.1 Zur Größe der wahren Kontaktfläche 142
                4.4.1.2 Adhäsive Bindungskräfte 143
                4.4.1.3 Adhäsionskoeffizient 144
                4.4.1.4 Adhäsiver Verschleiß 151
                4.4.1.5 Adhäsiv bedingtes Fressen 157
                4.4.1.6 Maßnahmen zur Einschränkung der Adhäsion 159
        4.4.2 Tribooxidation und Härte 160
                4.4.2.1 Zum thermodynamischen Gleichgewicht der Tribooxidation . 160
                4.4.2.2 Zur Geschwindigkeit der Tribooxidation 162
                4.4.2.3 Tribochemischer Verschleiß 164
                4.4.2.4 Maßnahmen zur Einschränkung der Tribooxidation 166
        4.4.3 Abrasion und Härte 166
                4.4.3.1 Furchungsverschleiß 167
                4.4.3.2 Spülverschleiß 187

        4.4.3.3 Mahlverschleiß 189
        4.4.3.4 Kerbverschleiß 194
        4.4.3.5 Strahlverschleiß 196
        4.4.3.6 Maßnahmen zur Einschränkung der Abrasion 201
   4.4.4 Oberflächenzerrüttung und Härte 203
        4.4.4.1 Wälzverschleiß 203
        4.4.4.2 Stoßverschleiß 208
        4.4.4.3 Gleitverschleiß 212
        4.4.4.4 Kavitation und Tropfenschlag 213
        4.4.4.5 Maßnahmen zur Einschränkung der Oberflächenzerrüttung . . . 215
4.5 Verschleiß von ausgewählten Bauteilen in Abhängigkeit von der
    Härte der verwendeten Werkstoffe 215
   4.5.1 Gleitlager 217
   4.5.2 Wälzlager 227
   4.5.3 Zahnradgetriebe 228
   4.5.4 Passungen 231
   4.5.5 Nocken und Stößel 234
   4.5.6 Rad und Schiene 236
   4.5.7 Reibungsbremsen 238
   4.5.8 Elektrische Schaltkontakte 243
   4.5.9 Werkzeuge der Zerspanungstechnik 245
   4.5.10 Werkzeuge der Umformtechnik 249
   4.5.11 Bauteile, die durch mineralische Stoffe tribologisch beansprucht
           werden 252

Anhang

A Umwertungstabelle für Vickershärte, Brinellhärte, Rockwellhärte und
    Zugfestigkeit nach DIN 50 150 254

B Härtewerte von Werkstoffen und von Verschleiß-Schutzschichten 259

C Härtewerte von mineralischen Stoffen 268

D Werkstoffpaarungen mit hohem Widerstand gegenüber der Adhäsion 272

   Schrifttum 277
   Autorenregister 292
   Sachregister 297

1 Einführung

Soll eine Maschine oder Anlage technisch und wirtschaftlich optimal funktionieren, so müssen schon der Konstrukteur und der Hersteller an die möglichen Schäden denken, welche die Betriebssicherheit gefährden. Bei Baukonstruktionen und Maschinen mit beweglichen Bauteilen können Volumenbeanspruchungen in Form von mechanischen Spannungen zum Bruch oder zu unzulässig großen Verformungen führen, während mechanische oder chemische Oberflächenbeanspruchungen für Verschleiß bzw. Korrosion verantwortlich sind (Bild 1.1).

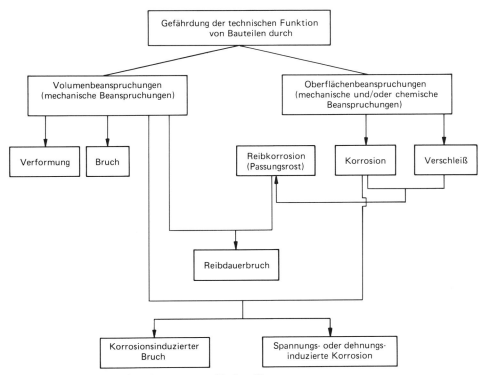

Bild 1.1 Die wichtigsten Schadensarten von Werkstoffen

12 *Einführung*

Nicht selten überlagern sich verschiedene Beanspruchungen, so daß mehrere Schadensarten gleichzeitig oder nacheinander in Erscheinung treten. Vermindern sich z. B. durch Korrosion die lasttragenden Abmessungen eines Bauteiles, so können als Folge der damit verbundenen Spannungserhöhungen Bruchvorgänge ausgelöst werden. Andererseits können mechanische Spannungen und Dehnungen häufig Korrosionsprozesse beschleunigen.

Bei oszillierenden Relativbewegungen sich berührender Bauteile wirken Verschleiß und Korrosion zusammen. Diese Vorgänge sind unter den Begriffen Reibkorrosion oder Passungsrost bekannt und in der Praxis sehr gefürchtet, weil sie oft die Primärursache von Reibdauerbrüchen darstellen.

In diesem Buch können und sollen aber nicht alle Schadensarten behandelt werden, sondern hauptsächlich der Verschleiß und in gewissem Umfang auch die Reibkorrosion. —

Das Verschleißgebiet gilt als ein Teilgebiet der Tribologie, die im Englischen folgendermaßen definiert ist:

„The science and technology of interacting surfaces in relative motion and of the practices related thereto"

Der Begriff „Tribologie" wurde 1966 vom britischen Erziehungsministerium in dem Bericht „Lubrication (Tribology)" erstmalig benutzt; inzwischen hat er sich überraschend schnell weltweit durchgesetzt. Neben dem Verschleiß stellen Reibung und Schmierung weitere Hauptteilgebiete der Tribologie dar (Bild 1.2). Daß auch Bearbeitungs- und Zerkleinerungsprozesse oder die im Labormaßstab mögliche Herstellung von Stoffen durch tribochemische Reaktionen der Tribologie zugeordnet werden, sei nur am Rande erwähnt.

Verschleiß und Reibung können durch Schmierung vermindert werden. Während eine Einschränkung des Verschleißes eigentlich immer erstrebenswert sein sollte, ist eine niedrige Reibung häufig nicht erwünscht oder zulässig. Man denke z. B. an Reibungsbremsen oder kraftschlüssige Kupplungen, die keineswegs geschmiert werden dürfen. Es muß dann meistens ein bestimmter Verschleiß zugelassen werden, der durch geeignete konstruktive und werkstofftechnische Maßnahmen in Grenzen gehalten werden kann.

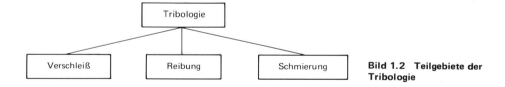

Bild 1.2 Teilgebiete der Tribologie

Fragt man nach den Eigenschaften, die ein Werkstoff mit einem hohen Verschleißwiderstand besitzen soll, so wird eine hohe Härte meistens an erster Stelle genannt. Viele verschleißbeanspruchte Bauteile und vor allem Werkzeuge werden in der Tat aus harten Werkstoffen gefertigt. Für Schleifwerkzeuge wird sogar der härteste aller Stoffe, der Diamant, verwendet. Nicht nur aus wirtschaftlichen, sondern auch aus technischen Gründen wird aber eine große Anzahl von Bauteilen aus relativ weichen Werkstoffen hergestellt; hierfür bilden die Gleitlager ein Beispiel.

Auch in der Werkzeugtechnik, in der besonders harte Werkstoffe Verwendung finden, ist der Diamant keineswegs unter allen Bedingungen den anderen Werkstoffen überlegen.

Dies gilt besonders für das Schleifen von Stählen. Um diese Tatsache zu belegen, ist in Bild 1.3 das Verschleiß-Durchsatz-Verhältnis, welches ein Maß für den Verschleißbetrag darstellt, für drei Schleifstoffe über ihrer Härte aufgetragen. Korund mit der niedrigsten Härte weist zwar den größten Verschleiß auf; das nächst härtere kubische Bornitrid hat aber einen deutlich niedrigeren Verschleiß als Diamant. Was ist der Grund für diese, auf den ersten Blick unerwartete Beobachtung? Bekanntlich ist in Stählen Kohlenstoff enthalten, dessen Konzentration sich durch ein Aufkohlen erhöhen läßt. Beim Schleifen können örtlich so hohe Temperaturen erreicht werden, daß der Kohlenstoff des Diamanten ähnlich wie bei der Aufkohlung in die Oberflächenbereiche des Stahles eindiffundiert. Dadurch erleidet der Diamant einen merklichen Massenverlust, der sich als Verschleiß bemerkbar macht. Bornitrid ist dagegen nicht in Stahl löslich, so daß Diffusionsprozesse nicht zum Verschleiß führen können.

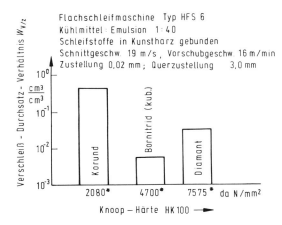

Bild 1.3 Verschleiß von Schleifstoffen beim Schleifen des Schnellarbeitsstahles S 12-1-4-5 nach Meyer (1971)

Die Eindiffusion von Atomen des bearbeiteten Werkstückes in das Werkzeug ist als eine stoffliche Wechselwirkung zwischen den Verschleißpartnern anzusehen. Stoffliche Wechselwirkungen sind an vielen Verschleißvorgängen beteiligt, wobei aber weniger die Diffusion als vielmehr die Adhäsion und die Tribooxidation als zwei der vier Hauptverschleißmechanismen von großer Bedeutung sind. Dazu kommen als zwei weitere wesentliche Verschleißmechanismen die Abrasion und die Oberflächenzerrüttung, die als Folge von kräfte- bzw. spannungsmäßigen Wechselwirkungen zwischen den Verschleißpartnern wirksam werden können. Mit diesen vier Verschleißmechanismen lassen sich die meisten Verschleißvorgänge beschreiben, wie es erstmalig Burwell (1957/58) erkannte.

Der eingehenden Beschreibung der Verschleißmechanismen, die letztlich für den Verschleiß verantwortlich sind, ist daher ein großer Teil des anschließenden Kapitels gewidmet. Dabei wird eine Übersicht über alle wichtigen Einflußgrößen gegeben, zu denen die Eigenschaften aller am Verschleiß beteiligten stofflichen Elemente und die Beanspruchungsbedingungen gehören. Ferner werden dort die gebräuchlichen Methoden der Verschleißprüfung vorgestellt. Eine zum Schluß des 2. Kapitels wiedergegebene Checkliste soll schließlich die Bearbeitung von Verschleißproblemen erleichtern.

14   *Einführung*

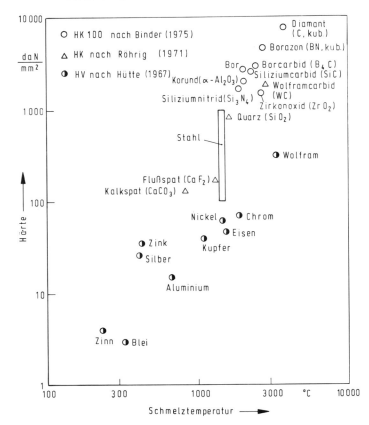

Bild 1.4 Härte und Schmelztemperatur von Werkstoffen

Da durch Verschleiß die Oberflächenbereiche von Werkstoffen geschädigt werden, erhebt sich die Frage, mit welchen Kenngrößen die Eigenschaften von Werkstoffoberflächen charakterisiert werden können. Hier ist ohne Zweifel die Härte als mechanisch-technologische Kenngröße an erster Stelle zu nennen. Geht man von der — allerdings sehr vereinfachten — Vorstellung aus, daß zur Abtrennung von Verschleißpartikeln die Bindung von Atomen zerstört werden muß, so wird die Härte deshalb als wichtig angesehen, weil sie für eine Reihe von Werkstoffen mit der Bindungsenergie verknüpft ist. Da die Bindungsenergie im allgemeinen nur mit größerem Aufwand zu messen ist, wird vorgeschlagen, die Schmelztemperatur als ein Maß für die Bindungsenergie zu benutzen (Vijh, 1975). So erkennt man aus Bild 1.4, daß Härte und Schmelztemperatur tendenziell gleichsinnig ansteigen, wobei aber recht erhebliche Streuungen zu verzeichnen sind. Insbesondere fällt der große Härtebereich von Stahl auf. Diese Tatsache weist darauf hin, daß für die Härte noch andere Eigenschaften als die Bindungsenergie von Bedeutung sein müssen. Dies sind die Gefügeeigenschaften, welche nach einer Definition von Hornbogen (1970) durch die nicht im thermodynamischen Gleichgewicht stehenden Fehler des atomaren Kristallgitters von Werkstoffen charakterisiert werden. Dabei kann ein bestimmter Härtewert durch ganz unterschiedliche Gefügezusammensetzungen erzielt werden. Wenn im 4. Kapitel dieses Buches untersucht wird, welchen Einfluß die Härte von Werkstoffen auf ihr Verschleißverhalten hat, so wird gezeigt, daß der Verschleiß von Werkstoffen erheblich von der Art des Gefügeaufbaus abhängt, durch den die Härte hervorgerufen wird. Mit anderen Worten ausgedrückt, können gleiche Härtewerte, die auf einem unterschiedlichen Gefügeaufbau beruhen, einen unterschiedlich hohen Verschleiß zur Folge haben.

Die vorangehenden Ausführungen machen es verständlich, daß die Härte in einem besonderen Kapitel zu behandeln ist, in dem zunächst die verschiedenen Härtedefinitionen wiedergegeben werden, bevor nach der Beschreibung der gebräuchlichen Härteprüfverfahren die Härte im Hinblick auf die Zielsetzung dieses Buches etwas eingeengt als der Widerstand eines Werkstoffes gegenüber der plastischen Verformung seiner Oberflächenbereiche durch einen Eindringkörper bezeichnet wird. Die so definierte Härte kann bekanntlich mit den Verfahren nach Brinell, Vickers, Knoop oder Rockwell bestimmt werden. Wie die mit diesen Verfahren meßbaren Härtewerte von den Prüfbedingungen abhängen, wird in einem gesonderten Abschnitt ausgeführt. Schließlich werden die Möglichkeiten der Beeinflussung der Härte von Werkstoffen und die Beziehungen zwischen der Härte und anderen Werkstoffeigenschaften abgehandelt.

Darauf folgt das 4. Kapitel, das zur Beantwortung der zentralen Fragestellung dieses Buches dient, inwieweit nämlich ein Zusammenhang zwischen dem Verschleiß und der Härte von Werkstoffen besteht. Dabei ist zuerst zu prüfen, ob die Härte eine Aussage über gewisse Grenzen der Beanspruchbarkeit von Werkstoffen ermöglicht. Danach wird ausführlich dargelegt, wie das Wirken der oben genannten Verschleißmechanismen, die den Verschleiß verursachen, von der Härte aller am Verschleiß beteiligten Stoffe abhängt. Weil in der Praxis die einzelnen Verschleißmechanismen in der Regel nicht getrennt, sondern im allgemeinen überlagert oder sich gegenseitig ablösend auftreten, wird anhand von ausgewählten tribotechnischen Systemen gezeigt, welche Verschleißmechanismen in diesen Systemen zu erwarten sind und welche Werkstoffe bzw. Werkstoffhärten zur Vermeidung eines unzulässig hohen Verschleißes gebräuchlich sind. Diese Ergebnisse geben klar zu erkennen, welche Verschleißmechanismen besonders von der Härte abhängen und wo in der Praxis Werkstoffe hoher Härte eingesetzt werden. In diesen Fällen läßt sich mit Härteprüfungen, die viel einfacher und preiswerter als Verschleißprüfungen durchgeführt werden können, aus den Härtewerten der Verschleißwiderstand abschätzen.

Für einige Verschleißmechanismen und für eine nicht geringe Anzahl von verschleißbeanspruchten Bauteilen sagt die Härte dagegen kaum etwas über den Verschleiß aus. Dies gilt insbesondere für den Verschleiß von polymeren Werkstoffen, deren mechanisch-technologische Eigenschaften zudem kaum durch Härtemessungen charakterisiert werden. Soweit hier bekannt ist, welche anderen Eigenschaften das Verschleißverhalten bestimmen, werden diese genannt. Speziell für die Bauteile, für deren Fertigung die Werkstoffhärte keine oder nur eine untergeordnete Rolle spielt, wird eine besonders ausführliche Auflistung der verwendbaren Werkstoffe gegeben. Da ferner die Adhäsion, die für das ,,Fressen" von Werkstoffpaarungen verantwortlich ist, nicht aus den Härtewerten der Verschleißpartner abgeleitet werden kann, sind im Anhang Werkstoffpaarungen mit einer geringen Neigung zur Adhäsion tabellarisch zusammengestellt. Mit zusätzlichen Härteangaben über die wichtigsten Werkstoffe und Verschleiß-Schutzschichten erhalten Hersteller und Konstrukteure Unterlagen, mit denen sie geeignete Werkstoffe für die Lösung der unterschiedlichsten Verschleißprobleme auswählen können.

2 Verschleiß von Werkstoffen

In diesem Kapitel werden zu Beginn verschiedene Verschleißdefinitionen vorgestellt, die den Verschleiß mehr oder weniger gut charakterisieren und von anderen Schadensarten abgrenzen. Anschließend wird gezeigt, daß es sich beim Verschleiß nicht wie bei der Zug- oder Druckfestigkeit um eine annähernd konstante Werkstoffeigenschaft handelt. Der Verschleiß ist vielmehr als eine Systemeigenschaft anzusehen, die durch das Zusammenwirken aller am Verschleiß beteiligten Bauteile und Stoffe unter einem variablen Beanspruchungskollektiv bedingt ist. Nach einem Überblick über die vielfältigen Funktionen, die verschleißbeanspruchte Bauteile wie z. B. Räder, Schienen, Lager, Getriebe, Bremsen, Kupplungen, elektrische Kontakte, Werkzeuge u. a. zu erfüllen haben, werden die für den Verschleiß wichtigen Einflußgrößen eingehend behandelt. Hierzu gehören die Größen des Beanspruchungskollektivs, die Werkstoffanstrengung, die verschleißenden Bauteile und die Verschleißpartner mit ihren Eigenschaften und Wechselwirkungen, welche vor allem durch die Verschleißmechanismen gekennzeichnet werden können. Es folgt eine Ordnung des Verschleißgebietes nach Verschleißarten und Verschleißmechanismen.

Ein besonderer Abschnitt beschäftigt sich mit der Verschleißprüfung einschließlich der gebräuchlichen Verschleiß-Meßgrößen und der Methoden zu ihrer Messung. Dabei werden die Möglichkeiten der Verschleißprüfung in Betrieb und Labor und somit auch Fragen und Probleme der Simulation von Verschleißvorgängen der Praxis mit Hilfe von Modell-Verschleißprüfungen angesprochen.

Wenn auch die Schmierung als die wichtigste Maßnahme zur Verminderung des Verschleißes nicht Gegenstand dieses Buches ist, so erschien es doch angebracht, die Abhängigkeit des Verschleißes vom Reibungs- bzw. Schmierungszustand kurz zu erläutern. Den Schluß dieses Kapitels bildet eine Checkliste nach DIN 50 320, mit der die für den Verschleiß wichtigen Größen erfaßt werden.

2.1 Grundlagen des Verschleißes

In der Vornorm DIN 50 320 von 1953, die unter der Federführung von H. Wahl (1957/58) verabschiedet wurde, erarbeitete man für den Verschleiß die folgende Definition:
„Unter Verschleiß im Sinne der Technik wird die unerwünschte Veränderung der Oberfläche von Gebrauchsgegenständen durch Lostrennen kleiner Teilchen infolge mechanischer Ursachen verstanden"
Das Eigenschaftswort „unerwünscht" sollte eine Abgrenzung des Verschleißes von Bearbeitungsprozessen ermöglichen. Dennoch empfanden viele die Verwendung dieses Eigenschaftswortes als unglücklich, weil Hersteller und Verbraucher eine ganz andere Vorstellung von dem haben können, was unerwünscht ist.

Die OECD-Glossary „Terms and Definitions" aus dem Jahre 1969 enthält eine andere Definition, für welche man die nachstehende deutsche Übersetzung geben kann:
„Verschleiß ist der fortschreitende Materialverlust aus der beanspruchten Oberfläche eines Bauteiles infolge von Relativbewegungen an der Oberfläche"
In einer Anmerkung wird hinzugefügt, daß Verschleiß gewöhnlich schädlich (detrimental) ist, aber in milder Form nützlich sein kann, wie z.B. beim Einlauf.

In der Neufassung der Norm DIN 50 320 von 1979 wird für den Verschleiß die folgende Definition gegeben:
„Verschleiß ist der fortschreitende Materialverlust aus der Oberfläche eines festen Körpers, hervorgerufen durch mechanische Ursachen, d.h. Kontakt und Relativbewegung eines festen, flüssigen oder gasförmigen Gegenkörpers"
Es folgen drei Hinweise:
a) Die Beanspruchung eines festen Körpers durch Kontakt und Relativbewegung eines festen, flüssigen oder gasförmigen Gegenkörpers wird als tribologische Beanspruchung bezeichnet.
b) Verschleiß äußert sich im Auftreten von losgelösten kleinen Teilchen (Verschleißpartikel) sowie in Stoff- und Formänderungen der tribologisch beanspruchten Oberflächenschicht.
c) In der Technik ist Verschleiß normalerweise unerwünscht, d.h. wertmindernd. In Ausnahmefällen, wie z.B. bei Einlaufvorgängen, können Verschleißvorgänge jedoch auch technisch erwünscht sein. Bearbeitungsvorgänge als wertbildende technologische Vorgänge gelten in bezug auf das herzustellende Werkstück nicht als Verschleiß, obwohl im Grenzflächenbereich zwischen Werkzeug und Werkstück tribologische Prozesse wie beim Verschleiß ablaufen.

Mit anderen Worten unterscheidet sich der Verschleiß von der Bearbeitung dadurch, daß er zu einer Abnahme der Funktionsfähigkeit von Bauteilen führt.

Der durch Verschleiß hervorgerufene Materialverlust wird nach DIN 50 321 als Verschleißbetrag und sein Reziprokwert als Verschleißwiderstand bezeichnet. Mit dem Verschleißwiderstand verbindet man häufig die Vorstellung einer werkstoffbezogenen Verschleißfestigkeit. So stand noch 1973 eine Tagung unter dem Thema „Verschleißfeste Werkstoffe", obwohl man längst erkannt hatte, daß es keine Verschleißfestigkeit als konstante Werkstoffeigenschaft geben kann. Dies sei beispielhaft an Ergebnissen von Strahlverschleißprüfungen demonstriert, die von Wellinger und Uetz (1955) veröffentlicht wurden (Bild 2.1). Dort ist die Verschleißrate zweier Baustähle mit unterschiedlicher Härte für zwei Winkel eines auf die Oberfläche auftreffenden Quarzsandstrahles aufgetragen. Bei dem kleineren Winkel von 30° hat der weichere Stahl die höhere Verschleißrate, beim Winkel von 70° hat er dagegen die niedrigere Verschleißrate. Wie später dargelegt wird, hängt die Umkehr in der Bewertungsfolge der beiden Stähle mit einer Änderung der Konstellation der Verschleißmechanismen zusammen; mit größer werdendem Anstrahlwinkel nimmt nämlich der Anteil der Oberflächenzerrüttung auf Kosten des Anteils der Abrasion zu. Man sieht an diesem Beispiel, daß schon eine relativ kleine Änderung der Beanspruchungsbedingungen eine beträchtliche Auswirkung auf den Verschleiß haben kann. Ähnliche Beispiele, aus denen ersichtlich wird, daß der Verschleiß von einer Fülle von Einflußgrößen abhängt, lassen sich in beliebiger Anzahl aufzählen.

18 *Verschleiß von Werkstoffen*

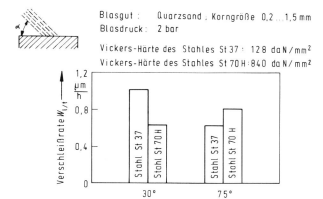

Bild 2.1 Strahlverschleiß von zwei Baustählen unterschiedlicher Härte nach Wellinger und Uetz (1955)

Die übersichtliche Darstellung der für den Verschleiß wichtigen Einflußgrößen bereitete in der Vergangenheit große Schwierigkeiten. Vorschläge von Siebel (1938) und von Wahl (1954), der sich intensiv mit Ordnungsfragen beschäftigt hat, haben sich nicht durchgesetzt. Erst mit der Methodik der Systemanalyse, die von Fleischer (1970) erstmalig zur Beschreibung von tribologischen Prozessen vorgeschlagen, von Salomon (1974) stark gefördert und von Czichos (1974, 1978) mit der Erfassung und Ordnung aller wichtigen Größen in die Tribologie eingeführt wurde, erscheint eine logische und anschauliche Gliederung der für den Verschleiß relevanten Größen möglich. Diese Methodik soll im folgenden zunächst grundsätzlich und dann anhand eines Beispiels beschrieben werden.

2.1.1 Systemanalyse des Verschleißes

Bei der Anwendung der Systemanalyse zur Beschreibung von Verschleißvorgängen und zur Ordnung der relevanten Größen besteht der erste Schritt darin, die Bauteile einer Maschine oder Anlage, deren Verschleiß untersucht werden soll, räumlich von den anderen Bauteilen abzugrenzen. Dazu legt man in geeigneter Weise eine sogenannte System- oder Struktureinhüllende um die verschleißenden Bauteile und um die anderen am Verschleiß beteiligten stofflichen Partner (Bild 2.2). Die Bauteile und die stofflichen Partner bezeichnet man als die Elemente des Tribosystems. Bei einem Gleitlager bestehen sie z.B. aus der Welle, der Lagerschale, dem Schmierstoff und der Umgebungsatmosphäre. Die Elemente machen zusammen mit ihren Eigenschaften und Wechselwirkungen, zu denen wesentlich die Verschleißmechanismen gehören, die Struktur des Tribosystems aus, wobei man als Tribosysteme alle technischen Systeme bezeichnet, in denen Reibungs- und Verschleißprozesse ablaufen.

Die von außen auf die Struktur des Tribosystems einwirkenden Eingangsgrößen, die das Beanspruchungskollektiv bilden, werden über die Struktur in Nutzgrößen umgewandelt. Dabei treten als Verlustgrößen Reibung und Verschleiß auf. Durch die Transformation der Eingangsgrößen in Nutzgrößen wird die Funktion des Tribosystems realisiert.

Diese abstrakt gehaltene Darstellung sei am Beispiel eines Stirnradgetriebes erläutert (Bild 2.3). Das Getriebe hat die Funktion, eine Drehzahl n_1 oder ein Drehmoment M_1 in eine Drehzahl n_2 oder ein Drehmoment M_2 umzuwandeln. Die Erfüllung der Funktion wird mit Hilfe der Struktur des Tribosystems ermöglicht. In ihr sind als Elemente zwei

Zahnräder, der Schmierstoff und Luft enthalten. Die Elemente haben bestimmte Eigenschaften. So besitzen die Zahnräder die durch die Konstruktion festgelegten Abmessungen und die Zahnflanken eine vorgeschriebene Rauhtiefe; außerdem werden die Zahnräder aus einem vorgeschriebenen Werkstoff mit bestimmten mechanisch-technologischen Eigenschaften gefertigt. Für den Schmierstoff ist die Viskositätsklasse anzugeben; häufig muß er Zusätze wie zum Beispiel EP(extreme pressure)-Additive enthalten. In diesem speziellen Fall, aber durchaus nicht immer, sind die Eigenschaften der Luft, die durch ihre Temperatur und Feuchte gekennzeichnet werden können, von untergeordneter Bedeutung.

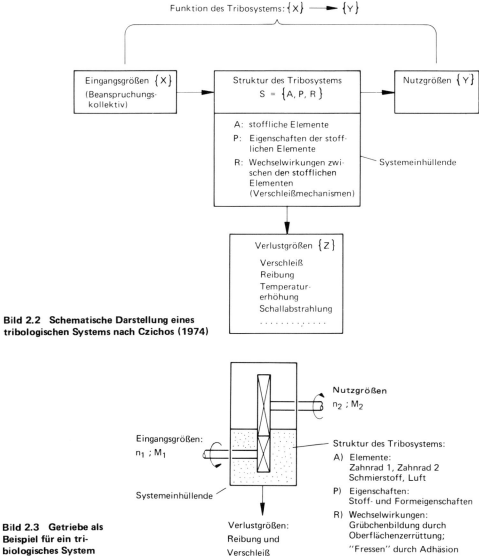

Bild 2.2 Schematische Darstellung eines tribologischen Systems nach Czichos (1974)

Bild 2.3 Getriebe als Beispiel für ein tribologisches System

20   *Verschleiß von Werkstoffen*

Während des Betriebes kommt es zu Wechselwirkungen zwischen den beiden Zahnrädern einerseits sowie den Zahnrädern und dem Schmierstoff andererseits. So kann der Schmierstoff zwischen den Zahnrädern einen lasttragenden Schmierfilm bilden. Da auch durch den Schmierfilm mechanische Spannungen übertragen werden, deren Größe häufig periodisch wechselt, können im Laufe der Zeit Grübchen durch Oberflächenzerrüttung entstehen. Wird bei Überbeanspruchungen der Schmierfilm durchbrochen, so daß sich die Zahnflanken unmittelbar berühren können, ist ein adhäsiv bedingtes „Fressen" die Folge.

Grübchenbildung und adhäsives Fressen führen zum Verschleiß, neben dem die Reibung als weitere Verlustgröße in Erscheinung tritt.

Durch den Verschleiß ändern sich die Mikro- und Makroabmessungen der Zahnräder; die Eigenschaften der Zahnräder bleiben also nicht konstant. Damit unterliegt auch die Struktur des Tribosystems zeitlichen Veränderungen, so daß seine Funktionsfähigkeit in der Regel allmählich abnimmt. Das „Fressen" oder das Überschreiten eines kritischen Verschleißbetrages kann aber auch einen plötzlichen Funktionsausfall verursachen.

In den irreversiblen Strukturänderungen unterscheiden sich Tribosysteme von vielen anderen technischen Systemen. So werden z. B. durch einen elektrischen Transformator elektrische Eingangsspannungen in Ausgangsspannungen transformiert, ohne daß dadurch die Eigenschaften der Transformatorbleche oder der Spulen verändert werden, wenn man von der reversiblen Temperaturerhöhung absieht.

Die vorangehenden Ausführungen machen deutlich, daß zur vollständigen Kennzeichnung eines Tribosystems die folgenden Punkte notwendig sind:

I.   Bezeichnung der Funktion des Tribosystems
II. Angabe der Eingangsgrößen einschließlich des Beanspruchungskollektivs
III. Kennzeichnung der Struktur des Tribosystems durch:
   a) die am Verschleiß beteiligten stofflichen Elemente
   b) die Eigenschaften der Elemente
   c) die Wechselwirkungen zwischen den Elementen
IV. Angabe der Verlustgrößen
   a) Verschleißbetrag
   b) Reibungskraft

Im folgenden sollen die mit diesen Punkten angesprochenen Eigenschaften von Tribosystemen ausführlich erörtert werden.

2.1.2 Funktion von Tribosystemen

Tribosysteme werden zur Verwirklichung unterschiedlicher Funktionen eingesetzt. Ein Lager hat z. B. Kräfte aufzunehmen und dabei eine Bewegung zu ermöglichen. Mit Bremsen sollen dagegen Bewegungen gehemmt werden. Getriebe dienen zur Übertragung von Drehmomenten oder zur Veränderung von Drehzahlen; mit Steuergetrieben können Informationen weitergegeben werden. Zu den möglichen Funktionen von Tribosystemen gehört auch die Gewinnung und der Transport von Rohstoffen sowie die Bearbeitung von Werkstoffen durch Zerspanung oder Umformung. Eine Zusammenstellung der wichtigsten Funktionsbereiche von Tribosystemen enthält Tabelle 2.1. Die Überlegung, welche Funktion von einem speziellen Tribosystem auszuüben ist, ist deshalb nützlich, weil sie schon gewisse Vorstellungen über die Art der benötigten Bauteile und über die verwendbaren Werkstoffe vermittelt. Besteht z. B. die Funktion eines Tribosystems darin, einen elektrischen Stromkreis zu öffnen oder zu schließen, so werden dazu Schaltkontakte benötigt, die nur aus besonderen Kontaktwerkstoffen hergestellt werden können. Wie schon erwähnt, erfüllen die unterschiedlichen Tribosysteme ihre Funktion dadurch, daß vorgegebene Eingangsgrößen, von denen das Beanspruchungskollektiv abhängt, über die Struktur des Tribosystems in Nutzgrößen umgewandelt werden. Im folgenden sollen die einzelnen Größen des Beanspruchungskollektivs und der durch sie bewirkten Werkstoffanstrengung besprochen werden.

Funktionsbereiche	Tribosysteme bzw. Bauteile
Bewegungsausübung	Gleitlager, Wälzlager, Führung, Spielpassung, Gelenk, Spindel
Bewegungshemmung	Bremse, Stoßdämpfer
Bewegungsübertragung	Getriebe, Riementrieb, Kupplung, Nocken und Stößel
Informationsübertragung	Steuergetriebe, Relais, Drucker
Energieübertragung	Schaltkontakt, Schleifkontakt
Materialtransport	Rad und Schiene, Reifen und Straße, Förderband, Pipeline, Rutsche
Spanende Materialbearbeitung	Dreh-, Fräs-, Schleif- oder Bohrwerkzeug
Materialumformung	Walze, Ziehdüse, Gesenk, Matrize
Materialzerkleinerung	Kugelmühle, Preßlufthammer, Backenbrecher, Schredderanlage

Tabelle 2.1 Funktionsbereiche von Tribosystemen mit Beispielen

2.1.3 Beanspruchungskollektiv und Werkstoffanstrengung

Die wichtigsten Merkmale des Beanspruchungskollektivs können durch folgende Begriffe und Größen gekennzeichnet werden:
Bewegungsform,
Bewegungsablauf,
Belastung,
Geschwindigkeit,
Temperatur,
Zeit.

Bei der Bewegungsform kann man zwischen „gleiten, wälzen, bohren, stoßen, prallen, strahlen oder strömen" unterscheiden. Der Bewegungsablauf kann kontinuierlich, intermittierend, repetierend oder oszillierend sein. Unter der Belastung versteht man im allgemeinen die von außen aufgebrachten Kräfte. Das Produkt aus Belastung, Geschwindigkeit und Reibungskoeffizient ist ein Maß für die Reibungsleistung, die größtenteils als Reibungswärme in Erscheinung tritt. Dadurch kommt es zu einer Temperaturerhöhung, welche der Ausgangstemperatur hinzuzurechnen ist. Die sich daraus ergebende Betriebstemperatur ist bei der Auslegung von tribotechnischen Bauteilen in Rechnung zu setzen. — Als letzte Größe des Beanspruchungskollektivs ist die Zeit zu nennen. Wenn auch in erster Linie die Betriebszeiten von Wichtigkeit sind, so dürfen jedoch die Stillstandzeiten nicht vernachlässigt werden; denn viele Maschinen, die nur gelegentlich laufen, erleiden einen ungleich höheren Verschleiß als im Dauerbetrieb arbeitende Maschinen.

Für Bauteile, die durch Gleitbewegungen beansprucht werden, läßt sich aus der Beanspruchungszeit und der Geschwindigkeit der Gleitweg ermitteln. Bei Gleitpaarungen ist aber meistens nur ein Gleitpartner dauernd beansprucht, während der andere Gleitpartner periodisch be- und entlastet wird. Für beide Gleitpartner gilt dann ein unterschiedlicher Gleitweg (Göttner, 1966). Dies sei am Beispiel einer Gleitlagerung und einer Kolben-Zylinder-Paarung veranschaulicht (Bild 2.4). Im Gleitlager wird die Lagerschale im Abschnitt b des Lagerumfangs dauernd beansprucht. Für die Lagerschale ist der Gleitweg s durch die folgenden Beziehungen gegeben:

$$s = v \cdot t \quad \text{oder} \quad s = \pi \cdot d \cdot n \cdot t \tag{1}$$

Für die Welle ist dagegen mit dem effektiven Gleitweg $s_{\text{eff.}}$ zu rechnen:

$$s_{\text{eff.}} = s \cdot \frac{b}{\pi d} \quad \text{oder} \quad s_{\text{eff.}} = b \cdot n \cdot t \tag{2}$$

a) Welle / Lagerschale

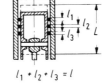

$l_1 + l_2 + l_3 = l$

b) Kolbenringe / Zylinder

Bild 2.4 Tribosysteme mit unterschiedlichen Beanspruchungswegen ihrer Bauteile nach Göttner (1966)

Hierbei bedeuten v die Gleitgeschwindigkeit, t die Beanspruchungszeit, d der Lagerdurchmesser, n die Drehzahl der Welle und b die Umfangslänge der Berührungsfläche von Welle und Lagerschale.

Beim Tribosystem „Kolben/Zylinder" ermittelt man den Gleitweg der Kolbenringe aus der Beziehung:

$$s = v_m \cdot t \tag{3}$$

Für die Beanspruchung des Zylinders ist dagegen wieder der effektive Gleitweg maßgebend:

$$s_{eff.} = s \cdot \frac{1}{L} \qquad (4)$$

In diesen Beziehungen bedeuten v_m die mittlere Gleitgeschwindigkeit, t die Beanspruchungszeit, l die Gesamtbreite der drei Kolbenringe und L die Länge der beanspruchten Zylinderwand. —

Bei Kenntnis der Abmessungen und des Elastizitätsmoduls von tribologisch beanspruchten Bauteilen bzw. Bauteilpaarungen lassen sich aus den die Belastung kennzeichnenden Kräften die Spannungen abschätzen, die für die sogenannte Werkstoffanstrengung verantwortlich sind. Hierzu können unterschiedliche Festigkeitshypothesen verwendet werden (z. B. Wellinger und Dietmann, 1976).

Nach der Schubspannungshypothese ist die größte Werkstoffanstrengung durch die maximale Schubspannung τ_{max} gegeben:

$$\tau_{max} = \frac{\sigma_1 - \sigma_2}{2} = \frac{\sigma_V}{2} \qquad (5)$$

Hierbei bedeuten σ_1 die größte Normalspannung, σ_2 die kleinste Normalspannung und σ_V die Vergleichsspannung.

Nach der Gestaltänderungsenergiehypothese ist für die Werkstoffanstrengung die gespeicherte Gestaltänderungsenergie entscheidend, für welche die Vergleichsspannung σ_V ein Maß darstellt:

$$\sigma_V = \frac{1}{\sqrt{2}} \sqrt{(\sigma_1 - \sigma_2)^2 + (\sigma_2 - \sigma_3)^2 + (\sigma_3 - \sigma_1)^2} \qquad (6)$$

mit σ_1, σ_2 und σ_3 als den Normalspannungen.

In der Tribologie arbeitet man mit beiden Hypothesen, deren Ergebnisse so ähnlich sein können, daß bis heute nicht entschieden ist, welcher Hypothese der Vorrang gebührt (Schlicht, 1970; Kloos und Broszeit, 1976).

Nachstehend sollen zunächst für eine rein statische Beanspruchung, die wegen der fehlenden Relativbewegung noch nicht als tribologische Beanspruchung anzusehen ist, die Spannungen einschließlich ihrer Ortsabhängigkeit beschrieben werden, aus denen sich die Werkstoffanstrengung ableiten läßt. Dazu sei als Beispiel ein Walzenpaar betrachtet, bei dem beide Walzen den gleichen Radius besitzen und aus dem gleichen Werkstoff mit gleichem Elastizitätsmodul hergestellt sind. Die Normalkraft F_N soll nur zu einer elastischen Verformung der Walzen führen, wodurch eine Kontaktfläche der Breite 2a entsteht (Bild 2.5). Deren Größe und die in ihr herrschende Pressung lassen sich mit Formeln berechnen, denen die bekannten Hertzschen Arbeiten zugrunde liegen (Hertz, 1882):

$$2a = 2{,}14 \sqrt{\frac{F_N}{l} \cdot \frac{R}{E}} \tag{7}$$

$$p = p_o \sqrt{1 - \frac{x^2}{a^2}} \tag{8}$$

$$p_o = -0{,}59 \sqrt{\frac{F_N}{l} \cdot \frac{E}{R}} \tag{9}$$

In diesen Formeln, die für eine Querkontraktionszahl $\mu \approx 0{,}3$ gelten, bedeuten 2a die Breite der Kontaktfläche, F_N die Normalkraft, l die Länge der Walzen, R der Walzenradius, E der Elastizitätsmodul, p die Pressung, p_o die maximale Pressung und x die Koordinate in x-Richtung.

Aus der Beziehung (8) folgt, daß die maximale Pressung p_o in der Mitte der Kontaktfläche (bei x = 0) auftritt und zum Rand hin auf null abfällt. Außer an der Oberfläche wirken aber auch im Inneren der Walzen Spannungen, deren Größe und Verlauf in z-Richtung sich ebenfalls abschätzen lassen (Föppl, 1947):

$$\sigma_z = -p_o \frac{a}{\sqrt{a^2 + z^2}} \tag{10}$$

$$\sigma_x = \frac{2 p_o z}{a} - \frac{p_o \cdot (a^2 + 2z^2)}{a \sqrt{a^2 + z^2}} \tag{11}$$

Hierbei repräsentieren σ_z und σ_x die größte bzw. kleinste Normalspannung, so daß die für die Werkstoffanstrengung maßgebende Schubspannung τ_{xz} ermittelt werden kann:

$$\tau_{xz} = \frac{\sigma_z - \sigma_x}{2} \tag{12}$$

Sie ist in Bild 2.5 neben den Normalspannungen in z-Richtung aufgetragen. Ihr Maximum τ_{max} liegt in einem Abstand z_m von der Oberfläche:

$$z_m = 0{,}78 \, a \tag{13}$$

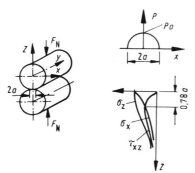

Bild 2.5 Werkstoffanstrengung in einem statisch belasteten Walzenpaar

Der Betrag der maximalen Schubspannung ist mit der in der Kontaktfläche herrschenden maximalen Pressung durch die folgende einfache Beziehung verknüpft:

$$\tau_{max} = 0{,}30 \, p_o \tag{14}$$

Ähnlich wie für Walzenpaare können auch für andere Kontaktpaarungen die Pressungen und maximalen Schubspannungen ermittelt werden, die aber nur unter der Bedingung einer rein elastischen Verformung der Kontaktpartner gültig sind. Die dazu gebräuchlichen Formeln sind für eine Reihe häufig benutzter Paarungen in Tabelle 2.2 zusammengestellt.

Bestehen die Kontaktpartner aus zwei beliebig gekrümmten Körpern (Bild 2.6), so ist die maximale Pressung p_o durch die folgende Beziehung gegeben:

$$p_o = \frac{3}{2} \frac{F_N}{a \cdot b} \tag{15}$$

Dabei sind mit a und b die Halbachsen der Kontaktellipse bezeichnet, die unter der Wirkung der Normalkraft F_N gebildet wird. Sie können mit den folgenden Beziehungen ermittelt werden:

$$a = m \sqrt[3]{\frac{3\pi}{4} \frac{F_N (k_1 + k_2)}{(B + A)}} \tag{16}$$

$$b = n \sqrt[3]{\frac{3\pi}{4} \frac{F_N (k_1 + k_2)}{(B + A)}} \tag{17}$$

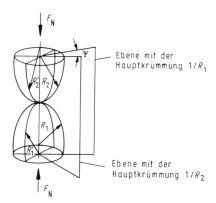

Bild 2.6 Kontakt zweier beliebig gekrümmter Körper

26 *Verschleiß von Werkstoffen*

Belastungsfall	verschiedene Metalle: $E_1 \neq E_2$	gleiche Metalle: $E_1 = E_2 = E$; $\mu_1 = \mu_2 \approx 0{,}3$
1 Kugel und Ebene	$p_o = -0{,}578 \left[\dfrac{F}{R^2 w^2}\right]^{\frac{1}{3}}$	$p_o = -0{,}388 \left[\dfrac{FE^2}{R^2}\right]^{\frac{1}{3}}$ $\tau_{max} = 0{,}31\, p_o \quad z_m = 0{,}47\, a$ $a = 1{,}11 \left[\dfrac{FR}{E}\right]^{\frac{1}{3}}$
2 zwei Kugeln	$p_o = -0{,}578 \left[\dfrac{F u^2}{w^2}\right]^{\frac{1}{3}}$	$p_o = -0{,}388 \left[FE^2 \left(\dfrac{R_1 + R_2}{R_1 R_2}\right)^2\right]^{\frac{1}{3}}$ $\tau_{max} = 0{,}31\, p_o \quad z_m = 0{,}47\, a$ $a = 1{,}11 \left[\dfrac{F}{E}\left(\dfrac{R_1 R_2}{R_1 + R_2}\right)\right]^{\frac{1}{3}}$
3 Kugel und Kugelsockel ($R_1 > R_2$)	$p_o = -0{,}578 \left[\dfrac{F v^2}{w^2}\right]^{\frac{1}{3}}$	$p_o = -0{,}388 \left(FE^2 v^2\right)^{\frac{1}{3}}$ $\tau_{max} = 0{,}31\, p_o \quad z_m = 0{,}47\, a$ $a = 1{,}11 \left(\dfrac{F\,1}{E\,v}\right)^{\frac{1}{3}}$
4 Zylinder und Platte ($F' = F/l$)	$p_o = -0{,}564 \left[\dfrac{F'}{R w}\right]^{\frac{1}{2}}$	$p_o = -0{,}418 \left[\dfrac{F'E}{R}\right]^{\frac{1}{2}}$ $\tau_{max} = 0{,}30\, p_o \quad z_m = 0{,}79\, a$ $a = 1{,}52 \left[\dfrac{F'R}{E}\right]^{\frac{1}{2}}$
5 zwei Zylinder ($F' = F/l$)	$p_o = -0{,}564 \left[\dfrac{F' u}{w}\right]^{\frac{1}{2}}$	$p_o = -0{,}418\, (F'E\, u)^{\frac{1}{2}}$ $\tau_{max} = 0{,}30\, p_o \quad z_m = 0{,}78\, a$ $a = 1{,}52 \left(\dfrac{F'\,1}{E\,u}\right)^{\frac{1}{2}}$
6 Zylinder in Mulde	$p_o = -0{,}564 \left[\dfrac{F' v}{w}\right]^{\frac{1}{2}}$	$p_o = -0{,}418\, (F'E v)^{\frac{1}{2}}$ $\tau_{max} = 0{,}30\, p_o \quad z_m = 0{,}79\, a$ $a = 1{,}52 \left[\dfrac{F'\,1}{E\,v}\right]^{\frac{1}{2}}$
7 Zylinder gegen Zylinder, Achsen um 90° verdreht	$p_o = -\dfrac{0{,}302}{\alpha^2 \beta} \left[\dfrac{F u^2}{w^2}\right]^{\frac{1}{3}}$	$p_o = -\dfrac{0{,}202}{\alpha^2 \beta} \left[E^2 F u^2\right]^{\frac{1}{3}}$ $a = 1{,}54\, \alpha \left[\dfrac{F\,1}{E\,u}\right]^{\frac{1}{3}}$ ... Ellipsen-Hauptachse

Die Parameter m und n sind in Abhängigkeit von einer Größe $\cos\theta$ tabellarisch zusammengestellt (Bayer und Ku, 1964; auszugsweise Tabelle 2.3). Die Größe $\cos\theta$ ist gegeben durch:

$$\cos\theta = (B - A)/(B + A) \qquad (18)$$

mit

$$B - A = \frac{1}{2}\left[\left(\frac{1}{R_1} - \frac{1}{R'_1}\right)^2 + \left(\frac{1}{R_2} - \frac{1}{R'_2}\right)^2 + \left(\frac{1}{R_1} - \frac{1}{R'_1}\right)\left(\frac{1}{R_2} - \frac{1}{R'_2}\right)\cos 2\psi\right]^{\frac{1}{2}} \qquad (19)$$

und

$$B + A = \frac{1}{2}\left(\frac{1}{R_1} + \frac{1}{R'_1} + \frac{1}{R_2} + \frac{1}{R'_2}\right) \qquad (20)$$

$\cos\theta$	m	n
0,1000	1,070	0,9362
0,2000	1,150	0,8777
0,3000	1,241	0,8224
0,4000	1,351	0,7694
0,5000	1,486	0,7171
0,6000	1,660	0,6642
0,7000	1,905	0,6080
0,8000	2,292	0,5444
0,9000	3,092	0,4607
0,9900	7,772	0,2866
0,9990	18,54	0,1854
0,9999	39,93	0,1263

Tabelle 2.3 Die Parameter m und n für die Beziehungen 16 und 17 in Abhängigkeit von $\cos\theta$ der Beziehung 18 nach Bayer und Ku (1964)

Tabelle 2.2 (Seite 26) Formeln zur Ermittlung der maximalen Schubspannungen und ihres Abstandes von der Oberfläche für elastisch verformte Kontaktpaarungen nach Kunz (1970)

p_o ... größte Normalspannung im Zentrum der Druckfläche $u = \dfrac{R_1 + R_2}{R_1 R_2}$ $v = \dfrac{R_1 - R_2}{R_1 R_2}$

l ... Länge des Zylinders

z_m .. Abstand der Stelle τ_{max} zur Druckfäche $w = \dfrac{1 - \mu_1^2}{E_1} + \dfrac{1 - \mu_2^2}{E_2}$

28 *Verschleiß von Werkstoffen*

Ferner benötigt man zur Berechnung der Ellipsenhalbmesser nach Gleichung 16 und 17 die Größen k_1 und k_2, die mit den Querkontraktionszahlen μ_1 und μ_2 sowie den Elastizitätsmoduln E_1 und E_2 der Kontaktwerkstoffe verknüpft sind:

$$k_1 = \frac{1-\mu_1^2}{E_1} \; ; \quad k_2 = \frac{1-\mu_2^2}{E_2} \tag{21}$$

Nach der statischen Beanspruchung soll die dynamische Beanspruchung behandelt werden, die dadurch entsteht, daß die Kontaktpartner relativ zueinander bewegt werden. Diese Beanspruchung wird – wie oben erwähnt – erst als tribologische Beanspruchung bezeichnet. Bei Gleitbewegungen kann unter der Annahme, daß die maximale Schubspannung unmittelbar an der Oberfläche wirkt, die Werkstoffanstrengung nach Bayer und Ku (1964) durch die folgenden Beziehungen abgeschätzt werden:

$$\tau_{max} = p_o \sqrt{\frac{1}{4}(1-2\mu)\frac{a}{a+b} + f^2} \tag{22}$$

oder

$$\tau_{max} = p_o \sqrt{\frac{1}{4}(1-2\mu)\frac{b}{a+b} + f^2} \tag{23}$$

Die Beziehung 22 gilt für eine Gleitbewegung in Richtung der a-Achse der Kontaktellipse und die Beziehung 23 für ein Gleiten in Richtung der b-Achse; in beiden Beziehungen nimmt die maximale Schubspannung mit größer werdendem Reibungskoeffizienten f zu.

Während die Beziehungen 22 und 23 für sogenannte kontraforme Kontakte angewendet werden, die z. B. zwischen Walzen oder beliebig gekrümmten Körpern nach Bild 2.6 entstehen, kann bei konformen Kontakten wie z. B. im Tribosystem „Welle/Lagerschale" mit einfacheren Formeln gerechnet werden:

$$\tau_{max} = p\sqrt{\frac{1}{4} + f^2} \tag{24}$$

Die Pressung p ist dabei durch das Verhältnis der Normalkraft F_N zur Kontaktfläche oder zu ihrer Projektion gegeben:

$$p = \frac{F_N}{A} \tag{25}$$

Die maximale Werkstoffanstrengung liegt aber in vielen Fällen nur dann unmittelbar an der Oberfläche, wenn der Reibungskoeffizient einen bestimmten Betrag überschreitet. Um dies zu zeigen, kann wiederum das Beispiel des Walzenpaares (Bild 2.5) dienen. Es sei jetzt aber angenommen, daß die Walzen rotieren. Dadurch werden zusätzlich Reibungskräfte wirksam, aus denen der Reibungskoeffizient ermittelt werden kann. Trägt man die nach der Gestaltänderungsenergiehypothese berechneten, auf die maximale

Pressung p_0 normierten Vergleichsspannungen für verschiedene Werte des Reibungskoeffizienten auf (Bild 2.7), so erkennt man, daß erst bei einem Reibungskoeffizienten von f = 0,2 die Vergleichsspannung an der Oberfläche ebenso groß wie das Spannungsmaximum im Inneren wird. Außerdem ist in Bild 2.7 der Verlauf der auf die Pressung p_0 bezogenen Spannung σ_x und deren Veränderung durch die Reibung eingezeichnet. Danach wird die Spannungsverteilung mit steigendem Reibungskoeffizienten zunehmend unsymmetrischer. Ferner fällt die Spannung am Rande der Kontaktfläche nicht auf null ab, wobei besonders das Auftreten von Zugspannungen im Auslauf zu beachten ist (Kloos u. Broszeit, 1976).

In einem Walzenpaar kann eine Walze treibend und die andere bremsend wirken. Auch dadurch kommt es zu einer unsymmetrischen Verteilung der Tangentialspannung σ_x. Besonders hervorzuheben ist die unterschiedliche Werkstoffanstrengung in der treibenden und bremsenden Walze (Bild 2.8).

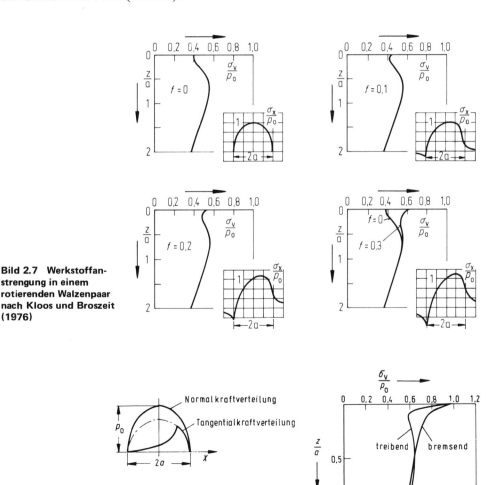

Bild 2.7 Werkstoffanstrengung in einem rotierenden Walzenpaar nach Kloos und Broszeit (1976)

Bild 2.8 Vergleichsspannung in der treibenden und bremsenden Walze eines Walzenpaares nach Krause und Semura (1978)

30 Verschleiß von Werkstoffen

Bei Anwesenheit eines Schmierstoffes kann zwischen den Walzen ein elastohydrodynamischer Schmierfilm aufgebaut werden, wie weiter unten in Abschnitt 2.3 gezeigt wird. Unter diesen Bedingungen baut sich im Bereich des Auslaufes eine Druckspitze auf, so daß sich ein deutlicher Unterschied zum Verlauf der für den statischen Beanspruchungsfall geltenden Pressung p ergibt (Bild 2.9). Aus den Linien gleicher Schubspannung τ erkennt man, wie die Werkstoffanstrengung zum Inneren der Walzen hin abnimmt; in dem gegebenen Beispiel liegt der Ort der maximalen Schubspannung $\tau_{max} = 0{,}36\, p_0$ unmittelbar unter der Oberfläche.

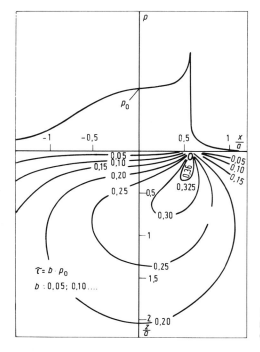

Bild 2.9 Werkstoffanstrengung bei elastohydrodynamischer Schmierung nach Czyzewski (1975)

Nicht unerwähnt bleiben darf, daß die vorangehenden Ausführungen streng genommen nur für ideal glatte Kontaktflächen gelten. Beim Kontakt rauher Oberflächen können gleichsam „Mikro-Hertz"-Kontakte mit Vergleichsspannungsmaxima in der Nähe der Oberfläche gebildet werden, die sich den vorangehend wiedergegebenen Vergleichsspannungen überlagern (Kloos und Broszeit, 1976).

Ähnlich wie für das Tribosystem „Walze/Walze" lassen sich auch für das Tribosystem „Rad/Schiene" die für die Werkstoffanstrengungen maßgebenden Spannungen ermitteln (Föppl, 1936; Krause und Christ, 1976). Für die Bestimmung der Radial- und Tangentialspannungen in Gleitlagern liegen vor allem Arbeiten von Harbordt (1976) und Lang (1975) vor. Bei einem Verbundgleitlager kann die Schwachstelle an der Verbundstelle zwischen Lagerwerkstoff und der Stahlstützschale liegen, wenn dort tangentiale Zugspannungen auftreten (Bild 2.10).

Grundlagen des Verschleißes 31

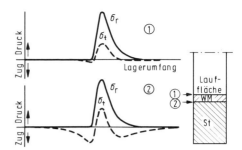

Bild 2.10 Radial- und Tangentialspannungen in einem Weißmetall-Stahlverbundlager nach Lang (1975)

Auch für Modell-Verschleißprüfsysteme sind Spannungsabschätzungen bekannt geworden. So ermittelten Hamilton und Goodman (1966) die Verteilung der Tangentialspannung für das Tribosystem „Kugel/Ebene", das häufig für Modell-Verschleißprüfungen verwendet wird (Bild 2.11). Zu beachten ist, daß schon bei statischer Beanspruchung ohne Relativbewegung außerhalb der Hertzschen Kontaktfläche Zugspannungen vorhanden sind. Diese Zugspannungen und auch die Druckspannungen erhöhen sich mit zunehmendem Reibungskoeffizienten f, wobei gleichzeitig eine Verlagerung der Druckspannungsmaxima zu beobachten ist. Auch für das Stift-Scheibe-System, bei dem die ebene Fläche eines Stiftes gegen die Stirnfläche einer Scheibe gedrückt wird, liegen rechnerische Abschätzungen der in der Scheibe wirkenden Werkstoffanstrengung vor (Broszeit, Heß und Kloos, 1977; Danow, 1975).

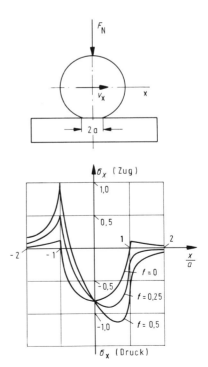

Bild 2.11 Tangentialspannungen im Tribosystem „Kugel/Ebene" nach Hamilton und Goodman (1966)

Die vorangehenden Ausführungen machen deutlich, daß beim Kontakt von Bauteilen in ihren Oberflächenbereichen Spannungen entstehen, die zum Werkstoffinneren hin abklingen. Relativbewegungen der Bauteile verursachen zeitliche und örtliche Veränderungen der Spannungen. So werden bei dem Walzenpaar die Oberflächenbereiche der Walzen bei einer Rotation periodisch be- und entlastet. In einem stationär belasteten Gleitlager ändert sich der Spannungszustand der umlaufenden Welle, in einem Pleuellager ist dagegen die Lagerschale einem wechselnden Spannungszustand ausgesetzt. Tribologische Beanspruchungen sind somit mit zeitlich sich ändernden mechanischen Spannungen verbunden, deren Wirkung auf die Oberflächenbereiche von Werkstoffen beschränkt ist. Es ist aber schon an dieser Stelle zu betonen, daß die Größe des Verschleißbetrages nur in Sonderfällen aus den mechanischen Spannungen vorausberechnet werden kann, weil in der Regel noch stoffliche Wechselwirkungen zwischen den am Verschleiß beteiligten Elementen zu berücksichtigen sind.

2.1.4 Die am Verschleiß beteiligten stofflichen Elemente

Nach dem Beanspruchungskollektiv und der Werkstoffanstrengung ist die Struktur von Tribosystemen zu behandeln, in der an erster Stelle die stofflichen Elemente, d.h. die tribologisch beanspruchten Bauteile und die anderen am Verschleiß beteiligten Bauteile und Stoffe stehen. Im allgemeinen Fall sind bei der Beschreibung von Verschleißvorgängen vier stoffliche Elemente zu berücksichtigen, die im folgenden nur noch Elemente genannt werden:

    I. Grundkörper
   II. Gegenkörper
  III. Zwischenstoff
  IV. Umgebungsmedium

Als Grundkörper bezeichnet man das Bauteil, durch dessen Verschleiß die Funktionsfähigkeit eines Tribosystems am stärksten gefährdet ist oder dessen Verschleiß in einem speziellen Fall untersucht werden soll. Der Gegenkörper kann als Bauteil oder als Stoff vorliegen. Wird z.B. in einem Gleitlager der Verschleiß der Lagerschale gemessen, so bildet die Lagerschale den Grundkörper und die Welle den Gegenkörper. Erscheint der Verschleiß der Welle von besonderer Wichtigkeit, so kann man die Welle als den Grundkörper und die Lagerschale als den Gegenkörper ansehen. Bei der spanenden Bearbeitung oder der Umformung von Werkstoffen bildet das Werkzeug den Grundkörper und der Werkstoff den Gegenkörper.

Als Zwischenstoff kann ein Schmierstoff dienen, der die Aufgabe hat, Reibung und Verschleiß zu erniedrigen. Der Zwischenstoff kann aber auch aus Partikeln bestehen, die in Form von Staub oder Sand in eine Reibstelle eingedrungen sind oder als Verschleißpartikel nicht aus der Reibstelle entfernt wurden. Die Anwesenheit solcher Partikel kann zu einer beträchtlichen Erhöhung des Verschleißbetrages führen.

Schließlich sollte das Umgebungsmedium nicht vergessen werden. Es besteht zwar gewöhnlich aus Luft und beeinflußt in geschmierten Tribosystemen den Verschleiß nur unwesentlich; in ungeschmierten Tribosystemen kann aber die Luftfeuchte einen sehr starken Einfluß auf die Größe des Verschleißbetrages haben. Besondere Probleme können sich ergeben, wenn im Umgebungsmedium kein Sauerstoff vorhanden ist wie in Edelgasen oder im Vakuum. Wie weiter unten gezeigt wird, ist unter diesen Bedingungen die Gefahr des adhäsiv bedingten Fressens in verstärktem Maße gegeben. Welche Elemente in unterschiedlichen Tribosystemen zu berücksichtigen sind, ist anhand von Beispielen in Tabelle 2.4 aufgeführt.

Tribosystem	Grundkörper	Gegenkörper	Zwischenstoff	Umgebungs-medium
Gleitlager	Lagerschale	Welle	Schmierstoff	Luft
Getriebe	Zahnrad 1	Zahnrad 2	Getriebeöl	Luft
Passung	Zapfen	Buchse	---	Luft
Schiffsantrieb	Schiffsschraube	Wasser	---	---
Scheibenbremse	Bremsklotz	Bremsscheibe	---	Luft
Werkzeugmaschine	Drehmeißel	Werkstück	Schneidöl	Luft
Backenbrecher	Schlagleiste	Erz	---	Luft
Pipeline	Rohr	Öl	Gesteinspartikel	---

Tabelle 2.4 Beispiele für die Elemente unterschiedlicher Tribosysteme

2.1.5 Übersicht über die für den Verschleiß wichtigen Eigenschaften der Elemente

Wie groß der Verschleißbetrag bei gegebenem Beanspruchungskollektiv wird, hängt maßgebend von den Eigenschaften der tribologisch beanspruchten Bauteile und der anderen am Verschleiß beteiligten Elemente ab. Daher sind innerhalb der Struktur von Tribosystemen (Bild 2.2) nach den Elementen ihre Eigenschaften zu behandeln. Sie sind in Tabelle 2.5 zusammengestellt. Bei Grund- und Gegenkörper kann man zwischen Volumen- und Oberflächeneigenschaften sowie zwischen Stoff- und Formeigenschaften unterscheiden. In diesem Buch soll vor allem den Stoffeigenschaften besondere Aufmerksamkeit geschenkt werden, während der Einfluß der Formeigenschaften wie z. B. der konstruktiven Gestaltung oder der Rauheit nur am Rande erörtert wird.

Die Stoffeigenschaften der Oberflächenbereiche von Werkstoffen können erheblich von denen des Volumens abweichen. Dies ist am Beispiel eines metallischen Werkstoffes in Bild 2.12 schematisch dargestellt. Danach liegt unmittelbar auf der Oberfläche eine Adsorptionsschicht, die aus Wasser-, Sauerstoff- oder organischen Molekülen bestehen kann. Es folgt eine Oxid- bzw. Reaktionsschicht, unter der eine durch spanende Bearbeitung oder Umformung plastisch verformte und verfestigte Schicht liegt, an die sich der unbeeinflußte Grundwerkstoff anschließt. Der Verschleiß hängt wesentlich von der Tiefenwirkung der tribologischen Beanspruchung ab. Wird nur die äußere Grenzschicht erfaßt, so ist der Verschleiß in der Regel gering; man spricht dann auch von leichtem

Verschleiß oder Schichtverschleiß (mild wear). Schwerer Verschleiß (severe wear) tritt dagegen auf, wenn die tribologische Beanspruchung zur Abtrennung von Verschleißpartikeln aus der inneren Grenzschicht führt.

Grundkörper Gegenkörper	Zwischenstoff	Umgebungsmedium

1. Volumeneigenschaften
  1.1 Stoffeigenschaften
    1.1.1 chemisch
    1.1.2 physikalisch
    1.1.3 gefügemäßig
    1.1.4 mechanisch-technologisch
  1.2 Formeigenschaften
    1.2.1 Gestalt, Abmessungen
2. Oberflächeneigenschaften
  2.1 Stoffeigenschaften
    2.1.1 chemisch
    2.1.2 physikalisch
    2.1.3 gefügemäßig
    2.1.4 mechanisch-technologisch
  2.2 Formeigenschaften
    2.2.1 Rauheit
    2.2.2 Dicke von Oberflächenschichten
	Aggregatzustand:
	a) fest
	  1. Stoffeigenschaften
	    1.1 chemisch
	    1.2 physikalisch
	    1.3 gefügemäßig
	    1.4 mechanisch-technologisch
	  2. Formeigenschaften
	    2.1 Gestalt, Abmessungen
	b) flüssig
	  1. Stoffeigenschaften
	    1.1 chemisch
	    1.2 physikalisch
	c) gasförmig
	  1. Stoffeigenschaften
	    1.1 chemisch
	    1.2 physikalisch
		Aggregatzustand:
		a) flüssig
		  1. Stoffeigenschaften
		    1.1 chemisch
		    1.2 physikalisch
		b) gasförmig
		  1. Stoffeigenschaften
		    1.1 chemisch
		    1.2 physikalisch

Tabelle 2.5 Übersicht über die wichtigsten Eigenschaften der Elemente von Tribosystemen

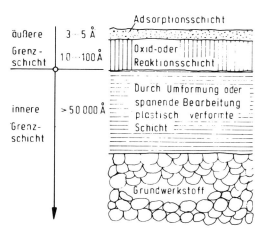

Bild 2.12 Aufbau der Oberflächenbereiche von metallischen Werkstoffen nach Schmaltz (1936)

Innerhalb der Gruppe der Stoffeigenschaften kann man sowohl in den Oberflächenbereichen als auch im Volumen zwischen chemischen, physikalischen, gefügemäßigen und mechanisch-technologischen Eigenschaften unterscheiden. Die Härte ist dabei den mechanisch-technologischen Eigenschaften zuzuordnen; sie wird zusammen mit ihren Beziehungen zu den anderen Stoffeigenschaften ausführlich im 3. Kapitel dieses Buches behandelt. —

Für den Zwischenstoff und das Umgebungsmedium ist zunächst der Aggregatzustand von Wichtigkeit (Tabelle 2.5). Es treten auch gemischte Aggregatzustände auf, wenn z. B. Partikel oder Gasblasen in einer Flüssigkeit enthalten sind. Pasten und Fette können teilweise dem festen und teilweise dem flüssigen Aggregatzustand zugeordnet werden. —

Ist der Gegenkörper nicht fest, so können zu seiner Kennzeichnung die für den Zwischenstoff genannten Eigenschaften benutzt werden.

2.1.6 Die Verschleißmechanismen

Verschleiß entsteht letztlich durch Wechselwirkungen zwischen den tribologisch beanspruchten Bauteilen und den anderen Elementen von Tribosystemen. Welche Wechselwirkungen auftreten, hängt vom Beanspruchungskollektiv und den Eigenschaften aller am Verschleiß beteiligten Elemente ab. Als die wichtigsten Wechselwirkungen, die zusammen mit den Elementen und deren Eigenschaften die Struktur von Tribosystemen bilden (Bild 2.2), gelten die Verschleißmechanismen, die hier zunächst kurz und in den anschließenden Abschnitten ausführlich beschrieben werden sollen. Ausgehend von einer Arbeit von Burwell aus dem Jahre 1957 werden heute weithin vier Verschleißmechanismen als besonders wichtig angesehen:

I.	Adhäsion:	Bildung und Trennung von atomaren Bindungen (Mikroverschweißungen) zwischen Grund- und Gegenkörper
II.	Tribooxidation:	Chemische Reaktion von Grund- und/oder Gegenkörper mit Bestandteilen des Zwischenstoffes oder Umgebungsmediums infolge einer reibbedingten Aktivierung
III.	Abrasion:	Ritzung und Mikrozerspanung des Grundkörpers durch Rauheitshügel des Gegenkörpers oder Partikel des Zwischenstoffes
IV.	Oberflächenzerrüttung:	Rißbildung und Rißwachstum bis zur Abtrennung von Verschleißpartikeln infolge wechselnder Beanspruchungen

Neben diesen vier Verschleißmechanismen können unter besonderen Bedingungen die Tribosublimation und die Diffusion von Bedeutung sein. Bei diesen Verschleißmechanismen spielt sich der Verschleiß in atomaren Dimensionen ab, indem Atome oder Moleküle aus den tribologisch beanspruchten Oberflächenbereichen in das Umgebungsmedium sublimieren oder in den Gegenkörper diffundieren.

Von den vier zuerst genannten Verschleißmechanismen können die Adhäsion und die Tribooxidation als stoffliche Wechselwirkungen zwischen den Elementen angesehen werden. Dabei stellt die Adhäsion gleichsam eine physikalisch-chemische Reaktion zwischen Grund- und Gegenkörper dar. Die Tribooxidation ist nicht auf Reaktionen mit Sauerstoff beschränkt; auch Reaktionen mit Schwefel, Chlor, Phosphor und anderen Metalloiden gehören zur Tribooxidation. In reduzierenden Atmosphären wie z. B. in wasserstoffhaltigen Medien kann es auch zu einer Triboreduktion kommen, bei der Metalloxide zum Metall reduziert werden.

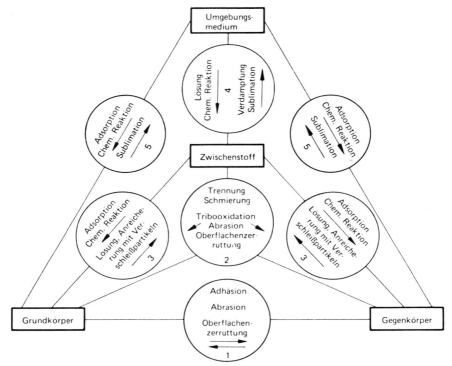

Bild 2.13 Wechselwirkungen zwischen den Elementen von Tribosystemen

Außer den genannten Verschleißmechanismen können noch weitere Wechselwirkungen zwischen den Elementen stattfinden. Insgesamt ergeben sich recht komplizierte Zusammenhänge, wie sie schematisch in Bild 2.13 dargestellt sind. Sind nur Grund- und Gegenkörper vorhanden, so können vor allem die Adhäsion, die Abrasion und die Oberflächenzerrüttung wirksam werden. Kommt ein Zwischenstoff hinzu, so ist eine schützende, aber auch eine schädigende Wirkung denkbar. Ein die Verschleißpartner trennender Schmierfilm hat bekanntlich einen günstigen Einfluß, während Partikel oder chemisch aggressive Substanzen nachteilige Folgen haben. Als Verschleißmechanismen können nun die Tribooxidation, die Abrasion und die Oberflächenzerrüttung bevorzugt auftreten, während die Adhäsion im allgemeinen eingeschränkt wird. Zwischen Grund- und Gegenkörper einerseits und dem Zwischenstoff andererseits kann es auch zu unmittelbaren Wechselwirkungen kommen. So können Bestandteile des Zwischenstoffs auf den Oberflächen von Grund- und Gegenkörper adsorbiert werden oder mit ihnen chemisch reagieren; es können aber auch in anderer Richtung Bestandteile des Grund- oder Gegenkörpers im Zwischenstoff gelöst oder als Verschleißpartikel vom Zwischenstoff aufgenommen werden. Bezieht man das Umgebungsmedium mit ein, so sind Wechselwirkungen mit dem Zwischenstoff und mit dem Grund- oder Gegenkörper möglich. Vor allem die Lösung von Sauerstoff im Schmierstoff ist für das tribologische Verhalten vieler Werkstoff-Schmierstoff-Paarungen von großer Bedeutung; denn Sauerstoff kann wie ein Additiv wirken und die Gefahr des adhäsiv bedingten Fressens einschränken. Andererseits ist Sauerstoff aber auch für die Alterung von Ölen verantwortlich. – In den folgenden Abschnitten sollen aber nicht alle Wechselwirkungen, sondern in erster Linie die Verschleißmechanismen ausführlich behandelt werden.

2.1.6.1 Adhäsion

Die Adhäsion kann wirksam werden, wenn sich Grund- und Gegenkörper unmittelbar berühren. Da die Oberflächen von Werkstoffen praktisch nie vollkommen eben sind, sondern eine meßbare Rauhigkeit besitzen, erfolgt die eigentliche Berührung nur in Mikrokontaktflächen (Bild 2.14). Die Gesamtheit der Mikrokontaktflächen bildet die sogenannte wahre Kontaktfläche, deren Größe nur einen Bruchteil der geometrischen, durch die Abmessungen der Kontaktpartner gegebenen Berührungsfläche ausmacht.

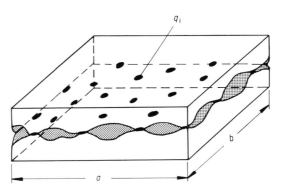

Bild 2.14 Wahre und geometrische Kontaktfläche

geometrische Kontaktfläche $A_{geom.} = a \cdot b$
wahre Kontaktfläche $A_w = \sum_{i=1}^{n} q_i$

In den Mikrokontaktbereichen herrschen erhebliche mechanische Spannungen, die durch tangentiale Relativbewegungen der Kontaktpartner noch verstärkt werden, so daß die belasteten Rauheitshügel elastisch oder elastisch-plastisch verformt werden. Dadurch können auf den Oberflächen haftende Adsorptions- und Reaktionsschichten, wie sie in Bild 2.12 gezeigt wurden, zerstört werden, so daß zwischen den „nackten" Oberflächen atomare Bindungen mehr oder weniger großer Festigkeit entstehen. Diese atomaren Bindungen müssen bei einer Relativbewegung der Kontaktpartner gelöst werden. Die dazu benötigten Kräfte bzw. Energien sind nach Bowden und Tabor (1950 und 1964) hauptsächlich für die Reibung verantwortlich.

Für den Verschleiß ist von Bedeutung, daß die Abscherung der Bindungen nicht immer in den ursprünglichen Mikrokontaktflächen, sondern in den angrenzenden Oberflächenbereichen des Grund- oder Gegenkörpers erfolgen kann, so daß Werkstoff von einem Partner auf den anderen übertragen wird. Man nennt diesen Vorgang auch Materialübertrag. Er geht häufig der Bildung von losen Verschleißpartikeln voraus, wie es Kerridge und Lancaster (1956) am Beispiel einer Messing-Stahl-Gleitpaarung mit Hilfe einer radioaktiven Markierung des Messingpartners zeigten.

Durch das Wirken der Adhäsion werden die Morphologien der beanspruchten Oberflächen in charakteristischer Art und Weise verändert (Bild 2.15). Lichtmikroskopische Aufnahmen lassen starke Aufrauhungen mit Riefen (Bild 2.15a) und häufig auch Materialübertrag (Bild 2.15b) erkennen. Das Raster-Elektronen-Mikroskop zeigt Schuppen und Kuppen (Bild 2.15c); gelegentlich treten auch Scherwaben (Bild 2.15d) auf, die auf duktile Bruchvorgänge in den Oberflächenbereichen hinweisen (Habig, 1970; Frey u. Feller, 1972). In welcher Form Material von einem Partner auf den anderen übertragen werden kann, wird aus den Bildern 2.15e und f ersichtlich.

Fragt man nach den Bedingungen, unter denen die Adhäsion auftreten kann, so ist zu antworten, daß Gleit- und Wälzpaarungen, die nicht geschmiert sind oder zwischen denen der Schmierfilm infolge zu hoher Beanspruchungen durchbrochen ist, besonders gefährdet sind. Hierbei neigen insbesondere Paarungen aus metallischen Werkstoffen zur Adhäsion, während bei Paarungen aus keramischen oder polymeren Werkstoffen die Adhäsion weniger wirksam ist. Bei Kunststoff-Metall-Paarungen ist die Adhäsion teilweise erwünscht, wenn durch ihr Wirken ein dünner Kunststoffilm auf die Metalloberfläche übertragen wird, so daß Kunststoff gegen Kunststoff gleitet. Dieser Vorgang ist bei der Gleitpaarung PTFE/Stahl für einen niedrigen Reibungskoeffizienten verantwortlich, der aber leider nur bei niedrigen Gleitgeschwindigkeiten und hohen Belastungen vorherrscht (Mittmann und Czichos, 1975).

Betrachtet man spezielle Bauteile oder Bauteil-Paarungen, deren Funktionsfähigkeit durch die Adhäsion oft unerwartet und plötzlich zerstört wird, so sind Gleitlager, Getriebe oder die Paarung Kolben/Zylinder zu nennen. Bei Überbelastung oder Schmierstoffmangel kann es hier zum „Fressen" kommen, dessen Ursache letztlich die Adhäsion ist. Auch bei elektrischen Kontakten besteht die Gefahr der Bildung von adhäsiven Mikroverschweißungen. Für die Aufbauschneidenbildung auf Zerspanungswerkzeugen ist ebenfalls die Adhäsion verantwortlich. Viele Umformprozesse sind erst dadurch möglich geworden, daß man Mittel und Wege gefunden hat, durch die Anwendung spezieller Schmierstoffe und Oberflächenbeschichtungen die Adhäsion und damit auch die Reibung zwischen Werkzeug und Werkstück zu erniedrigen.

Welche Maßnahmen zur Einschränkung der Adhäsion ergriffen werden können, wird im Abschnitt 4.4.1.6 zusammenfassend erörtert. Außerdem sind in den Tabellen DI–DV des Anhangs Werkstoffpaarungen mit einem hohen Widerstand gegenüber der Adhäsion zusammengestellt.

Grundlagen des Verschleißes 39

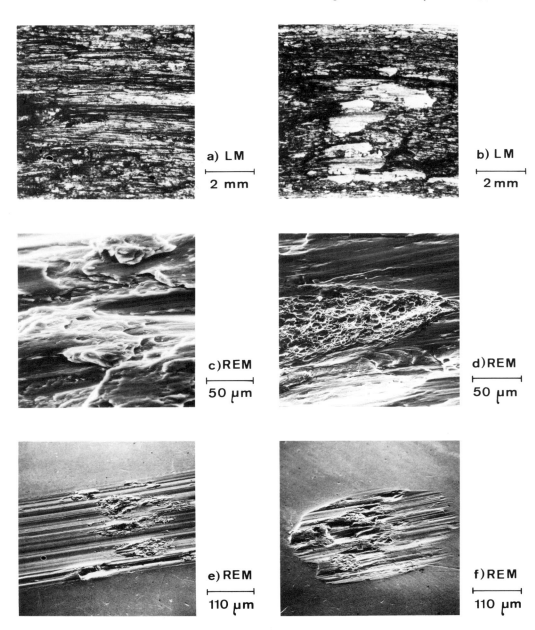

LM: Lichtmikroskop
REM: Raster-Elektronen-Mikroskop

Bild 2.15 Typische Erscheinungsbilder der Adhäsion

2.1.6.2 Tribooxidation

Unter Tribooxidation versteht man die chemische Reaktion von Grund- oder Gegenkörper mit Bestandteilen des Zwischenstoffs oder Umgebungsmediums infolge von tribologischen Beanspruchungen. In welchem Ausmaß die Reaktionsgeschwindigkeit z. B. durch eine Wälzbeanspruchung erhöht werden kann, geht aus Bild 2.16 hervor, in dem das Wachstum einer Eisenoxidschicht durch Reiboxidation der Niedrigtemperaturoxidation gegenübergestellt ist. Nach Heidemeyer (1975) können für die Beschleunigung des Reaktionsablaufes unterschiedliche Prozesse verantwortlich sein:

    I. Entfernung von reaktionshemmenden Deckschichten
   II. Beschleunigung des Transportes der Reaktionsteilnehmer
  III. Vergrößerung der reaktionsfähigen Oberfläche
  IV. Temperaturerhöhung infolge der Reibungswärme
   V. Entstehung von Oberflächenatomen mit freien Valenzen infolge von Gitterstörungen, die durch plastische Deformationsprozesse hervorgerufen werden.

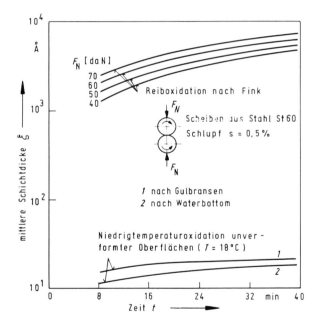

Bild 2.16 Beschleunigung der Oxidation von Eisen durch eine Wälzbeanspruchung nach Krause (1968)

Durch die Tribooxidation ändern sich vor allem die Eigenschaften der äußeren Grenzschicht. Dadurch kann der Verschleißbetrag erhöht, in zahlreichen Fällen aber auch erniedrigt werden. Eine Abnahme des Verschleißbetrages ist vor allem dann möglich, wenn die Reaktionsschichten einen unmittelbar metallischen Kontakt von Grund- und Gegenkörper verhindern, so daß die Wirkung der Adhäsion, die zu schwerem, metallischem Verschleiß führen kann, eingeschränkt wird. So setzt man Getriebeölen bekanntlich EP (extreme pressure)-Additive zu, die beim Versagen des Schmierfilms mit den Zahnflankenoberflächen reagieren und dadurch die Gefahr des „Fressens" herabsetzen. Zuweilen nimmt man sogar einen erhöhten Verschleiß als Folge tribochemischer Reaktionen in Kauf, wenn man so das „Fressen", das zum plötzlichen Ausfall von Tribosystemen führen kann, verhindert.

Der Verschleiß von tribochemisch erzeugten Reaktionsschichten setzt nach Quinn (1967) beim Erreichen einer kritischen Schichtdicke ein, weil die Sprödigkeit solcher Schichten mit wachsender Dicke zunimmt.

Typische Erscheinungsbilder der Tribooxidation sind in Bild 2.17 wiedergegeben. Auf Eisenwerkstoffen ist häufig schon mit bloßem Auge und noch deutlicher mit dem Licht-Mikroskop ein rotbrauner oder schwarzer Belag zu erkennen (Bild 2.17a und b), der aus $\alpha\text{-}Fe_2O_3$ oder Fe_3O_4 besteht. Eine schützende, den Verschleiß vermindernde Wirkung haben vor allem fest haftende Reaktionsschichten (Bild 2.17c und d), während lose Partikel, die mehr oder weniger dicht auf den Oberflächen liegen (Bild 2.17e und f), den Verschleißbetrag erhöhen können, wenn sie abrasiv wirken (siehe Abschnitt 2.1.6.3).

Die Tribooxidation ist ein Teilprozeß der Reibkorrosion bzw. des Passungsrostes, aber keineswegs allein für diese Schadensart verantwortlich, wie im Abschnitt 4.5.4 gezeigt wird. Sie kann bevorzugt auf metallischen Werkstoffoberflächen in Erscheinung treten. Selbst korrosionsbeständige Stähle bleiben von ihr nicht verschont, wenn durch die tribologische Beanspruchung die Passivschichten, denen diese Stähle ihre Korrosionsbeständigkeit verdanken, zerstört werden. Keramische und polymere Werkstoffe neigen dagegen weniger zur Tribooxidation.

In der Praxis ist die Tribooxidation besonders deshalb gefürchtet, weil die Reaktionsprodukte Lagerspiele verkleinern oder vollkommen zusetzen können, so daß die für die Funktion notwendigen Relativbewegungen von Gleitpartnern be- oder verhindert werden. Da Reaktionsschichten durchweg die elektrische Leitfähigkeit herabsetzen, muß in elektrischen Relais ihre Bildung vermieden werden.

Wann tribochemisch gebildete Reaktionsschichten eine verschleißsteigernde und wann sie eine schützende Wirkung haben, wird ausführlich in Abschnitt 4.4.2.3 erörtert, während Maßnahmen zur Einschränkung der Tribooxidation in Abschnitt 4.4.2.4 behandelt werden.

2.1.6.3 Abrasion

Nach den Verschleißmechanismen der Adhäsion und Tribooxidation, die als stoffliche Wechselwirkungen zwischen den am Verschleiß beteiligten Elementen anzusehen sind, sollen nun die Verschleißmechanismen beschrieben werden, die auf kräfte- bzw. spannungsmäßigen Wechselwirkungen beruhen. Im folgenden soll zunächst auf die Abrasion eingegangen werden. Sie tritt auf, wenn Rauheitshügel des Gegenkörpers oder Partikel, die als Zwischenstoff oder ebenfalls als Gegenkörper vorhanden sind, in die Oberflächenbereiche des Grundkörpers eindringen und gleichzeitig eine Tangentialbewegung ausführen, so daß Riefen und Mikrospäne gebildet werden. Riefen- oder Mikrospanbildung ist in einem einzigen Beanspruchungsvorgang möglich. Dies erklärt die Beobachtung, daß die Abrasion zu einem sehr hohen Verschleißbetrag führen kann.

Vom Erscheinungsbild her ist die Abrasion durch Riefen zu erkennen, in denen sich vielfach Mikrospäne befinden. Bei spröden Werkstoffen kommen Ausbröckelungen hinzu (Bild 2.18). Das Wirken der Abrasion ist nicht auf bestimmte Werkstoffgruppen be-

42 Verschleiß von Werkstoffen

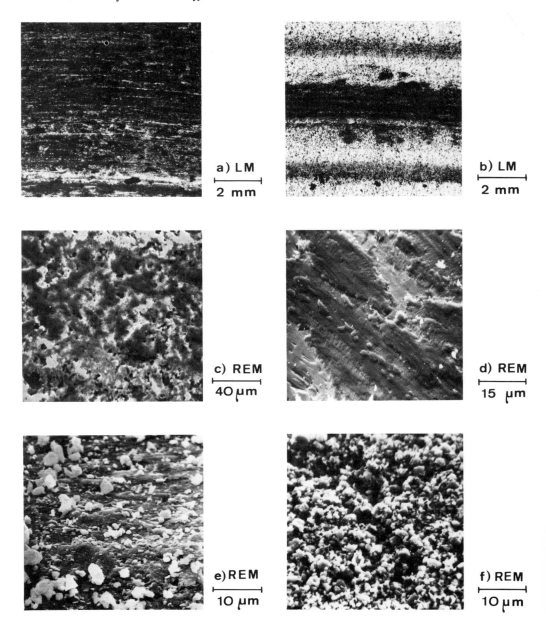

LM: Lichtmikroskop
REM: Raster-Elektronen-Mikroskop

Bild 2.17 Typische Erscheinungsbilder der Tribooxidation

Grundlagen des Verschleißes 43

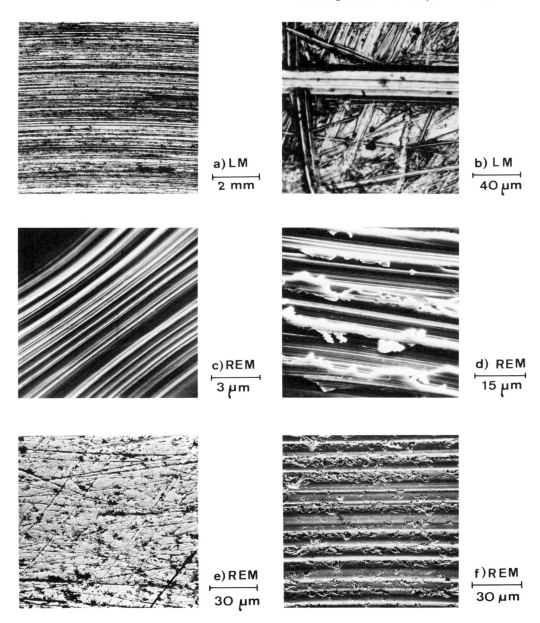

LM: Lichtmikroskop
REM: Raster-Elektronen-Mikroskop

Bild 2.18 Typische Erscheinungsbilder der Abrasion

schränkt; sie kann – dies sei schon jetzt gesagt – in Abhängigkeit von der Härte des Gegenkörpers bzw. Zwischenstoffes zu einem erheblichen Verschleiß von metallischen, keramischen oder polymeren Werkstoffen führen. In der Praxis tritt sie vor allem bei der Gewinnung, dem Transport und der Verarbeitung von Rohstoffen auf. Dringen Sand- oder Staubpartikel in die Gleit- oder Wälzflächen von Bauteilpaarungen ein, so ist ebenfalls mit einem verstärkten Verschleiß durch Abrasion zu rechnen. Auch Verschleißpartikel, die nicht durch einen Ölstrom vom Ort ihres Entstehens entfernt und in einem Filter aufgefangen werden, führen zum Verschleiß durch Abrasion.

Die unterschiedlichen Formen der Abrasion, die als Furchungs-, Spül-, Mahl-, Kerb- oder Strahlverschleiß bekannt sind, werden ebenso wie die Maßnahmen zur Einschränkung der Abrasion im Abschnitt 4.4.3 behandelt.

2.1.6.4 Oberflächenzerrüttung

Ähnlich wie die im Werkstoffvolumen ablaufende Ermüdung ist auch die Oberflächenzerrüttung eine Folge wechselnder mechanischer Spannungen. Da tribologische Beanspruchungen meistens mit mechanischen Spannungen verbunden sind, die an der Oberfläche angreifen und deren Größe zeitlich oder örtlich wechselt, ist die Oberflächenzerrüttung an vielen Verschleißprozessen beteiligt. Sie äußert sich im allmählichen Entstehen und Wachsen von Rissen, die schließlich zur Abtrennung von Partikeln aus den beanspruchten Oberflächenbereichen führen, so daß Grübchen oder Löcher zurückbleiben, wie es in Bild 2.19a und b zu erkennen ist. Im Raster-Elektronen-Mikroskop kann man gelegentlich Rastlinien beobachten, die auf ein diskontinuierliches Rißwachstum hinweisen (Bild 2.19c). Auch Querrisse senkrecht zur Bewegungsrichtung (Bild 2.19d) weisen auf das Wirken der Oberflächenzerrüttung hin. Durch das Zusammenlaufen mehrerer Risse können Verschleißpartikel entstehen (Bild 2.19e und f).

Die Oberflächenzerrüttung kann ebenso wie die Abrasion an allen Werkstoffen auftreten. Sie ist die Hauptursache für die Begrenzung der Gebrauchsdauer von Wälzlagern, die dann beendet ist, wenn Grübchen durch Oberflächenzerrüttung entstehen. Auch Zahnräder können durch Grübchenbildung ausfallen. Die Oberflächenzerrüttung kann ferner in hydrodynamisch geschmierten Gleitlagern zu Schäden führen, weil mechanische Spannungen wechselnder Größe auch durch den Schmierfilm übertragen werden. Sie tritt außerdem bei Stoßbeanspruchungen in Erscheinung. Schließlich ist auch für die Werkstoff-Kavitation die Oberflächenzerrüttung der maßgebende Schadensmechanismus. Eine ausführliche Darstellung ist zusammen mit den Maßnahmen zur Einschränkung der Oberflächenzerrüttung in Abschnitt 4.4.4 enthalten.

2.1.6.5 Tribosublimation, Diffusion

Neben den vorangehend geschilderten Verschleißmechanismen, die für die überwiegende Anzahl von Verschleißprozessen verantwortlich sind, können als weitere zum Verschleiß führende Mechanismen die Tribosublimation und die Diffusion genannt werden. Beide Mechanismen können vor allem dann wirksam werden, wenn infolge der Reibungswärme die Temperatur der Oberflächenbereiche erheblich ansteigt. Dies führt bei der Tribosublimation zur Ablösung von Atomen oder Molekülen. Sie tritt z. B. auf, wenn Flugkörper in die Erdatmosphäre eintreten und durch die Reibungswärme stark erhitzt werden. Da die Tribosublimation ein endothermer Prozeß ist, der Energie verbraucht, wird die Tem-

Grundlagen des Verschleißes 45

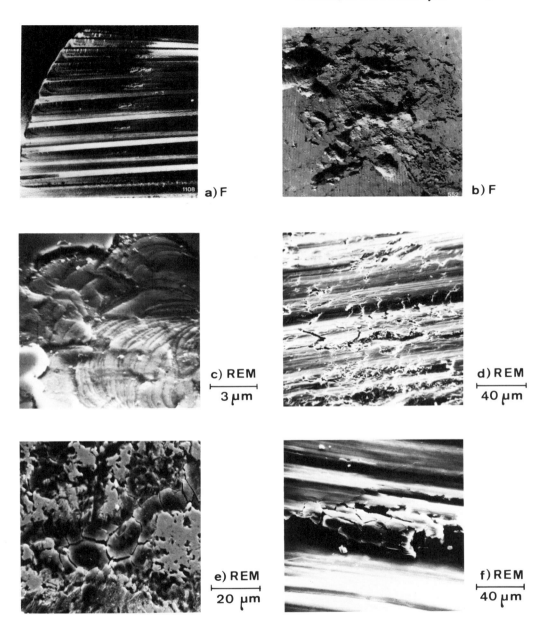

F: Fotoapparat
REM: Raster-Elektronen-Mikroskop

Bild 2.19 Typische Erscheinungsbilder der Oberflächenzerrüttung (a und b: Allianz, 1976)

peraturerhöhung in Grenzen gehalten und ein Aufschmelzen von Werkstoffen verhindert, welche zur Zerstörung des Flugkörpers führen würde. Ferner ist die Tribosublimation für die Abfuhr der Reibungswärme in mechanischen Bremssystemen von Bedeutung und somit in gewisser Hinsicht erwünscht.

Die Diffusion von Atomen aus den tribologisch beanspruchten Oberflächenbereichen des Grundkörpers in den Gegenkörper führt einerseits zum unmittelbaren Materialverlust, der als Verschleiß durchaus meßbar sein kann. Viel gravierender ist aber häufig die Herabsetzung der mechanischen Festigkeit von Legierungen durch den Abtransport bestimmter Legierungselemente. So kann bei Schneidwerkzeugen aus Hartmetallen der bei hohen Schnittgeschwindigkeiten beobachtete erhöhte Verschleiß primär auf einer Diffusion des Kohlenstoffs in den zu zerspanenden Werkstoff beruhen, wodurch das Hartmetallgefüge so geschwächt wird, daß der Widerstand gegenüber der Abtrennung von Verschleißpartikeln abnimmt.

2.1.6.6 Überlagerung der Verschleißmechanismen

In der Praxis treten die genannten Verschleißmechanismen nur selten allein auf; sie können sich vielmehr überlagern oder gegenseitig ablösen. In welcher Folge durch die Verschleißmechanismen der Adhäsion, Tribooxidation, Abrasion und Oberflächenzerrüttung lose Verschleißpartikel gebildet werden, ist in Bild 2.20 dargestellt. Unmittelbar entstehen Verschleißpartikel im allgemeinen nur durch Abrasion oder Oberflächenzerrüttung. Durch die Adhäsion erfolgt in der Regel ein Werkstoffübertrag von einem Verschleißpartner auf den anderen. Die übertragenen Partikel können dann durch Oberflächenzerrrüttung oder Abrasion abgetragen werden (H. Frey, E. Frey u. H.G. Feller, 1976); sie können aber auch selbst abrasiv wirken. Durch Adhäsion übertragene Partikel werden häufig tribochemisch oxidiert, bevor sie durch Abrasion oder Oberflächenzerrüttung als Verschleißpartikel aus den tribologisch beanspruchten Oberflächenbereichen abgetrennt werden. Entstehen dabei oxidische Partikel hoher Härte wie z.B. Aluminium-, Magnesium- oder Zinnoxid, so kann die Abrasion und damit der Verschleiß beträchtlich zunehmen.

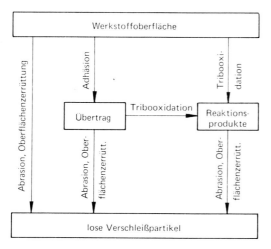

Bild 2.20   Überlagerung mehrerer Verschleißmechanismen

2.1.7 Ordnung des Verschleißgebietes nach Verschleißarten und Verschleißmechanismen

Im täglichen Sprachgebrauch hat sich zur Kurzbezeichnung bestimmter Verschleißvorgänge eine Reihe von Begriffen eingebürgert wie z. B. Gleitverschleiß, Wälzverschleiß, Schwingungsverschleiß, Korngleitverschleiß, Strahlverschleiß, abrasiver Verschleiß, adhäsiver Verschleiß u. a.. Denkt man über diese Begriffe näher nach, so erkennt man, daß sie aus unterschiedlichen Kategorien stammen und daher nicht nebeneinander verwendet werden sollten.

Mit den Begriffen „adhäsiver oder abrasiver Verschleiß" wird nämlich eine Aussage über die wirkenden Verschleißmechanismen gemacht, während die Begriffe „Gleitverschleiß oder Wälzverschleiß" die Bewegungsform kennzeichnen. Mit dem Begriff „Korngleitverschleiß" wird zusätzlich eine Angabe über ein Element des Tribosystems gemacht, die erkennen läßt, daß der Zwischenstoff aus Körnern besteht.

Durch die gedankliche Kombination der am Verschleiß beteiligten Elemente mit der Bewegungsform als einer Größe des Beanspruchungskollektivs erhält man die sogenannte Verschleißart, die häufig zu einer kurzen Kennzeichnung des Verschleißvorganges benutzt wird. Die verschiedenen Verschleißarten sind zusammen mit den Verschleißmechanismen, die bei den einzelnen Verschleißarten bevorzugt auftreten können, in Tabelle 2.6 zusammengestellt. Beim Gleit-, Bohr- und Schwingungsverschleiß können sich alle vier Verschleißmechanismen überlagern, während bei anderen Verschleißarten einzelne Verschleißmechanismen dominieren. Besonders interessant sind die Verhältnisse beim Strahlverschleiß, weil hier das Auftreten der Verschleißmechanismen vom Anstrahlwinkel α abhängt. Bei reinem Gleitstrahlverschleiß ($\alpha = 0°$) kommt es überwiegend zur Abrasion, beim Prallstrahlverschleiß ($\alpha = 90°$) erfolgt der Verschleiß hauptsächlich durch Oberflächenzerrüttung, während sich beim Schrägstrahlverschleiß beide Mechanismen überlagern (Wellinger und Uetz, 1955).

2.2 Verschleißprüfung

In diesem Abschnitt werden zu Beginn die besonderen Merkmale der Verschleißprüfung im Vergleich zu anderen Materialprüfverfahren herausgestellt. Es schließt sich eine Übersicht über die gebräuchlichsten Verschleiß-Meßgrößen und über die Methoden zu ihrer Messung an. Darauf folgt je ein Abschnitt über Betriebs-, Modell- und Bauteil-Verschleißprüfungen. Das Ende des Abschnittes bildet ein Vergleich der Vor- und Nachteile der verschiedenen Verschleißprüfmethoden.

2.2.1 Besonderheiten der Verschleißprüfung

Betrachtet man die Stellung der Verschleißprüfung im Bereich der Materialprüfung, in der die Prüfung von Festigkeitseigenschaften einen breiten Raum einnimmt, so kann man einen bedeutenden Unterschied feststellen (Bild 2.21). Beim Druckversuch, der z. B. zur Prüfung von metallischen Gleitlager-Werkstoffen verwendet wird, erhält man als Kennwerte die Quetschgrenze oder die Druckfestigkeit. Diese Kennwerte hängen hauptsächlich von den Volumeneigenschaften des geprüften Werkstoffes P und in geringerem Maße von der Dehngeschwindigkeit $\dot{\epsilon}$ ab.

Verschleiß von Werkstoffen

Verschleiß-Paarung	Beanspruchung	Verschleißart	Adhäsion	Verschleißmechanismen Tribooxidation	Abrasion	Oberflächenzerrüttung
Festkörper —Festkörper (ohne und mit Schmierung)	Gleiten	Gleitverschleiß	◔	◔	◔	◔
	Rollen Wälzen	Rollverschleiß Wälzverschleiß	◔	◔	◔	◕
	Bohren	Bohrverschleiß	◔	◔	◔	◔
	Prallen Stoßen	Stoßverschleiß	◔	◔	◔	◑
	Oszillieren	Schwingungsverschleiß	◔	◔	◔	◔
	Furchen	Furchungsverschleiß	◔	◔	◕	○
	Kerben	Kerbverschleiß	○	○	◕	◔
Festkörper —Festkörper und Partikel	Gleiten	Korngleitverschleiß	◔	◔	◕	○
	Wälzen	Kornwälzverschleiß	◔	◔	○	◑
	Mahlen	Mahlverschleiß	○	◔	◕	◔
Festkörper —Flüssigkeit mit Partikeln	Strömen	Spülverschleiß (Erosionsverschleiß)	○	◔	◕	◔
Festkörper —Gas mit Partikeln	Strahlen	Strahlverschleiß a) Gleitstrahlverschleiß	○	◔	◕	◔
		b) Schrägstrahlverschleiß	○	◔	◑	◑
		c) Prallstrahlverschleiß	○	◔	◔	◕
Festkörper —Flüssigkeit	Prallen	Tropfenschlagverschleiß	○	◔	○	◕
	Strömen	a) Flüssigkeitserosionsverschleiß	○	◔	○	◕
		b) Kavitationsverschleiß	○	◔	○	◕
Festkörper —Gas	Strömen	Ablativverschleiß	Tribosublimation			

Anteilmäßiges Auftreten: ○ 0 %   ● 100 %

Tabelle 2.6   Verschleißarten und Verschleißmechanismen

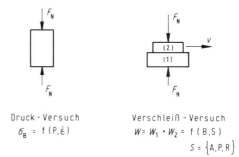

Bild 2.21 Unterschied zwischen einer Festigkeits- und einer Verschleißprüfung

Beim Verschleißversuch wirken dagegen zwei relativ zueinander bewegte Körper über eine Kontaktfläche aufeinander ein, wobei weniger das Volumen als vielmehr die Oberflächenbereiche beansprucht werden. Als Kennwert erhält man den Verschleißbetrag W, der aus den Einzelverschleißbeträgen von Grund- und Gegenkörper W_1 und W_2 zusammengesetzt ist. Dieser Verschleißbetrag hängt, wie im vorangehenden Abschnitt dargelegt wurde, vom Beanspruchungskollektiv B und der Systemstruktur S ab, zu deren Kennzeichnung eine große Anzahl von Größen zu berücksichtigen ist. Der Verschleißbetrag ist daher kein Werkstoff-, sondern ein Systemkennwert.

2.2.2 Verschleiß-Meßgrößen

Jede Verschleißprüfung erfordert eine Verschleißmessung. Zur quantitativen Erfassung des Verschleißes können unterschiedliche Verschleiß-Meßgrößen gewählt werden. Die gebräuchlichsten Verschleiß-Meßgrößen sind in der Neufassung der DIN-Norm 50 321 von 1979 zusammengestellt. Danach kann man drei Hauptgruppen von Verschleiß-Meßgrößen unterscheiden:

    I. Direkte Verschleiß-Meßgrößen
    II. Bezogene Verschleiß-Meßgrößen
    III. Indirekte Verschleiß-Meßgrößen

Innerhalb der Gruppe I ist an erster Stelle der Verschleißbetrag zu nennen, der als Längen-, Flächen-, Volumen- oder Massenänderung gemessen werden kann und dementsprechend auch als linearer, planimetrischer, volumetrischer oder massenmäßiger Verschleißbetrag bezeichnet wird. In der Regel nehmen Länge, Fläche, Volumen oder Masse als Folge der tribologischen Beanspruchung ab. Zuweilen, wie z. B. bei der Aufbauschneidenbildung auf Zerspanungswerkzeugen, ist aber auch eine Materialzunahme infolge eines adhäsiv bedingten Werkstoffübertrages zu beobachten. Auch diesen Vorgang kann man für das Werkzeug als Verschleiß ansehen, weil er die Funktionsfähigkeit des Werkzeuges beeinträchtigt.

Da der Verschleißbetrag in unterschiedlichen Dimensionen gemessen werden kann, ist zu überlegen, welche Dimension im konkreten Fall zu wählen ist. Um dies zu veranschaulichen, sind in Bild 2.22 die direkten Verschleiß-Meßgrößen zusammengestellt; der massenmäßige Verschleißbetrag, der dort nicht aufgeführt ist, kann in seiner Aussage meistens mit dem volumetrischen Verschleißbetrag gleichgesetzt werden.

Der lineare Verschleißbetrag charakterisiert den Verschleiß immer dann richtig, wenn die Längenabnahme über einer verschleißenden Fläche an allen Stellen gleich ist. Der planimetrische Verschleißbetrag ist bevorzugt anzuwenden, wenn eine Verschleißspur mit veränderlicher Tiefe auszumessen ist. Ändert sich die Größe der verschleißenden Fläche mit zunehmendem Verschleiß, so ist die Angabe des volumetrischen Verschleißbetrages angebracht.

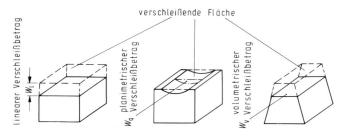

Bild 2.22 Direkte Verschleiß-Meßgrößen

Die Bewertungsfolge des Verschleißverhaltens von Werkstoff-Paarungen kann durchaus von der Wahl der Verschleiß-Meßgröße abhängen (Habig, 1974). Zur Erläuterung kann wiederum das Beispiel des Walzenpaares dienen (Bild 2.23). Beide Walzen sollen einen unterschiedlichen Durchmesser besitzen und die Walzenpaare aus Werkstoffen der Bezeichnung A und B bestehen. Benutzt man den linearen Verschleißbetrag als Verschleiß-Meßgröße, so ist in dem gegebenen Beispiel der Gesamtverschleißbetrag W_{ges} beider Walzen für die Paarung A kleiner als für die Paarung B. Aus den linearen Maßänderungen der Walzen lassen sich mit Hilfe der Walzendurchmesser die volumetrischen Verschleißbeträge ermitteln. Als Ergebnis erhält man dann jedoch eine Umkehr der Bewertungsfolge, weil der Verschleißbetrag der großen Walze sich nun stärker auf den Gesamtverschleißbetrag W_{ges} auswirkt.

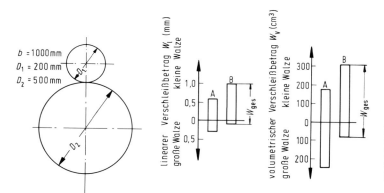

Bild 2.23 Verschleiß-Bewertungsfolge in Abhängigkeit von der gewählten Verschleiß-Meßgröße

Es erhebt sich natürlich sofort die Frage, welches Verschleißmaß die Verhältnisse „richtig" beschreibt. Die Antwort muß von der Überlegung ausgehen, durch welche Maßänderung die Funktionsfähigkeit des betrachteten Tribosystems am meisten vermindert wird. In technischen Tribosystemen ist meistens die Veränderung linearer Abmessungen unerwünscht; man denke z. B. an das Lagerspiel in Gleitlagern. Daher wird zur Lösung von praxisnahen Verschleißproblemen überwiegend mit dem linearen Verschleißbetrag gearbeitet. Zur Klärung der physikalisch-chemischen Ursachen des Verschleißes sind dagegen eher volumetrische oder massenmäßige Verschleiß-Meßgrößen geeignet.

Statt des Verschleißbetrages wird auch häufig sein Reziprokwert benutzt, der als Verschleißwiderstand bezeichnet wird. Unter Bedingungen, bei denen das Beanspruchungskollektiv oder die Struktur von Tribosystemen nicht hinreichend charakterisiert werden können, kann es vorteilhaft sein, den Verschleißbetrag oder den Verschleißwiderstand eines tribologisch beanspruchten Werkstoffes auf den Verschleißbetrag bzw. Verschleißwiderstand eines Referenzwerkstoffes zu beziehen, der unter den gleichen Bedingungen beansprucht wird. Man erhält dann als dimensionslose Kennzahl den relativen Verschleißbetrag bzw. relativen Verschleißwiderstand.

Nach den direkten Verschleiß-Meßgrößen sollen die bezogenen behandelt werden. Trägt man den Verschleißbetrag über einer Bezugsgröße auf, als welche die Beanspruchungsdauer, der Beanspruchungsweg oder die Durchsatzmenge dienen können, so erhält man in vielen Fällen eine charakteristische Kurve, wie sie im oberen Teil des Bildes 2.24 dargestellt ist. Der Anstieg dieser Kurve, der gleich seiner mathematischen Ableitung ist, ist im unteren Teilbild wiedergegeben. Er wird als bezogene Verschleiß-Meßgröße oder als Verschleißrate bezeichnet. Häufig nimmt die Verschleißrate während des Einlaufes degressiv ab, bleibt dann über einen längeren Zeitraum konstant, bis ein progressiver Anstieg den Ausfall ankündigt. Bei Verschleißprozessen, bei denen die Oberflächenzerrüttung zur Grübchenbildung führt wie z. B. in Wälzlagern oder Zahnrädern, kann die Verschleißrate auch von Beginn der Beanspruchung an null sein und erst nach einer langen Betriebszeit spontan ansteigen, wenn die ersten Grübchen entstehen.

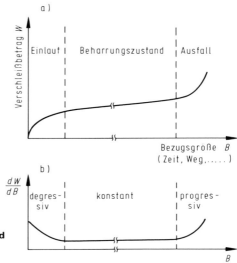

Bild 2.24 Verschleiß-Verlaufskurve und ihre mathematische Ableitung

Je nach der verwendeten Bezugsgröße können für die Verschleißrate unterschiedliche Begriffe verwendet werden:
- I. Verschleißgeschwindigkeit, mit der Zeit als Bezugsgröße
- II. Verschleiß-Weg-Verhältnis oder Verschleißintensität, mit dem Weg als Bezugsgröße
- III. Verschleiß-Durchsatz-Verhältnis, mit dem Durchsatz als Bezugsgröße

Bei der zuletzt genannten Verschleiß-Meßgröße ist der Durchsatz durch das Volumen, die Masse oder die Anzahl der Gegenkörper gegeben, durch die der Grundkörper tribologisch beansprucht wird.

Vogelpohl (1969) stellte für eine große Anzahl von tribologischen Systemen die von den verschiedensten Stellen ermittelten Verschleißraten als Verschleiß(Abtrag)-Weg-Verhältnis zusammen (Bild 2.25). Oberhalb eines Verschleiß-Weg-Verhältnisses von 100 μm/km hält er den Begriff „Verschleiß" nicht mehr für sinnvoll. Da in diesen Bereich Bearbeitungsvorgänge wie Fräsen, Schleifen, Feilen, Trennschleifen und Sägen fallen, sind diese Vorgänge per definitionem (siehe Abschnitt 2.1) nicht dem Verschleiß zuzuordnen. In diesem Bereich wird auch der Verschleiß von Modell-Verschleiß-Prüfgeräten wie dem Vierkugelapparat, dem Prüfgerät mit gekreuzten Zylindern oder dem Timkengerät aufgeführt. Heute sind aber mit modernen Verschleiß-Meßmethoden auf Modell-Verschleißprüfgeräten Verschleiß-Weg-Verhältnisse in der Größenordnung von 0,1 μm/km meßbar, so daß mit diesen Geräten sinnvolle Verschleißprüfungen möglich sind. Außerdem muß man bei den Verschleißraten tribotechnischer Systeme daran denken, daß diese überwiegend im hydrodynamischen Bereich arbeiten, der nahezu verschleißfrei ist, und nur unter ungünstigen Betriebsbedingungen das Gebiet der Mischreibung durchlaufen (siehe Abschnitt 2.3); d.h. der für die Mischreibung geltende Gleitweg ist wesentlich geringer als der gesamte Gleitweg. Bezieht man den gemessenen Verschleißbetrag nur auf den im Mischreibungsgebiet zurückgelegten Gleitweg — was allerdings einigen meßtechnischen Aufwand erfordert — so dürften sich auch in tribotechnischen Systemen der Praxis wesentlich höhere Verschleißraten ergeben, so daß der Unterschied zu den Ergebnissen von Modell-Verschleißprüfgeräten, die ständig im Gebiet der Mischreibung arbeiten, geringer wird.

Mit dem Vierkugelapparat werden weniger Verschleiß- als vielmehr sogenannte Versagensuntersuchungen durchgeführt, bei denen nur die Belastung, die Temperatur oder die Geschwindigkeit interessiert, bei der die Kugeln verschweißen oder der Verschleißbetrag von einer Tieflage in eine Hochlage ansteigt, während der Verschleißbetrag selbst häufig gar nicht angegeben wird.

In bezug auf die Größe der Verschleißraten erscheint daher eine Kritik an den Ergebnissen von sorgfältig durchgeführten Modell-Verschleißprüfungen nicht mehr berechtigt. —

Die Messung von Verschleißraten ist immer dann vorteilhaft, wenn zeitliche Änderungen von Verschleißprozessen erfaßt werden sollen. So kann bei Motoren, die mit einem besonderen Programm vor dem Einbau in Kraftfahrzeuge eingefahren werden, der Einlaufvorgang beendet werden, wenn die Verschleißrate einen konstanten Wert erreicht.

Nach den direkten und den bezogenen Verschleiß-Meßgrößen sind abschließend die indirekten Verschleiß-Meßgrößen zu behandeln. Sie stellen ein Maß für die Dauer oder den Durchsatz dar, die zum Verlust der Funktionsfähigkeit eines tribologisch beanspruchten Bauteiles führen. Es wird zwischen den folgenden Größen unterschieden:

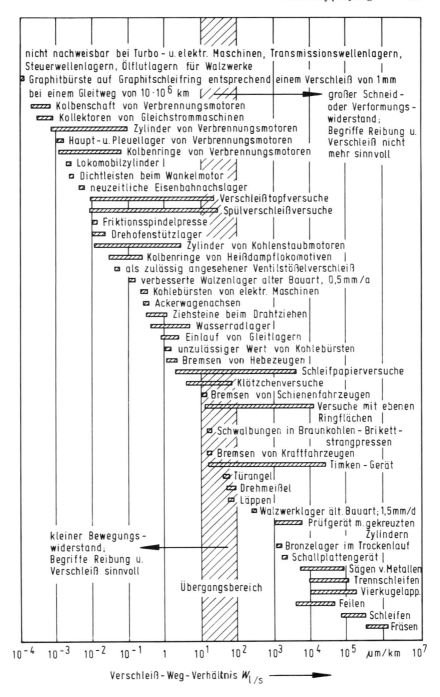

Bild 2.25 Verschleiß-Weg-Verhältnis unterschiedlicher tribologischer Systeme nach Vogelpohl (1969)

I. Verschleißbedingte Gebrauchsdauer
II. Gesamt-Gebrauchsdauer
III. Verschleißbedingte Durchsatzmenge

Der Unterschied zwischen den beiden zuerst genannten Größen liegt darin, daß in der Gesamt-Gebrauchsdauer neben den Betriebszeiten auch die Stillstandszeiten enthalten sind.

Indirekte Verschleiß-Meßgrößen werden vor allem dann verwendet, wenn das Messen von direkten oder bezogenen Verschleiß-Meßgrößen einen nicht tragbaren Meßaufwand erfordert, den Verschleißablauf stört oder wenn nur Aussagen über die verschleißbedingte Abnahme der Funktionsfähigkeit von Maschinen oder Anlagen gefordert werden.

Zusammenfassend sind die in diesem Abschnitt besprochenen Verschleiß-Meßgrößen, die der Norm DIN 50 321 von 1979 entsprechen, in Tabelle 2.7 enthalten.

2.2.3 Verschleiß-Meßmethoden

Die im vorangehenden Abschnitt aufgeführten Verschleiß-Meßgrößen können mit unterschiedlichen Methoden gemessen werden, die man in zwei Hauptgruppen einteilen kann:

I. Erfassung der verschleißbedingten Maßänderungen der tribologisch beanspruchten Bauteile
II. Sammlung und Analyse der Verschleißpartikel

In die Gruppe I können die linearen, planimetrischen, volumetrischen und massenmäßigen Verschleiß-Meßgrößen einschließlich der zugehörigen Verschleißraten eingeordnet werden. Zur Messung des linearen Verschleißbetrages dienen zunächst gewöhnliche Längenmeßgeräte wie Zollstock, Meßschieber, Feinmeßschraube, Meßuhr oder Meßmikroskop. Mit diesen Meßzeugen kann der Verschleißbetrag aber nur in bestimmten Zeitintervallen gemessen werden. Nicht selten müssen dazu die verschleißenden Bauteile ausgebaut werden, so daß der Wiedereinbau zu einem erneuten Einlaufverschleiß führen kann, wenn die Bauteile nicht exakt in ihre ursprüngliche Lage eingebaut werden. Diese Nachteile kann man durch Verwendung von kapazitiven oder induktiven Wegaufnehmern vermeiden, welche die Längenänderungen kontinuierlich in elektrische Signale umwandeln, die mit Schreibern aufgezeichnet werden können. Aus den aufgenommenen Kurven lassen sich dann ohne größere Schwierigkeiten die Verschleißraten ermitteln. Gelegentlich werden auch auf die tribologisch beanspruchten Bauteile elektrische Widerstände aufgebracht, die zusammen mit den Bauteilen dem Verschleiß unterliegen, so daß eine Spannungs- oder Stromänderung gemessen werden kann (Orcutt, 1970).

Der planimetrische Verschleißbetrag kann diskontinuierlich durch Abtasten des Verschleißprofils mit einem Tastschnittgerät ermittelt werden, indem Profildiagramme aufgezeichnet werden, die sich anschließend ausplanimetrieren lassen.

Werden durch Verschleiß die Querschnitte von Rohrleitungen vergrößert, so kann der Verschleiß auch aus der Veränderung der Menge der durchströmenden Medien abgeschätzt werden.

Der volumetrische Verschleißbetrag läßt sich aus dem linearen ermitteln, wenn die Ausgangsabmessungen des verschleißenden Bauteiles bekannt sind. Er kann auch aus dem massenmäßigen Verschleißbetrag errechnet werden, wenn die Dichte des Werkstoffes des verschleißenden Bauteiles bekannt ist und durch die tribologische Beanspruchung nicht verändert wird.

Verschleißprüfung

Verschleiß-Meßgrößen-Gruppe	Benennung	Zeichen	Einheit [1]
Direkte Verschleiß-Meßgrößen	Verschleißbetrag (allgemein)	W	m; m²; m³; kg
	Linearer Verschleißbetrag	W_l	m
	Planimetrischer Verschleißbetrag	W_q	m²
	Volumetrischer Verschleißbetrag (Verschleißvolumen)	W_V	m³
	Massenmäßiger Verschleißbetrag (Verschleißmasse)	W_m	kg
	Relativer Verschleißbetrag	W_r	Verhältniszahl
	Verschleißwiderstand	$1/W$	m^{-1}; m^{-2}; m^{-3}; kg^{-1}
	Relativer Verschleißwiderstand	$1/W_r$	Verhältniszahl
Bezogene Verschleiß-Meßgrößen (Verschleißraten)	Verschleißgeschwindigkeit a) linear b) planimetrisch c) volumetrisch d) massenmäßig	$W_{l/t}$ $W_{q/t}$ $W_{V/t}$ $W_{m/t}$	m/h m²/h m³/h kg/h
	Verschleiß-Weg-Verhältnis (Verschleißintensität) a) linear b) planimetrisch c) volumetrisch d) massenmäßig	$W_{l/s}$ $W_{q/s}$ $W_{V/s}$ $W_{m/s}$	m/m m²/m m³/m kg/m
	Verschleiß-Durchsatz-Verhältnis a) linear	$W_{l/z}$	$\frac{m}{m^3}$; $\frac{m}{kg}$; $\frac{m}{Stck}$
	b) planimetrisch	$W_{q/z}$	$\frac{m^2}{m^3}$; $\frac{m^2}{kg}$; $\frac{m^2}{Stck}$
	c) volumetrisch	$W_{V/z}$	$\frac{m^3}{m^3}$; $\frac{m^3}{kg}$; $\frac{m^3}{Stck}$
	d) massenmäßig	$W_{m/z}$	$\frac{kg}{m^3}$; $\frac{kg}{kg}$; $\frac{kg}{Stck}$
Indirekte Verschleiß-Meßgrößen	Verschleißbedingte Gebrauchsdauer	T_W	h
	Gesamt-Gebrauchsdauer	T_G	h
	Verschleißbedingte Durchsatzmenge	D_W	m³; kg; Stck

[1] Dezimale Teile der Einheiten sind nach DIN 1301 zu verwenden.

Tabelle 2.7 Übersicht über die gebräuchlichsten Verschleiß-Meßgrößen nach DIN 50 321

56 *Verschleiß von Werkstoffen*

Der massenmäßige Verschleißbetrag wurde früher fast ausschließlich durch Wägung bestimmt. Die Einführung der Radionuklid-Meßtechnik erweiterte die Möglichkeiten der Messung des massenmäßigen Verschleißbetrages beträchtlich. So kann mit dem Dünnschichtdifferenzverfahren, bei dem die tribologisch beanspruchten Bauteile durch den Beschuß mit Protonen, Deuteronen oder α-Teilchen im Zyklotron radioaktiv markiert werden, der Masseverlust aus der Abnahme der Intensität der radioaktiven Strahlung mit zunehmendem Verschleiß bestimmt werden (Gervé, 1972). Dazu ist in Bild 2.26 eine typische Meßanordnung wiedergegeben. Die Oberflächenbereiche des Kolbenringes, dessen Verschleißbetrag gemessen werden soll, werden bis zu einer Tiefe von 0,2 mm aktiviert, wobei die Aktivität mit zunehmender Tiefe abnimmt. Dieser Aktivitätsverlauf und sein zeitliches Abklingen muß im konkreten Einzelfall bekannt sein, damit die verschleißbedingte Abnahme der Aktivität von der natürlichen Aktivitätsabnahme getrennt werden kann. Die Aktivität wird dabei mit einem Detektor durch die Zylinderwand hindurch gemessen. Das Dünnschichtdifferenzverfahren bietet neben seiner großen Meßempfindlichkeit den Vorteil, daß wegen der geringen Radioaktivität der bestrahlten Bauteile keine aufwendigen Strahlenschutzmaßnahmen ergriffen werden müssen.

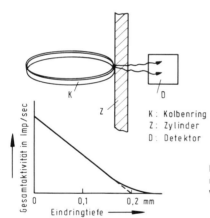

Bild 2.26 Meßanordnung zur Bestimmung des massenmäßigen Verschleißbetrages mit dem Dünnschichtdifferenzverfahren nach Gervé (1972)

Die II. Gruppe der Verschleiß-Meßmethoden besteht in der Sammlung und der Analyse von Verschleißpartikeln. Diese Methoden können vor allem dann vorteilhaft eingesetzt werden, wenn die Maschine, in welcher der Verschleiß bestimmter Bauteile gemessen werden soll, einen Ölkreislauf besitzt. In manchen Fällen kann das Sammeln oder Auffangen von Verschleißpartikeln schon allein eine Verschleißmessung ermöglichen. Dazu eignen sich z. B. sogenannte Spänedetektoren (Orcutt, 1970). So können metallische Verschleißpartikel, die in einen Spalt zwischen zwei Elektroden gelangen, einen Stromkreis schließen und damit das Erreichen eines kritischen Verschleißbetrages ankündigen. Ferromagnetische Verschleißpartikel, die durch magnetische Anziehungskräfte in den Spalt eines Magneten gezogen werden (Bild 2.27), ändern den magnetischen Fluß und damit die elektrische Sekundärspannung deren Größe ein Maß für die Masse der angezogenen Verschleißpartikel darstellt.

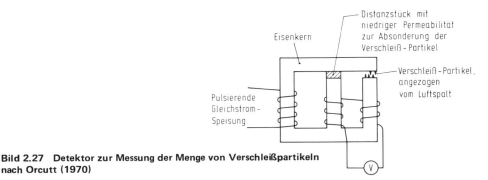

Bild 2.27 Detektor zur Messung der Menge von Verschleißpartikeln nach Orcutt (1970)

Häufiger werden die Verschleißpartikel von einem Filter aufgefangen oder an geeigneten Stellen gesammelt und entweder in bestimmten Intervallen entnommen und analysiert oder mengenmäßig kontinuierlich erfaßt. Zur kontinuierlichen Erfassung der Verschleißpartikel eignet sich das sogenannte Durchflußverfahren (Gervé, 1972), bei dem die Bauteile, deren Verschleißbetrag gemessen werden soll, radioaktiv markiert werden. Die Aktivierung kann mit Neutronen oder als Dünnschichtaktivierung mit α-Teilchen, Deuteronen oder Protonen erfolgen. Durch Verschleiß entstehen radioaktive Verschleißpartikel, die an einer Sammelstelle aufgefangen werden. Mit zunehmender Menge der Verschleißpartikel steigt die Intensität der radioaktiven Strahlung an, die mit einem geeigneten Meßwertaufnehmer gemessen und kontinuierlich registriert werden kann. Durch unterschiedliche Aktivierung verschiedener Bauteile einer Maschine läßt sich eine Mehrkomponenten-Verschleißmessung durchführen; so wurde z.B. in einem Verbrennungsmotor gleichzeitig der Verschleiß der Zylinderbuchse sowie der Lauffläche und der Flanke des Kompressionsringes erfaßt (Kaiser, 1972).

Verbreiteter als kontinuierliche Messungen der Menge von Verschleißpartikeln sind Verfahren, bei denen dem Ölkreislauf in bestimmten Zeitintervallen Proben entnommen und auf ihren Gehalt an Verschleißpartikeln analysiert werden. Hierzu können die verschiedensten chemischen und physikalischen Verfahren benutzt werden. Hier sollen einige spektroskopische Verfahren, die in der Praxis schon vielfach eingesetzt werden, und die Ferrographie, von der man für die Zukunft viel erwartet, vorgestellt werden.

Die verschiedenen spektroskopischen Verfahren zur Bestimmung von Verschleißpartikelgehalten in Schmierstoffen werden von Kägler (1978) mit ihren Vor- und Nachteilen erörtert. Vier Verfahren sind von besonderer Wichtigkeit:
    I. UV-Emissionsspektroskopie, ES, OES (engl.: Emission Spectrography)
    II. Flammen-Emissionsspektroskopie, FES (engl.: Flame Emission Spectrometry)
    III. Röntgenfluoreszenzanalyse; RFA (engl.: X-Ray Fluorescence Spectrometry; XRF)
    IV. Atomabsorptionsspektroskopie, AAS (engl.: Atomic Absorption Spectroscopy)

Bei den drei zuerst genannten Verfahren werden die Proben durch Funken, Lichtbögen, Flammen, Röntgenstrahlung oder direkten Elektronenbeschuß zur Emission von elektromagnetischen Strahlen angeregt, deren Spektren für die verschiedenen Elemente charakteristisch sind. In der Atomabsorptionsspektroskopie wird das monochromatische Licht einer Strahlungsquelle von Elementen, die im atomaren Grundzustand vorliegen, absorbiert und diese Strahlungsabsorption gemessen. Die Einzelheiten der Verfahren können dem Buch „Neue Mineralölanalyse" von Kägler (1969) entnommen werden. Die Nachweisgrenze liegt in günstigen Fällen bei 1 ppm.

Als letzte der Verschleiß-Meßmethoden soll die Ferrographie vorgestellt werden, die erst in den letzten Jahren entwickelt wurde (Scott, Seifert u. Westcott, 1975; Scott u. Westcott, 1977; Barwell, Bowen u. Westcott, 1977; Hofman u. Johnson, 1977). Bei der Ferrographie wird die zu untersuchende Ölprobe verdünnt und über eine schräg gestellte, transparente Scheibe gegossen, unter der sich ein Magnet befindet, so daß ferromagnetische Verschleißpartikel festgehalten werden. Nach dem Spülen mit einem Lösungsmittel können die festgehaltenen Verschleißpartikel mengenmäßig bestimmt und licht- oder elektronenoptisch untersucht werden. Es kann also einerseits die Größe des Verschleißbetrages oder der Verschleißrate abgeschätzt werden, andererseits kann man aus der Gestalt und der Farbe der Partikel Rückschlüsse über den Mechanismus ziehen, der zur Bildung der Verschleißpartikel geführt hat. So weisen span- oder spiralförmige Partikel auf das Wirken der Abrasion hin (Bild 2.28); für die Entstehung von schuppenförmigen Verschleißpartikeln soll die Adhäsion verantwortlich sein (Bild 2.29). Rostbraune Verschleißpartikel bestehen aus α-Fe_2O_3, das durch Tribooxidation entstehen kann. —

Bild 2.28 Durch Abrasion erzeugte Verschleißpartikel nach Scott, Seifert und Westcott (1975)

Bild 2.29 Durch Adhäsion erzeugte Verschleißpartikel nach Scott, Seifert und Westcott (1975)

Nach den verschiedenen Verschleiß-Meßmethoden sollen im folgenden Abschnitt die verschiedenen Möglichkeiten der Verschleißprüfung behandelt werden, die neben den Verschleißmessungen auch Messungen der Größen des Beanspruchungskollektivs und der Systemstruktur erfordern.

2.2.4 Betriebliche Verschleißprüfung

Der Verschleiß ist vor allem ein Problem des betrieblichen Alltags. Verschlissene Bauteile und Werkzeuge müssen nach bestimmten Betriebszeiten durch neue ersetzt werden. Besonders unangenehm ist es, wenn der Verschleißbetrag unerwartet und plötzlich von einer normalen Tieflage in eine Hochlage ansteigt, so daß Maschinen stillgesetzt werden müssen. Werden in neu entwickelten Maschinen nicht die richtigen Werkstoffe und Schmierstoffe eingesetzt, so kann wegen eines zu hohen Verschleißbetrages die geforderte Betriebsdauer unter Umständen nicht erreicht werden. Bei Betriebsverschleißprüfungen stehen demnach zwei Zielsetzungen im Vordergrund:
    I. Erhaltung der Funktionsfähigkeit von Maschinen und Anlagen
    II. Optimierung des Verschleißwiderstandes in neu entwickelten Maschinen und Anlagen

Will man einen Überblick über die Möglichkeit zur Überwachung der Funktionsfähigkeit von tribotechnischen Systemen gewinnen, so eignet sich dazu die systemanalytische Beschreibung von Verschleißvorgängen, wie sie nochmals kurz in Bild 2.30 dargestellt ist. Wie schon im Abschnitt 2.1.1 erwähnt, ändern sich durch Verschleiß die Eigenschaften P der tribologisch beanspruchten Bauteile, weil sie ihre Abmessungen nicht beibehalten. Ferner kann ein als Zwischenstoff dienender Schmierstoff Verschleißpartikel aufnehmen, so daß auch er in seinen Eigenschaften nicht konstant bleibt. Daraus folgt, daß die Struktur des Tribosystems irreversiblen, zeitlichen Änderungen unterlegen ist. Dies kann Auswirkungen auf die Eingangsgrößen, die Nutzgrößen und die Verlustgrößen haben. So verbraucht ein Verbrennungsmotor, dessen Kolbenringe verschlissen sind, mehr Kraftstoff als im Neuzustand, wobei man den Kraftstoffverbrauch den Eingangsgrößen zuordnen kann. Andererseits kann durch Verschleiß die Leistung einer Kraftmaschine abnehmen, was gleichbedeutend mit einer Veränderung der Nutzgrößen ist. In der Fertigung von Werkstücken müssen oft bestimmte Maßtoleranzen eingehalten werden. Mit zunehmendem Werkzeugverschleiß können die Maßtoleranzen überschritten werden, so daß durch die Kontrolle der Abmessungen der gefertigten Werkstücke der Verschleiß der Werkzeuge abgeschätzt werden kann.

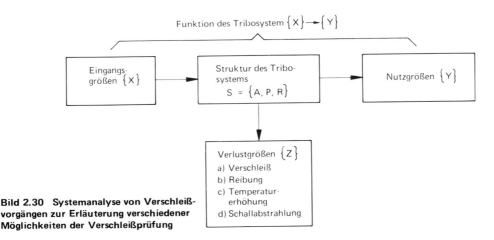

Bild 2.30 Systemanalyse von Verschleißvorgängen zur Erläuterung verschiedener Möglichkeiten der Verschleißprüfung

Die Überwachung der Eingangs- und Nutzgrößen bietet den Vorteil, daß sie vielfach ohne einen besonderen meßtechnischen Aufwand möglich ist. Der Nachteil liegt aber darin, daß eine Veränderung der Eingangs- oder Nutzgrößen auch andere als verschleißbedingte Ursachen haben kann. Eine eindeutigere Aussage läßt sich nur durch eine Messung der Verlustgrößen gewinnen, zu denen außer dem Verschleiß auch die Reibung, die Temperaturerhöhung und die Schallabstrahlung gehören. Der Verschleiß bzw. der Verschleißbetrag kann in Maschinen, die einen Ölkreislauf besitzen, durch eine Kontrolle der Menge der im Öl enthaltenen Verschleißpartikel ermittel werden. Hierzu werden — wie schon erwähnt — häufig spektrometrische Analysenverfahren eingesetzt. Die Aktivitäten zur Bestimmung der chemischen Elemente von Verschleißpartikeln mittels UV-Emissionsspektroskopie wurden in sogenannten SOAP-Programmen (Spectrographic-Oil-Analysis-Programs) zusammengefaßt. Es wurden verschiedene SOAP-Programme, insbesondere für den Bereich der Flugbetriebsstoffe und der Lokomotiven von Eisenbahngesellschaften auf internationaler Ebene entwickelt. Dabei werden bestimmte Grenzwerte der zulässigen Gehalte einzelner chemischer Elemente, die in Verschleißpartikeln enthalten sind, festgelegt. Werden diese Gehalte überschritten, müssen die entsprechenden Bauteile ausgewechselt werden. So fällt in Bild 2.31 die starke Erhöhung des Eisengehaltes im Öl eines Flugtriebwerkes auf. Daraus wurde auf ein defektes Lager geschlossen, das nach knapp 200 Betriebsstunden durch ein neues ersetzt wurde. Durch solche Maßnahmen, die auch als vorbeugende Instandhaltung bezeichnet werden, können größere, unter Umständen katastrophale Schäden verhindert werden.

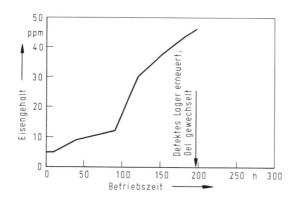

Bild 2.31 Spektrometrische Analyse des Eisengehaltes im Öl eines Flugtriebwerkes nach Orcutt (1970)

Zur vorbeugenden Instandhaltung werden neben Verschleißmessungen vor allem Messungen von reibbedingten Temperaturerhöhungen, der Schallabstrahlung und neuerdings auch der Schallemission eingesetzt, während die Reibungsmessung offenbar weniger angewendet wird.

Eine Temperaturerhöhung ist oft ein Anzeichen dafür, daß die Schmierung unzureichend ist. Es besteht dann die Gefahr des adhäsiven Fressens und damit des spontanen Ausfalls von Maschinen. Um solche Schäden zu vermeiden, baut man z. B. in die Lagerschalen von Großmaschinen Temperaturfühler ein. Übersteigt die gemessene Temperatur einen kritischen Wert, so wird die Maschine automatisch stillgesetzt. Dadurch wird ein sich anbahnender, größerer Verschleißschaden vermieden. Bei der Deutschen Bundesbahn mißt man seit einigen Jahren die Temperatur der Lagergehäuse von Achslagern fahrender Züge berührungslos mit Infrarotdetektoren. Diese als Heißläuferortungsanlagen (HOA) bezeichneten Detektoren sind an verschiedenen Stellen des Streckennetzes installiert. Überschreitet das Lager eines fahrenden Zuges eine bestimmte Temperatur, so wird auf der nächsten Station ein Warnsignal ausgelöst (Huppmann, 1970). –

Verschleiß kann zur Vergrößerung von Lagerspielen oder zur Grübchenbildung führen. Dadurch können Schwingungen ausgelöst werden, die sich als Schallabstrahlung bemerkbar machen und meßtechnisch erfaßt werden können. Durch Messung der Schallabstrahlung kann gleichzeitig der Verschleiß verschiedener Bauteile einer Maschine verfolgt werden, wenn die Verschleißschäden Schallabstrahlungen mit unterschiedlichen Frequenzbereichen bewirken. Dazu werden mit einem Mikrophon oder Körperschallaufnehmer von Maschinen in verschiedenen Betriebszuständen und Verschleißphasen sogenannte Leistungsdichtespektren aufgenommen, in denen der Schallpegel über der Schallfrequenz aufgetragen wird. Ein Beispiel für ein solches Spektrum enthält Bild 2.32. Der Schallpegel in den Frequenzbereichen A, B, C und D bezieht sich auf den Verschleißzustand verschiedener Bauteile. So ist in diesem Beispiel der Bereich C für einen Wälzlagerschaden charakteristisch. Überschreitet der kontinuierlich gemessene Schallpegel in diesem Frequenzbereich die vorgegebene Grenzlinie, so muß das durch Grübchenbildung geschädigte Wälzlager durch ein neues ersetzt werden.

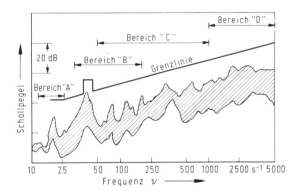

Bild 2.32 Beurteilungsdiagramm über den Verschleißzustand von U-Boot-Pumpenmotoren nach Bowen und Graham (1967)

Eine andere Möglichkeit der Schallmessung, die bisher nur vereinzelt für Verschleißprüfungen eingesetzt wurde, bietet die Schallemissionsanalyse, mit der man bereits auf vielen Gebieten der Materialprüfung arbeitet. Bei diesem Verfahren wird die Schallemission, die durch Gleit- oder Trennvorgänge im Mikrogefüge von Werkstoffen ausgelöst wird, gemessen. Mit dieser Methode gelang es, Lagerausfälle bereits mehrere Wochen vor der völligen Zerstörung des Lagers zu erkennen (Ziegler, 1977). Der für solche Prüfungen notwendige meßtechnische Aufwand ist allerdings sehr groß. –

Damit sind die wichtigsten Methoden von Betriebs-Verschleißprüfungen zur Überwachung der Funktionsfähigkeit von Maschinen behandelt. Der zweite Aufgabenbereich von Betriebs-Verschleißprüfungen liegt darin, den Verschleißwiderstand von tribologisch beanspruchten Bauteilen bei der Neuentwicklung von Geräten zu optimieren oder einen unzulässig hohen Verschleiß in bereits bestehenden Anlagen zu vermindern. Die Verminderung des Verschleißes kann durch konstruktive, werkstoff- oder schmierstofftechnische

Maßnahmen erfolgen, deren Auswirkungen mit Hilfe von Verschleißprüfungen zu kontrollieren sind. Eine besondere Schwierigkeit ist darin zu sehen, daß bei der gezielten Veränderung einer Größe die anderen Größen konstant gehalten werden sollten. Ändert man z. B. die konstruktive Gestaltung, so sollten das Beanspruchungskollektiv und die stofflichen Eigenschaften der Elemente des Tribosystems zunächst nicht verändert werden. Dies läßt sich im Betrieb aber nur schwer verwirklichen; so ist es nicht leicht, das Beanspruchungskollektiv konstant zu halten, weil es von der jeweiligen Belastung einer Maschine abhängt. Denn es ist z. B. ein Unterschied, ob eine Baggerschaufel in lockerem Sandboden oder steinhaltigem Boden eingesetzt wird. Ein weiterer Nachteil von Betriebsverschleißprüfungen liegt darin, daß die meisten, für den Verschleiß wichtigen Größen entweder gar nicht oder nur mit großem meßtechnischen Aufwand erfaßt werden können. Schließlich lassen Betriebs-Verschleißprüfungen in der Regel nur eine Aussage für den konkreten Einzelfall zu, ohne daß eine Übertragung der Ergebnisse auf andere, scheinbar ähnlich gelagerte Verschleißfälle möglich ist. Soll das Verschleißverhalten von neu entwickelten Werkstoffen untersucht werden, ohne daß schon eine spezielle technische Anwendung in Betracht gezogen wird, so erscheinen Betriebs-Verschleißprüfungen zumindest am Beginn der Erprobung solcher Werkstoffe nicht angebracht, weil sie sich immer auf eine spezielle Funktion von Tribosystemen beschränken und daher nicht erkennen lassen, ob sich ein neu entwickelter Werkstoff in einem anderen Funktionsbereich bewährt. Denkt man ferner an die hohen Kosten von Betriebs-Verschleißprüfungen, so ist es nicht verwunderlich, daß man nach einfacheren Prüfmethoden gesucht hat, die im folgenden unter dem Begriff „Modell-Verschleißprüfung" behandelt werden sollen.

2.2.5 Modell-Verschleißprüfung

Bei Modell-Verschleißprüfungen arbeitet man mit Modell-Prüfkörpern, die einfache geometrische Formen haben und sich daher ohne größeren Aufwand kostengünstig herstellen lassen. Diese Modell-Prüfkörper werden in als Tribometer bezeichnete Verschleiß-Prüfgeräte eingesetzt und dort tribologisch beansprucht. Grundsätzlich kann man zwischen zwei Hauptgruppen von Tribometern unterscheiden:

> A. Tribometer, mit denen der Verschleiß von Werkstoff-Paarungen mit und ohne Schmierung untersucht wird, so daß sowohl der Verschleiß des Grundkörpers als auch der des Gegenkörpers von Interesse ist.

> B. Tribometer, mit denen der Verschleiß von Werkstoffen untersucht wird, die durch feste, flüssige oder gasförmige Gegenkörper bzw. Gegenstoffe beansprucht werden, wobei nur der Verschleiß des Grundkörpers interessiert.

Zu der Gruppe A gehören über 100 Prüfsysteme, die von der American Society of Lubrication Engineers (ASLE, 1976) zusammengestellt wurden. Eine Auswahl der am häufigsten benutzten Prüfsysteme enthält Bild 2.33. Die Gruppe B beinhaltet an erster Stelle die Prüfsysteme, mit denen Werkstoffe durch Abrasivstoffe tribologisch beansprucht werden, so daß mit diesen Prüfsystemen der Widerstand von Werkstoffen gegenüber dem Wirken der Abrasion ermittelt werden kann. Die hierzu gebräuchlichsten Verschleiß-Prüfgeräte sind in Bild 2.34 zusammengestellt.

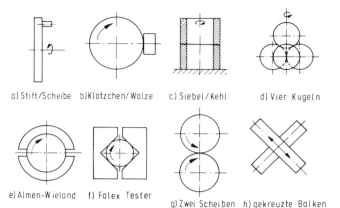

Bild 2.33 Modell-Verschleißprüfsysteme zur Untersuchung des Verschleißes von Werkstoff- und Werkstoff-Schmierstoffpaarungen

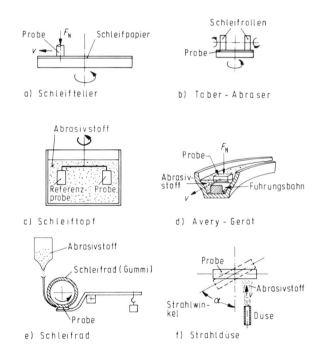

Bild 2.34 Modell-Verschleißprüfsysteme zur Untersuchung des Verschleißes von Werkstoffen bei tribologischer Beanspruchung durch abrasiv wirkende Gegenkörper bzw. Gegenstoffe

Betrachtet man die Modell-Verschleißprüfung mit der Methodik der Systemanalyse (Bild 2.35), so fällt auf, daß die Nutzgrößen fehlen. Die Eingangsgrößen, die für das Beanspruchungskollektiv maßgebend sind, werden durch die Struktur in Verlustgrößen umgesetzt, die vor allem als Verschleiß und Reibung in Erscheinung treten. Weil die Eingangsgrößen nicht in bestimmte Nutzgrößen transformiert werden, beziehen sich die Ergeb-

64 *Verschleiß von Werkstoffen*

nisse von Modell-Verschleißprüfungen nicht auf spezielle Funktionen, wie sie in Abschnitt 2.1.2 beschrieben wurden. Dies ist einerseits von Vorteil, weil die Ergebnisse von Modell-Verschleißprüfungen unabhängig von bestimmten, praktischen Anwendungsfällen gültig sind. Man kann diese Tatsache andererseits aber auch als Nachteil ansehen, weil die Übertragbarkeit der Ergebnisse von Modell-Verschleißprüfungen auf praktische Anwendungsfälle große Schwierigkeiten mit sich bringt, deren Lösung eine der großen Aufgaben der Verschleiß-Prüftechnik ist.

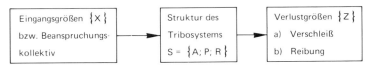

Bild 2.35 Systemanalyse der Modell-Verschleißprüfung

Insgesamt gesehen können mit Modell-Verschleißprüfungen vier Aufgabenbereiche bearbeitet werden (Habig, 1975):
    I. Aufklärung von Verschleißmechanismen
   II. Überwachung der Produktion von tribotechnischen Werkstoffen und Schmierstoffen
  III. Entwicklung von tribotechnischen Werkstoffen und Schmierstoffen
  IV. Simulation des Verschleißes in Maschinen und Anlagen der Praxis

Zum Aufgabenbereich I wurde eine große Anzahl von Arbeiten veröffentlicht, die erkennen lassen, daß nur eine begrenzte Zahl von Verschleißmechanismen für den Verschleiß verantwortlich ist (siehe Abschnitt 2.1.6). Aus diesen Arbeiten kann man weiter entnehmen, wie das Wirken der einzelnen Verschleißmechanismen vom Beanspruchungskollektiv und den Eigenschaften der Elemente von Tribosystemen abhängt. Hierüber wird ausführlich im 4. Kapitel dieses Buches berichtet.

Der Aufgabenbereich II von Modell-Verschleißprüfungen umfaßt die Überwachung der Produktion von tribotechnischen Werkstoffen und Schmierstoffen. Dabei ist häufig zu prüfen, ob Werkstoffe oder Schmierstoffe, die verschiedenen Chargen entstammen oder für die neue Produktionsverfahren entwickelt wurden, in ihrem Verschleißverhalten bzw. in ihrer verschleißmindernden Wirkung konstant geblieben sind.

Bei Werkstoffen wirkt sich oft schon eine geringfügige Veränderung der chemischen Zusammensetzung, des Gefügezustandes oder der Verarbeitung deutlich auf den Verschleißbetrag aus. Als Beispiel soll der Verschleiß von zwei Serien nitrierter Stahlproben herangezogen werden, die in zwei unterschiedlichen Nitrierbädern unter annähernd gleichen Bedingungen, was die Nitriertemperatur und die Nitrierdauer betrifft, nitriert wurden. Aus Bild 2.36 erkennt man, daß die im Salzbad II nitrierten Proben einen relativ niedrigen Verschleißbetrag mit einer geringen Streuung der Meßwerte haben, während die im Salzbad I nitrierten Proben einen fast dreifach höheren Verschleißbetrag mit einer großen Streuung der Meßwerte aufweisen. Mikroskopische Untersuchungen ließen zusätzlich erkennen, daß die Nitridschicht an einigen Stellen abgeplatzt war. Offensichtlich war das Nitrieren im Salzbad I nicht optimal verlaufen. Ähnliche Verschleißprüfungen zur Produktionskontrolle werden von vielen Werkstoff- und Schmierstoff-Herstellern gemacht.

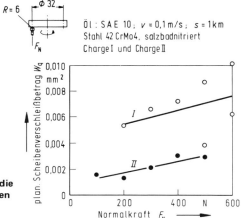

Bild 2.36 Verschleiß von nitrierten Stahlproben, die in zwei verschiedenen Bädern salzbadnitriert wurden

Der Aufgabenbereich III von Modell-Verschleißprüfungen liegt darin, bei der Neuentwicklung von Werkstoffen und Schmierstoffen eine Vorauswahl im Hinblick auf die Weiterentwicklung solcher Stoffe zu ermöglichen. Dabei ist natürlich zu berücksichtigen, daß Verschleiß bzw. Verschleißwiderstand keine Stoff- sondern Systemeigenschaften sind. Es ist daher zu prüfen, wie der Verschleißbetrag eines Werkstoffes oder einer Werkstoff-Schmierstoff-Paarung von den verschiedenen Größen des Beanspruchungskollektivs und der Systemstruktur abhängt. Die Art und Weise des Vorgehens zeigt eine Arbeit von Habig, Chatterjee-Fischer und Hoffmann (1978), in der das Verschleißverhalten von vanadierten und borierten Stählen im Vergleich zu gehärteten und nitrierten Stählen untersucht wurde. Dabei dienten die gehärteten und nitrierten Stähle, die in der Praxis zur Lösung vielfältiger Verschleißprobleme eingesetzt werden, gleichsam als Referenzwerkstoffe. Für die borierten Stähle, die sich in den letzten Jahren zunehmend neue Anwendungen erschlossen haben, sollten die Prüfungen Erkenntnisse über die Möglichkeiten einer Optimierung ihres Verschleißwiderstandes liefern, während bei den vanadierten Stählen zu untersuchen war, ob sie überhaupt zur Verminderung des Verschleißes geeignet sind. Die dazu notwendigen Prüfungen kann man einer systemanalytischen Darstellung entnehmen (Bild 2.37). Als erstes sind Angaben über die Stoffeigenschaften der Modellprüfkörper zu machen, die von der Wärmebehandlung abhängen (Tabelle 2.8). Die makroskopischen Formeigenschaften der Modellprüfkörper sind durch ihre Abmessungen gegeben, die teilweise in engen Toleranzgrenzen einzuhalten sind. Besondere Aufmerksamkeit ist der Oberflächenrauheit zu schenken, die durch Wärmebehandlungen erheblich verändert werden kann. Eine Zunahme der Rauhtiefe ist meistens unerwünscht, weil dadurch im Gebiet der Mischreibung der Festkörpertraganteil auf Kosten des hydrodynamischen Traganteils zunimmt (siehe Abschnitt 2.3). Ein Nacharbeiten der Probenoberflächen läßt sich daher häufig nicht vermeiden. Durch Bearbeitungsvorgänge wie Schleifen, Läppen oder Polieren werden aber Adsorptions- und Reaktionsschichten abgetragen, welche die äußere Grenzschicht von Werkstoffen bilden (siehe Bild 2.12). Damit sich diese für das Verschleißverhalten sehr wichtige Schicht wieder erneuern kann, müssen die Modellprüfkörper eine gewisse Zeit lang lagern, bevor sie in Verschleiß-Prüfgeräten tribologisch beansprucht werden dürfen. Außer den Eigenschaften der Modellprüfkörper, die als Grundkörper und häufig auch als Gegenkörper dienen, müssen auch die Eigenschaften des Zwischenstoffes und des Umgebungsmediums gekennzeichnet werden. Über den Einfluß dieser beiden Elemente wird im Laufe dieses Abschnittes noch ausführlich berichtet. Nach den Elementen und ihren Eigenschaften gehören die Wechselwirkungen zwischen den Elementen zur Struktur von Tribosystemen, wobei besonders die Verschleißmechanismen von Bedeutung sind. Ein erster Schritt zur Charakterisierung des Verschleißverhaltens von Werkstoffen kann darin bestehen zu untersuchen, wie sich unterschiedliche Werkstoffe oder Behandlungen von Werkstoffen gegenüber dem getrennten und überlagerten Wirken der vier wesentlichen Verschleißmechanismen verhalten und zwar gegenüber der

    a) Adhäsion
    b) Tribooxidation
    c) Abrasion
    d) Oberflächenzerrüttung

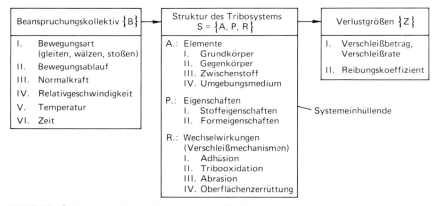

Bild 2.37 Systemanalytische Darstellung der Größen, die zur Charakterisierung des Verschleißverhaltens von Werkstoffen notwendig sind

Dies sei im folgendem am Beispiel von gehärteten, nitrierten, borierten und vanadierten Stählen gezeigt.

Das Adhäsionsverhalten (a) von Werkstoff-Paarungen läßt sich besonders gut im Vakuum untersuchen, weil Adsorptions- und Reaktionsschichten, die durch Verschleiß abgetragen werden, sich wegen des verminderten Sauerstoffangebotes nur langsam wieder erneuern können. Es berühren sich dann die inneren Grenzschichten der Kontaktpartner, so daß atomare Bindungskräfte zwischen den Kontaktpartnern wirksam werden können, welche als eigentliche Ursache der Adhäsion anzusehen sind. Solche Vorgänge laufen auch an Normalatmosphäre ab, wenn Schmierfilme und die Absorptions- sowie Reaktionsschichten von Gleit- oder Wälzpartnern infolge zu hoher Beanspruchungen durchbrochen und nicht schnell genug erneuert werden können.

Verschleißprüfung 67

Wärmebehandlung	Stahl	Daten der Wärmebehandlung	Phasen der Verbindungsschicht	Dicke der Verbindungsschicht [μm]	Randhärte HV 0,2	Rauhtiefe R_z [μm]
Härten (und anlassen)	C 45	gehärtet: 830°C → 10 %ige NaOH angelassen: 220°C 30 min → H_2O	---	---	680	1
	42 CrMo4 S 6-5-2	gehärtet: 830°C → Öl 50°C gehärtet und 2 × angelassen	---	---	760	0,5
Aufkohlen, härten und anlassen	C 45	aufgekohlt:[1] 900°C 3 h gehärtet: 780°C → 10 %ige NaOH angelassen: 220°C 30 min → H_2O	---	---	830	0,5
	16 MnCr 5	aufgekohlt: 930°C 5 h bei C-Pegel von 0,67 % → Öl angelassen: 165°C 1 h	---	---	800	2,5
Nitrieren (vergüten und salzbadnitrieren)	42 CrMo 4	gehärtet: 830°C → Öl 50°C angelassen: 600°C 1 h → H_2O salzbadnitriert:[2] 580°C 2 h → H_2O oder Öl	ϵ-Fe_x N	12	720	1
Borieren (und vergüten)	42 CrMo 4	boriert:[3] 900°C 4 h → Ofenabkühlung gehärtet: 830°C → Öl 50°C angelassen: 570°C 2 h	Fe_2B (FeB)	100	1350 - 1600	1
Vanadieren (und vergüten)	C 100 C 105 W 1	vanadiert:[4] 1000°C 4 h gehärtet: 730°C → H_2O angelassen: 250°C 2 h → H_2O	VC	20	2400	4

1) Pulver Effge 453 El der Firma Görig 2) TF1-Bad, Degussa-Durferrit 3) Borierpulver SO 95 4) Vanadierpulver aus FeV, Al_2O_3 und NH_4Cl

Tabelle 2.8 Wärmebehandlung und Eigenschaften von gehärteten, nitrierten, borierten und vanadierten Modellprüfkörpern

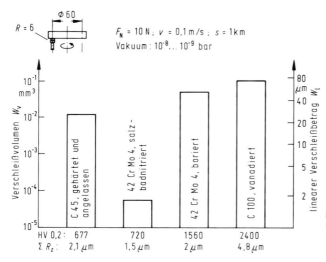

Bild 2.38 Verschleißprüfungen zur Kennzeichnung des Adhäsionsverhaltens von Werkstoff-Paarungen

Ergebnisse von Modell-Verschleißprüfungen zur Kennzeichnung des Adhäsionsverhaltens von unterschiedlich wärmebehandelten Stahl-Paarungen sind in Bild 2.38 wiedergegeben. Hierbei fällt auf, daß das Verschleißvolumen der nitrierten Gleitpaarungen um mehr als zwei Größenordnungen unter dem der anderen Werkstoffpaarungen liegt. Aus Aufnahmen mit dem Raster-Elektronen-Mikroskop (Bild 2.39) ist zu erkennen, daß die Verschleißflächen der nitrierten Probekörper sehr glatt sind, während alle anderen Verschleißflächen starke Zerklüftungen aufweisen. Aus der Größe des Verschleißbetrages und der Morphologie der Verschleißflächen kann also geschlossen werden, daß nitrierte Gleitpaarungen bedeutend weniger als gehärtete, borierte oder vanadierte Gleitpaarungen zur Adhäsion und zum adhäsiv bedingten „Fressen" neigen.

Das Adhäsionsverhalten von Werkstoff-Paarungen läßt sich auch unter Schmierung untersuchen, indem man die Belastung solange erhöht, bis Verschleißbetrag und Reibungskoeffizient von einer Tieflage in eine Hochlage ansteigen. Dieser Anstieg ist dadurch bedingt, daß der Schmierfilm und die Adsorptions- sowie Reaktionsschichten der Verschleißpartner durchbrochen werden und infolgedessen „nackte" Oberflächenbereiche ähnlich wie im Vakuum zur Berührung kommen. Auch unter solchen Prüfbedingungen ergab sich eine eindeutige Überlegenheit von nitrierten gegenüber anders wärmebehandelten Stahl-Paarungen (Habig, Chatterjee-Fischer u. Hoffmann, 1978). Der Vorteil von Versagensuntersuchungen im geschmierten Zustand liegt besonders darin, daß auch der Einfluß von Schmierstoff-Additiven untersucht werden kann.

Nach der Adhäsion (a) ist das Verhalten von Werkstoffen gegenüber der Tribooxidation (b) zu charakterisieren. Die Tribooxidation tritt als Hauptverschleißmechanismus vor allem dann auf, wenn Gleit- oder Wälzpaarungen in Luft ohne Schmierung tribologisch beansprucht werden. Durch die Tribooxidation werden Reaktionsschichten gebildet, die in vielen Fällen erwünscht sind, weil sie den adhäsiv bedingten Verschleiß bzw. die Gefahr des Fressens einschränken. Eine Bildung von Reaktionsschichten, die mit einer Volumenzunahme verbunden ist, muß aber vermieden werden, wenn dadurch Lagerspiele unzulässig verkleinert oder völlig zugesetzt werden.

Verschleißprüfung 69

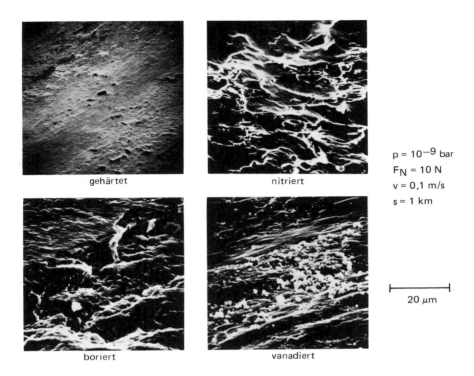

p = 10⁻⁹ bar
F_N = 10 N
v = 0,1 m/s
s = 1 km

Bild 2.39 Verschleißflächen von unterschiedlich wärmebehandelten Modellprüfkörpern nach tribologischen Beanspruchungen im Vakuum

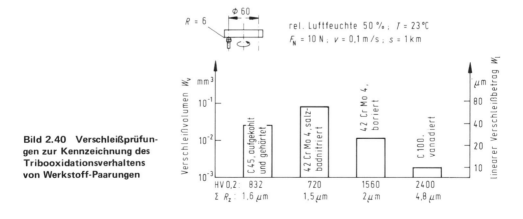

Bild 2.40 Verschleißprüfungen zur Kennzeichnung des Tribooxidationsverhaltens von Werkstoff-Paarungen

Zur Untersuchung des Einflusses der Tribooxidation können Gleitverschleißprüfungen im ungeschmierten Zustand dienen. Die Ergebnisse solcher Untersuchungen an unterschiedlich wärmebehandelten Stahlprobekörpern enthält Bild 2.40. Man kann erkennen, daß borierte und vanadierte Gleitpaarungen einen deutlich niedrigeren Verschleißbetrag

70 *Verschleiß von Werkstoffen*

als gehärtete und nitrierte Gleitpaarungen haben. Betrachtet man die Verschleißflächen (Bild 2.41), so sieht man, daß bei den borierten Gleitpartnern ein großer Teil der Oberflächen mit tribochemischen Reaktionsprodukten belegt ist, während sich auf den Verschleißflächen der vanadierten Proben fast keine Reaktionsprodukte befinden. Muß also eine Tribooxidation vermieden werden, so verhalten sich vanadierte Gleitpaarungen besonders günstig. Kann die Tribooxidation zugelassen werden, so zeichnen sich auch borierte Gleitpaarungen durch einen annehmbaren Verschleißbetrag aus.

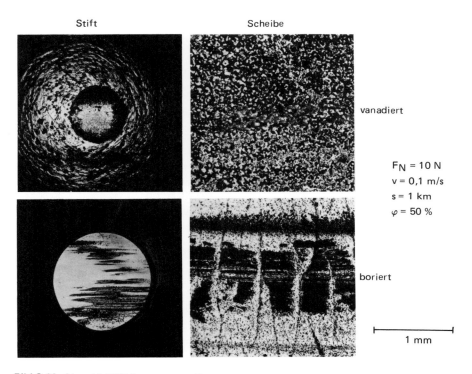

Bild 2.41 Verschleißflächen von vanadierten und borierten Modellprüfkörpern mit unterschiedlichen Anteilen von tribochemischen Reaktionsprodukten

Nach der Adhäsion (a) und der Tribooxidation (b) ist der Widerstand von Werkstoffen gegenüber der Abrasion (c) zu untersuchen. Hierzu kann man das Schleiftellerverfahren benutzen, bei dem die Modellprüfkörper durch Schleifpapiere mit mineralischen Stoffen unterschiedlicher Härte tribologisch beansprucht werden. Die Ergebnisse solcher Prüfungen an unterschiedlich wärmebehandelten Stahlprüfkörpern sind in Bild 2.42 enthalten, aus dem die Überlegenheit des vanadierten Stahles gegenüber den anders wärmebehandelten Stählen hervorgeht, weil der Verschleißbetrag der vanadierten Modellprüfkörper selbst bei der tribologischen Beanspruchung durch Siliziumcarbidpapier in der Tieflage bleibt. – Über den abrasiven Verschleiß von Werkstoffen in Abhängigkeit von der Härte des angreifenden Minerals wird noch ausführlich in Abschnitt 4.4.3 berichtet. –

Verschleißprüfung 71

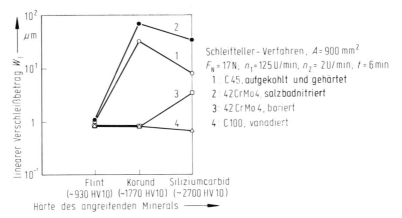

Bild 2.42 Verschleißprüfungen zur Kennzeichnung des Abrasionsverhaltens von Werkstoffen

Die Oberflächenzerrüttung (d) kann vor allem bei wälzender und stoßender Beanspruchung wirksam werden. Unter solchen Prüfbedingungen hatten die borierten Probekörper den weitaus höchsten Verschleißbetrag (Bild 2.43).

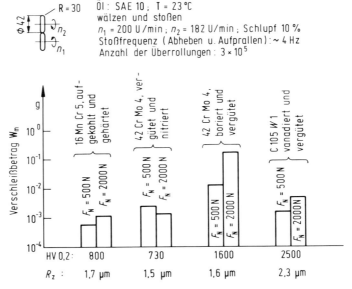

Bild 2.43 Verschleißprüfungen zur Kennzeichnung der Oberflächenzerrüttung von Werkstoffen

In der Praxis müssen Gleitpaarungen häufig im Gebiet der Mischreibung arbeiten, in dem die Belastung teilweise von einem Schmierfilm und teilweise von Festkörperkontakten aufgenommen wird. Unter diesen Bedingungen können sich alle Verschleißmechanismen überlagern. Bei Prüfungen mit dem Stift-Scheibe-System hatten im Gebiet der Mischreibung bei der sich einstellenden Konstellation der Verschleißmechanismen die borierten Gleitpaarungen den niedrigsten Verschleißbetrag (Bild 2.44).

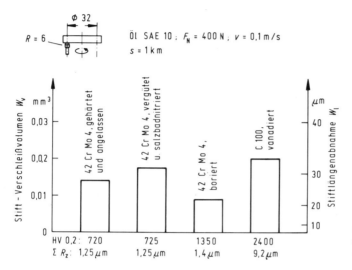

Bild 2.44 Verschleißprüfungen im Gebiet der Mischreibung

Die vorangehenden Beispiele geben klar zu erkennen, daß die Bewertungsfolge verschiedener Werkstoffe entscheidend von den wirkenden Verschleißmechanismen abhängt und daß keine Wärmebehandlung unter allen Verschleißbedingungen zu einem besonders niedrigen Verschleißbetrag führt. So gibt es überhaupt keinen Werkstoff, der unter allen denkbaren Bedingungen allen anderen Werkstoffen hinsichtlich seines Verschleißwiderstandes überlegen ist.

Die bisher mitgeteilten Untersuchungsergebnisse galten mit Ausnahme der Abrasionsuntersuchungen für Werkstoff-Paarungen, bei denen Grund- und Gegenkörper die gleiche Wärmebehandlung erfahren hatten. Durch eine Veränderung des Gegenkörperwerkstoffes kann man den Verschleißwiderstand optimieren (z. B. Habig, Evers, Chatterjee-Fischer, 1978). Weiterhin ist zu prüfen, welche als Zwischenstoff dienenden Schmierstoffe den Verschleiß von Werkstoff-Paarungen, die unter Mischreibung arbeiten, in besonderem Maße herabsetzen und welche Schmierstoffe unter keinen Umständen eingesetzt werden sollten. Wenn Gleit- oder Wälzpaarungen nicht geschmiert werden, ist der Einfluß des Umgebungsmediums auf den Verschleißbetrag zu beachten. So kann der Verschleiß stark von der Feuchte des Umgebungsmediums abhängen, wie es in Bild 2.45 dargestellt ist. Zwischen 10% und 90% relativer Luftfeuchte nimmt der Verschleiß der untersuchten borierten Gleitpaarung um annähernd eine Größenordnung zu; zwischen 30% und 70% relativer Feuchte ist immerhin noch ein Anstieg des Verschleißbetrages um den Faktor 3 festzustellen. Ähnliche Beobachtungen über die Abhängigkeit des Verschleißes metallischer Gleitpaarungen von der Luftfeuchte teilten auch Dies (1943), Bugarcic (1964) und Uetz (1968) mit. Auch bei polymeren Werkstoffen, deren Feuchtegehalt von der rel. Luftfeuchte abhängt, ändert sich das Verschleißverhalten mit zu- oder abnehmender Luftfeuchte. Als Ursache der Vergrößerung des Verschleißbetrages mit steigender Luftfeuchte kann bei metallischen Werkstoffen die Abnahme der Belegung mit tribochemischen Reaktionsprodukten angesehen werden (Bild 2.46), welche die innere Grenzschicht der Oberflächenbereiche vor der tribologischen Beanspruchung schützen. Hierfür ist entweder eine verringerte Reaktionsgeschwindigkeit oder eine verminderte Haftfähigkeit der Reaktionsschichten verantwortlich.

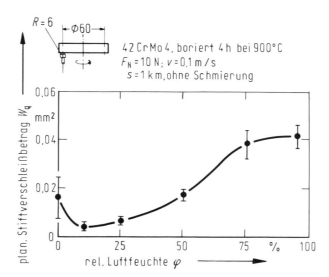

Bild 2.45 Der Einfluß der Luftfeuchte auf den Verschleiß von borierten Stahlproben

Macht man sich klar, daß die rel. Luftfeuchte von Laborräumen im Winter bei ca. 30% und im Sommer bei ca. 70% liegen kann, so erkennt man die Notwendigkeit einer Feuchte- bzw. Klimaregelung. Als ein häufig benutztes Standardklima wird eine Feuchte von 50% bei einer Temperatur von 23°C verwendet.

Vorangehend wurde beschrieben, wie der Einfluß der verschiedenen Strukturgrößen von Tribosystemen auf den Verschleiß von Werkstoffen untersucht werden kann. Zu einer umfassenden Charakterisierung des Verschleißverhaltens von Werkstoffen gehören ferner Prüfungen, die den Einfluß des Beanspruchungskollektivs erkennen lassen (siehe Bild 2.37). Die meisten der bisher geschilderten Ergebnisse galten für Gleitbeanspruchungen. Es wurde aber auch schon über die Ergebnisse von Wälzbeanspruchungen mit überlagertem Stoßen berichtet (Bild 2.43). Bei reinen Wälzbeanspruchungen wurde für die untersuchten Werkstoffe eine ähnliche Bewertungsfolge beobachtet, was aber durchaus nicht immer der Fall zu sein braucht. Der Bewegungsablauf kann kontinuierlich, intermittierend, oszillierend oder repetierend sein. Bei den bisher wiedergegebenen Ergebnissen war der Bewegungsablauf kontinuierlich, wenn man von den Wälzbeanspruchungen mit überlagertem Stoßen absieht (Bild 2.43). Ein intermittierender Bewegungsablauf — ein Wechsel zwischen Bewegung und Stillstand — kann zu einer Verminderung des Verschleißes

74 *Verschleiß von Werkstoffen*

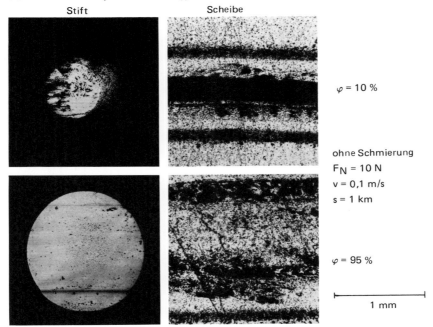

Bild 2.46 Verschleißflächen von borierten Stahlproben in Abhängigkeit von der Feuchte des Umgebungsmediums

führen, wenn in den Stillstandszeiten durch Verschleiß abgetragene Adsorptions- und Reaktionsschichten erneuert werden, so daß der Verschleiß auf die äußere Grenzschicht beschränkt bleibt. Bilden sich durch Korrosion bei längeren Stillstandszeiten Reaktionsschichten größerer Dicke, so kann der Verschleiß wegen der Sprödigkeit dickerer Schichten erhöht werden.

Besonders gefürchtet ist eine oszillierende Beanspruchung, wenn Grund- und Gegenkörper nicht durch einen Schmierfilm voneinander getrennt sind, weil dann Reibkorrosion bzw. Passungsrost auftreten können. Die weiter oben geschilderten Untersuchungen über das Verschleißverhalten von vanadierten, borierten, nitrierten und gehärteten Stählen müßten durch Prüfungen bei oszillierenden Gleitbeanspruchungen ergänzt werden. Aus der Praxis ist bekannt, daß nitrierte Gleitpaarungen weniger als gehärtete Gleitpaarungen zur Reiboxidation neigen.

Nach der Bewegungsform und dem Bewegungsablauf ist als nächstes der Einfluß der Normalkraft zu untersuchen.

Vergleicht man die Verschleißrate des Beharrungszustandes nach Beendigung des Einlaufes von einer borierten und einer gehärteten Gleitpaarung (Bild 2.47), so wird deutlich, daß die borierte Gleitpaarung wesentlich höher als die gehärtete belastet werden kann, ohne daß der Verschleißbetrag von einer Tieflage in eine Hochlage ansteigt. Während die Verschleißflächen der borierten Probekörper auch noch bei hohen Belastungen mit schützenden Tribooxidationsprodukten belegt waren, wiesen die Verschleißflächen der gehärteten Probekörper schon bei wesentlich kleineren Belastungen Zerklüftungen auf, die als Folge von Adhäsionsvorgängen anzusehen sind.

Verschleißprüfung 75

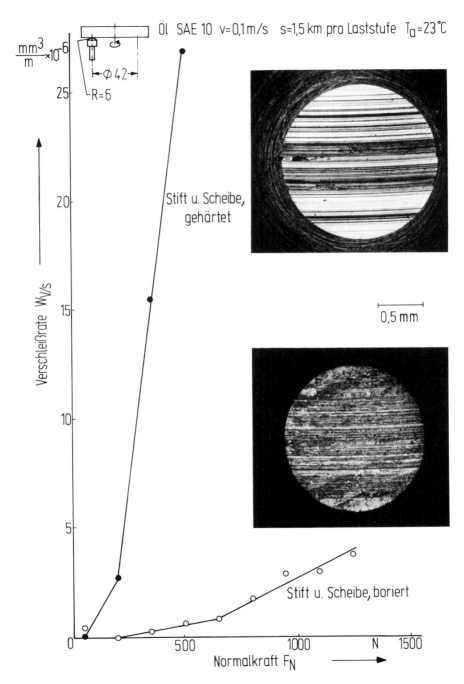

Bild 2.47 Verschleißrate in Abhängigkeit von der Belastung für eine gehärtete und eine borierte Gleitpaarung

Ergebnisse von Modell-Verschleißprüfungen zur Ermittlung des Einflusses der Gleitgeschwindigkeit enthält Bild 2.48. Während der Verschleißbetrag der borierten Probekörper mit zunehmender Gleitgeschwindigkeit abnimmt, steigt der Verschleißbetrag der Probekörper aus Schnellarbeitsstahl an. Die Ursache für dieses unterschiedliche Verschleißverhalten liegt darin, daß auf den Oberflächen der borierten Probekörper erst bei höheren Gleitgeschwindigkeiten schützende Tribooxidationsschichten gebildet werden können, die den Verschleiß in die äußere Grenzschicht verlagern, während solche Schichten auf Schnellarbeitsstahl bei höheren Gleitgeschwindigkeiten keine schützende Wirkung mehr ausüben können, weil die Härte des Schnellarbeitsstahles infolge der reibbedingten Temperaturerhöhung so stark abgefallen ist, daß die Oberflächenbereiche plastisch verformt werden können, wodurch Adhäsionsvorgänge begünstigt werden. Für den Verschleiß der vanadierten Probekörper, die durch einen besonders niedrigen Verschleißbetrag auffallen, ist dagegen die Tribooxidation weniger wichtig, wie schon die in Bild 2.41 wiedergegebenen Erscheinungsbilder der Verschleißflächen von vanadierten Gleitpaarungen zeigten.

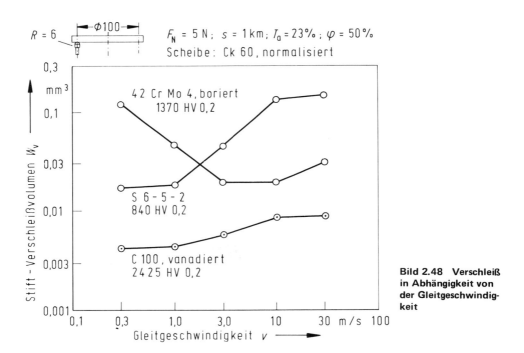

Bild 2.48 Verschleiß in Abhängigkeit von der Gleitgeschwindigkeit

Als nächste Größe des Beanspruchungskollektivs ist die Temperatur für das Verschleißverhalten von Werkstoffen wichtig. Hierbei ist weniger die Ausgangstemperatur als vielmehr die sich während der Beanspruchung einstellende Betriebstemperatur von Bedeutung, die wegen der reibbedingten Temperaturerhöhung größer als die Ausgangstemperatur ist. Die Möglichkeiten der Temperaturmessung in tribologisch beanspruchten Bauteilen oder Modellprüfkörpern wurden in einer Literaturrecherche von Kaffanke und Czichos (1973) zusammengestellt. Die Temperaturmessung ist auch heute noch mit großen Schwierigkeiten verbunden, weil man mit den meisten Meßfühlern nicht nah genug an die Oberflächen, deren Temperatur gemessen werden soll, herankommt und weil die in den Mikrokontaktbereichen herrschenden „Blitztemperaturen" sehr schnell wieder abklingen. Wegen der großen meßtechnischen Schwierigkeiten hat man versucht, die Temperaturen rechnerisch abzuschätzen (Blok, 1937, 1962; Jaeger, 1942; Archard, 1958/59). Einige Beziehungen, aus denen der Einfluß der Härte der Kontaktpartner auf die Temperaturerhöhung hervorgeht, werden in Abschnitt 4.4.2 vorgestellt.

Bei den Verschleißuntersuchungen in Abhängigkeit von der Gleitgeschwindigkeit (Bild 2.48) wurde die Temperatur an den Mantelflächen der Versuchsstifte mit einem Thermoelement gemessen und bei der höchsten Gleitgeschwindigkeit eine Temperatur von ca. 200°C gemessen. In der Reibstelle dürfte die Temperatur wesentlich höher gewesen sein. Sie hat aber mit einiger Sicherheit nicht die Austenitisierungstemperatur des Stahles C 60 überschritten, weil bei Kontrolluntersuchungen mit Versuchsstiften aus normalisiertem C 60 in keinem Fall Reibmartensit beobachtet wurde, der sich nur bilden kann, wenn das perlitisch-ferritische Ausgangsgefüge durch eine Temperaturerhöhung auf ca. 750°C in Austenit umgewandelt wird, aus dem durch Selbstabschreckung sogenannter Reibmartensit entsteht. Abschätzungen nach den Formeln von Archard (1958/59) führten aber zu wesentlich höheren Temperaturen, die nicht als realistisch anzusehen sind. Hierfür können Fehler in den Werten der temperatur- und verformungsabhängigen Härte, der Wärmeleitfähigkeit und der Dichte verantwortlich sein, die in die entsprechenden Formeln (19 u. 20 in Abschnitt 4.4.2.2) eingesetzt werden müssen; diese Werte können nämlich durch die Bildung von Reaktionsschichten nicht unerheblich verändert werden. Die Weiterentwicklung der Verfahren zur Ermittlung der Temperatur von tribologisch beanspruchten Oberflächen ist daher weiterhin als eine wichtige, noch keineswegs zufriedenstellend gelöste Aufgabe anzusehen.

Als letzte Größe des Beanspruchungskollektivs ist die Zeit mit ihrem Einfluß auf den Verschleiß von Werkstoffen bzw. Werkstoff-Paarungen zu nennen. In vielen Fällen wird statt der Zeit auch der Weg angegeben wie z. B. bei Kraftfahrzeugen. Auch hierzu liegen Versuchsergebnisse an gehärteten, nitrierten, borierten und vanadierten Gleitpaarungen vor. Aus Bild 2.49 erkennt man, daß die gehärteten und nitrierten Paarungen nach einem relativ niedrigen Betrag des Einlaufverschleißes einen recht steilen Anstieg des Verschleißbetrages haben. Demgegenüber ist trotz des hohen Einlaufverschleißes der Verschleißanstieg, der gleich der Verschleißrate ist, bei den borierten und vanadierten Gleitpaarungen im Beharrungszustand gering. Dies beruht bei beiden Paarungen aber auf unterschiedlichen Vorgängen. So nimmt der Verschleißanstieg der borierten Paarungen erst dann ab, wenn sich durch Tribooxidation schützende Schichten gebildet haben. Bei den vanadierten Gleitpaarungen wird dagegen während der Einlaufphase die hohe Anfangsrauhtiefe vermindert, so daß dieser Effekt für die Abnahme des Verschleißanstieges mit zunehmendem Gleitweg verantwortlich ist.

Es ist nun zu erörtern, welche Schlüsse man aus den vorangehend geschilderten Ergebnissen von Verschleißprüfungen aus dem Aufgabenbereich III, d. h. der Werkstoff- und Schmierstoffentwicklung, für praktische Anwendungen ziehen kann. Betrachtet man zunächst den Widerstand der unterschiedlich wärmebehandelten Stähle gegenüber der Ad-

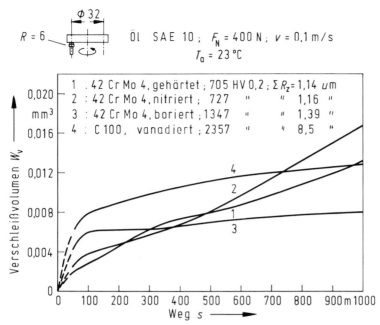

Bild 2.49 Verschleiß in Abhängigkeit vom Gleitweg

häsion, so ist festzustellen, daß es besonders günstig ist, Grund- und Gegenkörper zu nitrieren. Dies gilt aber nur solange, wie die 10 bis 20 μm dicke Eisennitridschicht erhalten bleibt. Diese Schicht wird aber im Gebiet der Mischreibung viel schneller als die Eisenboridschicht, deren Dicke 100 μm und mehr betragen kann, durch Verschleiß abgetragen (Bild 2.44). Bei längeren Betriebszeiten dürften sich daher borierte Stähle in bezug auf den adhäsiven Verschleiß günstiger als nitrierte Stähle verhalten. Sie neigen auch weniger als gehärtete Stähle zum adhäsiv bedingten Fressen, wie aus hier nicht wiedergegebenen Ergebnissen von Habig, Chatterjee-Fischer und Hoffmann (1978) hervorgeht. Gegenüber der Tribooxidation sind vanadierte Gleitpaarungen am wenigsten anfällig. Es sollte daher durch weitere Untersuchungen geklärt werden, ob sich das Vanadieren zur Einschränkung der in der Praxis sehr gefürchteten Reiboxidation eignet. Bei abrasivem Verschleiß durch mineralische Stoffe sind Vanadincarbidschichten wegen ihrer hohen Härte den anderen Oberflächenschichten überlegen, weil der Verschleiß erst beim Angriff durch sehr harte mineralische Stoffe von der Tieflage in die Hochlage ansteigt. Auch borierte Stähle erfahren beim Angriff durch die meisten mineralischen Stoffe einen Verschleiß in der Tieflage und sind damit nitrierten und gehärteten Stählen vorzuziehen. Ist vor allem die Oberflächenzerrüttung wirksam, wie z.B. in Zahnradgetrieben, die elastohydrodynamisch geschmiert sind, so sind das Einsatzhärten und Nitrieren mit Sicherheit dem Borieren und wahrscheinlich auch dem Vanadieren überlegen, da nur mit den ersten beiden Wärmebehandlungen Druckeigenspannungen in den Oberflächen erzeugt werden, welche die Werkstoffanstrengung herabsetzen.

Der Abfall des Verschleißbetrages von borierten Stählen mit steigender Gleitgeschwindigkeit (Bild 2.48) deutet darauf hin, daß durch das Borieren der Verschleiß von Werkzeugen der Umformtechnik gesenkt werden kann, wenn zwischen Werkzeug und Werkstück hohe Relativgeschwindigkeiten auftreten. So ist bekannt, daß borierte Ziehsteine eine bis zu zehnfach höhere Gebrauchsdauer als Ziehsteine aus Werkzeugstahl haben. Der relativ hohe Betrag des Einlaufverschleißes von borierten Gleitpaarungen kann unter Umständen von Vorteil sein, weil dadurch anfänglich überhöhte Flächenpressungen, die als Folge von Einbaufehlern oft nicht zu vermeiden sind, schnell abgebaut werden, ohne daß es zum Fressen kommt.

Mit den vorangehend geschilderten Ergebnissen sollte exemplarisch gezeigt werden, wie mit Hilfe von Modell-Verschleißprüfungen das Verschleißverhalten von Werkstoffen charakterisiert werden kann, ohne daß von vornherein eine bestimmte technische Anwendung bzw. Funktion vorgegeben wird. Die Ergebnisse sollen zu erkennen geben, für welche technische Anwendungen bzw. Funktionsbereiche neu entwickelte Werkstoffe oder Behandlungsverfahren eine Verminderung des Verschleißes erwarten lassen und wo sie in keinem Fall eingesetzt werden sollten.

Die letzte und zugleich schwierigste Aufgabe der Modell-Verschleißprüfung (IV) besteht darin, den Verschleiß in Maschinen der Praxis zu simulieren. Es sei nicht verschwiegen, daß es hier in der Vergangenheit viele Mißerfolge gegeben hat, die Zweifel an dem Nutzen von Modell-Verschleißprüfungen aufkommen ließen. Auf der anderen Seite hat die Modell-Verschleißprüfung bei der Entwicklung von neuen Technologien wie z. B. der Weltraumfahrt oder der Reaktortechnik beachtliche Erfolge aufzuweisen.

Zur Simulation ist zunächst eine Systemanalyse des tribotechnischen Systems, dessen Verschleiß untersucht werden soll, notwendig. Dies ist leichter gesagt als getan; denn es gibt nur wenige Beispiele, bei denen alle notwendigen Systemgrößen bekannt oder mit tragbarem Aufwand zu ermitteln sind. Als nächster Schritt ist zu überlegen, welche Systemgrößen in der zu simulierenden Maschine und in dem für die Simulation eingesetzten Modell-Verschleißgerät gleich sein müssen und welche verschieden sein dürfen. Berücksichtigt man hierzu die neuere Literatur (Uetz u. Föhl, 1973; Habig, 1975; Heinke, 1975; Czichos, 1977, Mølgaard, 1977; Pigors u. Mielitz, 1977, de Gee, 1978, Kloos, Broszeit u. Schmidt, 1978), so kann man den Schluß ziehen, daß tribotechnische Systeme der Praxis (PS) und Modell-Verschleißprüfgeräte (MS) sich allenfalls in vier Größen unterscheiden dürfen (Tabelle 2.9):

α) Belastung
β) Geschwindigkeit
γ) Zeit
δ) Formeigenschaften der Elemente

Zu den Formeigenschaften wurde eingangs schon bemerkt, daß sich die Elemente von MS durch einfache geometrische Formen auszeichnen und kleiner als die Bauteile von PS sind. Es sind daher im folgenden vor allem Bemerkungen zu den Größen der Belastung, der Geschwindigkeit und der Zeit zu machen. Die Belastung, die häufig durch die Normalkraft zwischen Grund- und Gegenkörper gekennzeichnet werden kann, ist in MS gewöhnlich kleiner als in PS. Als Ähnlichkeitskriterium wird vorgeschlagen, in MS und PS die gleiche Flächenpressung zu wählen (Peterson, 1976). Bei gleicher Flächenpressung kann die Verschleißrate aber erheblich von der Normalkraft abhängen, wie Ergebnisse von Ver-

Verschleiß von Werkstoffen

schleißuntersuchungen an Gleitlagermetall-Stahl-Paarungen zeigen (Bild 2.50). Zur Simulation ist wahrscheinlich eine Angleichung der Werkstoffanstrengung in MS und PS erforderlich, über deren Ermittlung in Abschnitt 2.1.3 berichtet wurde. Für eine große Zahl von tribologischen Systemen fehlen aber noch Berechnungsverfahren zur Abschätzung der Werkstoffanstrengung, so daß hier noch grundlegende Forschungsarbeiten zu leisten sind.

Nach der Belastung ist die Relativgeschwindigkeit zwischen Grund- und Gegenkörper für die Simulation von Wichtigkeit. Von der Geschwindigkeit hängt in besonderem Maße die Reibleistung ab, die für die thermische Belastung einer Reibstelle und damit für die Temperaturerhöhung der tribologisch beanspruchten Oberflächenbereiche verantwortlich ist. Nach Archard (1958/59) ist die Temperaturerhöhung ΔT den Potenzen der Normalkraft F_N und der Gleitgeschwindigkeit v proportional:

$$\Delta T \sim F_N^n \cdot v^m \qquad 0 < n \leqslant m \leqslant 1 \tag{26}$$

	Systemgrößen	Größen, die im Prüfgerät und in dem zu simulierenden tribotechnischen System *gleich* sein müssen.	Größen, die im Prüfgerät und in dem zu simulierenden tribotechnischen System *verschieden* sein können.
Beanspruchungskollektiv	Bewegungsform	x	
	Bewegungsablauf	x	
	Belastung		x
	Geschwindigkeit		x
	Temperatur	x	
	Zeit		x
Struktur des Tribosystems	Anzahl der stofflichen Elemente	x	
	Stoffeigenschaften der Elemente	x	
	Formeigenschaften der Elemente		x
	Wechselwirkungen zwischen den Elementen a) Reibungszustand	x	
	b) Konstellation der Verschleißmechanismen	x	
Verlustgrößen	Verschleißrate	x	
	Reibungskoeffizient	x	
	Temperaturerhöhung	x	

Tabelle 2.9 Übersicht über die für die Simulation des Verschleißes in tribotechnischen Systemen zu beachtenden Einflußgrößen

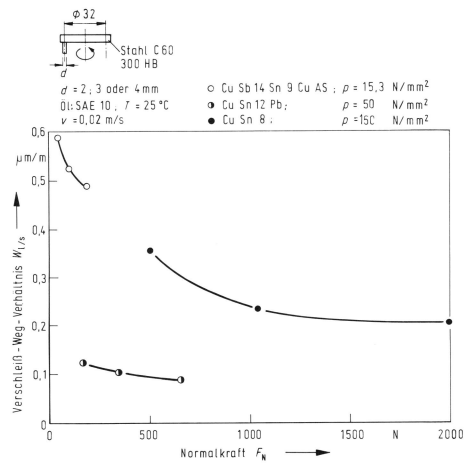

Bild 2.50 Verschleiß in Abhängigkeit von der Normalkraft bei konstanter Flächenpressung

In den meisten Fällen geht die Gleitgeschwindigkeit stärker als die Belastung in die Temperaturerhöhung ein (Uetz u. Föhl, 1973). Denkt man daran, daß die Wärmekapazität von Modellprüfkörpern wegen ihrer geringen Größe kleiner als die von Bauteilen ist, so ergibt sich als Konsequenz, daß man die Geschwindigkeit in MS kleiner als in PS wählen sollte, damit die Temperatur der Modellprüfkörper nicht zu sehr ansteigt. Damit die thermische Belastung von MS und PS gleich ist, sollte man nach anderen Überlegungen die auf die Kontaktfläche bezogene Reibleistung konstant halten, die sich mit der folgenden Beziehung abschätzen läßt:

$$P_R = f \cdot p \cdot v \tag{27}$$

Hierbei bedeutet f der Reibungskoeffizient, p die Flächenpressung und v die Gleitgeschwindigkeit. Bei gleicher thermischer Belastung kann aber die Werkstoffanstrengung sehr unterschiedlich sein, wie die nachfolgend geschilderten Überlegungen deutlich machen. Unter der Annahme eines konstanten Reibungskoeffizienten f hängt die Größe der Reibleistung vom Produkt p · v ab. Ein gleicher Betrag dieses Produktes kann einmal durch eine hohe Flächenpressung p und eine kleine Gleitgeschwindigkeit v und zum anderen durch eine niedrige Flächenpressung p und eine hohe Gleitgeschwindigkeit v zustande kommen. Im zuerst genannten Fall sind die für die plastische Verformung und Rißbildung maßgebenden Schubspannungen relativ hoch und der Werkstoffzustand wegen der geringen Beanspruchungsgeschwindigkeit relativ duktil. Im zweiten Fall wirken niedrigere Schubspannungen bei einem weniger duktilen Werkstoffzustand. Es ist daher mit unterschiedlichen Mechanismen der Bildung von Verschleißpartikeln zu rechnen.

In geschmierten Gleitsystemen hat die Gleitgeschwindigkeit ferner einen Einfluß auf den Reibungs- bzw. Schmierungszustand, über den im nächsten Abschnitt berichtet wird. So nimmt mit abnehmender Gleitgeschwindigkeit der Traganteil der Festkörperkontakte auf Kosten des hydrodynamischen Traganteils zu. Da der Verschleiß primär durch Festkörperkontakte hervorgerufen wird, führt demnach eine Erniedrigung der Gleitgeschwindigkeit zu einer Erhöhung des Verschleißbetrages. Nach Ansicht von de Gee (1976/1977) sollte man in MS die Gleitgeschwindigkeit so weit erniedrigen, daß der hydrodynamische Traganteil völlig verschwindet und Grenzreibung vorherrscht. Eine Übertragung der gewonnenen Ergebnisse auf PS, die im Gebiet der Mischreibung arbeiten, sei in gewissen Fällen möglich, weil auch dort nur die Grenzreibung zum Verschleiß führt. Zur Zeit liegen noch zu wenig experimentelle Ergebnisse vor, welche die Richtigkeit dieser Verfahrensweise bestätigen können.

Ein Ziel der MS liegt darin, in kurzen Prüfzeiten zu Ergebnissen zu kommen. Eine verkürzte Prüfzeit kann aber zur Folge haben, daß der Verschleißbetrag unterhalb der mit den meisten Modell-Verschleißprüfgeräten erzielbaren Meßempfindlichkeit liegt. Man hat dann in der Vergangenheit vielfach den Fehler gemacht, die Beanspruchung so stark zu erhöhen, bis der Verschleißbetrag meßbar wurde. Eine Erhöhung der Beanspruchung führt aber oft zu einer Änderung der Konstellation der Verschleißmechanismen, so daß eine Übertragbarkeit der unter solchen Bedingungen in MS gewonnenen Ergebnisse auf PS kaum möglich ist. Durch die Einführung der Radionuklidtechnik in die tribologische Meß- und Prüftechnik (siehe Abschnitt 2.2.3) konnte die Meßempfindlichkeit in günstigen Fällen um bis zu drei Größenordnungen gesteigert werden, so daß auch für Modell-Verschleißprüfungen eine Anwendung dieser Meßtechnik erwogen werden sollte, zumal da mit ihr in der Praxis schon auf den verschiedensten Gebieten erfolgreich gearbeitet wurde.

Eine andere Möglichkeit der Zeitraffung kann darin bestehen, statt eines intermittierenden Bewegungsablaufes in einem PS einen kontinuierlichen Bewegungsablauf in einem MS zu wählen. Dazu muß man allerdings überlegen, ob die Gefahr einer thermischen Überlastung besteht und daß die Zeit für eine Absorption von Bestandteilen des Schmierstoffes oder Umgebungsmediums auf den tribologisch beanspruchten Oberflächen vermindert wird. Am Beispiel einer Zahnradpumpe wurde von Kloos, Broszeit und Schmidt (1978) gezeigt, daß die Zeit der tribologischen Beanspruchung der Zahnflanken nur 2‰ der Betriebszeit der Pumpe betrug. Mit einer dementsprechend verkürzten Prüfzeit konnte der Verschleiß der Zahnräder mit Hilfe eines Stift-Scheibe-Modell-Verschleißprüfsystems erfolgreich simuliert werden.

Bei einer richtig durchgeführten Simulation muß die Konstellation der Verschleißmechanismen in MS und PS gleich sein. Dies muß sich an einer Ähnlichkeit der Verschleißflächen der Modell-Prüfkörper und der tribologisch beanspruchten Bauteile erkennen lassen. Der Vergleich von Verschleißflächen bietet daher eine zunehmend genutzte Möglichkeit, die Simulation zu überwachen oder überhaupt erst zu ermöglichen (Stecher und Möllenstedt, 1971; Uetz u. Föhl, 1973, Heinke, 1975). Ein Beispiel zeigt Bild 2.51. Im linken unteren Teilbild ist die rasterelektronenmikroskopische Aufnahme der Laufbahn einer Flügelzellenpumpe und im rechten unteren Teilbild die Verschleißspur der als Modell-Prüfkörper dienenden Versuchsscheibe wiedergegeben. Man kann eine deutliche Ähnlichkeit zwischen beiden Bildern feststellen und somit auf eine annähernd gleiche Konstellation der Verschleißmechanismen im MS und PS schließen. In diesem Beispiel ging es darum, den Einfluß von verschiedenen im Benzin enthaltenen Zusätzen auf den Verschleiß der Flügelzellenpumpe zu untersuchen. Durch die Simulation, die erst nach Vorversuchen unter verschiedenen Belastungen und Gleitgeschwindigkeiten gelang, wobei für die Modell-Prüfkörper die gleichen Werkstoffe wie für die Bauteile der Flügelzellenpumpe verwendet wurden, konnte im MS untersucht werden, welchen Einfluß verschiedene Benzinzusätze auf den Verschleiß hatten. Die so gewonnenen Ergebnisse ließen sich auf die Flügelzellenpumpe übertragen.

Zum Thema der Simulation ist abschließend zu bemerken, daß man in den letzten Jahren beachtliche Fortschritte erzielt hat; es sind aber noch keineswegs alle Fragen bezüglich der zu beachtenden Ähnlichkeitskriterien geklärt.

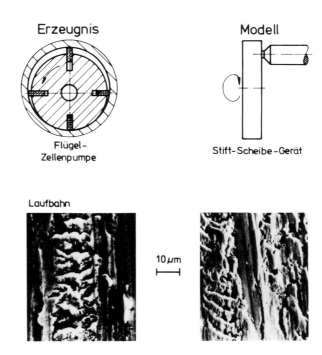

Bild 2.51 Vergleich der Verschleißflächen von Erzeugnis und Modell nach Heinke (1975)

2.2.6 Bauteil-Verschleißprüfung

Die Bauteil-Verschleißprüfung nimmt eine Zwischenstellung zwischen der betrieblichen Verschleißprüfung und der Modell-Verschleißprüfung ein. Im Unterschied zu Modell-Verschleißprüfungen berücksichtigt sie auch den Einfluß der Formeigenschaften. Der betrieblichen Verschleißprüfung ist sie durch die Möglichkeit der reproduzierbaren Vorgabe des Beanspruchungskollektivs und der Messung der verschiedenen tribologischen Meßgrößen überlegen.

Als vielfach benutzte Bauteil-Verschleißprüfgeräte sind einmal die Lagerprüfstände zu nennen. Zur Prüfung des tribologischen Verhaltens von Gleitlagern wurde eine Reihe unterschiedlicher Prüfgeräte entwickelt, mit denen man den Einlaufverschleiß, den Verschleiß im Mischreibungsgebiet, das Notlaufverhalten bei Schmierstoffmangel oder die Oberflächenzerrüttung unter hydrodynamischer Schmierung untersuchen kann. Auf Wälzlagerprüfständen kann die Gebrauchsdauer von Wälzlagern, die im allgemeinen durch Grübchenbildung infolge Oberflächenzerrüttung beendet wird, ermittelt werden. Auch der Zahnrad-Verspannungsprüfstand nach DIN 51 354 kann mit gewissen Einschränkungen als ein Bauteil-Verschleißprüfgerät angesehen werden. Die Einschränkungen liegen darin, daß die Abmessungen der Zahnräder nur wenig variabel sind und daß dieser Prüfstand überwiegend nur dazu benutzt wird, um die Wirkung von Schmierstoff-Additiven auf das adhäsiv bedingte Fressen der Zahnräder zu untersuchen. Ein von Borik und Scholz (1971) entwickelter Loboratoriumsbackenbrecher (Bild 2.52), mit dem der Verschleiß von Schlagleisten bei der Zerkleinerung von mineralischen Stoffen untersucht wird, kann ebenfalls den Bauteil-Verschleißprüfgeräten zugeordnet werden.

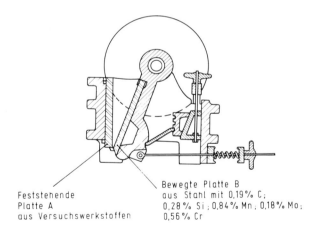

Feststehende
Platte A
aus Versuchswerkstoffen

Bewegte Platte B
aus Stahl mit 0,19 % C;
0,28 % Si ; 0,84 % Mn ; 0,18 % Mo;
0,56 % Cr

Bild 2.52 Laboratoriumsbackenbrecher nach Borik und Scholz (1971)

2.2.7 Vergleich der verschiedenen Verschleißprüfmethoden

Nach den vorangehenden Abschnitten hat man bei der Durchführung von Verschleißprüfungen die Wahl zwischen Betriebs-, Bauteil- und Modell-Verschleißprüfungen. Heinke (1975) nennt zusätzlich die Erzeugnisprüfung, die zwischen der Bauteil- und der Feld(Betriebs)-Verschleißprüfung einzuordnen ist (Bild 2.53), so daß eine sogenannte tribologische Prüfkette gebildet wird, in der die Korrelation zwischen den einzelnen Kettengliedern zu prüfen ist. Betrachtet man die Vor- und Nachteile, die mit den einzelnen Prüfmethoden verbunden sind, so kommt man zu einer Zusammenstellung, wie sie in Tabelle 2.10 wiedergegeben ist. Diese Tabelle macht deutlich, daß eine endgültige Entscheidung über die Bewährung eines tribologischen Systems erst im Feld bzw. im Betrieb erfolgen kann, weil nur dort das reale Beanspruchungskollektiv wirksam ist und externe, zumeist unbekannte Einflußgrößen einbezogen werden. Den Betriebsverschleißprüfungen stehen aber der Nachteil der langen Prüfzeiten, der schwierigen meßtechnischen Erfassung der für den Verschleiß wichtigen Größen und damit zusammenhängend die hohen Kosten entgegen. Man sucht daher immer wieder nach einfacheren Prüfmethoden bis hin zur Modell-Verschleißprüfung, mit denen sich eine Vorauswahl von Lösungsmöglichkeiten zur Optimierung des Verschleißwiderstandes von tribotechnischen Systemen finden läßt, von denen dann einige in der Praxis erprobt und nach der Bewährung übernommen werden.

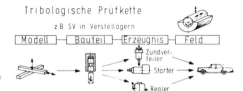

Bild 2.53 Verschleißprüfmethoden nach Heinke (1975)

	Modell	Bauteil	Erzeugnis	Feld
I. Beanspruchungskollektiv				
a) Messen der Beanspruchungsgrößen	++	+	0	−
b) Betriebstreue der Beanspruchungsgrößen	−−	−	0	++
II. System-Struktur				
a) Erfassen des Einflusses von Stoffeigensch.	+	+	+	+
b) Erfassen des Einflusses von Formeigensch.	−−	+	+	+
c) Erfassen der Verschleißmechanismen	+	+	0	−
III. Messen der Verschleiß-Meßgrößen	++	+	−	−
IV. Einbeziehung externer, teilweise unbekannter Einflüsse	−	−	−	++
V. Kosten	++	+	−	−−

Tabelle 2.10 Bewertung der unterschiedlichen Verschleißprüfmethoden

2.3 Verschleiß in Abhängigkeit vom Reibungs- bzw. Schmierungszustand

Wenn man die Möglichkeiten betrachtet, die zur Verminderung des Verschleißes dienen können, so ist an erster Stelle die Schmierung zu nennen. Die Schmierung führt außerdem zu einer Erniedrigung der Reibung, so daß sie auch zu einer Einschränkung von reibbedingten Energieverlusten beiträgt. Andererseits muß aber auf eine Schmierung verzichtet werden, wenn hohe Reibungskräfte von der Funktion des Tribosystems her gefordert werden wie z. B. in Bremsen und kraftschlüssigen Kupplungen. In diesen Fällen kann der Verschleiß nur durch konstruktive und werkstofftechnische Maßnahmen in Grenzen gehalten werden.

Eine ausführliche Behandlung der Grundlagen der Reibung und der Schmierung würde den Rahmen dieses Buches sprengen. Daher sei an dieser Stelle bezüglich der Reibung auf die Monographien von Bowden und Tabor (1950, 1964) und bezüglich der Schmierung auf die Monographien von Vogelpohl (1958) und von Lang und Steinhilper (1978) verwiesen. Im folgenden sollen nur kurz einige für den Verschleiß wichtige Gesetzmäßigkeiten der Schmierung behandelt werden.

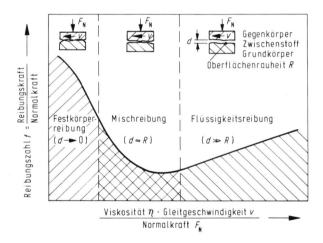

Bild 2.54 Die Stribeck-Kurve

Zur Beschreibung des Reibungs- und Verschleißverhaltens von geschmierten Gleitpaarungen ist die sogenannte Stribeck-Kurve von grundlegender Bedeutung (Bild 2.54). In ihr ist der Reibungskoeffizient f über einer Kombination von Größen aufgetragen, die vor allem durch die Viskosität des Schmierstoffes, die Gleitgeschwindigkeit und die Normalkraft gekennzeichnet sind. Dabei wird angenommen, daß das Gleitsystem aus einem Grund- und einem Gegenkörper mit meßbaren Oberflächenrauheiten und einem flüssigen Schmierstoff besteht. Ist die Summe der Rauhtiefe von Grund- und Gegenkörper kleiner als die Schmierfilmdicke, so herrscht reine Flüssigkeitsreibung vor, die auch als hydrodynamische Schmierung bezeichnet wird. Dieser Schmierungszustand kann nur erreicht werden, wenn die Parameterkombination aus Viskosität, Gleitgeschwindigkeit und Normalkraft hinreichend hohe Werte annimmt. Außerdem muß die konstruktive Gestaltung und Anordnung von Grund- und Gegenkörper die Bildung eines in Strömungsrichtung des

Schmierstoffes sich verengenden Keiles zulassen, damit sich im Schmierfilm ein Druck aufbauen kann, welcher der von außen aufgebrachten Kraft entgegenwirkt. Diese Bedingung wird vor allem von Gleitlagern erfüllt, bei denen Welle und Lagerschale einen konformen Kontakt bilden. Hydrodynamisch geschmierte Gleitlager arbeiten nahezu verschleißfrei, weil die Verschleißmechanismen der Adhäsion, Abrasion und Tribooxidation völlig ausgeschaltet werden. Dagegen kann in dynamisch belasteten Gleitlagern die Oberflächenzerrüttung nicht völlig unterbunden werden, da die für die Oberflächenzerrüttung verantwortlichen Druckschwankungen auch durch den Schmierfilm übertragen werden.

Verringert sich mit abnehmender Gleitgeschwindigkeit oder zunehmender Normalkraft die Dicke des Schmierfilms soweit, daß sie die Gesamtrauhtiefe von Grund- und Gegenkörper erreicht, so wird die Belastung nur noch teilweise vom Schmierfilm aufgenommen; ein anderer Teil wird durch unmittelbaren Kontakt der Rauheitshügel der Gleitpartner übertragen. Neben der Flüssigkeitsreibung tritt dann auch die Festkörperreibung in Erscheinung. Man bezeichnet diesen Reibungszustand als Mischreibung. Dieser Reibungszustand ist mit Verschleiß verbunden, der mit zunehmendem Anteil der Festkörperreibung, der sich in einer Erhöhung des Reibungskoeffizienten bemerkbar macht, ansteigt. Verschwindet mit abnehmendem Wert der Parameterkombination aus Viskosität, Gleitgeschwindigkeit und Normalkraft der hydrodynamische Traganteil, so gelangt man in das Gebiet der reinen Festkörperreibung, die zur Unterscheidung von der Reibung in ungeschmierten Gleitsystemen häufig als Grenzreibung bezeichnet wird. Unter Grenzreibungsbedingungen ist zwar die Schmierstoffviskosität ohne Bedeutung; adsorbierte Schmierstoffmoleküle üben aber noch eine reibungs- und verschleißmindernde Wirkung aus.

In geschmierten Gleitlagern läßt sich also ein Verschleiß nahezu vollständig vermeiden, wenn die Gleitpartner durch einen hydrodynamischen Schmierfilm lückenlos voneinander getrennt sind. Aus der Stribeck-Kurve kann man aber entnehmen, daß beim Anfahren und Auslaufen, wo die Gleitgeschwindigkeiten klein sind, die Gebiete der Festkörper- und Mischreibung durchfahren werden müssen, so daß auch in geschmierten Gleitlagern mit Verschleiß zu rechnen ist.

Die vorangehenden Ausführungen bezogen sich auf konforme Kontakte. Auch bei kontraformem Kontakt, der z. B. bei einem Walzenpaar auftritt, können die Kontaktpartner durch einen Schmierfilm voneinander getrennt werden, dessen Dicke mit der Elastohydrodynamischen Theorie nach Dowson und Higginson (1961) abgeschätzt werden kann. Diese Theorie verbindet die elastische Theorie deformierbarer Körper mit der Methodik der Hydrodynamik, wobei die Zunahme der Schmierstoffviskosität mit wachsendem Druck berücksichtigt wird.

Eine schematische Darstellung der Schmierfilmdicke und der Druckverteilung in einem elastohydrodynamischen (EHD) Kontakt enthält Bild 2.55. Von der Öleintrittsseite wird Öl in den Hertzschen Kontaktbereich hereingepumpt. Infolge der gekoppelten Wirkung der elastischen Deformation der Kontaktflächen und der Zunahme der Ölviskosität unter der hohen Pressung bildet sich ein die Kontaktpartner trennender Schmierfilm aus. An der Ölaustrittsseite fällt der Hertzsche Druck steil ab, wobei sich die Ölviskosität um mehrere Größenordnungen erniedrigt. Damit unter diesen Bedingungen und den geometrischen Verhältnissen an der Ölaustrittsseite ein kontinuierlicher Ölstrom erhalten bleibt, muß der Schmierfilm im Bereich des Ölaustritts eingeschnürt werden, was eine Druckspitze an der Einschnürstelle zur Folge hat.

88   *Verschleiß von Werkstoffen*

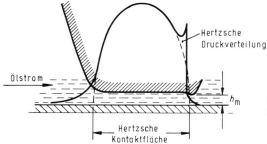

Bild 2.55 Schematische Darstellung eines EHD-Kontaktes

Ohne auf die Einzelheiten der Berechnung der Dicke von EHD-Filmen einzugehen, sei erwähnt, daß die Normalkraft im Gegensatz zur klassischen hydrodynamischen Schmierung nur einen vergleichsweise kleinen Einfluß auf die Schmierfilmdicke hat. Weitere Einzelheiten können einer Monographie von Dowson (1977) entnommen werden. Wie die EHD-Theorie für praktische Anwendungen nutzbar gemacht werden kann, läßt sich z. B. aus Arbeiten von Schouten entnehmen (1973, 1975, 1976 u. 1978).

2.4. Checkliste zur Bearbeitung von Verschleißfällen

Am Ende des Kapitels über die Grundlagen des Verschleißes erscheint es angebracht, nochmals zusammenfassend die Größen darzustellen, die man zur Bearbeitung und Lösung von Verschleißproblemen benötigt. Dies kann am besten in Form einer Checkliste erfolgen, wie sie von Czichos (1976) erstmalig vorgestellt und in die Neufassung der Norm DIN 50 320 von 1979 aufgenommen wurde (Tabelle 2.11). Die benötigten Größen können in vier Hauptgruppen unterteilt werden:
    I. Technische Funktion des Tribosystems
   II. Beanspruchungskollektiv
  III. Struktur des Tribosystems mit
       a) den Elementen
       b) den Eigenschaften der Elemente
       c) den Wechselwirkungen zwischen den Elementen
  IV. Verschleißkenngrößen

Beispiele für die unterschiedlichen Funktionen von tribotechnischen Bauteilen und Systemen sind in Tabelle 2.1 des Abschnitts 2.1.2 zusammengestellt. So ist ein Lager der Bewegungsübertragung, ein Förderband dem Materialtransport oder ein Drehmeißel der Materialbearbeitung zuzuordnen. Aus der Angabe der technischen Funktion kann man häufig schon eine gewisse Vorstellung über die einsetzbaren Werkstoffe gewinnen. So wird z. B. ein Gleitlager aus ganz anderen Werkstoffen als ein Werkzeug der Zerspanungstechnik hergestellt.

Nach der technischen Funktion sollte das Beanspruchungskollektiv so weitgehend wie möglich gekennzeichnet werden. Für die Bewegungsform und den Bewegungsablauf ergeben sich dabei im allgemeinen keine größeren Schwierigkeiten. Auch die Relativgeschwindigkeit läßt sich in der Regel abschätzen. Bedeutend schwieriger ist die Messung

Checkliste zur Bearbeitung von Verschleißfällen 89

Anhang A
Vordruck zur Beschreibung und Systemanalyse von Verschleißvorgängen

Dieser Vordruck kann unter der Bezeichnung „Vordruck DIN 50 320–79" bei Beuth Verlag GmbH, Burggrafenstraße 4-10, 1000 Berlin 30, bezogen werden.

Allgemeine Beschreibung des Verschleißvorganges:	Datum:	Bearbeiter:
	Blatt-Nr:	

I Technische Funktion des Tribosystems

II Beanspruchungskollektiv

Bewegungs-form	Gleiten ☐	Rollen ☐	Stoßen ☐	Strömen ☐	Überlagerungen:

Bewegungs-ablauf	Beanspruchungs-dauer t_B in	Bemerkungen:

Belastung [1] F_N in N	F_N bei t_0	F_N bei t_B	Geschwindigkeit [2] v in m/s	v bei t_0	v bei t_B	Temperatur [3] T in °C	T bei t_0	T bei t_B

F_N ↑ ... Zeit t in v ↑ ... Zeit t in T ↑ ... Zeit t in

III Struktur des Tribosystems

	Elemente	Grundkörper (1)	Gegenkörper (2)		Elemente	Zwischenstoff (3)	Umgebgsmed. (4)
Eigen-schaften [4]	Bezeichnung Werkstoff			Eigen-schaften [4]	Bezeichnung Stoff		
Volumeneigenschaften	Abmessungen				Aggregatzustand		
	Chemische Zusammensetzung, Gefüge				Chem. Zusammensetzung, chem. Struktur		
	Physikalische Stoffdaten [5]				Physikalische Stoffdaten [5]		
	Festigkeitsdaten, Härte				Viskositätsdaten		
Oberflächen-eigenschaften	Oberflächenrauheitsdaten				Sonstige Eigenschaften		
	Phys.-chem. Oberfl.dat. [6]						

Tribokontaktfläche A_0			Reibungszustand nach DIN 50 281:	Reibungsdiagramm
Eingriffsverhältnis [7] ε in %	ε (1)	ε (2)		Reibungszahl ↑ ... Zeit t in → bzw. Weg s in
Verschleißmechanismen und Wechselwirkungen:			Bemerkungen:	

IV Verschleißkenngrößen

	Grundkörper (1)	Gegenkörper (2)	Verschleißdiagramm
Verschleißerscheinungsform (Beschreibung, Bild)			Verschleiß-betrag in ↑ ... Zeit t in → bzw. Weg s in
Gesamt-Verschleißbetrag nach DIN 50 321			
Mittlere Verschleiß-geschwindigkeit $\frac{\Delta l}{\Delta t}$ in $\frac{\mu m}{h}$			
Mittleres Verschleiß-Weg-Verhältnis $\frac{\Delta l}{\Delta s}$ in $\frac{\mu m}{km}$			Bemerkungen:

[1] Aus Belastung F_N und Tribokontaktfläche A_0 ergibt sich die nominelle Flächenpressung $p_0 = F_N/A_0$
[2] v ist die Relativgeschwindigkeit zwischen Grundkörper (1) und Gegenkörper (2)
[3] T ist die makroskopische Durchschnittstemperatur des Tribosystems
[4] Gegebenenfalls sind auch verschleißbedingte Eigenschaftsänderungen zu kennzeichnen
[5] Tribologisch relevante Größen sind z. B. Dichte, Ausdehnungskoeffizient, Wärmeleitfähigkeit, Volumen, Druck
[6] Eigenschaften der obersten Atomlagen von (1) und (2), z. B. Dicke und Zusammensetzung von Oxidschichten
[7] Verhältnis von geometrischer Tribokontaktfläche A_0 zur insgesamt überstrichenen Lauffläche A_1

Tabelle 2.11 Checkliste zur Erfassung der für den Verschleiß wichtigen Größen (aus DIN 50 320, Seite 7)

der Belastung, weil sie den Einbau von geeigneten Kraftmeßeinrichtungen wie z. B. von Dehnungsmeßstreifen in das jeweilige tribotechnische System erfordert. Auch die Temperatur kann nur mit speziellen Temperaturfühlern gemessen werden, wobei zusätzlich die besonderen Probleme bei der Abschätzung von Grenzflächentemperaturen bestehen. Häufig begnügt man sich mit einer Messung der Schmierstofftemperatur, die für die Viskosität und damit für den Reibungszustand (siehe Abschnitt 2.3) von entscheidender Bedeutung ist.

Es schließt sich die Kennzeichnung der Struktur des zu untersuchenden Tribosystems an. Zunächst sind die am Verschleiß beteiligten Elemente zu nennen. Hierbei sollte das Umgebungsmedium nicht vergessen werden, vor allem dann nicht, wenn Grund- und Gegenkörper nicht durch einen Schmierfilm voneinander getrennt sind. In diesen Fällen kann nämlich — wie schon erwähnt — der Verschleißbetrag erheblich von der Luftfeuchte abhängen. Bei Grund- und Gegenkörper sind die chemische Zusammensetzung, die sich in gewissen Grenzen aus der Werkstoffbezeichnung entnehmen läßt, der Gefügezustand, physikalische Stoffdaten wie z. B. die Wärmeleitfähigkeit oder der Wärmeausdehnungskoeffizient, die Härte und die Rauheit von besonderer Wichtigkeit. Zwischenstoff und Umgebungsmedium sind zuerst durch ihren Aggregatzustand und ihre chemische Zusammensetzung zu charakterisieren. Besteht der Zwischenstoff aus einem flüssigen Schmierstoff, so sollte seine Viskosität bekannt sein. Besteht er aus körnigen, mineralischen Stoffen, so benötigt man Angaben über die Kornhärte und nach Möglichkeit auch über die Korngröße und Kornform.

Zur Kennzeichnung des Reibungszustandes sind Messungen des Reibungskoeffizienten und seines zeitlichen Verlaufes notwendig. Besonders wichtig ist es, zu wissen oder im voraus abzuschätzen, durch welche Konstellation der Verschleißmechanismen der Verschleiß hervorgerufen wird. Dies ist in der Praxis oft nur schwer möglich. Man sollte sich aber wenigstens darüber im klaren sein, durch welchen Verschleißmechanismus die Funktionsfähigkeit des zu analysierenden Tribosystems am stärksten gefährdet wird. Hierzu werden in Abschnitt 4.5 Beispiele von elf ausgewählten tribotechnischen Systemen gegeben. Eine Möglichkeit, einen Einblick in die wirkenden Verschleißmechanismen zu gewinnen, liegt darin, die dem Verschleiß unterliegenden Bauteile nach einer gewissen Beanspruchungsdauer auszubauen und lichtoptisch oder mit Hilfe der Abdrucktechnik elektronenoptisch zu untersuchen. Solche Beobachtungen führen uns zu den Verschleißkenngrößen, die durch die Verschleißerscheinungsformen von Grund- und Gegenkörper und die Verschleiß-Meßgrößen gegeben sind.

Die Checkliste (Tabelle 2.11) wird sicher manchen Praktiker erschrecken, weil er sich meistens nicht bewußt ist, daß zur umfassenden Analyse von Verschleißvorgängen so viele Einflußgrößen zu berücksichtigen sind. Die Checkliste läßt sich aber in vielen Fällen durchaus vereinfachen, wenn genau bekannt ist, welche Größen von untergeordneter Bedeutung sind.

Die Analyse eines Verschleißproblemes beinhaltet aber noch nicht die Lösung. Ziel dieses Buches ist es zu zeigen, mit welchen werkstofftechnischen Maßnahmen der Verschleiß von tribologisch beanspruchten Bauteilen vermindert werden kann. Unter den mechanisch-technologischen Eigenschaften, die zur Kennzeichnung von tribotechnischen Werkstoffen dienen, kommt ohne Zweifel der Härte eine besondere Bedeutung zu. Daher sollen im nächsten Kapitel zunächst einige grundlegende Ausführungen zur Härte gemacht werden, ehe im Schlußkapitel der Zusammenhang zwischen dem Verschleiß und der Härte von Werkstoffen so eingehend behandelt werden, daß der Ingenieur erkennen kann, wo Verschleißprobleme durch den Einsatz von harten Werkstoffen gelöst werden können und wo Werkstoffe mit anderen Eigenschaften benötigt werden.

3 Härte von Werkstoffen

Dieses Kapitel wendet sich in erster Linie an Ingenieure und Naturwissenschaftler, denen das Gebiet der Werkstoffkunde und Werkstofftechnik weniger vertraut ist. Zu Beginn werden verschiedene Härtedefinitionen vorgestellt. Anschließend werden die gebräuchlichsten Härteprüfverfahren mit ihren charakteristischen Unterscheidungsmerkmalen behandelt, wobei auf die Angabe der speziellen Prüfvorschriften verzichtet wird, weil diese den einschlägigen Normen entnommen werden können. Es zeigt sich, daß die größte Zahl der in der Praxis benutzten Härteprüfverfahren auf der plastischen Verformung der Oberflächenbereiche von Werkstoffen durch einen Eindringkörper beruht. Bedenkt man ferner, daß an den meisten Verschleißprozessen eine plastische Verformung der beanspruchten Oberflächenbereiche beteiligt ist, so erschien es im Hinblick auf die Zielsetzung dieses Buches sinnvoll, die Härte als den Widerstand eines Körpers gegenüber der lokalen plastischen Verformung seiner Oberflächenbereiche zu definieren, die durch einen Eindringkörper hervorgerufen wird. Dies ist auch deshalb angebracht, weil die meisten Ergebnisse über den Zusammenhang zwischen dem Verschleiß und der Härte von Werkstoffen an metallischen Werkstoffen gewonnen wurden, deren Härte im allgemeinen mit den Verfahren nach Brinell, Vickers oder Rockwell bestimmt wird, indem durch plastische Verformung entstandene Härteeindrücke ausgemessen werden. Bei Kunststoffen, deren Härtewerte in der Regel durch einen elastischen und einen plastischen Formänderungsanteil gegeben sind, spielt die Härtemessung dagegen offenbar nur eine untergeordnete Rolle, wodurch verständlich wird, daß bei Verschleißprüfungen nur selten Härteangaben zu den untersuchten Kunststoffen gemacht werden.

Ähnlich wie den Verschleiß kann man auch die Härteprüfung mit einer systemanalytischen Darstellung beschreiben, aus der sich der Einfluß der Belastung, der Eindringgeschwindigkeit, der Temperatur, der Zeit, der Geometrie des Prüfkörpers, der Oberflächenbehandlung des zu prüfenden Werkstoffes und des Umgebungsmediums erkennen läßt. Ferner wird die bei der Härteprüfung auftretende Werkstoffanstrengung abgeschätzt, soweit dies heute schon möglich ist, damit Parallelen und Abweichungen zur Werkstoffanstrengung bei tribologischen Beanspruchungen aufgezeigt werden können.

In einem gesonderten Abschnitt wird der Zusammenhang zwischen der Härte und anderen mechanisch-technologischen Eigenschaften sowie den gefügemäßigen, physikalischen und chemischen Eigenschaften erörtert. Für das Verständnis der Härte sind vor allem die gefügemäßigen und bestimmte physikalische Eigenschaften von Bedeutung. Dabei wird erkennbar, daß ein bestimmter Härtewert durch ganz unterschiedliche Kombinationen von physikalischen und gefügemäßigen Eigenschaften erzielt werden kann. Dies zu wissen ist deshalb wichtig, weil der Verschleiß erheblich von der Art und Weise abhängen kann, mit der eine bestimmte Werkstoffhärte erzeugt wird.

3.1 Definitionen der Härte

Die Härte ist eine Stoffeigenschaft, mit der schon der Laie eine gewisse Vorstellung verbindet. Daß Stahl hart und Blei weich ist, bedarf keiner besonderen Erläuterung. Schwieriger wird es, wenn man die Härte exakt definieren soll. Die allgemeinste Definition stammt aus der Mineralogie, in der die Härteprüfung als ein Hilfsmittel zur Identifizierung von Mineralien dient:

Die Härte ist ein Maß des Widerstandes, den ein Kristall je nach Fläche und Richtung der mechanischen Verletzung seiner Oberflächenschichten entgegensetzt (Tertsch, 1949).

Die Verletzung der Oberflächenschichten kann durch örtlich begrenzten Verschleiß wie z. B. bei der Ritz- oder Schleifhärteprüfung oder durch Deformation hervorgerufen werden. Im Hinblick auf die Zielsetzung dieses Buches wird aber eine Härtedefinition benötigt, aus welcher der Verschleiß eliminiert ist; denn es soll nicht untersucht werden, inwieweit ein Zusammenhang zwischen verschiedenen Verschleißarten besteht. Unter diesem Gesichtspunkt ist die folgende Härtedefinition als zweckmäßiger anzusehen:

Die Härte ist ein Maß für den Widerstand eines Stoffes gegenüber dem Eindringen eines anderen Körpers.

Annähernd gleichbedeutend mit dieser Definition beschreibt Tabor (1970) die Härte als ein quantitatives Maß für den Widerstand eines Werkstoffes gegenüber der lokalen Verformung seiner Oberflächenbereiche.

Auch dieser allgemeinen Definition haftet eine Reihe von Schwächen an. So fehlt eine Aussage über die Form- und Stoffeigenschaften des Eindringkörpers. Sicher darf der Eindringkörper nicht weicher als der zu prüfende Werkstoff sein, weil sonst kein Eindruck erzeugt werden kann. Es wurde aber von Hertz (1882) vorgeschlagen, den Eindringkörper aus dem gleichen Werkstoff wie den Prüfling herzustellen. Dieser Vorschlag hat sich aber nicht durchgesetzt. Bei den heute verwendeten Härteprüfverfahren ist der Eindringkörper durchweg härter als der zu prüfende Werkstoff.

In der allgemeinen Härtedefinition fehlt ein Hinweis über die Form des Eindringkörpers, von welcher der Spannungszustand und damit die Deformation der Oberflächenbereiche entscheidend abhängt. Ferner wird nicht festgelegt, ob die Deformation elastisch, elastisch-plastisch oder plastisch sein soll. So hatte Hertz (1882) vorgeschlagen, nur eine Deformation bis zum Erreichen der Elastizitätsgrenze zuzulassen. Heute wird dagegen bei metallischen Werkstoffen überwiegend die plastische Verformung gemessen, während bei Kunststoffen ein durch elastisch-plastische Verformung entstandener Härteeindruck ausgemessen wird.

Aus der Erkenntnis der Mängel allgemeiner Härtedefinitionen wurde vorgeschlagen, die Härte als eine Eigenschaft zu definieren, die mit einem Härteprüfverfahren bestimmt werden kann. Der Härtewert ist dann ein Werkstoffkennwert, der vom jeweiligen Härteprüfverfahren abhängt. Da auch diese Einschränkung des Härtebegriffs keinesfalls als befriedigend anzusehen ist, hat man mit mehr oder weniger großem Erfolg versucht, die mit verschiedenen Härteprüfverfahren gewonnenen Härtewerte ineinander umzurechnen. Bevor hierauf eingegangen wird, erscheint es zunächst angebracht, die gebräuchlichen Härteprüfverfahren vorzustellen.

Härte von Werkstoffen

3.2 Härteprüfverfahren

Sieht man die Monographien durch, in denen die Härteprüfung behandelt wird, so findet man nirgends eine Zusammenstellung aller gebräuchlichen Härteprüfverfahren. Entweder beschränken sich die Darstellungen der Härteprüfverfahren nur auf die metallischen Werkstoffe oder es werden nur die für die Kunststoffe benutzten Härteprüfverfahren erwähnt. In diesem Abschnitt sollen dagegen alle gebräuchlichen Härteprüfverfahren zusammengestellt werden, wobei aber nur auf die wesentlichen Merkmale der einzelnen Prüfverfahren eingegangen werden kann. Spezielle Hinweise über die Durchführung der verschiedenen Härteprüfungen können den entsprechenden DIN-Normen entnommen werden. Ferner sei auf die Monographien von Tabor (1951), Siebel (1955), Mott (1957), Westbrook und Conrad (1973) und auf die VDI-Berichte Nr. 308 (1978) hingewiesen.

Die Härteprüfverfahren lassen sich in mehrere Hauptgruppen einordnen. Im Handbuch für Werkstoffprüfung von Siebel (1955) unterscheidet Hengemühle zwischen statischer und dynamischer Härteprüfung, wobei die Ritzhärteprüfung überraschenderweise der statischen Härteprüfung zugeordnet wird. Hier soll ein anderes Ordnungsschema verwendet werden:

    I. Härteprüfung durch einen statisch belasteten Eindringkörper
    II. Härteprüfung durch eine Tangentialbewegung des belasteten Eindringkörpers
    III. Härteprüfung durch eine impulsartige Beanspruchung

Zu den einzelnen Gruppen gehört eine größere Anzahl von Härteprüfverfahren, die in den folgenden Abschnitten erörtert werden sollen.

3.2.1 Härteprüfung durch einen statisch belasteten Eindringkörper

Unter dieser Überschrift ist eine relativ große Zahl von Prüfverfahren zu nennen, die sich nach der Art der Ausmessung der Härteeindrücke in zwei Untergruppen unterteilen lassen:
    I. Ausmessen des Härteeindruckes nach Entlastung des Eindringkörpers (bei der Rockwell-Härteprüfung nach Entlastung auf eine Vorlast)
    II. Ausmessen des Härteeindruckes unter dem belasteten Eindringkörper

Zu der Gruppe I gehören die bekannten Härteprüfverfahren nach Brinell, Vickers, Rockwell und Knoop, die überwiegend zur Bestimmung der Härte von metallischen Werkstoffen verwendet werden und mit Ausnahme des Knoop-Verfahrens genormt sind (Tabelle 3.1). Gemeinsam ist diesen Verfahren, daß die Größe des durch plastische Verformung erzeugten Härteeindruckes gemessen wird. Einzelheiten über diese Prüfverfahren sind in den entsprechenden Normen und in dem 1978 erschienenen Entwurf der VDI/VDE-Richtlinie 2616 enthalten.

Bei den Verfahren nach Brinell und Vickers wird zur Bestimmung des Härtewertes die Prüfkraft auf die Oberfläche des Härteeindruckes bezogen, so daß der Härtewert die Dimension einer Spannung besitzt, die früher in kp/mm^2 angegeben wurde. Mit der Einführung der SI-Einheiten mußte das kp eliminiert werden. Um die Zahlenwerte der Härte zu erhalten, hat man in der internationalen und nationalen Normung einen eigenartigen Weg beschritten: man hat als Härteeinheit das HB bzw. HV eingeführt, das dem früher gültigen kp/mm^2 entspricht. Außerdem setzt man den Zahlenwert der in kp aufgebrachten Prüfkraft hinter die Einheit (z. B. HV 10).

Härteprüfverfahren

Härteprüfverfahren	Brinell	Vickers	Rockwell	Knoop
Norm	DIN 50 351	DIN 50 133	DIN 50 103	—
Eindringkörper	Stahl, Hartmetall $D = 10$ mm 5 " 2,5 " 1 "	Diamant Flächenwinkel gegenüberliegender Prismenflächen $\alpha = 136°$	A, C, N: Diamant Kegelwinkel: 120° Spitzenradius: 0,2 mm B, F, T: Stahl $D = 1,587$ mm $= 1/16$ inch	Diamant 172,5° 130°
Vorkraft F_1 [N]	0	0	A, B, C, F: 98,07 N, T: 29,42	0
Prüfgesamtkraft F [N]	12,26 ... 29420	Makrobereich: 50 ... 1000 Kleinlastbereich: 2 ... 50 Mikrobereich: < 2	A, F: 588,4 B: 980,7 C: 1471 N, T: 147,1; 242,2; 441,3	< 10 N
Auswertung	$HB = \dfrac{\text{Prüfkraft}}{\text{Eindruckoberfläche}}$ $= \dfrac{0{,}102 \cdot 2 \cdot F}{\pi D(D - \sqrt{D^2 - d^2})}$ d: Durchmesser des Eindruckes in mm	$HV = \dfrac{\text{Prüfkraft}}{\text{Eindruckoberfläche}}$ $= \dfrac{0{,}102 \cdot F \cdot \sin 136°/2}{d^2}$ d: mittlere Länge der Eindruckdiagonalen in mm	$HR = Z - t_b/x$ A,C,N,T: Z = 100 B,F: Z = 130 t_b: bleibende Eindringtiefe in mm A,B,C,F: x = 0,002 mm N,T: x = 0,001 mm	$HK = \dfrac{\text{Prüfkraft}}{\text{Eindruckprojektionsfläche}}$ $= \dfrac{0{,}102 \cdot F}{d \cdot \text{ctg } 172{,}5°/2 \cdot \text{tg } 130°/2}$ d: Länge der längeren Diagonalen in mm
Kurzbezeichnung der Härte	X HB D / F' / t_E X: Härtewert D: Durchmesser der Eindringkugel F': $0{,}102 \cdot$Prüfkraft F t_E: Einwirkdauer in s (entfällt bei t_E = 10 ... 20 s)	X HV F' / t_E X: Härtewert F': $0{,}102 \cdot$Prüfkraft F t_E: Einwirkdauer in s (entfällt bei t_E = 10 ... 15 s)	X HR Y X: Härtewert Y: Kurzzeichen des Verfahrens (A,B,C,F, 15 N, 30 N, 45 N, 15 T, 30 T, 45 T) HRA, HRB, HRC, HRF, HR 15 N, HR 30 N, HR 45 N, HT 15 N, HT 30 N, HT 45 N	X HK F' X: Härtewert F': $0{,}102 \cdot$ Prüfkraft F
Einheit	früher: kp/mm² jetzt: HB (1 HB ≈ 1 daN/mm²)	früher: kp/mm² jetzt: HV (1 HV ≈ 1 daN/mm²)		früher: kp/mm² jetzt: HK (1 HK ≈ 1 daN/mm²)

Tabelle 3.1   Härteprüfverfahren, bei denen der Härteeindruck nach der Entlastung des Eindringkörpers ausgemessen wird

Mag dies bei der betrieblichen Härteprüfung, bei der es häufig nur um eine Kontrolle der Werkstoffeigenschaften geht, keine Nachteile mit sich bringen, so kann es aber zu Schwierigkeiten kommen, wenn die Härte als Faktor in Formeln eingeht, mit denen z. B. reibbedingte Temperaturerhöhungen oder Verschleißkoeffizienten abgeschätzt werden. In diese Formeln ist die Härte in der Dimension einer Spannung einzusetzen. Um die gebräuchlichen, in den nationalen und internationalen Normen enthaltenen Härteangaben von Werkstoffen ohne Änderung ihres Zahlenwertes benutzen zu können, wird in diesem Buch daher mit den folgenden Beziehungen gearbeitet:

$$1 \text{ HV} \stackrel{\wedge}{=} 1 \text{ daN/mm}^2 \ (= 10 \text{ N/mm}^2)$$
$$1 \text{ HB} \stackrel{\wedge}{=} 1 \text{ daN/mm}^2 \ (= 10 \text{ N/mm}^2)$$

Die gleiche Beziehung wird für die Knoop-Härte verwendet. Sie enthält den vernachlässigbaren Fehler von 2% der darin liegt, daß anstelle des Umrechnungsfaktors 9,81 mit dem Faktor 10 gerechnet wird. —

Nachfolgend seien einige charakteristische Eigenschaften der verschiedenen Härteprüfverfahren erwähnt. Bei der Brinell-Härteprüfung wird mit einer Stahlkugel ein Eindruck in Form eines Kugelabschnittes erzeugt, der durch die Verformung von einer großen Anzahl von Kristalliten hervorgerufen wird; daher eignet sich die Brinell-Härteprüfung besonders zur Bestimmung der Härte von heterogenen Werkstoffen wie von Grauguß oder von Gleitlagermetallen. Es sollen mit dieser Prüfmethode aber nur in Ausnahmefällen Werkstoffe geprüft werden, deren Härte oberhalb 450 HB liegt, weil sich sonst die als Eindringkörper benutzte Stahlkugel plastisch verformen kann. Hier kann der Einsatz einer Hartmetallkugel weiterhelfen, wobei aber zu berücksichtigen ist, daß wegen des unterschiedlichen Elastizitätsmoduls von Stahl und Hartmetall der Spannungszustand unter den Eindringkugeln nicht gleich ist, so daß mit gewissen Fehlern beim Vergleich der mit verschiedenen Kugeln gemessenen Härtewerte zu rechnen ist.

Mit der Vickers-Härteprüfung, bei der der Eindringkörper aus einer Diamantpyramide besteht, können Werkstoffe hoher und höchster Härte geprüft werden. Durch die Anwendung von kleinen Prüfkräften im Kleinlast- und Mikrohärteprüfbereich kann die Härte von dünnen Blechen oder von dünnen Oberflächenschichten gemessen werden, weil der Eindringkörper nur wenige Mikrometer in die Oberflächenbereiche eindringt. Für sehr harte Werkstoffe bevorzugt man gelegentlich die Knoop-Härteprüfung, weil die zu vermessende Eindringdiagonale wesentlich länger als die Diagonale des Vickers-Eindruckes ist. Außerdem läßt sich mit dem Knoop-Verfahren die Richtungsabhängigkeit der Härte von anisotropen Werkstoffen ermitteln.

Bei den verschiedenen Rockwell-Härteprüfverfahren wird ein Diamant- oder Stahlkegel als Eindringkörper benutzt. Ausgemessen wird die Tiefe des bleibenden Eindruckes nach der Entlastung auf eine Vorkraft. Da sich die Tiefenmessung relativ leicht automatisieren läßt, wird die Rockwell-Härteprüfung in großem Umfang zur Fertigungskontrolle eingesetzt; demgegenüber bringt die Flächenmessung, die bei den Verfahren nach Brinell, Vickers und Knoop notwendig ist, erhebliche Probleme mit sich, die vor allem mit Aufwölbungen am Rande der Eindrücke zusammenhängen (Kleesattel, 1978). In den letzten Jahren ist die Rockwell-Härteprüfung, die im allgemeinen mit großen Prüfkräften erfolgt (Siehe Tabelle 3.1), durch die Entwicklung von neuen Prüfgeräten, mit denen kleine Prüfkräfte aufgebracht werden können, in den Kleinlastbereich erweitert worden (Meyer, 1978).

Nach den Verfahren, bei denen der Härteeindruck nach der Entlastung ausgemessen wird, sind nun die Verfahren zu behandeln, bei denen der Härteeindruck unter Last ausgemessen wird. In die Größe des Härteeindruckes geht daher die elastische und die plastische Verformung des geprüften Werkstoffes ein. Im Extremfall, wie z. B. bei Elastomeren, kann die elastische Verformung sogar 100% ausmachen. Die wichtigsten Verfahren der Härteprüfung unter Last, die vor allem zur Ermittlung der Härte von polymeren Werkstoffen verwendet werden, sind das Kugeldruck-Verfahren, zwei Varianten des Kugeldruckverfahrens zur Bestimmung des internationalen Gummihärtegrades IRHD und die Shore-Verfahren (Tabelle 3.2). Ferner ist ein modifiziertes Mikrohärte-Prüfverfahren nach Vickers zu nennen, bei dem die Diagonalen des Härteeindruckes unter Last durch den transparenten Diamant-Eindringkörper hindurch vermessen werden können (Müller, 1972). Weiterhin wurde ein neues Härteprüfverfahren nach Wolpert vorgestellt, das von Dengel und Kroeske (1976) entwickelt wurde. Bei diesem Prüfverfahren wird ein Paraboloid-Eindringkörper in den zu prüfenden Werkstoff gedrückt. Der Eindringkörper ist an einer Feder befestigt, deren Kraftwirkung dem Eindringweg entgegengesetzt ist, so daß die anfängliche Prüfkraft von 200 N nach einem Eindringweg von 200 μm auf null absinkt (Bild 3.1). Die sogenannte Wolpert-Härte ist dann durch die folgende Beziehung gegeben:

$$HW = 0{,}1\ F/t \tag{2}$$

Einheit: N/mm

In dieser Beziehung bedeuten F die Prüfkraft in N, t die Eindringtiefe in mm. Der Faktor 0,1 stellt einen Anpassungsfaktor dar, der die Zahlenwerte der Wolpert-Härte mit denen der Brinell- und Vickers-Härte vergleichbar machen soll. Wie eigene Nachprüfungen ergaben, ist dies bei metallischen Werkstoffen aber nur in einem begrenzten Härtebereich der Fall.

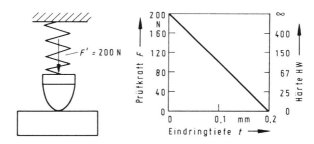

Bild 3.1 Prinzip des Härteprüfverfahrens nach Wolpert

Prüfkraft: $F = F' - 1000 \cdot t$
Härte: $HW = \dfrac{F}{t}$

Der Vorteil der Wolpert-Härteprüfung liegt darin, daß die Härteskala von null bis unendlich reicht, so daß mit diesem Verfahren sowohl sehr weiche Kunststoffe als auch harte metallische Werkstoffe geprüft werden können. –
In der ASTM-Norm D 785-65 ist ferner ein modifiziertes Härteprüfverfahren nach Rockwell (α-Rockwell) beschrieben, bei dem die Eindringtiefe abweichend vom üblichen Rockwell-Verfahren unter Last gemessen wird.

Härte von Werkstoffen

Härteprüfverfahren	Kugeldruck	IRHD (Normproben)	IRHD (Mikrohärte)	Shore A, D
Norm	DIN 53 456	DIN 53 519 (Blatt 1)	DIN 53 519 (Blatt 2)	DIN 53 505
Eindringkörper	Stahl $D = 5$ mm	Stahl $D = 5$ mm $2,5''$	Stahl $D = 0,4$ mm	$\phi\,1,25$ $\phi\,1,25$ 35° 30° $\phi\,0,79$ 0,1 r Shore A Shore D Stahl
Vorkraft F_1 [N]	9,8	0,3	0,0083	0
Prüfgesamtkraft F [N]	9,8 + 49,0 + 132,4 + 357,9 + 961,0	0,3 + 5,4	0,0083 + 0,145	A: 0,55 ... 8,1 (F = 3 h + 0,55) D: 0 ... 44,5 (F = 17,8 h) h: Eindringtiefe: 0 ... 2,5 mm
Zeit bis zur Ablesung t [s]	10 (Vorkraft) 30 (Prüfgesamtkraft)	5 (Vorkraft) 30 (Prüfgesamtkraft)	5 (Vorkraft) 30 (Prüfgesamtkraft)	3
Auswertung	$H = \dfrac{1}{\pi \cdot d \cdot h_r} \cdot F_r$ $F_r = \dfrac{0,21\,(F - F_1)}{h - h_r} + 0,21$ $d = 5$ mm $h_r = 0,25$ mm	$H = f(h)$ h: Eindringtiefe (H ist tabellarisch der Eindringtiefe h zugeordnet)	$H = f(h)$ h: Eindringtiefe (H ist tabellarisch der Eindringtiefe h zugeordnet)	Direkte Ablesung in Shore-Einheiten
Einheit	N/mm²	IRHD	IRHD	Shore A, Shore D

Tabelle 3.2 Härteprüfverfahren, bei denen der Härteeindruck unter Last gemessen wird

Bei den zuletzt vorgestellten Härteprüfverfahren enthalten die ermittelten Härtewerte einen elastischen und einen plastischen Formänderungsanteil. Zwei verschiedene Werkstoffe können daher bei gleichem Härtewert unterschiedliche elastische und plastische Formänderungsanteile aufweisen und somit in ihren mechanisch-technologischen Eigenschaften sehr unterschiedlich sein.

Bei der Weiterentwicklung der Härteprüfverfahren, die noch in vollem Gange ist (VDI-Berichte 308, 1978), sollte daher angestrebt werden, die elastische und die plastische Verformung durch den Eindringkörper getrennt voneinander messen zu können. Wegweisend könnte hierzu eine Arbeit von Eyerer und Lang (1973) sein, die die Vickers-Härteprüfung dahingehend erweiterten, daß sie neben der Länge der Diagonalen des Eindruckes auch seine Tiefe ausmessen und zwar sowohl unter Last als auch nach Entlastung. Auch die Registrierung von Eindringweg-Belastungskurven, wie sie von Dengel und Kroeske (1978) vorgestellt wurde, ist als eine in die Zukunft weisende Möglichkeit anzusehen.

3.2.2 Härteprüfung durch Tangentialbewegung eines belasteten Eindringkörpers

Unter dieser Überschrift können die folgenden Härteprüfverfahren genannt werden:
    I. Mohs-Härteprüfung
   II. Ritzhärteprüfung
  III. Schleifhärteprüfung
  IV. Kontinuierliche Härteprüfung

Das Mohs-Härteprüfverfahren wird vor allem in der Mineralogie angewendet und dient dort als ein Hilfsmittel zur Identifizierung von Mineralien. Sie basiert auf der sogenannten Mohsschen Härteskala, die aus 10 verschiedenen Mineralien unterschiedlicher Härte besteht (Tabelle 3.3). Man versucht, das zu prüfende Mineral zunächst mit dem weichsten und dann mit zunehmend härteren Mineralien der Härteskala zu ritzen, bis ein bleibender Ritz zurückbleibt. Die Mohshärte liegt dann zwischen der Härte des Minerals, durch das gerade noch kein Ritz erzeugt wird und der Härte des ritzenden Minerals. Dabei ist die Ritzung als ein Verschleißprozeß anzusehen, der durch den Verschleißmechanismus der Abrasion bewirkt wird, so daß in Wirklichkeit der Verschleißwiderstand des Minerals bei ritzender Beanspruchung zur Abschätzung der Härte herangezogen wird.

Mineral	Mohs-Härte
Talk	1
Steinsalz Gips	2
Kalkspat	3
Flußspat	4
Apatit	5
Orthoklas	6
Quarz	7
Topas	8
Korund	9
Diamant	10

Tabelle 3.3 Die Härteskala nach Mohs

Härte von Werkstoffen

Wenn auch die Mohs-Härteprüfung als ein Ritzhärteprüfverfahren anzusehen ist, so versteht man im engeren Sinn unter Ritzhärteprüfung ein Verfahren, bei dem eine kegelförmige Diamantspitze, die durch ein Gewicht (F_N = 10 N) belastet ist, tangential über den zu prüfenden Werkstoff gezogen wird. Da der Diamant der härteste der bekannten Stoffe ist, wird in jedem Fall ein Ritz erzeugt, dessen Breite von der Härte des geritzten Werkstoffes abhängt. Bei gegebener Belastung ist ein Werkstoff um so härter, je schmaler der Ritz ist. Als Ritzhärte wird häufig der Reziprokwert der Ritzbreite angegeben.

Die Ritzbildung kann durch zwei unterschiedliche Mechanismen erfolgen. Einmal kann bei duktilen Werkstoffen der Ritz durch plastisches Verdrängen des Werkstoffes vor dem Diamant-Kegel erzeugt werden. Bei spröden Werkstoffen können dagegen kleine Partikel abgetrennt werden. In letzterem Fall ist die Ritzhärte ähnlich wie die Mohs-Härte als der Widerstand eines Werkstoffes gegenüber dem Verschleißmechanismus der Abrasion anzusehen. Da die Anteile der plastischen Verformung und der Abtrennung von Partikeln in der Regel nicht eindeutig voneinander getrennt werden können, hat die Ritzhärteprüfung deutlich an Bedeutung verloren.

Im Unterschied zur Ritzhärteprüfung wird bei der Schleifhärteprüfung als Eindringkörper eine rotierende Scheibe oder Trommel verwendet, auf deren Oberfläche ein Abrasivstoff lose aufliegt oder fest gebunden ist. Während der Prüfung wird der Prüfling entweder tangential zum rotierenden Eindringkörper bewegt oder der rotierende Eindringkörper wird nur in die Oberfläche eingedrückt. Eine Übersicht über die wesentlichen Verfahrensvarianten enthält eine Arbeit von Grodzinski aus dem Jahre 1955. Ähnlich wie die Mohs- und die Ritzhärteprüfung ist auch die Schleifhärteprüfung als ein abrasiver Verschleißprozeß anzusehen.

Abweichend von diesen Verfahren handelt es sich bei der kontinuierlichen Härteprüfung, die von Stöferle und Theimert (1975) entwickelt wurde, um ein Härteprüfverfahren, bei dem überwiegend die plastische Verformung der Oberflächenbereiche von Werkstoffen gemessen wird, welche durch die Tangentialbewegung eines mit einer definierten Prüfkraft belasteten Diamant-Doppelkegels erzeugt wird. Gemessen wird die Eindringtiefe t, aus der sich mit Hilfe der Prüfkraft F die Härte ermitteln läßt:

$$H = \frac{F}{a\, t^n} \tag{3}$$

Einheit: daN/mm^2

Der Koeffizient a [mm] und der Exponent n können so gewählt werden, daß die Härtewerte mit den Werten der Vickers-Härte HV 30 identisch sind. Allerdings fehlen noch Untersuchungen, mit denen zu klären ist, ob dies für alle Werkstoffe und zwar insbesondere für kaltverfestigte und ausscheidungsgehärtete Werkstoffe gilt.

Die kontinuierliche Härteprüfung bietet den großen Vorteil, daß Härteverläufe von Werkstoffen, deren Härte sich z.B. vom Rand zum Kern hin ändert, relativ schnell bestimmt werden können, weil dazu nur ein oder zwei Härteprüfungen notwendig sind, während z.B. bei der Vickers-Härteprüfung eine große Anzahl von Härteeindrücken zu machen ist.

3.2.3 Härteprüfung durch eine impulsartige Beanspruchung

Bei diesen von Hengemühle (1955) auch als dynamische Härteprüfungen bezeichneten Verfahren wird der zu prüfende Werkstoff durch einen Eindringkörper beansprucht, der mit einer bestimmten kinetischen Energie auf die Werkstoffoberfläche auftritt. Als Eindringkörper wird in der Regel eine Stahl- oder Hartmetall-Kugel verwendet. Je nach Prüfverfahren wird zur Ermittlung der Härte die Größe des bleibenden Eindruckes (Schlaghärteprüfung), die auf die Größe des bleibenden Eindruckes bezogene kinetische Energie (Fallhärteprüfung) oder der Verlust an kinetischer Energie (Rücksprunghärteprüfung) herangezogen.

Diese Härteprüfverfahren zeichnen sich dadurch aus, daß zur Durchführung der Prüfungen recht einfache und daher billige Prüfgeräte benutzt werden können, die transportabel sind und eine Härteprüfung an ortsfesten Bauteilen ermöglichen. Ein Nachteil der Verfahren liegt aber darin, daß die relativen Fehler der Härtemessungen recht groß sind.

Bei der Fallhärteprüfung fällt eine an einem Bär befestigte Kugel senkrecht auf den Prüfling. Als Variante kann die Kugel auch anstelle der Schneide in einem Pendelschlagwerk befestigt werden (Walzel, 1934). Zur Ermittlung der Härte wird die Fallenergie A auf das Volumen V des durch plastische Verformung erzeugten Eindrucks bezogen:

$$HF = \frac{A}{V} \tag{4}$$

Einheit: Nm/mm^3

Bei den Bemühungen, eine Beziehung zwischen der Fallhärte und der Brinell-Härte herzustellen, verwendet man statt der Fallenergie die Formänderungsenergie, die zur Erzeugung eines bleibenden Eindruckes benötigt wird. Diese ist durch die Differenz von Fall- und Rücksprungenergie gegeben.

Bei der Schlaghärteprüfung wird eine Kugel durch einen Hammerschlag oder durch eine plötzlich entspannte Feder gegen den zu prüfenden Werkstoff beschleunigt. Zur Ermittlung der Härte wird der Durchmesser des durch plastische Verformung erzeugten Härteeindruckes ausgemessen und daraus anhand von experimentell gewonnenen graphischen Darstellungen die Brinell-Härte abgeschätzt. Dies ist aber nur möglich, wenn die Schlagenergie konstant ist. Wird der Eindruck durch einen Hammerschlag erzeugt wie z. B. bei der Härteprüfung mit einem Poldihammer, so variiert die Schlagenergie von Schlag zu Schlag. Um dennoch eine Härteprüfung zu ermöglichen, werden mit demselben Schlag der zu prüfende Werkstoff und ein Referenzwerkstoff bekannter Härte beansprucht. Die Härte kann dann durch das Verhältnis der Größe der beiden Härteeindrücke bestimmt werden. – Bei einer neuen gerätetechnischen Entwicklung wird die in dem Eindringkörper nach dem Aufprall verbleibende Restenergie zur Härtemessung herangezogen (Leeb, 1978).

Bei der Rücksprunghärteprüfung, die auch als Shore-Härteprüfung bezeichnet wird, fällt ein Hammer mit einer abgerundeten Spitze mit einer bestimmten Fallenergie, die durch die Fallhöhe gegeben ist, auf den zu prüfenden Werkstoff. Als Härtemaß dient die Rücksprunghöhe; sie ist umso größer, je geringer der plastische Verformungsanteil an der elastisch-plastischen Verformung ist. – Neuere Bestrebungen gehen dahin, die verschiedenen Methoden der Rücksprunghärteprüfung zu vereinheitlichen (Hengemühle, 1971).

3.2.4 Vergleich der mit den verschiedenen Prüfverfahren bestimmbaren Härtewerte

Wenn die Härte eine reine Werkstoffeigenschaft wäre, müßten sich die mit den verschiedenen Härteprüfverfahren bestimmbaren Härtewerte ineinander umrechnen lassen. Dies ist aber nur für die Härtewerte einiger Prüfverfahren und auch nur mit Einschränkungen möglich. Die Ursache hierfür ist vor allem darin begründet, daß die Härteeindrücke durch unterschiedliche, meist inhomogene Verformungen hervorgerufen werden und zwar durch:

I. elastische Verformungen
II. elastisch-plastische Verformungen
III. plastische Verformungen
IV. abrasive Verschleißprozesse

So beruht die für Elastomere gebräuchliche Shore-Härteprüfung auf einer rein elastischen Verformung. In die Kugeldruckhärte gehen elastische und plastische Verformungsanteile ein. Der plastische Verformungsanteil einer ursprünglich elastisch-plastischen Verformung dient zur Ermittlung der Härte nach Brinell, Vickers, Rockwell und Knoop. Ritz- und Schleifhärte stellen dagegen Härtemaße dar, die durch den Widerstand von Werkstoffen gegenüber abrasivem Verschleiß gekennzeichnet sind.

In der Praxis werden die Härteprüfverfahren nach Brinell, Vickers und Rockwell weit mehr als alle anderen Härteprüfverfahren verwendet. Daher soll zunächst untersucht werden, ob sich die mit diesen Verfahren bestimmbaren Härtewerte ineinander umrechnen lassen. Soll ein Härtewert H_1, der mit einem relativen Fehler behaftet ist, in einen Härtewert H_2 umgewertet werden, so wird der relative Fehler auf jeden Fall größer, weil der empirisch ermittelte funktionelle Zusammenhang zwischen H_1 und H_2 selbst mit einem relativen Fehler behaftet ist (Bild 3.2).

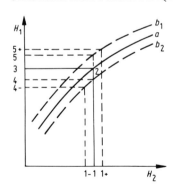

Bild 3.2 Vergrößerung des relativen Fehlers bei der Umwertung von Härtewerten nach Schmidt (1978)

Die Norm DIN 50 150 enthält eine Tabelle (siehe Anhang), mit der die Vickers-, Brinell- und Rockwell-Härtewerte von unlegierten und niedriglegierten Stählen sowie Stahlguß ineinander umgewertet werden können. Mit einer großen Zahl von Härteprüfungen wurde empirisch ermittelt, daß die Brinell-Härte im Mittel durch Multiplikation der Vickers-Härte mit dem Faktor 0,95 gegeben ist. Der Grund für die geringe Abweichung der Härtewerte liegt darin, daß der Flächenwinkel der Vickers-Pyramide mit 136° so groß gewählt wurde (siehe Tabelle 3.1), daß die Pyramidenflächen den mittleren Eindruckdurchmesser d = 0,375 D einschließen, so daß das unter der Vickers-Pyramide und unter

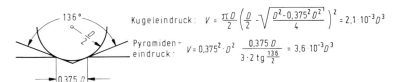

Bild 3.3 Verformtes Volumen unter einer Vickers-Pyramide und einer Brinell-Kugel

der Brinell-Kugel verformte Volumen in der gleichen Größenordnung liegt (Bild 3.3). Der wesentliche Unterschied zwischen der Vickers- und der Brinell-Härteprüfung liegt darin, daß die Brinell-Härte nur bei relativ weichen Werkstoffen ($\leqslant 450$ HB) gemessen werden sollte, während Vickers-Härteprüfungen an den härtesten Werkstoffen durchgeführt werden, wenn man im Kleinlast- und Mikrohärtebereich prüft. Wie schon in Abschnitt 3.2.1 erwähnt, bietet die Knoop-Härteprüfung bei der Bestimmung von sehr harten Werkstoffen Vorteile, weil sich die lange Diagonale des Knoop-Härteeindruckes mit einem geringeren relativen Fehler ausmessen läßt als die kürzeren Diagonalen des Vickers-Härteeindruckes. Daher sollen hier kurz einige Angaben zu der Umrechnung von Knoop- in Vickers-Härtewerte gemacht werden, die auf umfangreichen Untersuchungen von Dengel (1970) beruhen. Danach besteht zwischen den Härtewerten der beiden Prüfverfahren der folgende Zusammenhang:

$$HV = a\ HK^b \tag{5}$$
$$HK = a'\ HV^{b'} \tag{6}$$

Die Zahlenwerte der Parameter a, a', b und b' sind für einige häufig benutzte Prüfkräfte in Tabelle 3.4 zusammengestellt. Sie wurden bei der Prüfung von Stahlplatten in einem Härtebereich zwischen 150 und 950 daN/mm² ermittelt, so daß noch zu untersuchen ist, ob die Zahlenwerte auch für Werkstoffe höherer Härte gültig sind. —

Tabelle 3.4 Beziehungen zwischen der Vickers- und der Knoop-Härte nach Dengel (1970)

HV 0,2[1)]	=	0,79 (HK 0,5[1)])^{1,03}
HV 0,3	=	0,67 (HK 0,3)^{1,06}
HV 0,3	=	0,78 (HK 1)^{1,04}
HK 0,5	=	1,30 (HV 0,2)^{0,96}
HK 0,3	=	1,51 (HV 0,3)^{0,94}
HK 1	=	1,49 (HV 0,3)^{0,942}

1) Prüfkraft in 9,81 N

Es sollen nun die Vickers-Härtewerte mit den Rockwell-Härtewerten verglichen werden. Zunächst ist anzumerken, daß die Vickers-Härte die Dimension einer Spannung hat, während die Rockwell-Härte eine dimensionslose Kennzahl ist. In der Norm DIN 50 150 (siehe Anhang) sind die Rockwell-Härtewerte den entsprechenden Vickers-Härtewerten zugeordnet; dabei besteht keine Übereinstimmung der Zahlenwerte. Die in der Norm im

104 *Härte von Werkstoffen*

Anhang wiedergegebenen Härtewerte stellen Mittelwerte aus einer großen Anzahl von Härteprüfungen an Stählen unterschiedlicher chemischer Zusammensetzung und Wärmebehandlung dar. Im Einzelfall kann die Umrechnung mit relativ großen Fehlern behaftet sein, wie am Beispiel eines nach zwei Varianten wärmebehandelten Schnellarbeitsstahles gezeigt werden kann (Bild 3.4). Man erkennt deutlich, daß der gehärtete und zweimal angelassene Schnellarbeitsstahl eine niedrigere Rockwell-Härte hat, als nach der Kurve für die Härteumrechnung nach DIN 50 150 zu erwarten ist. Hierfür läßt sich die folgende Erklärung geben: Durch das zweimalige Anlassen des Schnellarbeitsstahles wird die Elastizitätsgrenze stark angehoben, so daß bei kleinen Prüfkräften der Anteil der elastischen Verformung an der Gesamtverformung hoch und dementsprechend der Anteil der plastischen Verformung, der allein für die Härte maßgebend ist, niedrig ist. Da die Vickers-Härte bei einer Prüfkraft von nur 100 N bestimmt wurde, ist somit mit einem relativ hohen Härtewert zu rechnen. Demgegenüber wurde für die Rockwell-Härteprüfung eine Prüfkraft von 1373 N verwendet, so daß die Elastizitätsgrenze weit überschritten wurde und ein relativ großer Härteeindruck mit einer kleineren als nach der Umrechnung zu erwartenden Rockwell-Härte erzeugt wurde. Es ist also im Einzelfall zu prüfen, welcher genaue Zusammenhang zwischen der Vickers- und Rockwell-Härte besteht. –

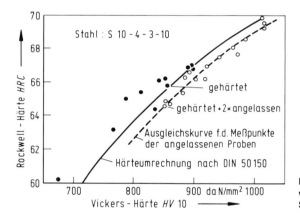

Bild 3.4 Umwertung von Vickers-Härtewerten in Rockwell-Härtewerte nach Schmidt (1976)

Es soll nun erörtert werden, ob ein Zusammenhang zwischen der Kugeldruckhärte, die überwiegend zur Härteprüfung von Kunststoffen benutzt wird, und der Brinell- bzw. Vickers-Härte besteht. Die mit den genannten Härteprüfverfahren bestimmbaren Härtewerte haben einheitlich die Dimension einer Spannung. Im Gegensatz zur Brinell- und Vickers-Härte hat man sich bei der Kugeldruckhärte aber auf die Einheit N/mm^2 geeinigt. Wie schon in Abschnitt 3.2.1 erwähnt, besteht der wesentliche Unterschied zwischen der Vickers- und Brinell-Härte einerseits und der Kugeldruckhärte andererseits darin, daß bei den zuerst genannten Verfahren der Härteeindruck nach der Entlastung und Entfernung des Eindringkörpers ausgemessen wird, während bei der Kugeldruckhärteprüfung die Eindrucktiefe unter Belastung gemessen und daraus die Fläche des Eindruckes errechnet wird. In letzterem Fall kann die Verformung unter dem Eindringkörper elastisch oder elastisch-plastisch sein. Ist die Verformung überwiegend elastisch, so ist keine

Vergleichbarkeit mit der Brinell- oder Vickers-Härte möglich. Dagegen dürfte bei Werkstoffen, die unter der Eindringkugel überwiegend plastisch verformt werden, eine gewisse Beziehung zu Vickers- und Brinell-Härtewerten bestehen. Experimentelle Untersuchungen zur Klärung eines Zusammenhanges sind aber noch nicht bekannt geworden.

Am Ende der vergleichenden Betrachtung der Härtewerte, die durch eine statische Belastung eines Eindringkörpers gewonnen werden, ist noch der Hinweis wichtig, daß Shore-Härtewerte sich überhaupt nicht in die anderen Härtewerte umrechnen lassen, weil sie allein auf einer elastischen Verformung beruhen.

Es soll nun untersucht werden, inwieweit Härtewerte, die durch eine statische Belastung eines Eindringkörpers gewonnen werden, mit Härtewerten verglichen werden können, die mit Verfahren bestimmt werden, bei denen ein belasteter Eindringkörper tangential zur Oberfläche des zu prüfenden Werkstoffes bewegt wird. Von Tabor (1954) wurde zwischen der Mohs-Härte und der Vickers-Härte ein Zusammenhang festgestellt, dem Vickers-Härtemessungen an den 10 Mineralien der Mohsschen Härteskala zugrunde liegen (Bild 3.5). Diese Darstellung kann dazu dienen, die ungefähre Vickers-Härte von Stoffen abzuschätzen, deren Mohs-Härte bekannt ist.

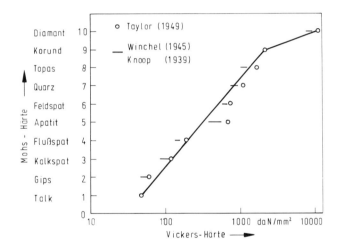

Bild 3.5 Zusammenhang zwischen der Mohs- und der Vickers-Härte nach Tabor (1954)

Führt man Ritzhärteprüfungen mit einem definiert belasteten Diamantkegel durch, so läßt sich bei homogenen Werkstoffen wie z. B. bei reinen Metallen und einphasigen Legierungen eine Beziehung zwischen der Ritzhärte und der Brinell-Härte beobachten (Bild 3.6). Erhöhungen der Brinell-Härte durch Verfestigung oder durch Ausscheidungshärtung führen aber nicht zu einer Erhöhung der Ritzhärte. Die Gründe für diese unterschiedliche Wirkung werden später in Abschnitt 4.4.3.1 behandelt, in dem erklärt wird, warum Verfestigung und Ausscheidungshärtung nicht zu einer Erhöhung des Widerstandes gegenüber abrasivem Verschleiß führen. —

Auch für die mit impulsartigen Beanspruchungen arbeitenden Härteprüfverfahren strebt man eine Umrechnung der ermittelten Härtewerte in Brinell- oder Vickers-Härtewerte an. Vergleicht man die mit den verschiedenen Verfahren der Fallhärteprüfung ermittelten Härtewerte mit der Brinell-Härte, so ist ein erheblicher Einfluß der Prüfbedin-

106 *Härte von Werkstoffen*

gungen zu verzeichnen, wobei die Fallhöhe, das Fallgewicht und der Durchmesser der Eindringkugel von besonderer Bedeutung sind (Hengemühle, 1955). Bei der Schlaghärteprüfung wird — wie schon erwähnt — aus dem Durchmesser des Eindruckes mittels einer Vergleichskurve die zugehörige Brinell-Härte abgeschätzt, wobei aber ein relativ großer Fehler auftritt. Eine gute Vergleichbarkeit besteht zwischen der Rücksprunghärte und der Vickers-Härte von Stählen (Hengemühle, 1971).

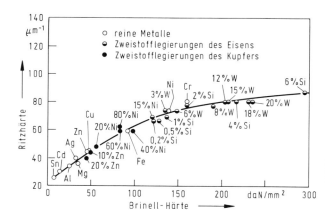

Bild 3.6 Zusammenhang zwischen der Ritzhärte und der Brinell-Härte nach Scheil und Tonn (1934)

3.3 Festlegung auf eine eingeschränkte Härtedefinition

In dem vorangehenden Abschnitt wurde gezeigt, daß die Härte kein Werkstoffkennwert ist, dessen Größe unabhängig vom Härteprüfverfahren ist. Je nach dem benutzten Prüfverfahren beinhaltet der gemessene Härtewert den Widerstand eines Werkstoffes gegenüber elastischer, elastisch-plastischer oder plastischer Deformation seiner Oberflächenbereiche oder sogar den Widerstand gegenüber abrasivem Verschleiß. Im Hinblick auf die Zielsetzung dieses Buches, nämlich den Zusammenhang zwischen dem Verschleiß und der Härte von Werkstoffen zu untersuchen, ist es aber notwendig, sich auf eine Härtedefinition festzulegen. Weil am Verschleiß fast immer plastische Verformungen beteiligt sind, während rein elastische Verformungen nicht zum Verschleiß führen, soll im folgenden mit der nachstehenden Härtedefinition gearbeitet werden:

Die Härte ist der Widerstand eines Werkstoffes gegenüber einer lokal begrenzten plastischen Verformung seiner Oberflächenbereiche.

Die so definierte Härte kann vor allem mit den Verfahren nach Brinell, Vickers, Knoop und Rockwell bestimmt werden. Diese Härteprüfverfahren werden in Wissenschaft und Praxis weit häufiger als alle anderen Härteprüfverfahren eingesetzt. Ferner trägt diese Definition der Tatsache Rechnung, daß bei den meisten Arbeiten, in denen der Zusammenhang zwischen der Härte und dem Verschleiß von Werkstoffen untersucht wurde, die Härtewerte mit diesen Verfahren ermittelt wurden. Ein Nachteil dieser Definition ist allerdings darin zu sehen, daß sie sich nur schwer auf polymere Werkstoffe anwenden läßt, deren Härte in der Regel durch den Widerstand gegenüber elastisch-plastischen Verformungen gegeben ist. Es ließ sich daher nicht vermeiden, daß den polymeren Werkstoffen in diesem Buch nicht die gleiche Aufmerksamkeit wie den metallischen und keramischen Werkstoffen geschenkt wird. Sie werden aber immer dann — auch ohne Angabe von Härtewerten — einbezogen, wenn ihr Einsatz besondere Vorteile bietet. Die folgenden Abschnitte über die Härte von Werkstoffen gelten jedoch überwiegend für metallische Werkstoffe.

3.4 Für die Brinell-, Vickers-, Knoop- und Rockwell-Härte wichtige Einflußgrößen

In ähnlicher Weise wie für die Verschleißprüfung lassen sich auch die für die Härteprüfung wichtigen Einflußgrößen mit der Methodik der Systemanalyse ordnen (Bild 3.7). Die Beanspruchungsgrößen können durch die Prüfkraft, die Temperatur, die Eindringgeschwindigkeit und die Prüfdauer gekennzeichnet werden. In der Struktur des Härteprüfverfahrens sind als Elemente der Eindringkörper, der zu prüfende Werkstoff und das Umgebungsmedium vorhanden. Diese Elemente haben bestimmte Stoffeigenschaften; beim Eindringkörper sind zusätzlich seine Formeigenschaften zu berücksichtigen. Als Wechselwirkung zwischen den Elementen ist in erster Linie die Verformung zu nennen, durch die der Härteeindruck erzeugt wird. Man sollte auch nicht vergessen, daß während der Verformung Reibungskräfte zwischen dem Eindringkörper und dem zu prüfenden Werkstoff wirksam sind. Als Meßwerte erhält man die vom Prüfverfahren abhängigen Härtewerte.

Im folgenden soll in zwei getrennten Abschnitten der Einfluß der Beanspruchungsgrößen und der Struktur des Härteprüfsystems auf den Härtewert behandelt werden. Es schließt sich ein Abschnitt über die bei der Härteprüfung auftretende Werkstoffanstrengung an.

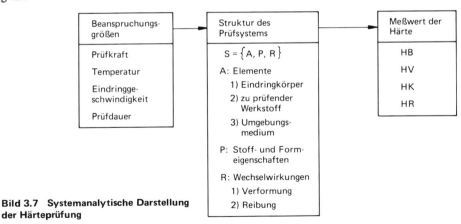

Bild 3.7 Systemanalytische Darstellung der Härteprüfung

3.4.1 Härte in Abhängigkeit von den Beanspruchungsgrößen

In diesem Abschnitt ist der Einfluß der Prüfkraft, der Prüftemperatur, der Eindringgeschwindigkeit des Eindringkörpers und der Prüfdauer auf die Härte zu erörtern.

Bei Verwendung einer Eindringkugel, wie sie zur Härteprüfung nach Brinell verwendet wird, besteht nach Meyer (1908) ein Zusammenhang zwischen der Prüfkraft F, dem Durchmesser des Eindruckes d und dem Durchmesser der Eindringkugel D:

$$F = \frac{A \cdot d^n}{D^{n-2}} \qquad (7)$$

Dabei stellen A und n Werkstoffkennwerte dar. Der Exponent n hängt vom Grad der Verfestigung des geprüften Werkstoffes ab. Bei weich geglühten Metallen nimmt er einen maximalen Wert von 2,6 an; während er bei stark verfestigten Metallen in der Nähe von 2 liegt (Tabor, 1951).

Löst man die Beziehung 7 nach d auf und setzt man das Ergebnis in die Formel zur Berechnung der Brinell-Härte ein (siehe Tabelle 3.1), so erhält man den folgenden Ausdruck:

$$HB = \frac{2F}{\pi D^2 \left(1 - \sqrt{1 - \sqrt[n]{\left(\frac{F_N}{AD^2}\right)^2}}\right)} \qquad (8)$$

Aus dieser Beziehung läßt sich die Belastungsabhängigkeit der Brinell-Härte nicht ohne weiteres erkennen. An einer großen Anzahl von Werkstoffen durchgeführte Untersuchungen deuten darauf hin, daß die Brinell-Härte mit steigender Prüfkraft ein Maximum durchläuft (Siebel, 1955).

Bei der Vickers-Härteprüfung werden in Abhängigkeit von der Prüfkraft drei Prüfbereiche unterschieden:

  I. Makrohärte (Standardhärte)
 II. Kleinlasthärte
III. Mikrohärte

Nur im Bereich der Makrohärte ist der Härtewert von der Prüfkraft unabhängig (Bild 3.8). Im Mikro- und Kleinlasthärtebereich nimmt die Härte dagegen mit sinkender Prüfkraft zu. Dies liegt nach Bückle (1973) an der sich ändernden Aufwölbung in der Umgebung des Härteeindruckes. Bei kleinen Prüfkräften ist die Aufwölbung sehr gering. Dies läßt sich mit Hilfe von versetzungstheoretischen Überlegungen (siehe Abschnitt 3.5.2) erklären. Bei kleinen Prüfkräften wird nämlich die plastische Verformung durch zahlreiche unblockierte Gleitsysteme ermöglicht, wobei die freie Weglänge der die Verformung bewirkenden Versetzungen groß ist, so daß die Verformung sich über einen großen Oberflächenbereich erstrecken kann. Bei größeren Kräften und größer werdendem Eindruck nimmt die Versetzungsdichte infolge der Betätigung von Versetzungsquellen zu. Die neu gebildeten Versetzungen bilden Hindernisse für die wandernden Versetzungen, so daß deren freier Laufweg erheblich verkürzt wird und eine großflächige plastische Verformung nicht möglich ist. Statt dessen wird der Werkstoff nach oben gedrückt. Die dabei entstehende Wulst wird bei der Ausmessung miterfaßt, weil sie sich im Lichtmikroskop nicht erkennen läßt. Folglich werden längere Diagonalen gemessen, die einen kleineren Härtewert ergeben.

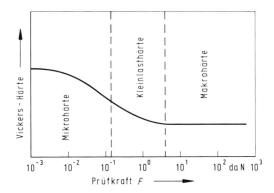

Bild 3.8 Prüfkraftabhängigkeit der Vickers-Härte

Eine andere Ursache der erhöhten Härte bei kleinen Prüfkräften ist darin zu sehen, daß die Oberflächenbereiche durch Bearbeitungsvorgänge verfestigt wurden, was sich bei kleinen Eindringtiefen besonders bemerkbar macht.

Nach dem Einfluß der Prüfkraft soll nun der Einfluß der Temperatur auf die Härte behandelt werden. Die Temperaturabhängigkeit der Härte ist von besonderer Bedeutung, weil viele Verschleißprozesse infolge der Reibungswärme bei erhöhten Temperaturen ablaufen. Es kommt daher häufig mehr auf die Härte bei der jeweiligen Betriebstemperatur als auf die Raumtemperaturhärte an.

Bei metallischen Werkstoffen nimmt die Härte in der Regel mit steigender Temperatur ab, wofür nach Schwaab (1958) die folgende Beziehung gilt:

$$H = \frac{1}{A \cdot e^{\frac{-E_1}{RT}} + B \cdot e^{\frac{-E_2}{RT}}} \qquad (9) \qquad \begin{array}{l} 10^{-2} \lesssim A \lesssim 1 \\ 1 \lesssim B \lesssim 10^8 \end{array}$$

Hierbei stellen E_1 und E_2 Aktivierungsenergien, R die Gaskonstante und T die absolute Temperatur dar. E_1 ist gleich der Aktivierungsenergie der Versetzungswanderung, E_2 enthält zusätzlich die Bildungsenergie von Versetzungen. Bei tiefen Temperaturen bestimmt E_1 ($\leqslant$ 4 kJ/g-Atom) die Temperaturabhängigkeit der Härte, bei höheren Temperaturen E_2 (40 kJ/g-Atom).

In Bild 3.9 sind die Härtekurven für einige weichgeglühte, nicht verfestigte Metalle dargestellt. Man erkennt zwei geradlinige Kurvenabschnitte, deren Schnittpunkt bei (0,65 ± 0,1) T_s liegen soll, wobei T_s die Schmelztemperatur ist. Nach Tabor (1970) soll der Schnittpunkt bei 0,5 T_s liegen.

Auch bei verfestigten Metallen nimmt die Härte mit steigender Temperatur ab. Hierfür sind Erholungs- und Rekristallisationsvorgänge verantwortlich, durch welche die Versetzungsdichte herabgesetzt wird, so daß die wandernden Versetzungen größere freie Wege zurücklegen können, ehe sie auf andere Versetzungen stoßen, die als Hindernisse wirken.

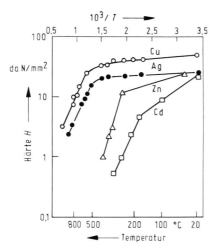

Bild 3.9 Temperaturabhängigkeit der Härte von einigen reinen Metallen nach Schwaab et. al. (1958)

Bei Stählen, die durch eine Wärmebehandlung ein martensitisches Gefüge erhalten haben, nimmt die Härte ebenfalls mit steigender Temperatur ab, wenn der Martensit zerfällt.

Die Härte von metallischen Werkstoffen kann aber auch mit steigender Temperatur zunehmen, wenn sich kohärente oder inkohärente Ausscheidungen bilden, welche die Bewegung von Gleitversetzungen behindern. Als Beispiel sei die Ausscheidung von Ni_3P in chemisch abgeschiedenen Nickelschichten erwähnt, durch welche die Härte von 550 HV 0,2 bei Raumtemperatur auf fast 1000 HV 0,2 bei 400°C ansteigt. Bei Schnellarbeitsstählen werden mit zunehmender Temperatur Sondercarbide ausgeschieden, die den durch den Zerfall des Martensits bedingten Härteabfall weitgehend kompensieren, so daß die Härte in einem recht großen Temperaturintervall sich nur geringfügig ändert. Schnellarbeitsstähle dienen bekanntlich zur spanenden Formgebung, wobei das Werkzeug beträchtliche Temperaturerhöhungen erfährt. Für diesen Zweck werden auch andere Werkstoffe eingesetzt wie z.B. Hartmetalle oder Schneidkeramiken, die auch bei 1000°C noch eine ausreichend hohe Härte besitzen (Bild 3.10).

Dagegen fällt die Härte der meisten Kunststoffe wie z. B. von Thermoplasten schon bei viel niedrigeren Temperaturen ($\lesssim 300°C$) als Folge der Auflösung von atomaren Sekundärbindungen beträchtlich ab.

Zum Schluß dieses Abschnitts ist noch der Einfluß der Eindringgeschwindigkeit und der Prüfdauer auf die Härte zu diskutieren. Die Absenkgeschwindigkeit des Eindringkörpers muß so gering sein, daß eine impulsartige Beanspruchung des zu prüfenden Werkstoffes vermieden wird. Ist die Absenkgeschwindigkeit zu groß, so erhält man einen zu kleinen Härteeindruck und damit einen größeren Härtewert, weil der Widerstand von Werkstoffen gegenüber einer plastischen Verformung im allgemeinen mit steigender Verformungsgeschwindigkeit zunimmt. Die Prüfdauer ist dann von Bedeutung, wenn der zu prüfende Werkstoff ein viskoelastisches Verhalten hat. Dies ist bei den meisten Kunststoffen der Fall. Bei metallischen Werkstoffen hängt die Härte nur in Ausnahmefällen von der Prüfdauer ab, sofern die vorgeschriebene Mindestprüfdauer von ca. 30 Sekunden eingehalten wird. Nur bei Metallen wie Indium oder Blei, deren Rekristallisationstemperatur unterhalb der Raumtemperatur liegt, nimmt die Härte mit steigender Prüfdauer ab.

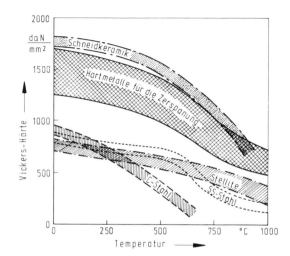

Bild 3.10 Temperaturabhängigkeit der Härte von Werkstoffen der Zerspanungstechnik nach Vieregge (1970)

3.4.2 Härte in Abhängigkeit von der Struktur des Prüfsystems

In diesem Abschnitt sollen einige Bemerkungen zum Einfluß der Form des Eindringkörpers, der Stoffeigenschaften und der Oberflächenbehandlung des zu prüfenden Werkstoffes, der chemischen Zusammensetzung des Umgebungsmediums und der Reibung zwischen dem Eindringkörper und dem zu prüfenden Werkstoff gemacht werden.

Die Gestalt und die Abmessungen der Eindringkörper sind für die verschiedenen Härteprüfverfahren durch die entsprechenden Normen festgelegt. Durch die Festlegung des Flächenwinkels des Vickers-Diamanten auf 136° wurde – wie schon erwähnt – erreicht, daß bei der Vickers- und Brinell-Härteprüfung die Härtewerte nahezu gleich sind. Durch den Knoop-Diamanten wird dagegen ein geringeres Volumen verformt, so daß die Eindringtiefe deutlich geringer als bei der Vickers-Härteprüfung ist, wenn man die gleiche Prüfkraft anwendet. Dies hat höhere Knoop-Härtewerte zur Folge.

In diesem Zusammenhang sei ferner auf Untersuchungen von Atkins und Tabor (1965) hingewiesen, die Härteprüfungen mit nicht genormten, konusförmigen Eindringkörpern durchführten und den Einfluß des Konuswinkels auf die Härte beobachteten. Dabei zeigte sich für Kupfer und Stahl, daß die Härte mit zunehmendem Konuswinkel degressiv abnahm, wenn die Werkstoffe weich geglüht waren (Bild 3.11). Mit zunehmender Verfestigung durchlief die Härte dagegen ein Minimum. Da sich dieses Verhalten nur schwer erklären läßt, sei an dieser Stelle auf die Originalarbeit von Atkins und Tabor (1965) verwiesen. Weiterhin sind Untersuchungen von Gane und Bowden (1968) erwähnenswert, die Härteprüfungen mit einem kugelförmigen Eindringkörper aus Wolfram durchführten, dessen Radius nur 0,1 μm betrug. Die Prüfungen wurden im Raster-Elektronen-Mikroskop an Gold gemacht. Es zeigte sich, daß unter diesen Bedingungen, bei denen nur sehr kleine Werkstoffbereiche beansprucht wurden, die Härte zwischen 90 und 700 daN/mm² mit

112   *Härte von Werkstoffen*

einem mittleren Wert von 300 daN/mm² lag. Demgegenüber betrug die mit konventionellen Methoden gemessene Mikrohärte nur 22 daN/mm². Gane teilte in einer späteren Arbeit (1970) mit, daß die hohen Härtewerte nur bei weichgeglühtem, nicht aber bei verfestigtem Gold auftraten. Daher kann man annehmen, daß bei der Beanspruchung von weich geglühtem Gold der Eindringkörper auf versetzungsfreie Bereiche ohne die Anwesenheit von beweglichen Versetzungen trifft. Es müssen daher erst Versetzungsquellen betätigt werden, durch die bewegliche Versetzungen erzeugt werden, welche eine plastische Verformung ermöglichen. Hierzu sind aber recht hohe Spannungen erforderlich. In verfestigten Metallen sind dagegen stets Gleitversetzungen vorhanden, deren Bewegung trotz der Behinderung durch andere Versetzungen weniger Energie als die Bildung von neuen Versetzungen erfordert.

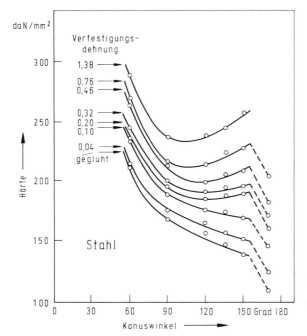

Bild 3.11 Härte in Abhängigkeit vom Konuswinkel des Eindringkörpers nach Atkins und Tabor (1965)

Natürlich hängt die Härte vor allem von den Eigenschaften des zu prüfenden Werkstoffes ab. Welche Eigenschaften für eine hohe Härte verantwortlich sind, wird ausführlich in den Abschnitten 3.5.2 und 3.5.3 erörtert, in denen die Ursachen der Härte von Werkstoffen behandelt werden. Hier sollen daher nur einige Aussagen zur Ortsabhängigkeit der Härte gemacht werden. Ein Werkstoff weist nämlich normalerweise nicht überall die gleiche Härte auf. Wenn man daran denkt, daß ein metallischer Werkstoff aus vielen kleinen Kristalliten bzw. Körnern aufgebaut ist, die unterschiedlich orientiert sind, so ist es einleuchtend, daß bei kleinen Prüfkräften nur einzelne Kristallite beansprucht werden. Je nach der Lage der durch den Eindringkörper hervorgerufenen Schubspannungen zu den Gleitsystemen des betreffenden Kristalls ist dann eine kleinere oder größere plastische Verformung möglich, d.h. die Härte ändert sich von Kristall zu Kristall. Dies ist in Bild

Einflußgrößen für statische Härteprüfungen 113

3.12 am Beispiel eines Probekörpers aus Reinst-Aluminium dargestellt. Bei Legierungen, die aus zwei oder mehr Phasen bestehen, ist die Härte der einzelnen Phasen meistens unterschiedlich, so daß wesentlich größere Härteunterschiede auftreten. Bei heterogenen Legierungen kann die Härte in Abhängigkeit von der Belastung ein Maximum durchlaufen. Dies sei am Beispiel einer Kupfer-Titan-Legierung mit kohärenten Ausscheidungen gezeigt (Bild 3.13). Bei kleinen Prüfkräften ist die Härte niedrig, weil der für die plastische Verformung benötigte Laufweg der wandernden Versetzungen so klein ist, daß die kohärenten Ausscheidungen nicht als Hindernisse wirken. Werden bei größeren Prüfkräften aber größere Werkstoffbereiche plastisch verformt, so wirken die Ausscheidungen durchaus als Hindernisse, so daß es zu einem Anstieg der Härte kommt. Der Abfall der Härte bei noch größeren Prüfkräften ist auf die oben erwähnte Wulstbildung am Rande des Eindruckes zurückzuführen.

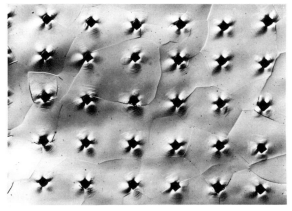

a) Lichtmikroskop, normal

b) Lichtmikroskop, Interferenzkontrast nach Nomarski

Bild 3.12 Vickers-Härteeindrücke (HV 0,01) auf Reinst-Aluminium

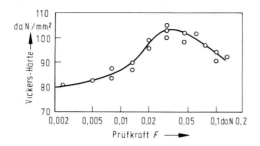

Bild 3.13 Härte einer Kupfer-Titan-Legierung in Abhängigkeit von der Prüfkraft nach Bückle (1973)

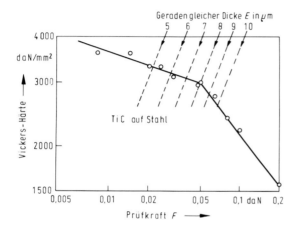

Bild 3.14 Härte von Stahl mit einer Titancarbid-Oberflächenschicht nach Bückle (1973)

Bei der Härteprüfung von Werkstoffen, die eine dünne Oberflächenschicht mit einer wesentlich höheren Härte als der Grundwerkstoff haben, kann ein Härteverlauf auftreten, wie er in Bild 3.14 gezeigt ist. Nur bei kleinen Prüfkräften wird die Härte der Oberflächenschicht gemessen; bei größeren Prüfkräften geht auch die Härte des Grundwerkstoffes in die Härte ein. Aus der Lage des Knickpunktes der prüfkraftabhängigen Härte kann sogar die Schichtdicke abgeschätzt werden.

Die Härte von Werkstoffen hängt entscheidend von der Bearbeitung und der Behandlung der Oberflächen ab. Wie sich ein unterschiedliches Schleifen bzw. Polieren auf die Härte auswirken kann, ist in Bild 3.15 dargestellt. Je tiefgreifender die Bearbeitung ist, desto größer wird die Verfestigung und damit auch die Härte. Trägt man die verfestigten Oberflächenbereiche durch ein elektrolytisches Polieren ab, so erhält man die niedrigsten Härtewerte.

An sich wäre an dieser Stelle auch der Einfluß der Oberflächenrauheit auf die Härte zu behandeln. Leider sind hierzu kaum experimentelle Ergebnisse bekannt geworden. Moore (1948) stellte bei Eindringversuchen mit einem zylindrischen Eindringkörper fest, daß bei rauhen Oberflächen unter kleinen Prüfkräften nur die Rauheitshügel plastisch verformt werden, ohne daß ein bleibender Härteeindruck entstand. Erst bei höheren Prüfkräften war ein bleibender Eindruck zu beobachten, wobei sich die verformten Rauheitshügel im Querschliff noch gut erkennen ließen. In der Praxis wird die Härteprüfung vorzugsweise an geschliffenen und polierten Oberflächen durchgeführt, deren Oberflächenrauhtiefe unter 1 μm liegt. Nach der VDI/VDE-Richtlinie 2616 von 1978 reicht diese Rauhtiefe für fast alle Prüfbedingungen aus. Bei der Vickers-Härteprüfung hängt dagegen die zulässige Rauhtiefe von der Länge der Eindruckdiagonalen ab (Tabelle 3.5).

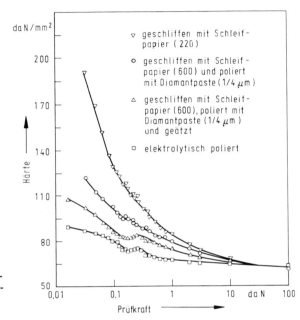

Bild 3.15 Einfluß von Oberflächenbehandlungen auf die Härte von zonengeschmolzenem Eisen nach Braunowicz (1973)

Tabelle 3.5 Zulässige Rauhtiefe des zu prüfenden Werkstoffes in Abhängigkeit von der Länge der Eindruckdiagonalen nach der VDI/VDE-Richtlinie 2616 (1978)

Eindruckdiagonale [mm]	zulässige Rauhtiefe R_{max} [μm]
0,6	3
0,4	2
0,25	1,2
0,16	0,8
0,10	0,5
0,07	0,35
0,04	0,20
0,02	0,10

Nach dem Eindringkörper und dem zu prüfenden Werkstoff ist als drittes Element innerhalb der Struktur von Härteprüfsystemen das Umgebungsmedium zu nennen, dessen chemische Zusammensetzung vor allem bei Mikrohärteprüfungen von Bedeutung sein kann. So wird bei Stoffen mit kovalenter und ionischer Bindung ein Abfall der Härte mit zunehmender Prüfzeit beobachtet, wenn die Härteprüfungen in feuchter Luft durchgeführt werden; demgegenüber hat bei metallischen Werkstoffen die Luftfeuchte keinen

116 *Härte von Werkstoffen*

Einfluß auf die Härte. So erkennt man aus Bild 3.16, daß Kupfer und eine Nickel-Aluminium-Legierung in feuchter Luft und in wasserfreiem Toluol den gleichen, von der Zeit unabhängigen Härtewert haben. Bei Germanium und Titancarbid mit gemischt kovalent-metallischer Bindung, bei MgO mit kovalent-ionischer Bindung und bei Al_2O_3 mit überwiegend kovalenter Bindung tritt dagegen in feuchter Luft mit zunehmender Prüfdauer ein Abfall der Härte auf.

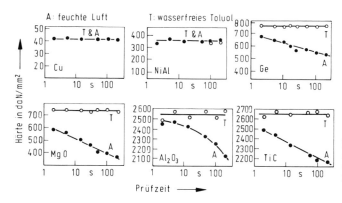

Bild 3.16 Einfluß der Feuchte des Umgebungsmediums auf die Härte verschiedener Stoffe nach Westwood und Macmillan (1973)

Der Grund für das unterschiedliche Verhalten der genannten Stoffe liegt also in den unterschiedlichen Bindungsverhältnissen der atomaren Gitterbausteine. Bei Metallen ist die Bindung nicht lokalisiert, so daß die Bindungselektronen frei beweglich sind. Durch die Adsorption von Wassermolekülen werden auf metallischen Oberflächen nur die Bindungsverhältnisse der obersten Atomlagen beeinflußt; Westwood und Macmillan (1973) geben eine Reichweite von 10^{-9} m an. Die Eindringtiefe beträgt bei Mikrohärteprüfungen aber ca. 10^{-6} m, so daß die obersten Atomlagen kaum ins Gewicht fallen. Bei Stoffen mit kovalenter oder ionischer Bindung erstreckt sich die Wirkung von Adsorbaten wegen der Unbeweglichkeit der Bindungselektronen aber in viel größere Tiefen, wodurch die Kräfte, mit denen die Versetzungen an die Gitteratome gebunden sind, verändert werden.

Die Wirkung von adsorbierten Molekülen ist schon als eine Wechselwirkung zwischen zwei Elementen des Härteprüfsystems anzusehen. Als Hauptwechselwirkung ist natürlich die plastische Verformung des zu prüfenden Werkstoffes durch den Eindringkörper anzusehen, von der die Größe des Härtewertes abhängt (siehe Bild 3.7). Als weitere Wechselwirkung ist die Reibung zwischen dem Eindringkörper und dem geprüften Werkstoff zu beachten. Mit zunehmender Reibung wird ein Teil der Prüfkraft zur Überwindung der Reibung benötigt, so daß sich der für die plastische Verformung zur Verfügung stehende Prüfkraftanteil verkleinert. Die Abhängigkeit der Härte vom Reibungskoeffizienten kann man nach Tabor (1970) durch die folgende Beziehung ausdrücken:

$$H = H_o (1 + f \cdot \cot \theta) \tag{10}$$

Hierbei bedeuten H_o die sich ohne Reibung ergebende Härte, θ der Halbwinkel des Eindringkörpers und f der Reibungskoeffizient. So bewirkt bei der Vickers-Härteprüfung ($\cot \theta = 0,4$) ein Reibungskoeffizient von 0,1 eine Härtesteigerung um 4%.

Einflußgrößen für statische Härteprüfungen 117

Die Reibung kann aber auch in anderer Richtung wirksam sein. Bei denen zu Beginn dieses Abschnittes wiedergegebenen Ergebnissen von Härteprüfungen mit einem sehr kleinen Eindringkörper (Gane und Bowden, 1968) wurden nur dann außergewöhnlich hohe Härtewerte beobachtet, wenn sich auf dem Eindringkörper ein Oberflächenfilm aus Polymerisationsprodukten gebildet hatte, der aus den Öldämpfen des Vakuumsystems des Raster-Elektronen-Mikroskops stammte. Dieser Film setzte die Reibung unter der Eindringspitze so weit herab, daß sich ein gleichmäßiger mechanischer Spannungszustand ausbildete. Konnte die Filmentstehung durch vakuumtechnische Maßnahmen vermieden werden, so traten örtlich so hohe Spannungskonzentrationen auf, die eine Betätigung von Versetzungsquellen und damit ein plastisches Fließen bei kleinen Prüfkräften ermöglichten.

3.4.3 Durch die Härteprüfung hervorgerufene Werkstoffanstrengung

Nach Schwaab u. Krebs (1971) kann man die der Härteprüfung zugrunde liegende Werkstoffanstrengung folgendermaßen charakterisieren: Der unter der Prüfkraft stehende Eindringkörper übt auf den zu prüfenden Werkstoff einen bestimmten Druck aus. Dieser Druck führt zum Aufbau eines Schubspannungsfeldes in den an den Eindringkörper angrenzenden Werkstoffbereichen, durch das zunächst elastische und dann plastische Formänderungen hervorgerufen werden. Beim Eindringen des Eindringkörpers in den Werkstoff sinkt mit wachsender Größe des Eindruckes der Druck, so daß die Schubspannungen kleiner werden und die Verformung schließlich zum Stillstand kommt.

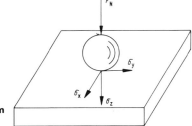

Bild 3.17 Normalspannungen im System „Kugel/Ebene"

Es ist nun die Größe der wirkenden Schubspannungen von Interesse. Dazu müssen zunächst die Normalspannungen ermittelt werden. Für das System Kugel/Ebene, das bei der Brinell-Härteprüfung verwendet wird, geben A. Föppl und L. Föppl (1944) eine Lösung, die sich aber nur auf die elastische Verformung vor dem Einsetzen des plastischen Fließens bezieht. Die Normalspannungen seien mit σ_x, σ_y und σ_z bezeichnet (Bild 3.17); aus Symmetriegründen haben σ_x und σ_y die gleiche Größe. Die in Richtung der Prüfkraft F_N wirkende Spannung ist:

$$\sigma_z = -p_o \tag{11}$$

Hierbei ist p_o die maximale Hertzsche Druckspannung:

$$p_o = -0{,}578 \left[\frac{F_N}{R^2 \cdot w^2} \right]^{\frac{1}{3}} \tag{12}$$

Härte von Werkstoffen

mit

$$w = \frac{1-\mu_1^2}{E_1} + \frac{1-\mu_2^2}{E_2} \quad (13)$$

In diesen Beziehungen bedeuten F_N die Prüfkraft, R der Radius der Kugel, μ_1 und μ_2 die Querkontraktionszahlen sowie E_1 und E_2 die Elastizitätsmoduln der Werkstoffe von Kugel und des Prüflings. Für die in der Oberfläche senkrecht zur Prüfkraft wirkenden Spannungen gilt:

$$\sigma_x = \sigma_y = (0{,}5 + \mu)\,\sigma_z \quad (14)$$

Nimmt man bei Metallen für μ einen Wert von 0,3 an, so erhält man:

$$\sigma_x = \sigma_y = 0{,}8\,\sigma_z \quad (15)$$

Mit der Schubspannungshypothese kann man nun die für die Werkstoffanstrengung maßgebende Schubspannung abschätzen:

$$\tau = \frac{\sigma_{max} - \sigma_{min}}{2} = \frac{\sigma_z - 0{,}8\,\sigma_z}{2} = 0{,}1\,\sigma_z \quad (16)$$

Aus dieser Beziehung folgt, daß nur ca. ein Zehntel der durch die Prüfkraft hervorgerufenen Normalspannung σ_z als Schubspannung wirksam wird, durch welche plastische Verformungen verursacht werden. Der weitaus größte Teil der Spannungen dient zum Aufbau eines hydrostatischen Druckes. Durch diesen hydrostatischen Druck wird ein zäher Werkstoffzustand geschaffen, so daß es selbst bei spröden Werkstoffen durch die Schubspannungen im allgemeinen nicht zur Rißbildung in der Umgebung des Härteeindruckes kommt.

Die vorangehend wiedergegebenen Überlegungen galten nur für das Zentrum der Berührungsfläche von Kugel und Ebene. Es ist daher zu fragen, ob am Rande die Werkstoffanstrengung eventuell größer sein kann. Auch dazu wurden von A. und L. Föppl (1944) Berechnungen gemacht. Danach wirken am Rande zwei Spannungen gleichen Betrages, aber entgegengesetzten Vorzeichens:

$$\sigma' = -\sigma'' \quad (17)$$

$$|\sigma'| = |\sigma''| = \frac{1-2\mu}{3}\,p_o \quad (18)$$

mit $\mu = 0{,}3$

$$|\sigma'| = |\sigma''| = 0{,}133\,p_o \quad (19)$$

Für die Schubspannung ergibt sich daraus:

$$\tau = \frac{\sigma' + \sigma''}{2} = 0{,}133\,p_o \quad (20)$$

Vergleicht man diese Beziehung mit der Beziehung 16, so wird erkennbar, daß die Schubspannung am Rande größer als im Zentrum ist. Dies steht in Übereinstimmung mit Beobachtungen, daß Risse, die bei sehr hohen Normalkräften entstehen können, stets vom Rande ausgehen und sich von dort in die angrenzenden Werkstoffbereiche fortpflanzen.

In einer neueren Arbeit gibt Perrot (1977) eine detaillierte Analyse der Spannungen in der Umgebung des Härteeindruckes, wobei er neben elastischen Verformungen auch plastische Verformungen berücksichtigt (Bild 3.18). Trägt man die auf Polarkoordinaten bezogenen und auf die Streckgrenze R_y normierten Hauptspannungen σ_r, σ_θ u. σ_ϕ über der auf den Radius des Eindruckes normierten Polarkoordinate r/a auf, so erkennt man, daß bei der Belastung des Eindringkörpers in der Umgebung des Härteeindruckes Zugspannungen wirksam sind (Bild 3.18a). Bei der Entlastung gehen diese Spannungen keineswegs auf null zurück; es ändert sich nur die Spannungscharakteristik, wobei das Auftreten von Spannungsmaxima bemerkenswert ist (Bild 3.18b).

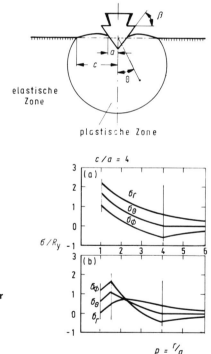

Bild 3.18 Normalspannungen unter einem Eindringkörper nach Perrot (1977) a) bei statischer Belastung b) nach Entlastung

3.5 Beziehungen zwischen der Härte und anderen Werkstoffeigenschaften

Ein Werkstoff ist durch eine große Zahl von Eigenschaften zu charakterisieren. Die Härte stellt nur eine Eigenschaft dar, die zudem von anderen Werkstoffeigenschaften abhängt. Die zur umfassenden Kennzeichnung eines Werkstoffes wichtigen Eigenschaften sind in Tabelle 3.6 zusammengestellt. Danach kann man die Werkstoffeigenschaften in vier Hauptgruppen unterteilen:

Härte von Werkstoffen

1. Chemische Eigenschaften
2. Physikalische Eigenschaften
3. Gefügeeigenschaften
4. Mechanisch-technologische Eigenschaften

1. Chemische Eigenschaften
   1.1 Chemische Zusammensetzung
   1.2 Reaktionsfähigkeit (mit O_2, Cl, S usw.)

2. Physikalische Eigenschaften
   2.1 Bindungsart
   2.2 Bindungsenergie
   2.3 Elastizitätsmodul
   2.4 Schubmodul
   2.5 Schmelztemperatur
   2.6 Wärmeleitfähigkeit
   2.7 Wärmeausdehnung
   2.8 Kristallstruktur
   2.9 . . . .

3. Gefügeeigenschaften
   3.1 Punktfehler
   3.2 Linienfehler
   3.3 Flächenfehler
   3.4 Volumenfehler
   3.5 Kristallanisotropie
   3.6 Gefügeanisotropie
   3.7 . . . .

4. Mechanisch-technologische Eigenschaften
   4.1 Härte
   4.2 Streckgrenze
   4.3 Zugfestigkeit
   4.4 Bruchdehnung
   4.5 Dauerschwingfestigkeit
   4.6 Rißzähigkeit
   4.7 . . . .

Tabelle 3.6 Übersicht über die wichtigsten Werkstoffeigenschaften

Die Härte gehört zu den mechanisch-technologischen Eigenschaften, die in strengem Sinn nicht gleichberechtigt neben den anderen Eigenschaften genannt werden dürften, weil sie durch das Zusammenwirken von chemischen, physikalischen und gefügemäßigen Eigenschaften bedingt sind. Dabei hängen die Gefügeeigenschaften stark von den Herstellungs- und Verarbeitungsverfahren ab, so daß sie viel weniger als die chemischen und physikalischen Eigenschaften als Werkstoffkonstanten anzusehen sind. Im folgenden soll zunächst

Härte und andere Werkstoffeigenschaften 121

untersucht werden, ob ein Zusammenhang zwischen der Härte und den anderen mechanisch-technologischen Eigenschaften besteht. Anschließend werden die Beziehungen zwischen der Härte und den gefügemäßigen sowie einigen physikalischen und chemischen Eigenschaften erörtert.

3.5.1 Härte und andere mechanisch-technologische Eigenschaften

Innerhalb dieser Gruppe von Werkstoffeigenschaften soll zunächst die Frage behandelt werden, ob ein Zusammenhang zwischen der Härte und einigen im Zugversuch bestimmbaren Kennwerten wie der Streckgrenze, der Zugfestigkeit und der Bruchdehnung besteht (Bild 3.19). Die Streckgrenze bezeichnet die Spannung, bei der eine plastische Verformung größeren Ausmaßes einsetzt. Sie ist bei manchen Werkstoffen, insbesondere bei Stählen, durch eine um einen Mittelwert schwankende Spannung zu erkennen (Bild 3.19a); bei anderen Werkstoffen ist dagegen ein stetiger Übergang von elastischer zu plastischer Verformung zu beobachten (Bild 3.19b). In diesen Fällen gibt man als Streckgrenze die Spannung an, bei der 0,2% bleibende Dehnung auftritt. Man bezeichnet diese Spannung auch als Dehngrenze.

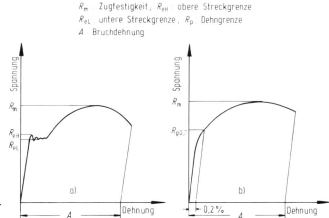

Bild 3.19 Kennwerte des Zugversuches nach DIN 50 145

Die Frage, ob ein Zusammenhang zwischen der Härte und der Streckgrenze besteht, ist in erster Linie im Hinblick auf die Abschätzung der Festigkeitseigenschaften von Werkstoffen und Bauteilen interessant, weil Härtemessungen wesentlich weniger aufwendig als Zugversuche sind, die zudem nur mit genormten Probestäben und daher nicht unmittelbar an Bauteilen durchgeführt werden können. Der umgekehrte Fall, daß man aus der Streckgrenze eines Werkstoffes auf seine Härte schließen will, kommt dagegen seltener vor.

Für metallische Werkstoffe wurde von Tabor (1951) eine recht einfache Beziehung zwischen der Härte H und der Streckgrenze R_y angegeben:

$$H = C \cdot R_y \, [daN/mm^2] \tag{21}$$

122 *Härte von Werkstoffen*

Diese Beziehung gilt aber nur für Werkstoffe, bei denen das Verhältnis des Elastizitätsmoduls zur Härte groß ist wie z.B. bei metallischen Werkstoffen. Bei verfestigten Metallen ist der Betrag der Konstante $C \approx 3$, wenn die Brinell- oder Vickers-Härte gemessen wird. Bei weichen, nicht verfestigten Metallen kann C bedeutend höhere Werte annehmen. Für wärmebehandelte Stähle wurde von Carter, Zaretsky und Anderson (1960) eine Zunahme der Streckgrenze bis zu einem kritischen Härtewert beobachtet; oberhalb dieses Härtewertes nahm die Streckgrenze wieder ab.

Für Werkstoffe, die unter dem Eindringkörper neben der plastischen eine größere elastische Verformung erfahren, also z.B. für viele Kunststoffe, fand Hill (1950) die folgende Beziehung:

$$\frac{H}{R_y} = A + B \ln\left(\frac{E}{R_y}\right) \tag{22}$$

Die Parameter A und B hängen dabei vor allem von den Formeigenschaften des Eindringkörpers und der Querkontraktionszahl des zu prüfenden Werkstoffes ab. Über die Zahlenwerte für diese Parameter gehen die Angaben in der Literatur noch recht weit auseinander (Johnson 1970; Studman u. Field, 1976). In einer neueren Arbeit von Studman, Moore und Jones (1977), wurde die Beziehung 22 in folgender Weise modifiziert:

$$\frac{H}{R_y} = J + 0{,}5 + \frac{2}{3}\left[1 + \ln\frac{E \cdot \operatorname{tg}\theta}{3\,R_y}\right] \tag{23}$$

Der Parameter J hat für einen kugelförmigen Eindringkörper einen Betrag von $-0{,}2$ und von null für konische oder pyramidenförmige Eindringkörper. Der Winkel θ ist der Kontaktwinkel zwischen dem Eindringkörper und dem zu prüfenden Werkstoff.

Nach den bisher vorliegenden Ergebnissen lassen sich Härte und Streckgrenze nur innerhalb bestimmter Werkstoffgruppen umrechnen, wobei im Einzelfall zu prüfen ist, welchen Betrag die Parameter A, B oder C in den Beziehungen 21 und 22 annehmen. Demgegenüber ist die Beziehung 23 noch durch zu wenige experimentelle Ergebnisse belegt. –

Als nächstes soll untersucht werden, ob eine Beziehung zwischen der Härte und der Zugfestigkeit besteht. Die Zugfestigkeit ist bekanntlich die auf den Ausgangsquerschnitt eines Probekörpers bezogene, während des Zugversuches auftretende Höchstkraft. Ähnlich wie für die Streckgrenze wurde auch für die Zugfestigkeit R_m eine Beziehung zur Härte beobachtet:

$$R_m = D \cdot H \tag{24}$$

Der Proportionalitätsfaktor hängt von der Werkstoffgruppe und vom Härteprüfverfahren ab, er ist in Tabelle 3.7 für verschiedene Werkstoffe zusammengestellt. Eine andere Beziehung, in welcher der Verfestigungszustand von metallischen Werkstoffen berücksichtigt ist, wurde von Tabor (1951) vorgeschlagen:

$$\frac{R_m}{H} = \frac{1-x}{2{,}9}\left(\frac{12{,}5 \cdot x}{1-x}\right)^x \tag{25}$$

Härte und andere Werkstoffeigenschaften 123

Werkstoffgruppe	Proportionalitätsfaktor $D = R_m/H$
ferritische Kohlenstoffstähle	0,36
austenitische Chrom-Nickel-Stähle	0,34
Kupfer, Messing, Bronze, (geglüht)	0,35
Kupfer, Messing, Bronze (verfestigt)	0,40
Aluminium-Knetlegierungen	0,35
Magnesium-Knetlegierungen	0,40
Zink-Spritzguß	0,42
Zinn-Antimon-Legierung (Weißmetall)	0,22

Tabelle 3.7 Verhältnis der Zugfestigkeit zur Brinell- bzw. Vickers-Härte nach Dorn (1969)

R_m in 10 N/mm²

Hierbei bedeutet x der aus der Fließkurve des Zug- oder Druckversuches ermittelte Verfestigungsexponent, der mit dem Verfestigungsexponenten der Härteprüfung nach Meyer (siehe Beziehung 7) in folgendem Zusammenhang steht:

$$x = n - 2 \tag{26}$$

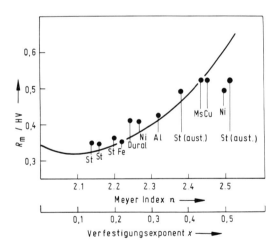

Bild 3.20 Verhältnis der Zugfestigkeit zur Härte in Abhängigkeit vom Verfestigungsexponenten nach Tabor (1951)

Für voll verfestigte Werkstoffe ist der Exponent x gleich null, während für weich geglühte Metalle Werte von 0,6 gemessen wurden. Stellt man das Verhältnis R_m/H nach Gleichung 25 über dem Verfestigungsexponenten graphisch dar, so erhält man die in Bild 3.20 wiedergegebene Kurve, welche die experimentellen Ergebnisse bis zu Werten des Verfestigungsexponenten von ca. 0,45 recht gut wiedergibt. Das Verhältnis der Zugfestigkeit eines Werkstoffes zur Härte hängt also von der Verfestigung ab, wie auch Kawogoe, Ide und Kishi (1978) bei Untersuchungen der Zugfestigkeit in Abhängigkeit von der Warmhärte

124 *Härte von Werkstoffen*

beobachteten. Nach einem Vorschlag von Dorn (1969) soll es möglich sein, aus Härtemessungen, die mit zwei unterschiedlich gestalteten Eindringkörpern durchgeführt werden, so daß plastische Verformungen unterschiedlichen Ausmaßes hervorgerufen werden, die Verfestigung abzuschätzen und somit die Zugfestigkeit zu ermitteln. Nach Schmidt (1978) kann man auch dann die Zugfestigkeit aus der Brinell-Härte recht gut abschätzen, wenn man das Streckgrenzenverhältnis kennt, das durch das Verhältnis der Streckgrenze zur Zugfestigkeit gegeben ist. So erkennt man aus Bild 3.21 für verschiedene Streckgrenzenverhältnisse lineare Abhängigkeiten zwischen der Brinell-Härte und der Zugfestigkeit.

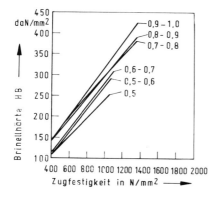

Bild 3.21 Zusammenhang zwischen der Brinell-Härte und der Zugfestigkeit für unterschiedliche Streckgrenzenverhältnisse nach Schmidt (1978)

Als weitere Kenngröße des Zugversuches ist die Bruchdehnung von Wichtigkeit. Bild 3.22 zeigt schematisch, daß harte Werkstoffe mit einer hohen Zugfestigkeit in der Regel eine kleine Bruchdehnung aufweisen, während es bei weichen Werkstoffen umgekehrt ist. Die schraffierten Flächen sind ein Maß für die plastische Verformungsenergie, die ein Werkstoff aufnehmen kann, bevor er bricht. Demnach kann ein weicher Werkstoff bis zum Bruch wesentlich mehr Energie als ein harter aufnehmen. – Bei einem sehr weichen

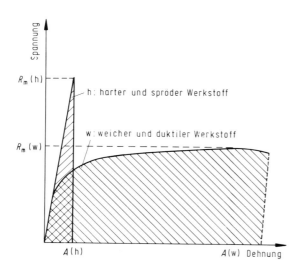

Bild 3.22 Schematische Darstellung von Spannungs-Dehnungskurven für einen harten und einen weichen Werkstoff

Werkstoff würde aber wegen des niedrigeren Betrages der Zugfestigkeit die Größe der schraffierten Fläche in Bild 3.22 wieder abnehmen, so daß er auch nicht mehr Verformungsenergie als ein harter Werkstoff aufnehmen kann. — Im 4. Kapitel dieses Buches wird ausführlich darüber berichtet, wie wichtig die Aufnahme von plastischer Verformungsenergie für das Verschleißverhalten von Werkstoffen ist.

Das Festigkeitsverhalten von Werkstoffen wird zunehmend durch die Rißzähigkeit charakterisiert, die den Spannungszustand kennzeichnet, bei dem ein Riß spontan weiterwachsen kann. Die Rißzähigkeit K_{Ic} ist mit der herrschenden Nennspannung σ und der Rißlänge a durch die folgende Beziehung verknüpft:

$$K_{Ic} = \sigma \cdot Y \cdot \sqrt{a} \tag{27}$$

Hierbei stellt Y einen Faktor dar, der von der Geometrie der Probe abhängt, an der die Rißzähigkeit gemessen wird. Auf die Bedeutung der Rißzähigkeit für den Verschleiß von Werkstoffen wurde von Dawihl und Altmeyer (1975 u. 1976) sowie von Hornbogen (1975) hingewiesen. Daher soll hier kurz der Frage nachgegangen werden, ob ein Zusammenhang zwischen der Härte und der Rißzähigkeit von Werkstoffen besteht. Leider sind aus der Literatur fast ausschließlich Daten bekannt geworden, bei denen die Rißzähigkeit mit der Streckgrenze verknüpft ist (z. B. Hellwig, 1974). Rißzähigkeitswerte in Abhängigkeit von der Härte findet man dagegen nur vereinzelt. Für Werkstoffe sehr unterschiedlicher Härte sind einige Rißzähigkeitswerte in Tabelle 3.8 zusammengestellt. Aus diesen Daten läßt sich kein Zusammenhang zwischen der Rißzähigkeit und der Härte entnehmen. So hat die weiche Legierung AlMgSi fast die gleiche Rißzähigkeit wie das Hartmetall K 10.

Tabelle 3.8 Härte und Rißzähigkeit von Werkstoffen

Werkstoff	Härte (HB; HV) [daN/mm²]	K_{Ic} [N/mm$^{3/2}$]	Literatur
AlMgSi	112	1200	Kassem (1974)
Reineisen		12000	Weichert (1968)
AlZnMgCu	160	~ 750	Kassem (1974)
TiAl 6 V 4		1700	Link u. Munz (1971)
39 CrMoV 13 9	700	1300	Radon u. Turner (1969)
Zirkonoxid	1000	380	Dawihl u. Altmeyer (1976)
Eisen-Titancarbid	1300	800	" "
Hartmetall K 10	1700	1100	" "
Aluminiumoxid	2300	110	" "

Betrachtet man eine spezielle Werkstoffgruppe wie z. B. die Stähle, deren Härte sich durch Wärmebehandlungen beträchtlich verändern läßt, so kann man feststellen, daß die Rißzähigkeit mit wachsender Anlaßtemperatur zunimmt, während die Härte abnimmt (Hellwig, 1974). Bei Stählen mit unterschiedlicher chemischer Zusammensetzung und unterschiedlicher Wärmebehandlung kann die Rißzähigkeit trotz gleicher Härte aber stark variieren. Aus Bild 3.23 erkennt man, daß bei gleicher Rockwell-Härte ein martensitisches Gußeisen eine wesentlich höhere Rißzähigkeit als ein austenitisches Gußeisen mit höherem Kohlenstoffgehalt haben kann.

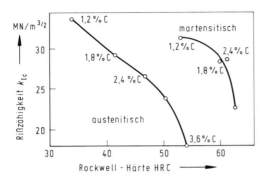

Bild 3.23 Rißzähigkeit von austenitischem und martensitischem Gußeisen in Abhängigkeit von der Härte nach Diesburg u. Borik (1974)

Bezeichnet man mit Hornbogen (1977) die Festigkeit eines Werkstoffes als seinen Widerstand gegenüber plastischer Verformung und Bruch, so kann man im Hinblick auf tribologische Beanspruchungen in den Fällen, in denen stoffliche Wechselwirkungen zwischen den am Verschleiß beteiligten Elementen keine Rolle spielen, annehmen, daß der Verschleißwiderstand mit zunehmender Härte und zunehmender Rißzähigkeit ansteigt. Da für einen gegebenen Werkstoff wie z. B. für einen Stahl sich Härte und Rißzähigkeit gegenläufig ändern, kann der Verschleißwiderstand ein Maximum durchlaufen. Dies scheint in der Tat — wie in Abschnitt 4.4.4 gezeigt wird — für die Oberflächenzerrüttung der Fall zu sein.

Da Rißzähigkeitsuntersuchungen ziemlich aufwendig sind, sucht man nach einfacheren Methoden, mit denen man die Zähigkeit von Werkstoffen abschätzen kann. In diesem Zusammenhang ist die Aufmerksamkeit auf Zähigkeitsprüfungen an Hartmetallen zu lenken, bei denen die mit zunehmender Prüfkraft einsetzende Rißbildung in der Umgebung von Vickers-Härteeindrücken beobachtet wird (Palmqvist, 1957). Als Maß für die Zähigkeit dient hierbei die kritische Rißbildungsarbeit S_k, die durch den folgenden Ausdruck gegeben ist:

$$S_k = 6{,}49 \cdot F_k \cdot \sqrt{F_k/HV} \tag{28}$$

In dieser Beziehung bedeuten F_k die Prüfkraft, die eine bestimmte Rißlänge erzeugt und k die Rißlänge in μm.

In Bild 3.24 ist für eine polierte und für eine geschliffene Hartmetallprobe die Rißlänge über der Prüfkraft aufgetragen. Danach wird eine Rißlänge von z. B. 300 μm auf einer polierten Probe schon durch eine Prüfkraft von ca. 6 daN erzeugt, während auf geschliffenen Proben zur Erzeugung eines so langen Risses eine Prüfkraft von ca. 15 daN notwendig ist. Dieser Unterschied beruht darauf, daß durch das Schleifen Druckeigenspannungen in den Oberflächenbereichen erzeugt werden, welche der Rißbildung und dem Rißwachstum entgegenwirken. Da mit dieser Prüfmethode das Ziel verfolgt wurde, die Zähigkeit des Volumens von Hartmetallen abzuschätzen, schlug Exner (1969) eine spezielle Oberflächenbehandlung vor, mit der die Bearbeitungseigenspannungen durch schrittweises Polieren eliminiert werden, so daß in den Oberflächenbereichen und im Volumen der gleiche Eigenspannungszustand herrscht. Da durch tribologische Beanspruchungen gerade die Oberflächenbereiche von Werkstoffen erfaßt werden, könnte mit diesem Prüfverfahren untersucht werden, wie sich unterschiedliche Bearbeitungsverfahren auf die (Riß-)Zähigkeit von Werkstoffen auswirken, wobei dann die Beeinflussung des Verschleißverhaltens mit Hilfe von Modell-Verschleißprüfungen zu prüfen ist.

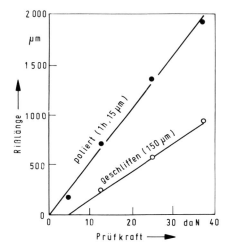 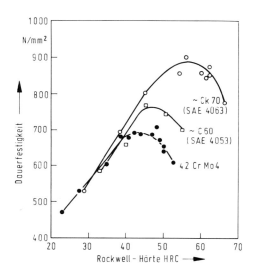

Bild 3.24 Rißlänge in Abhängigkeit von der Prüfkraft von geschliffenem und von poliertem Hartmetall nach Exner (1969)

Bild 3.25 Dauerschwingfestigkeit einiger Stähle in Abhängigkeit von der Härte nach Metals Handbook (1961)

Zum Schluß dieses Abschnitts sollen noch einige Ergebnisse über die Abhängigkeit der Dauerschwingfestigkeit von der Härte vorgestellt werden, weil tribologisch beanspruchte Bauteile häufig Schwingungen ausgesetzt sind und weil die Ermüdung von Werkstoffen durch ähnliche Mechanismen wie die Oberflächenzerrüttung hervorgerufen wird. Munz et al. (1971) beobachteten bei einer Reihe von reinen Metallen und homogenen Legierungen eine Zunahme der Dauerschwingfestigkeit mit steigender Härte. Dabei wirkt sich eine Härtesteigerung durch Verfestigung nur geringfügig aus. Bei Stählen kann die Dauerschwingfestigkeit in Abhängigkeit von der Härte, die durch Wärmebehandlungen verändert wird, ein Maximum durchlaufen (Bild 3.25). Bei vielen heterogenen Legierungen wird dagegen ein Abfall der Dauerschwingfestigkeit mit zunehmender Härte beobachtet. Da Werkstoffe hoher Härte häufig stärker als weiche Werkstoffe belastet werden, kann dies zu katastrophalen Folgen führen (Freudenthal, 1971).

3.5.2 Härte und Gefügeeigenschaften

Die plastische Verformung von metallischen Werkstoffen wird durch das Wandern von Versetzungen des atomaren Kristallgitters ermöglicht (Bild 3.26), die als eindimensionale Gefügeelemente anzusehen sind. Die Versetzungen können während des Wanderns auf andere Gefügeelemente (Tabelle 3.9) stoßen, welche als Hindernisse wirken und die plastische Verformung erschweren. Man kann daher die Härte von metallischen Werkstoffen durch den Einbau von verschiedenartigen Gefügeelementen erhöhen. Während der plastischen Verformung werden durch die Betätigung von Versetzungsquellen neue Versetzungen erzeugt, die ebenfalls als Hindernisse wirken und somit zu einer Härtesteigerung führen. Diesen Vorgang bezeichnet man auch als Verfestigung.

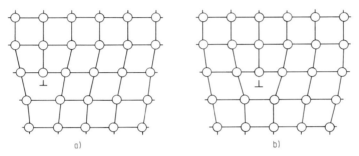

Bild 3.26 Wandern einer Stufenversetzung a) Ausgangsposition
b) Wanderung um einen Atomabstand

Gefügeelement	Dimension	Härtungsmechanismus
gelöste Atome, Punktfehler	0	Mischkristallhärtung, Bestrahlungsverfestigung
Versetzungen	1	Verfestigung
Korngrenzen Phasengrenzen, Antiphasengrenzen	2	Feinkornhärtung, Ordnungshärtung durch Stapelfehler und Antiphasengrenzen
Teilchen (β in α) 2 Phasen (β neben α)	3	Ausscheidungshärtung, Dispersionshärtung, Duplexgefüge
Kristallanisotropie	–	Texturhärtung
Gefügeanisotropie	–	Faserverstärkung

Tabelle 3.9 Gefügeelemente und Härtungsmechanismen von metallischen Werkstoffen nach Hornbogen (1977)

Neben dem Einbau verschiedenartiger Gefügeelemente besteht eine andere Möglichkeit der Härtesteigerung darin, völlig versetzungsfreie Kristallite herzustellen. Solchen als Whiskern bezeichneten Stoffen fehlt dann gleichsam das Vehikel der plastischen Verformung (Haasen, 1974). – Bei der sogenannten Texturhärtung wird die Tatsache ausgenutzt, daß die Versetzungswanderung anisotrop, d.h. an bestimmte Gitterebenen und Richtungen gebunden ist.

Bei metallischen Werkstoffen sind meistens mehrere Härtungsmechanismen überlagert wirksam. Als Beispiel kann man die Martensithärtung von Stählen nennen. Die Härte des Martensits beruht einmal auf der hohen Versetzungsdichte als Folge der diffusionslosen Martensittransformation. Zum anderen wird sie durch die Anwesenheit von Korn-, Zwillings- und Phasengrenzen, von interstitiell gelösten Kohlenstoffatomen und von intermetallischen bzw. intermediären Phasen hervorgerufen (Vöhringer und Macherauch, 1977).

Keramische Werkstoffe besitzen meistens eine höhere Härte als metallische Werkstoffe. Bei diesen Werkstoffen werden die Versetzungen mit großen Bindungsenergien an den kovalent gebundenen Atomen des Kristallgitters festgehalten, so daß sie sich erst lösen können, wenn große Schubspannungen aufgebracht werden.

Im Unterschied zu metallischen und keramischen Werkstoffen liegen Kunststoffe im allgemeinen nicht im vollkristallinen, sondern im teilkristallinen oder amorphen Zustand vor. Für den plastischen Verformungswiderstand ist vor allem die Art der chemischen Bindung von Bedeutung. Hierbei ist zwischen Primärbindungen und Sekundärbindungen zu unterscheiden. Die Primärbindungen sind kovalente Bindungen zwischen den Metalloiden Kohlenstoff, Sauerstoff, Chlor, Fluor u. a., während die Sekundärbindungen durch van der Waalssche Bindungen oder Wasserstoffbrücken gebildet werden. Neben der Art der chemischen Bindung hängt der Widerstand gegenüber einer plastischen Verformung auch von der Gestalt, der Größe und der Anordnung der Makromoleküle ab, aus der ein Kunststoff besteht. So sind bei den Duroplasten, die relativ hart sind, die Moleküle allseitig durch Primärbindungen verankert, wobei im Extremfall die Bildung eines einzigen großen Makromoleküls denkbar ist. Ein solches Makromolekül entsteht durch Vernetzung linearer oder verzweigter Moleküle; es besitzt einen amorphen Zustand, der auch als Glaszustand bezeichnet wird.

Thermoplaste sind dagegen aus einer großen Anzahl von Makromolekülen — in der Regel aus Kettenmolekülen — zusammengesetzt, die durch Sekundärbindungen zusammengehalten werden. Bei amorphen Thermoplasten werden beim Erreichen eines kritischen Temperaturbereiches, der als Erweichungsbereich bezeichnet wird, die Sekundärbindungen zerstört, so daß die Molekülbeweglichkeit stark zunimmt und die Härte abfällt. In teilkristallinen Thermoplasten werden dagegen im Erweichungsbereich nur die Sekundärbindungen der amorphen Bereiche gelöst, während sie in den kristallinen Bereichen erhalten bleiben. Daher fällt in teilkristallinen Thermoplasten die Härte weniger steil mit steigender Temperatur als in amorphen Thermoplasten ab, wie überhaupt die Härte von thermoplastischen Kunststoffen um so größer ist, je höher der kristalline Anteil ist. Da durch plastische Verformung der Grad der Kristallinität erhöht wird, führt eine plastische Verformung zu einer Härtesteigerung von thermoplastischen Kunststoffen.

Bei einer anderen Gruppe von Kunststoffen, den Elastomeren, können verknäulte Kettenabschnitte von Makromolekülen zwischen Haftpunkten gestreckt werden, wenn äußere Spannungen angelegt werden. Die Ketten gleiten aber nicht aufeinander ab, weil sie durch vernetzte Primärbindungen fixiert sind. Beim Entfernen der äußeren Spannung nehmen die gestreckten Kettenabschnitte wieder ihre ursprüngliche, verknäulte Anordnung ein, so daß keine plastische Verformung auftritt.

Die Härte von Kunststoffen kann durch Füllstoffe wie z. B. Glasfasern oder Ruß erhöht werden. Als Weichmacher bezeichnete Füllstoffe haben dagegen die Aufgabe, die

130   *Härte von Werkstoffen*

Härte von Kunststoffen herabzusetzen, damit sie verarbeitet werden können. Durch den Zusatz von Härtern kann dann die letztlich erstrebte Härte erreicht werden.

3.5.3 Härte und physikalische Eigenschaften

Während die Härte als mechanisch-technologische Eigenschaft — wie vorangehend erwähnt — stark vom Gefügezustand von Werkstoffen abhängt, werden die physikalischen Eigenschaften oft nicht oder nur wenig vom Gefügezustand beeinflußt. Daher ist es nicht möglich, die Härte allein aus den physikalischen Eigenschaften eines Stoffes abzuleiten. Fragt man nach der physikalischen Eigenschaft, von der die Härte besonders abhängt, so ist vor allem der Schubmodul G zu nennen. Er geht nämlich in die Gleichungen zur Abschätzung der Spannungen ein, die aufgebracht werden müssen, damit die wandernden Versetzungen Hindernisse in Form von anderen Versetzungen, Fremdatomen, Ausscheidungen und anderen Gefügeelementen überwinden können (z. B. Vöhringer u. Macherauch, 1977). In Bild 3.27 ist daher die Härte von reinen Metallen über dem Schubmodul G aufgetragen, wobei die Meßpunkte der Stoffhütte (1967) und einer Monographie von

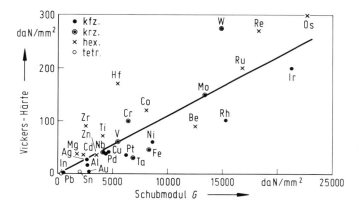

Bild 3.27 Härte von reinen Metallen in Abhängigkeit vom Schubmodul

Kieffer, Jangg und Ettmayer (1971) entnommen sind. Es wurden jeweils die niedrigsten der angegebenen Härtewerte ausgewählt, weil man davon ausgehen kann, daß höhere Härtewerte eine Folge von Verunreinigungen oder einer nicht vollständigen Rekristallisation sind. Trotz der recht erheblichen Streuungen kann man durch die Meßpunkte in Bild 3.27 eine Regressionsgerade mit einem Korrelationskoeffizienten von 0,86 ziehen. Die Härte nimmt also erwartungsgemäß mit steigendem Schubmodul zu. Dabei sind hohe Werte der Härte und des Schubmoduls mit einem relativ großen Anteil des kovalenten Bindungstyps des atomaren Kristallgitters verknüpft. Aus Bild 3.27 erkennt man ferner, daß die Härte der hexagonalen Metalle mit Ausnahme des Zinks und des Berylliums oberhalb der Regressionsgeraden liegt, während sämtliche kubisch-flächenzentrierte Metalle unter ihr liegen. Dies dürfte daran liegen, daß die hexagonalen Metalle eine geringere Anzahl von Gleitsystemen als die kubisch-flächenzentrierten Metalle haben, auf denen die Versetzungen wandern können. Weiterhin zeigt Bild 3.27, daß die Übergangsmetalle mit ihrem hohen kovalenten Bindungsanteil eine höhere Härte als die B-Metalle und die Edelmetalle haben.

Ähnliche Darstellungen erhält man, wenn man die Härte über dem Elastizitätsmodul, der Schmelztemperatur (siehe Bild 1.4), der Schmelz- oder Sublimationswärme aufträgt.

3.5.4 Härte und chemische Eigenschaften

Unter chemischen Eigenschaften soll hier die Reaktionsfähigkeit von Werkstoffen mit Sauerstoff, Schwefel, Chlor, Phosphor und anderen Metalloiden verstanden werden. Vor allem diese Elemente können im Umgebungsmedium oder im Schmierstoff enthalten sein und durch tribochemische Reaktionen auf den Werkstoffoberflächen Reaktionsprodukte bilden, deren Härte erheblich vom Grundwerkstoff abweicht. So bilden z. B. Aluminium, Zinn und Magnesium sehr harte Oxide, während durch die Reaktion von Eisen mit schwefelhaltigen Verbindungen relativ weiches Eisensulfid entsteht. Wie weiter unten in Abschnitt 4.4.2.3 gezeigt wird, kann das Verhältnis der Härte von Reaktionsprodukten zur Härte des Grundwerkstoffes einen entscheidenden Einfluß auf die Größe des Verschleißbetrages von metallischen Werkstoffen haben.

4 Zusammenhang zwischen dem Verschleiß und der Härte von Werkstoffen

Nach den beiden vorangehenden Kapiteln, in denen getrennt die Grundlagen des Verschleißes und der Härte von Werkstoffen behandelt wurden, soll nun eingehend untersucht werden, inwieweit ein Zusammenhang zwischen dem Verschleiß und der Härte von Werkstoffen besteht. Man kann fragen, warum der Verschleiß gerade in Abhängigkeit von der Härte und nicht von einer anderen Werkstoffeigenschaft erörtert werden soll. Hierzu kann man auf die immer noch weit verbreitete Ansicht hinweisen, nach der sich der Verschleiß generell durch den Einsatz von harten Werkstoffen vermindern lassen soll.

Dem Fachmann ist natürlich bekannt, daß dies in vielen Fällen durchaus nicht zutrifft. Da aber noch keine Arbeit bekannt geworden ist, in der umfassend dargestellt wird, wo Zusammenhänge zwischen dem Verschleiß und der Härte von Werkstoffen bestehen und wo nicht, erschien es angebracht, dieser Frage besondere Aufmerksamkeit zu widmen. Dabei darf nicht vergessen werden, daß auch andere Werkstoffeigenschaften von großem Einfluß sein können. Auf ihre Bedeutung für den Verschleiß wird vor allem dann eingegangen, wenn man aus der Härte von Werkstoffen keine Aussage über das Verschleißverhalten ableiten kann. Hierbei ist der Gefügezustand an erster Stelle zu erwähnen. Von ihm hängt zwar, wie im vorangehenden Abschnitt gezeigt wurde, die Härte in starkem Maße ab; er kann aber auch unabhängig von seinem Einfluß auf die Härte für den Verschleiß von Werkstoffen bestimmend sein. So können sich gegenüber adhäsivem Verschleiß weiche Werkstoffe mit heterogenem Gefüge wesentlich günstiger als harte Werkstoffe mit homogenem Gefüge verhalten.

Denkt man daran, daß die Härte zur Zeit praktisch die einzige Größe ist, mit der man die mechanisch-technologischen Eigenschaften der Oberflächenbereiche von Werkstoffen und somit auch von Verschleißschutzschichten charakterisieren kann und daß fast in jedem größeren Betrieb Härteprüfgeräte vorhanden sind, so wird verständlich, welche große Bedeutung die Härteprüfung hat. Da Härteprüfungen wesentlich einfacher als Verschleißprüfungen durchgeführt werden können, bringt es große Vorteile mit sich, wenn man weiß, welche Verschleißvorgänge im wesentlichen nur von der Werkstoffhärte abhängen. In diesem Zusammenhang kann gezeigt werden, daß bei abrasivem Verschleiß der Verschleißbetrag in einer sogenannten Tieflage gehalten werden kann, wenn die Härte des tribologisch beanspruchten Werkstoffes größer als die Härte des mineralischen oder metallischen Gegenkörpers ist, durch den die Beanspruchung hervorgerufen wird. —

Die Härte wurde im vorangehenden Kapitel als der Widerstand eines Werkstoffes gegenüber einer lokal begrenzten plastischen Verformung seiner Oberflächenbereiche bezeichnet, wie sie mit den Prüfverfahren nach Brinell, Vickers, Knoop oder Rockwell bestimmt werden kann. Die Abtrennung von Verschleißpartikeln wird aber letztlich durch Rißbildungs- und Rißwachstumsprozesse verursacht, die nicht aus der Härte abgeleitet werden können. Es läßt sich nur tendenziell feststellen, daß harte Werkstoffe im allgemeinen spröder als weiche sind; d.h. bei harten Werkstoffen erfolgt die Rißbildung ohne größere vorangehende plastische Verformung. Von daher gesehen müßten sich also härtere Werkstoffe ungünstiger als weiche verhalten. So weisen in der Tat bei abrasivem Verschleiß harte keramische Werkstoffe in der sogenannten Verschleißhochlage einen höheren Verschleißbetrag als weiche metallische Werkstoffe auf.

In Bild 1.4 des einführenden Kapitels wurde gezeigt, daß mit zunehmender Härte die Schmelztemperatur und damit auch die Bindungsenergie der Atome des Kristallgitters von Werkstoffen zunehmen. Da die Adhäsion auf der Bildung von atomaren Bindungen der Oberflächenatome beruht, könnte die mit der Härte verknüpfte Bindungsenergie für die Adhäsion von Bedeutung sein. Von der Härte hängt ferner im starken Maße die Größe der wahren Kontaktfläche ab, in der Adhäsionsbindungen wirksam werden können.

Bevor den vorangehend angedeuteten Fragen nachgegangen wird, soll zunächst dargestellt werden, welche Ähnlichkeiten und Abweichungen der Beanspruchung bei der Härteprüfung und beim Verschleiß von Werkstoffen vorliegen. Anschließend wird erörtert, ob die Härte eine Aussage über eine maximal zulässige Werkstoffanstrengung ermöglicht. In vier weiteren Abschnitten wird dann ausführlich dargelegt, wie das Wirken der einzelnen Verschleißmechanismen von der Härte der eingesetzten Werkstoffe abhängt. Da die Verschleißmechanismen in der Praxis nur selten allein, sondern meistens überlagert wirken, wird zum Schluß dieses Kapitels an elf ausgewählten tribotechnischen Systemen gezeigt, welche Konstellation von Verschleißmechanismen in diesen Systemen vorherrscht und mit welchen Werkstoffen bzw. Werkstoffhärten der Verschleiß vermindert werden kann.

4.1 Ähnlichkeiten und Unterschiede der Beanspruchung bei Härteprüfung und Verschleiß

Schätzt man aus den Beanspruchungen die Werkstoffanstrengungen ab, so ist als gemeinsames Merkmal der Härteprüfung und des Verschleißes festzustellen, daß in beiden Fällen die Werkstoffanstrengung im wesentlichen auf die Oberflächenbereiche beschränkt bleibt. Bei der Härteprüfung führt die Werkstoffanstrengung zu einer lokal begrenzten plastischen Verformung, durch welche der Härteeindruck hervorgerufen wird. Auch am Verschleiß ist häufig eine plastische Verformung der Oberflächenbereiche beteiligt; sie ist aber nur beim Verschleißmechanismus der Abrasion von einem der Härteprüfung ähnlichen Eindringvorgang begleitet.

Der wesentliche Unterschied zwischen der Härteprüfung und dem Verschleiß liegt darin, daß bei Verschleißvorgängen in der Regel neben der Normalkraftkomponente auch eine Tangentialkraftkomponente zu berücksichtigen ist, welche mit einer größeren Relativbewegung zwischen Grund- und Gegenkörper verbunden ist, die sich im allgemeinen über einen längeren Zeitraum erstreckt. Bei der Härteprüfung findet dagegen nur eine kleine Relativbewegung zwischen dem Eindringkörper und dem zu prüfenden Werkstoff statt. Die Beanspruchungsdauer ist sehr kurz; sie muß nur ausreichen, um einen bleibenden, sich nicht mehr verändernden Eindruck zu erzeugen. Da die vorgeschriebene Eindringgeschwindigkeit ebenfalls klein ist, ist der zeitliche Energieumsatz gering. Härteprüfungen haben daher keine Temperaturerhöhungen der geprüften Werkstoffe zur Folge. Demgegenüber kann bei Verschleißvorgängen die Temperatur der beanspruchten Oberflächenbereiche stark ansteigen, wenn hohe Reibleistungen auftreten, die durch das Produkt aus Reibungskoeffizient, Normalkraft und Beanspruchungsgeschwindigkeit gegeben sind.

4.2 Härteänderungen durch tribologische Beanspruchungen und ihre Auswirkungen auf den Verschleiß

Die Härte von Werkstoffen kann durch tribologische Beanspruchungen, die zum Verschleiß führen, erheblich verändert werden. Dabei ist sowohl eine Zunahme als auch eine Abnahme der Härte möglich. Für die Härteänderungen sind vor allem die folgenden Prozesse verantwortlich:

I. Temperaturerhöhungen als Folge der Reibungswärme
II. Reaktionsschichtbildung durch thermische und mechanische Aktivierung der beanspruchten Oberflächenbereiche
III. Phasenumwandlungen als Folge von reibbedingten Temperaturerhöhungen und plastischen Verformungen
IV. Verfestigung der beanspruchten Oberflächenbereiche durch plastische Verformungen

Die Temperaturerhöhungen (I) können von wenigen Graden Celsius bei langsam laufenden Gleitlagern bis zu ca. 1000°C bei Werkzeugen der Zerspanungstechnik reichen. Daß schon eine Temperaturerhöhung auf 100°C kritisch sein kann, wird am Beispiel von Blei-Zinn-Lagermetallen deutlich. So nimmt die Härte der Legierung PbSn 5 von 22 HB 2,5 bei 20°C auf 6 HB 2,5 bei 100°C ab. Diese Legierung kann daher nicht mehr in Kraftmaschinen eingesetzt werden, in denen die Ölsumpftemperaturen auf 100°C und mehr ansteigen.

Auch die Härte von Kunststoffen nimmt mit zunehmender Temperatur stark ab, wenn die Erweichungs- oder Zersetzungstemperatur erreicht wird. Lassen sich hohe Temperaturen nicht vermeiden, so müssen Werkstoffe eingesetzt werden, deren Härte mit steigender Temperatur nur wenig sinkt. In solchen Fällen können vor allem keramische Werkstoffe von besonderem Vorteil sein.

Die Härte von tribologisch beanspruchten Werkstoffen kann weiterhin durch die Bildung von Reaktionsschichten (II) verändert werden. So kann z.B. auf Aluminium mit Al_2O_3 ein sehr hartes Oxid gebildet werden, während tribochemisch gebildetes CuO oder Cu_2O kaum härter als Kupfer ist. Auch in Schmierstoffen enthaltene Zusätze wie chlor-, phosphor- oder schwefelhaltige Verbindungen bilden auf metallischen Werkstoffoberflächen Reaktionsschichten, die wahrscheinlich weicher als der metallische Grundwerkstoff sind. – Es wird weiter unten in Abschnitt 4.4.2.3 gezeigt werden, daß es vom Verhältnis der Härte des gebildeten Reaktionsproduktes zur Metall-Härte abhängen kann, ob eine Reaktionsschicht eine verschleißmindernde oder -fördernde Wirkung hat. – Auch durch Adsorptionsvorgänge kann die Härte von Werkstoffen verändert und zwar in der Regel vermindert werden (siehe Bild 3.16 des Abschnitts 3.4.2), wenn z.B. durch den Rehbinder-Effekt die plastische Verformung erleichtert wird.

Als Folge von Temperaturerhöhungen kann sich ferner die Phasenzusammensetzung von Werkstoffen (III) ändern. Hier ist als wichtigste Erscheinung die Entstehung von Reibmartensit hoher Härte zu nennen. Zur Reibmartensitbildung kann es kommen, wenn infolge von hohen Beanspruchungen die Oberflächenbereiche von Stählen so stark erwärmt werden, daß die Austenitisierungstemperatur örtlich überschritten wird; durch anschließende „Selbstabschreckung" entsteht dann Reibmartensit (z. B. Uetz u. Nounou, 1972). Diese Reibmartensitbildung kann zur Härtung von Stählen ausgenutzt werden, wenn es gelingt, eine gleichmäßige Oberflächenschicht aus Reibmartensit zu erzielen (Stähli, 1974). Häufig tritt Reibmartensit aber nur an wenigen Stellen der Oberflächenbereiche auf, die dann leicht ausbröckeln und zu einer Erhöhung des Verschleißbetrages führen (Naumann u. Spieß, 1969). Ob die „Butterflies" in Wälzlagern, in deren Umgebung Risse auftreten, aus denen Grübchen entstehen, auch als eine Art von Reibmartensit anzusehen sind, wird noch diskutiert (Schlicht, 1970). Man ist sich vor allem noch nicht im klaren, ob der eventuell gebildete Reibmartensit Ursache oder Folge der Rißbildung ist.

Als für den Verschleiß besonders wichtige Erscheinung ist die Verfestigung durch die tribologische Beanspruchung (IV) anzusehen, die vornehmlich bei metallischen Werkstoffen der Bildung von Verschleißpartikeln vorangeht. Aus Bild 4.1 ist erkennbar, wie die Härte von reinem Eisen in den tribologisch beanspruchten Oberflächenbereichen als Folge einer Verfestigung angestiegen ist. Nach umfangreichen experimentellen Untersuchungen von Moore et al. (1972) ist die Verfestigung von tribologisch beanspruchten metallischen Werkstoffen besonders hoch, weil ähnlich wie bei der Härteprüfung der größte Teil der mechanischen Spannungen zum Aufbau eines hydrostatischen Druckes dient. Der hydrostatische Druck erschwert die Bildung und das Wachstum von Rissen, so daß die zum Bruch führenden Spannungen im Vergleich zum Zugversuch um annähernd den Faktor 3 und die Bruchdehnungen um den Faktor 4 erhöht werden können.

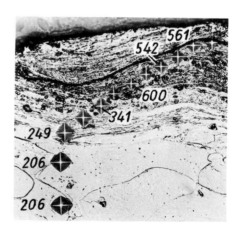

Bild 4.1 Verfestigung der Oberflächenbereiche von reinem Eisen durch eine tribologische Gleitbeanspruchung

Bei ihren Untersuchungen beanspruchten Moore et al. (1972) die Werkstoffoberflächen mit einem abgestumpften Bohrwerkzeug, das eine Rotationsbewegung ausführte. Als Maß für die Verfestigung diente das Verhältnis der Fließspannung nach der tribologischen Beanspruchung zur Fließspannung im weich geglühten Zustand. Die Fließspannungen wurden aus Mikrohärte-Messungen nach einer von Marsh (1964) angegebenen Methode abgeschätzt. Die aus einer großen Anzahl von Meßpunkten gewonnenen Regressionsgeraden, deren Anstieg die Verfestigung angibt, sind in Bild 4.2 für vier Gruppen von metallischen Werkstoffen dargestellt und zwar für:

    A. reine Metalle und Substitutions-Mischkristalle
    B. interstitielle Mischkristalle einschließlich der weich geglühten Stähle
    C. vergütete Stähle
    D. ausscheidungsgehärtete und dispersionsgehärtete Legierungen

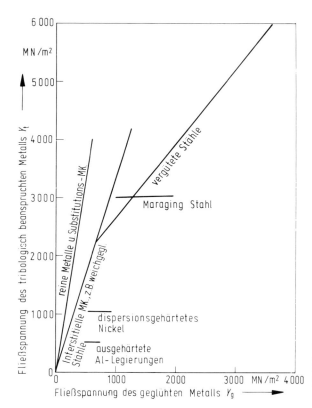

Bild 4.2 Verfestigung (Y_t/Y_g) für unterschiedliche Gruppen metallischer Werkstoffe durch eine tribologische Bohrbeanspruchung nach Moore et al. (1972)

Die größte Verfestigung erfahren die reinen Metalle und Substitutions-Mischkristalle (A), wobei die Substitutionsatome die Verfestigung in der Regel etwas vermindern. Die Verfestigung von Legierungen mit interstitiell gelösten Atomen, zu denen die weich geglühten Stähle gehören, ist deutlich geringer (B). Zwischen den beiden Geraden für die Substitutions-Mischkristalle und die Mischkristalle mit interstitiell gelösten Atomen liegen einige kubisch-raumzentrierte Metalle (W, Mo, Nb) und einige hexagonale Metalle (Zr, Hf, Co), die in Bild 4.2 nicht eingezeichnet sind. Diese Metalle besitzen oft interstitielle gelöste Verunreinigungen, so daß ihre Zwischenstellung verständlich erscheint.

Die erreichbare Verfestigung der vergüteten Stähle (C) mit martensitischem Ausgangsgefüge ist kleiner als die der weich geglühten Stähle. Dispersions- und ausscheidungsgehärtete Legierungen (D) erfahren dagegen keine Verfestigung.

Eine Deutung der vorangehend geschilderten Ergebnisse ist mit Hilfe der Versetzungstheorie möglich. Es wurde schon in Abschnitt 3.5.2 gezeigt, daß für die Fließspannung bzw. für die Streck- oder Dehngrenze die Beweglichkeit der Gleitversetzungen von Bedeutung ist, die durch Hindernisse eingeschränkt werden kann. Als Hindernisse wirken Gitterfehler wie Fremdatome, Ausscheidungen, andere Versetzungen u. a.. Bei reinen Metallen ist im rekristallisierten Zustand die Dichte der Versetzungen gering, so daß den Gleitversetzungen nur wenige Hindernisse in Form von anderen Versetzungen im Wege stehen. Während der plastischen Verformung werden Versetzungsquellen betätigt, wodurch die Versetzungsdichte allmählich zunimmt. Durch Wechselwirkungen von Versetzungen unterschiedlicher Gleitsysteme können unbewegliche Versetzungsanordnungen entstehen, welche die weitere plastische Verformung erschweren und eine Rißbildung begünstigen. Reine Metalle können sehr stark verformt und verfestigt werden, ehe solche stabilen Versetzungsanordnungen entstehen, die der Rißbildung vorangehen. Bei den Substitutions-Mischkristallen sind die Verhältnisse ähnlich. Zu Beginn der Verformung dominieren die Wechselwirkungen zwischen den Substitutionsatomen und den Gleitversetzungen. Mit zunehmender Verformung treten die Wechselwirkungen zwischen den Versetzungen in den Vordergrund.

Bei den interstitiellen Mischkristallen bilden die Fremdatome von vornherein ein großes Hindernis für die Bewegung der Gleitversetzungen. Die Fremdatome können außerdem die Anzahl der wirksamen Gleitsysteme reduzieren. Demgegenüber sollen Wechselwirkungen zwischen den Gleitversetzungen und den anderen Versetzungen zurücktreten, so daß die erzielbare Verfestigung geringer als bei reinen Metallen und Substitutions-Mischkristallen ist (Moore et al., 1972).

In Stählen ist bekanntlich der Kohlenstoff interstitiell gelöst. Im Martensit, der durch einen Umklappvorgang aus dem Austenit entsteht, herrscht eine hohe Versetzungsdichte vor, welche eine Folge der für die Umklappung notwendigen Schubverformungen ist. Die Versetzungsdichte steigt mit zunehmendem Kohlenstoffgehalt und nimmt mit steigender Anlaßtemperatur nur wenig ab. Daher ist die für die plastische Verformung benötigte Fließspannung von vornherein hoch. Es kann kaum noch eine Verfestigung stattfinden, so daß es schon nach kleinen Verformungen zur Rißbildung kommt.

In ausscheidungs- und dispersionsgehärteten Legierungen, zu denen auch die Maraging Stähle gehören, befinden sich die Versetzungen einschließlich der Gleitversetzungen hauptsächlich in der Matrix. Die plastische Verformung bleibt daher im wesentlichen auf die Matrix beschränkt. Dies führt dazu, daß die Versetzungsdichte der Matrix schon durch kleine Verformungen stark erhöht wird. Da die Ausscheidungen nicht mitverformt werden, ist der Verformungszustand inhomogen. Dies kann schon nach kleinen Verformungen die Bildung von Rissen ermöglichen, ehe es zu einer Verfestigung kommt. – Es sei an dieser Stelle schon darauf hingewiesen, daß der Widerstand von Werkstoffen gegenüber abrasivem Verschleiß eng mit ihrer Verfestigungsfähigkeit verknüpft ist.

Zur Einschränkung des Verschleißes ist es in manchen Fällen vorteilhaft, vor der tribologischen Beanspruchung die Werkstoffoberflächen durch plastische Verformungen vorzuverfestigen wie z.B. durch Kugelstrahlen oder Festwalzen. Je nach den wirkenden

Beanspruchungen und Verschleißmechanismen kann sich eine Vorverfestigung positiv, negativ oder überhaupt nicht auf den Verschleiß auswirken (Gürleyik, 1977; Uetz u. Sommer, 1979). So beobachteten Siebel und Kobitzsch (1941) bei Verschleißuntersuchungen an der Stahl-Paarung St 60 / St 60 im ungeschmierten Zustand, daß der Verschleißbetrag beider Gleitpartner mit zunehmender Verfestigung eines Gleitpartners zunächst ab- und dann wieder zunimmt (Bild 4.3), obwohl die Härte des vorverfestigten Gleitpartners mit zunehmendem Stauchungsgrad ansteigt. Auffallend ist, daß der vorverfestigte, verformte Gleitpartner immer einen höheren Verschleißbetrag als der unverformte Gleitpartner hat, wofür wahrscheinlich das verminderte plastische Formänderungsvermögen der verformten Probe verantwortlich sein dürfte, durch das Rißbildungsvorgänge begünstigt werden.

Auch im Mischreibungsgebiet kann in Abhängigkeit von der Vorverfestigung ein Verschleißminimum auftreten, wie es von Endo, Okada u. Iwai (1975) an der Stahl-Paarung C 15 / C 15 beobachtet wurde.

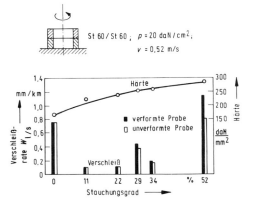

Bild 4.3 Verschleiß von Stahl-Gleitpaarungen nach unterschiedlichen Stauchungsgraden (Vorverfestigungen) eines Gleitpartners nach Siebel und Kobitzsch (1941)

Im Gegensatz dazu zeigte bei den Untersuchungen von Siebel und Kobitzsch (1941) die Paarung Al / St 60 keine Änderung des Verschleißbetrages in Abhängigkeit von der Vorverfestigung des Aluminium-Gleitpartners; hier führte die tribologische Beanspruchung offenbar selbst sehr schnell zu einer Verfestigung des Aluminiums.

Haberfeld (1968) und Hammer (1971) stellten fest, daß durch eine Vorverfestigung in vielen Fällen vor allem der Betrag des Einlaufverschleißes gesenkt werden kann, während sich im Beharrungszustand eine Vorverfestigung nicht bemerkbar macht; demnach holt der nicht verfestigte Werkstoff die Verfestigung während des Einlaufes nach.

Verfestigungsvorgänge sind für das Verschleißverhalten von sogenannten Manganhartstählen außerordentlich wichtig. Diese Stähle mit 12 bis 14% Mangan besitzen im Ausgangszustand ein weiches austenitisches Gefüge. Ihr Verschleiß ist nur dann niedrig, wenn der Austenit durch die tribologische Beanspruchung oder durch eine Vorverformung in Martensit umgewandelt wird, welcher stark verfestigt ist (Michalon, Mazet u. Burgio, 1976). Ist die tribologische Beanspruchung so mild, daß eine plastische Verformung unterbleibt, so kann der Verschleißbetrag von Manganhartstählen sehr groß sein.

Beim Verschleiß durch Tropfenschlag oder Kavitation, bei dem der Verschleißmechanismus der Oberflächenzerrüttung dominiert, kann der Verschleißbetrag durch eine gleichmäßige, nicht zu starke Verfestigung gesenkt werden (Rieger, 1967 u. 1977).

Demgegenüber hat bei abrasivem Verschleiß in der Hochlage eine Vorverfestigung keinen Einfluß auf den Verschleißbetrag, weil sie durch die tribologische Beanspruchung selbst hervorgerufen wird. Der Verschleißbetrag ist dort umso kleiner, je verfestigungsfähiger, d. h. je duktiler, ein Werkstoff ist.

4.3 Zur Frage einer zulässigen Werkstoffanstrengung in Abhängigkeit von der Härte der beanspruchten Werkstoffe

In diesem Abschnitt soll untersucht werden, ob sich aus der Härte von Werkstoffen gewisse Grenzen über die zulässigen Werkstoffanstrengungen angeben lassen. Eine erste obere Grenze ist dadurch gegeben, daß sich die Bauteile, die dem Verschleiß unterliegen, im Stillstand nicht plastisch verformen dürfen. Die nach der Schubspannungs- oder Vergleichsspannungshypothese abgeschätzte Vergleichsspannung muß daher unter der Streckgrenze der eingesetzten Werkstoffe liegen, wobei zusätzlich ein Sicherheitsfaktor in Rechnung zu stellen ist. Da die Streckgrenze im allgemeinen mit steigender Werkstoff-Härte zunimmt, ist die statische Belastbarkeit von harten Werkstoffen größer als von weichen. Verschleiß tritt erst auf, wenn die belasteten Bauteile relativ zueinander bewegt werden. Dabei führt die Reibung zu einer Erhöhung der Werkstoffanstrengung. Neben der Forderung nach einer Vermeidung von plastischen Verformungen der beanspruchten Bauteile darf der Verschleißbetrag häufig einen zulässigen Grenzwert nicht überschreiten, damit die Funktionsfähigkeit des betreffenden Tribosystems nicht gefährdet wird.

Je nach der Bewegungsform und den vorherrschenden Verschleißmechanismen lassen sich gewisse zulässige Grenzbelastungen angeben. Bei Gleitbeanspruchungen kann bei gegebener Gleitgeschwindigkeit und Temperatur der Verschleißbetrag als Folge von Adhäsionsvorgängen von einer Tieflage in eine Hochlage ansteigen, wenn eine kritische Belastung erreicht wird. Burwell und Strang (1952) beobachteten an zwei Gleitpaarungen aus Stählen mit Brinell-Härten von 223 und 430 daN/mm^2 bei reiner Festkörperreibung, daß der Verschleißbetrag in die Hochlage anstieg, wenn die Flächenpressung ein Drittel der Härte erreichte. Arnell et al. (1975) konnten diese Beobachtung für Gleitpaarungen aus Kupfer-, Messing- und Stahl-Stiften mit Stahl-Scheiben als Gleitpartner nicht bestätigen. Sie weisen – mit Recht – darauf hin, daß nicht die Flächenpressung, sondern die maximale Schubspannung unter Berücksichtigung der Reibung für die Werkstoffanstrengung maßgebend ist. Unter der Annahme, daß die maximalen Schubspannungen in den Mikrokontaktbereichen der Gleitpartner wirksam sind, erfolgt ein Übergang in die Verschleißhochlage, wenn die maximale Schubspannung auf ein Sechstel der Härte ansteigt. Ob diese Beobachtung allgemein gültig ist, muß aber noch durch weitere Untersuchungen an anderen Werkstoff-Paarungen geprüft werden.

Es ist an dieser Stelle anzumerken, daß in die Beziehungen zur Ermittlung der Werkstoffanstrengung (siehe Abschnitt 2.1.3) der Elastizitätsmodul eingeht. Nun nimmt aber mit steigender Härte der Elastizitätsmodul ähnlich wie der Schubmodul (siehe Bild 3.27) zu; d.h. mit dem Einsatz von härteren Werkstoffen kann die Werkstoffanstrengung ansteigen, so daß der Einsatz eines härteren Werkstoffes unter Umständen keinen Vorteil bringt. Eine Ausnahme bilden z. B. die Stähle, bei denen durch Wärmebehandlungen die Härte beträchtlich gesteigert werden kann, ohne daß sich der Elastizitätsmodul ändert.

Auch Wälzpaarungen mit Linienkontakt können nach Niemann (1943) in Abhängigkeit von der Werkstoff-Härte auf eine zulässige Spannung ausgelegt werden, unterhalb der es nicht zum Ausfall durch Grübchenbildung infolge Oberflächenzerrüttung kommen soll. Die zulässige Spannung bezeichnet man als Dauerwälzfestigkeit, obwohl auch bei dieser Spannung eine Grübchenbildung nicht völlig unterdrückt werden kann. Niemann gibt für die Abhängigkeit der Dauerwälzfestigkeit von der Härte die folgende Beziehung an:

$$K_D = \frac{F}{d \cdot b} = c_K (HV/100)^2 \tag{1}$$

$$\text{mit } \frac{1}{d} = \frac{1}{d_1} + \frac{1}{d_2}$$

$$\text{und } 0{,}4 \frac{mm^2}{N} < c_K < 1{,}5 \frac{mm^2}{N}$$

Hierbei sind F die auf die Kontaktfläche wirkende Kraft, b die Länge der gemeinsamen Berührungslinie, d_1 und d_2 die Durchmesser der Wälzkörper und c_K ein werkstoffabhängiger Parameter. Nach der Beziehung 1 nimmt die Dauerwälzfestigkeit also mit dem Quadrat der Vickers-Härte zu. Für Stähle kann man nach Rettig (1969) mit folgender Formel rechnen:

$$K_D [daN/mm^2] = 0{,}1 \left(\frac{HV}{100}\right)^2 \tag{2}$$

Auch bei Gleitpaarungen dürfen die Kräfte bzw. Spannungen nur so groß sein, daß innerhalb einer vorgegebenen Gebrauchsdauer ein bestimmter Verschleißbetrag nicht überschritten wird. Für die Fälle, in denen der Verschleiß überwiegend durch den Verschleißmechanismus der Oberflächenzerrüttung hervorgerufen wird, wurde von Bayer und Ku (1964) empirisch eine Beziehung gewonnen, mit der man Tribosysteme auf einen sogenannten „Nullverschleiß" auslegen kann. Danach darf die maximale Schubspannung, die man nach den Beziehungen 14 bis 25 des 1. Kapitels abschätzen kann, eine gewisse Größe nicht überschreiten:

$$\tau_{max} \leqslant \left(\frac{2000}{N}\right)^{\frac{1}{9}} \cdot \gamma_R \cdot \tau_y \tag{3}$$

In dieser Beziehung sind N die Anzahl der Belastungszyklen, γ_R ein Parameter, der bei Paarungen mit Neigung zur Adhäsion den Wert von 0,2 und bei Paarungen mit geringer Adhäsionsneigung den Wert von 0,5 annimmt, und τ_y die sogenannte Scherfließspannung. Die Scherfließspannung τ_y ist, wie mit einer großen Anzahl von Messungen festgestellt wurde, mit der Mikrohärte H_M verknüpft:

$$\tau_y = a H_M^b \tag{4}$$

$$a \approx 0{,}025$$
$$b \approx 1{,}3$$

Danach nimmt die zulässige Spannung mit steigender Werkstoff-Härte zu. —

Nach den Erörterungen über die zulässigen Spannungen in Abhängigkeit von der Härte soll nun kurz die Frage behandelt werden, ob auch die Beanspruchungsgeschwindigkeit durch die Härte der beanspruchten Werkstoffe begrenzt sein kann. In Abschnitt 3.4.1 wurde darauf hingewiesen, daß die Härte von metallischen Werkstoffen mit zunehmender Absenkgeschwindigkeit des Eindringkörpers ansteigt, weil die Formänderungsfestigkeit mit steigender Geschwindigkeit zunimmt. Bei hohen tribologischen Beanspruchungsgeschwindigkeiten kann daher die effektive Härte größer als bei niedrigen Beanspruchungsgeschwindigkeiten sein. Mit diesem Anstieg der Härte ist aber eine Abnahme der Zähigkeit verknüpft, so daß sich die Härtesteigerung kaum positiv auswirken dürfte.

In geschmierten Gleitsystemen nimmt, wie in Abschnitt 2.3 gezeigt wurde, der hydrodynamische Traganteil auf Kosten des Festkörpertraganteiles mit steigender Gleitgeschwindigkeit zu, so daß sich die Werkstoffanstrengung erniedrigt. Bei hohen Geschwindigkeiten kann aber die innere Reibung des Schmierstoffes zu einer erheblichen Temperaturerhöhung führen; es können dann Gleitlagerwerkstoffe, deren Härte mit steigender Temperatur stark abfällt, nicht mehr eingesetzt werden.

Weitaus größere Temperaturerhöhungen infolge hoher Beanspruchungsgeschwindigkeiten sind bei Werkzeugen der Zerspanungs- und Umformtechnik in Rechnung zu stellen, so daß hier besondere Werkstoffe mit einer hohen Warmhärte eingesetzt werden müssen.

Das die reibbedingten Temperaturerhöhungen der Oberflächenbereiche selbst von der Härte abhängen, wird in Abschnitt 4.4.2.2 gezeigt. —

An dieser Stelle sind auch einige energetische Betrachtungen zum Verschleiß zu machen. Nach Fleischer (1973) hängt das Verschleiß-Weg-Verhältnis (Verschleißintensität) von der in den Oberflächenbereichen der beanspruchten Werkstoffe wirkenden Schubspannung und von der sogenannten scheinbaren Reibungsenergiedichte ab, die ein Maß für die Energie darstellt, die zur Bildung von Verschleißpartikeln erforderlich ist. Je größer die scheinbare Reibungsenergiedichte ist, um so niedriger ist der Verschleiß. Untersuchungen von Boley (1977) an Kupfer, CuZn40Pb2 und Stahl C45 zeigten eine Zunahme der scheinbaren Reibungsenergiedichte mit steigender Härte.

Nach Überlegungen von Uetz und Föhl (1978) kann der Verschleiß vor allem dann niedrig gehalten werden, wenn es gelingt, die in Tribosysteme eingeführte Energie so zu transformieren, daß die für Rißbildungsvorgänge zur Verfügung stehende Energie minimiert wird. Dies kann z. B. durch elastische und plastische Verformungen oder durch Phasenumwandlungen (Martensitumwandlung) erfolgen.

4.4 Das Wirken der Verschleißmechanismen in Abhängigkeit von der Härte der am Verschleiß beteiligten stofflichen Elemente

Da der Verschleiß letztlich durch das getrennte oder überlagerte Wirken der Verschleißmechanismen hervorgerufen wird, soll in den folgenden Abschnitten ausführlich dargestellt werden, wie das Wirken der Verschleißmechanismen von der Härte der am Verschleiß beteiligten stofflichen Elemente abhängt. Dabei ist neben der Härte des Grundkörpers auch die des Gegenkörpers und eventuell auch des Zwischenstoffes zu berücksichtigen. Aus zahlreichen Beispielen wird deutlich, wo der Verschleiß durch den Einsatz von harten Werkstoffen vermindert werden kann und wo andere Werkstoffeigenschaften wichtiger als die Härte sind.

Im anschließenden Abschnitt wird dann anhand von ausgewählten tribotechnischen Bauteilen gezeigt, welche Verschleißmechanismen für den Verschleiß dieser Bauteile verantwortlich und welche Werkstoffe bzw. Werkstoff-Härten für die Fertigung dieser Bauteile gebräuchlich sind, damit ein unzulässig hoher Verschleiß vermieden wird.

4.4.1 Adhäsion und Härte

Die Adhäsion kann wirksam werden, wenn sich zwei Kontaktpartner ohne die Anwesenheit eines trennenden Schmierfilms oder schützender Adsorptions- und Reaktionsschichten unmittelbar berühren. Das Adhäsionsverhalten ist eine Paarungseigenschaft, die von den Eigenschaften des Grund- und des Gegenkörpers abhängt. Man kann daher von einem Werkstoff ohne Kenntnis des Gegenkörperwerkstoffes niemals allgemein sagen, ob er zur Adhäsion neigt oder nicht, sondern nur, daß er mit bestimmten Werkstoffen starke und mit anderen Werkstoffen schwache bzw. keine Adhäsionsbindungen eingeht.

Es wurde in Abschnitt 2.1.6.1 schon gezeigt, daß sich zwei Kontaktpartner wegen der Rauheit ihrer Oberflächen nur in kleinen Mikrokontaktbereichen berühren. Die Entstehung solcher Mikrokontaktbereiche bildet die erste Voraussetzung für die Entstehung von atomaren Adhäsionsbindungen. Daher soll im folgenden zunächst erörtert werden, wie die Größe der wahren Kontaktflächen, die aus sämtlichen Mikrokontaktflächen gebildet wird, von der Härte der Kontaktpartner abhängt. Anschließend wird untersucht, ob die adhäsiven Bindungskräfte sich aus der Härte von Grund- und Gegenkörper voraussagen lassen. Es schließt sich eine Darstellung von Untersuchungsergebnissen an, aus denen man entnehmen kann, wie der Adhäsionskoeffizient, der ein Maß für die Stärke der Adhäsion ist, der adhäsive Verschleiß und das adhäsiv bedingte „Fressen" von der Härte der Kontaktpartner abhängen. Abschließend werden Maßnahmen zur Einschränkung der Adhäsion genannt.

4.4.1.1 Zur Größe der wahren Kontaktfläche

Je größer die wahre Kontaktfläche ist, desto stärker kann die Adhäsion in Erscheinung treten. Bei technischen Reibschweißprozessen strebt man sogar an, die wahre Kontaktfläche gleich der geometrischen zu machen, weil dann die Festigkeit der Schweißverbindung besonders groß ist. Will man dagegen Adhäsionsvorgänge einschränken, so muß man dafür sorgen, daß die wahre Kontaktfläche möglichst klein bleibt.

Drückt man zwei Kontaktpartner mit der Normalkraft F_N zusammen, so verformen sich die Rauheitshügel, welche die Mikrokontaktflächen bilden, zunächst elastisch. Die Größe der wahren Kontaktfläche ist dann durch die folgende Beziehung gegeben:

$$A_R = \text{const.} \cdot \left(\frac{F_N}{E'}\right)^n \quad (5)$$

$$0 < n < 1$$

mit

$$E' = \frac{1-\mu_1^2}{E_1} + \frac{1-\mu_2^2}{E_2}$$

Hierbei stellen μ_1 und μ_2 die Querkontraktionszahlen und E_1 und E_2 die Elastizitätsmoduln der Kontaktpartner dar. Werden die Rauheitshügel überwiegend plastisch verformt, so gilt nach Bowden und Tabor (1964) die folgende Beziehung:

$$A_R = \text{const.} \frac{F_N}{H} \tag{6}$$

Hierbei gibt H die Härte des weicheren Kontaktpartners an. Der Übergang von elastischer zu plastischer Verformung der Rauheitshügel kann nach Greenwood und Williamson (1966) mit Hilfe des sogenannten Plastizitätsindexes Ψ abgeschätzt werden:

$$\Psi = \left(\frac{E'}{H}\right) \cdot \left(\frac{\sigma}{\beta}\right)^{\frac{1}{2}} \tag{7}$$

In dieser Beziehung sind σ die Standardabweichung der Höhe der Rauheitshügel und β ihr mittlerer Radius. Für $\Psi < 0{,}6$ soll die Kontaktdeformation rein elastisch und für $\Psi > 1$ überwiegend plastisch sein; dazwischen liegt ein Übergangsbereich mit elastisch-plastischer Verformung der Rauheitshügel. Nach der Beziehung 7 wird die Verformung mit zunehmender Härte des weicheren Kontaktpartners in den elastischen Bereich verschoben, was ohne weiteres einleuchtet.

Wirkt in der Kontaktfläche neben der Normalkraft zusätzlich eine Tangentialkraft F_T, so kann sich die wahre Kontaktfläche weiter durch plastische Verformungen der Mikrokontaktbereiche vergrößern, bevor ein makroskopisches Gleiten einsetzt (Courtney-Pratt u. Eisner 1957; Tabor, 1959). Für die Größe der wahren Kontaktfläche A_R ergibt sich in diesem Fall die folgende Beziehung:

$$A_R = \text{const.} \frac{F_N}{H} \sqrt{1 + \text{const.} \left(\frac{F_T}{F_N}\right)^2} \tag{8}$$

Die wahre Kontaktfläche wird solange vergrößert, bis das Verhältnis F_T/F_N den Betrag des statischen Reibungskoeffizienten erreicht; d. h. ein großer statischer Reibungskoeffizient ist mit einer großen wahren Kontaktfläche verknüpft. Der Reibungskoeffizient kann aber nur groß sein, wenn in den Mikrokontaktflächen starke adhäsive Bindungskräfte wirksam sind. Daher soll im folgenden Abschnitt untersucht werden, ob sich aus der Härte der Kontaktpartner die Größe der adhäsiven Bindungskräfte abschätzen läßt.

4.4.1.2 Adhäsive Bindungskräfte

Die in den Mikrokontaktflächen von Festkörpern wirksam werdenden adhäsiven Bindungskräfte sind von der gleichen Art wie die atomaren Bindungskräfte des Kristallgitters von Festkörpern. Demnach kann man zwischen metallischen, kovalenten, ionischen und van der Waalsschen Bindungen unterscheiden.

Es sei zunächst der Fall betrachtet, bei dem beide Kontaktpartner aus dem gleichen Metall bestehen und von Adsorptions- und Reaktionsschichten frei sind. Nach Überlegungen von Czichos (1969, 1972) hängt dann die Stärke der adhäsiven Bindungskräfte entscheidend von der Art und Dichte der freien Elektronen ab. Sargent (1978) meint, daß das Elektronendefizit der äußeren Elektronenschalen von besonderer Bedeutung ist. Mit diesen Vorstellungen kann man qualitativ erklären, warum die Stärke der Adhäsion von den B-Metallen über die Edelmetalle zu den Übergangsmetallen gleichsinnig mit der Härte abnimmt.

Bei den Übergangsmetallen, die einen hohen kovalenten Bindungsanteil besitzen, sind die Elektronen weitgehend lokalisiert, so daß die Bindungskräfte stark richtungsabhängig sind. Hier können adhäsive Bindungen erst dann entstehen, wenn größere Aktivierungsenergien aufgebracht werden. Daraus erklärt sich die Beobachtung, daß mit Oxid- oder anderen Reaktionsschichten vom kovalenten Bindungstyp bedeckte metallische Werkstoffe weniger als reine Metalloberflächen zur Adhäsion neigen. Daher ist auch die Adhäsion zwischen keramischen Werkstoffen gering.

Über die Adhäsion von Werkstoffen mit ionischer Bindung, die in der Werkstofftechnik nur eine untergeordnete Rolle spielen, sind keine Untersuchungen bekannt geworden. Die van der Waalssche Bindung, die zwar weitreichender, aber viel schwächer als die anderen Bindungen ist, kann für die Adhäsion von polymeren Werkstoffen verantwortlich sein. —

Nach den adhäsiven Bindungen zwischen Kontaktpartnern aus gleichen Werkstoffen soll nun auf die Adhäsionsbindungen eingegangen werden, die zwischen Kontaktpartnern aus verschiedenen Werkstoffen gebildet werden können. Es sei zunächst wiederum der Fall betrachtet, bei dem beide Kontaktpartner aus metallischen Werkstoffen bestehen. Eine weit verbreitete und immer noch vertretene Hypothese, nach der die Stärke der adhäsiven Bindungen von der gegenseitigen Löslichkeit der Kontaktpartner-Werkstoffe abhängen soll, ließ sich nicht bestätigen (Habig, 1970; Feller und Matschat, 1971); denn auch ineinander unlösliche Metalle können starke Adhäsionsbindungen bilden.

Nach der von Czichos (1969) vorgestellten Hypothese soll die Adhäsion zwischen metallischen Kontaktpartnern dann besonders stark sein, wenn ein Partner als Elektronendonator und der andere als Elektronenakzeptor wirkt. Die Härte gibt aber keine Auskunft darüber, ob ein Metall als ein Elektronendonator oder -akzeptor dient.

Auch bei der Paarung Kunststoff/Metall soll für die Adhäsion ein ähnlicher Mechanismus verantwortlich sein, wobei das Metall Elektronen aus dem Kunststoff aufnehmen soll, also als Akzeptor wirkt (Weaver, 1972).

Besteht ein Kontaktpartner aus einem metallischen und der andere aus einem keramischen Werkstoff, so dürfte eine Adhäsion vor allem durch kovalente Bindungen verursacht werden. Es ist daher einleuchtend, daß die Adhäsion von Metall-Keramik-Paarungen, von Ausnahmen wie z.B. Al/Al_2O_3 abgesehen, geringer als die von Metall-Metall-Paarungen ist. Auch hier lassen sich aus der Härte bzw. aus dem Härteverhältnis der Kontaktpartner keine Voraussagen über die zu erwartende Adhäsion machen. So stehen auch quantitative Methoden zur Abschätzung der adhäsiven Bindungskräfte erst in den Anfängen (Ferrante u. Smith, 1973)

4.4.1.3 Adhäsionskoeffizient

In den vorangehenden beiden Abschnitten wurde gezeigt, daß die Härte zwar eine Aussage über die Größe der wahren Kontaktfläche ermöglicht. Eine qualitative Abschätzung der adhäsiven Bindungskräfte aus der Härte ist aber nur möglich, wenn beide Kontaktpartner aus den gleichen Metallen bestehen. Man ist daher auf experimentelle Untersuchungen angewiesen, aus denen hervorgeht, ob eine Paarung zur Adhäsion neigt oder nicht. Dazu benutzt man häufig eine Methode, bei der zwei Kontaktpartner mit einer definierten Normalkraft zusammengedrückt und anschließend wieder auseinandergezogen werden. Das Verhältnis der Trennkraft zur vorher aufgebrachten Normalkraft bezeichnet man als Adhäsionskoeffizienten.

Untersuchungen zur experimentellen Bestimmung des Adhäsionskoeffizienten wurden an einer großen Anzahl von Paarungen aus reinen Metallen vor allem von Sikorski (1963) durchgeführt. Er verwendete eine Prüfapparatur, mit der die Stirnflächen von zylindrischen Proben zunächst unter dem Wirken einer Normalkraft gegeneinander verdreht wurden; dadurch sollten die oberflächlichen Reaktionsschichten zerstört werden, weil diese die Adhäsion behindern. Nach dem Verdrehen wurden die Proben getrennt und der Adhäsionskoeffizient wie oben angegeben bestimmt. Die Mittelwerte der aus vielen Einzelmessungen gewonnenen Ergebnisse sind in Bild 4.4 zusammengestellt. Generell ist zu erkennen, daß der mittlere Adhäsionskoeffizient mit steigender Härte der als Kontaktpartner dienenden Metalle abnimmt. Ferner wird ein Einfluß der Gitterstruktur sichtbar. So ist der Adhäsionskoeffizient der Paarungen aus hexagonalen und kubisch-raumzentrierten Metallen deutlich niedriger als der der kubisch-flächenzentrierten Metalle. Die Abnahme des Adhäsionskoeffizienten von Kontaktpartnern aus gleichen Metallen mit steigender Härte wurde von Hordon (1967) und Gilbreath (1967) bestätigt. Die gleiche Tendenz hatten schon früher Tylecote et al. (1958) bei Kaltpreßschweißungen an reinen Metallen beobachtet. Der Befund, daß hexagonale Metalle weniger als kubisch-flächenzentrierte Metalle zur Adhäsion neigen, steht in Übereinstimmung mit Untersuchungen von Hordon (1967) und Johnson und Buckley (1967/68).

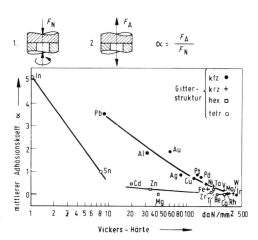

Bild 4.4 Adhäsionskoeffizienten von Paarungen aus reinen Metallen nach Sikorski (1963)

Sämtliche Ergebnisse deuten darauf hin, daß die plastische Verformung der Kontaktpartner, durch welche die Größe der wahren Kontaktfläche bestimmt wird, von wesentlicher Bedeutung für die Größe des Adhäsionskoeffizienten ist. Die plastische Verformung

146 Zusammenhang zwischen Verschleiß und Härte

wird mit zunehmender Härte der Kontaktpartner erschwert, so daß die Größe der wahren Kontaktfläche abnimmt. Auch die Gitterstruktur hat einen Einfluß auf die plastische Verformung. So können sich die Mikrokontaktbereiche von kubisch-flächenzentrierten Metallen wegen der größeren Zahl der zur Verfügung stehenden Gleitsysteme (nämlich zwölf) leichter plastisch verformen und vergrößern als die von hexagonalen Metallen, die häufig nur drei Gleitsysteme zur Verfügung haben (Habig, 1968). Die kubisch-raumzentrierten Metalle besitzen zwar 48 Gleitsysteme, zu deren Betätigung jedoch relativ hohe Schubspannungen erforderlich sind; außerdem ist die Verfestigung durch die Wechselwirkungen von Versetzungen besonders groß, wenn viele Gleitsysteme betätigt werden, so daß schon nach kleinen Formänderungen der Widerstand gegenüber einer weiteren plastischen Verformung beträchtlich erhöht wird.

Trägt man für die kubisch-flächenzentrierten Metalle die aus zahlreichen Messungen gewonnenen maximalen Adhäsionskoeffizienten auf (Bild 4.5), so erkennt man, daß die Abhängigkeit von der Härte gering ist; nur der Wert für Palladium fällt aus dem Streuband heraus. Maximale Adhäsionskoeffizienten dürften auftreten, wenn die wahre Kontaktfläche ihre maximale Größe erreicht, die von der Orientierung der plastisch verformten Mikrokontaktbereiche abhängt (Habig, 1968). Da die Größe der wahre Kontaktfläche aber unabhängig vom Orientierungseinfluß mit steigender Härte abnimmt, beruht das Gleichbleiben des Adhäsionskoeffizienten wahrscheinlich auf einer mit steigender Härte zunehmenden Stärke der adhäsiven Bindungskräfte.

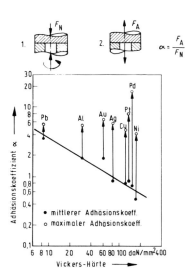

Bild 4.5 Adhäsionskoeffizienten von Paarungen aus kubischflächenzentrierten Metallen nach Sikorski (1963)

Nach den reinen Metallen soll der Adhäsionskoeffizient von Legierungen behandelt werden, wobei beide Kontaktpartner wiederum aus den gleichen Werkstoffen hergestellt sind. Hierzu liegt eine Arbeit von Bailey und Sikorski (1969) vor, die den Adhäsionskoeffizienten von Kupfer-Gold-, Silber-Gold-, Silber-Palladium-, Kupfer-Nickel- und Platin-Kobalt-Legierungen untersuchten. Diese Legierungen bestehen aus Substitutions-Mischkristallen; sie besitzen mit Ausnahme der hexagonalen Platin-Kobalt-Legierung die kubisch-flächenzentrierte Gitterstruktur. Kupfer-Gold-Legierungen können geordnete Phasen der Zusammensetzung Cu_3Au und CuAu und Platin-Kobalt-Legierungen eine geordnete Phase der Zusammensetzung PtCo bilden.

Die an Kupfer-Gold und Kupfer-Nickel gewonnenen Ergebnisse sind zusammen mit den Knoop-Härtewerten in Bild 4.6 zusammengestellt. Bei beiden Legierungen durchläuft die Knoop-Härte in Abhängigkeit von der Legierungskonzentration ein Maximum. Bei den Kupfer-Gold-Legierungen ist das Härtemaximum mit einem Minimum des Adhäsionskoeffizienten verknüpft. Ähnlich verhalten sich auch die Legierungen Silber-Palladium, Silber-Gold, und Platin-Kobalt. Bei den Platin-Kobalt-Legierungen geht der Adhäsionskoeffizient sogar auf null zurück, wenn die Legierungen ihre Maximalhärte von 380 daN/mm^2 erreichen. Ganz anders verhalten sich die Nickel-Kupfer-Legierungen mit Legierungsgehalten bis zu 40% Kupfer (Bild 4.6b). In diesem Legierungsbereich nimmt der Adhäsionskoeffizient trotz ansteigender Härte zu. Diese Beobachtung könnte am einfachsten damit erklärt werden, daß die Stärke der adhäsiven Bindungskräfte mit wachsendem Kupfergehalt zunimmt.

Aus Bild 4.6 geht ferner hervor, daß eine vor den Adhäsionsprüfungen vorgenommene Verfestigung zu einer Abnahme des Adhäsionskoeffizienten führt, was mit der Abnahme der Größe der wahren Kontaktfläche zu erklären sein dürfte.

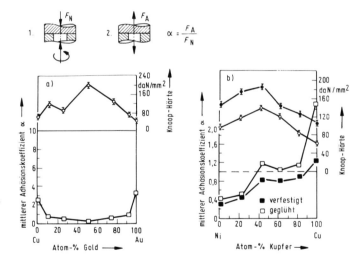

Bild 4.6 Adhäsionskoeffizienten von Kupfer-Gold- und Kupfer-Nickel-Legierungen nach Bailey und Sikorski (1969)

Schließlich berichten Bailey und Sikorski (1969) noch über Adhäsionsuntersuchungen an den geordneten Phasen Cu_3Au, CuAu und PtCo. Die durch spezielle Wärmebehandlungen erzielten Ordnungseinstellungen führten zu beträchtlichen Erhöhungen der Härte und zu einer deutlichen Abnahme des Adhäsionskoeffizienten bis auf null bzw. 0,1 (Tabelle 4.1).

Die Ergebnisse von Kaltpreßschweißungen an Aluminium- und Kupferlegierungen mit unterschiedlichen Legierungselementen, die von Semenov (1974) vorgestellt wurden, lassen sich dagegen nur begrenzt mit legierungsbedingten Härteänderungen erklären. Bei diesen Untersuchungen wurde als Maß für die Stärke der Adhäsion anstelle des Adhäsionskoeffizienten die Größe der plastischen Verformung benutzt, die zur Bildung einer festen Kaltpreßschweißverbindung notwendig ist. Je kleiner die notwendige Verformung ist, desto stärker ist die Neigung zur Adhäsion. Für Aluminium-Legierungen mit einer Reihe von Legierungselementen, deren Konzentration in der Originalarbeit leider nicht angegeben ist, sind die Ergebnisse in Bild 4.7 zusammengestellt. Obwohl durch Silber und Mangan eine große Mischkristall-Härtung hervorgerufen wird, nimmt bei diesen Legierungen die Stärke der Adhäsion nur wenig mit steigender Härte ab. Silizium und Antimon erhöhen die Härte von Aluminium nur wenig; trotzdem geht die Stärke der Adhäsion bei Zusatz dieser Elemente deutlich zurück. Auch bei den heterogenen Aluminium-Zinn-Legierungen nimmt die Stärke der Adhäsion beträchtlich mit steigendem Zinngehalt ab, obwohl die Härte sich kaum ändert. Die Adhäsion dürfte demnach in diesen Fällen weniger von der härteabhängigen Größe der wahren Kontaktfläche als vielmehr von der Größe der adhäsiven Bindungskräfte abhängen, die durch die verschiedenen Legierungselemente unterschiedlich verändert werden. Dabei kann die Konzentration der Legierungselemente in den Oberflächenbereichen von der Konzentration im Inneren abweichen. So beobachteten Ferrante und Buckley (1970) mit Hilfe der Auger-Elektronen-Spektroskopie, daß in einer Kupfer-Legierung mit 1% Aluminium die äußersten Atomlagen fast zu 100% aus Aluminiumatomen bestanden.

Legierung	ungeordnet		geordnet	
	Knoop-Härte [daN/mm^2]	mittlerer Adhäsionskoeff.	Knoop-Härte [daN/mm^2]	mittlerer Adhäsionskoeff.
CuAu 50	200	0,2	430	0
CuAu 25	90	0,5	200	0,1
PtCo 50	300	0,1	410	0

Tabelle 4.1 Adhäsionskoeffizient von ungeordneten und geordneten Legierungen nach Bailey und Sikorski (1969)

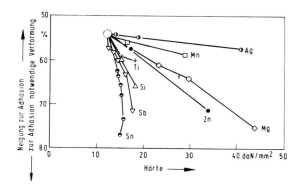

Bild 4.7 Adhäsion von Aluminium-Legierungen bei Kaltpreßschweißungen nach Semenov (1974)

Da die Stähle die wichtigste Gruppe der metallischen Werkstoffe bilden, sind einige Bemerkungen zu ihrem Adhäsionsverhalten zu machen. Die von Sikorski (1963) an reinen Metallen gewonnenen Ergebnisse (siehe Bild 4.4) zeigen für die Paarung Eisen/Eisen einen niedrigen Adhäsionskoeffizienten. Zwischen Stahl-Partnern mit ferritischem, martensitischem oder perlitischem Gefüge ist die Adhäsion noch weitaus geringer, wobei die Adhäsionsneigung in der Reihenfolge der aufgezählten Gefügezustände abnehmen soll, obwohl Martensit viel härter als Perlit ist. Besonders stark neigen austenitische Stähle mit kubisch-flächenzentrierter Gitterstruktur zur Adhäsion, so daß Paarungen aus austenitischen Stählen zu vermeiden sind.

Es sollen nun einige Ergebnisse über das Adhäsionsverhalten von Hartstoffen wie Titancarbid, Glas, Saphir und Diamant vorgestellt werden. Vorher ist anzumerken, daß harte Stoffe — wie schon erwähnt — im allgemeinen einen großen Elastizitätsmodul aufweisen, so daß bei Kontakt hohe elastische Spannungen aufgebaut werden können, welche nach dem Entfernen der Anpreßkraft die entstandenen Adhäsionsbindungen aufreißen können. Diese elastischen Spannungen sind neben den Adsorptions- und Reaktionsschichten der Hauptgrund dafür, daß zwischen vielen Stoffen die Adhäsion gering ist, sofern nicht sehr hohe Anpreßkräfte aufgebracht werden. Um die Bedeckung mit Adsorptions- und Reaktionsschichten auszuschalten, führten Gane, Pfaelzer und Tabor (1974) Adhäsionsuntersuchungen im Vakuum durch, nachdem die Probekörper durch den Beschuß mit Argon-Ionen gereinigt worden waren. Die an der Paarung Titancarcid/Titancarbid gewonnenen Ergebnisse sind in Bild 4.8 dargestellt. Man erkennt, daß die Trennkraft im Mittel nicht von der Anpreßkraft abhängt, so daß die Angabe eines Adhäsionskoeffizienten nicht sinnvoll ist. Ähnliche Ergebnisse wurden auch an der Paarung Glas/Glas gewonnen und sollen für die Paarungen Saphir/Saphir sowie Diamant/Diamant zu erwarten sein. Hervorzuheben ist, daß die Trennkraft bei diesen Paarungen um mehr als eine Größenordnung kleiner ist, als wenn unter den gleichen Bedingungen die Paarungen Kupfer/Kupfer oder Gold/Gold untersucht wurden. —

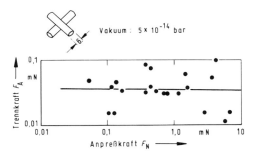

Bild 4.8 Adhäsion der Paarung Titancarbid/Titancarbid im Vakuum nach Gane, Pfaelzer und Tabor (1974)

Nach der Beschreibung des Adhäsionsverhaltens von Paarungen, bei denen beide Kontaktpartner aus den gleichen Werkstoffen bestehen, soll anschließend über Adhäsionsuntersuchungen an Paarungen aus ungleichen Werkstoffen berichtet werden. Eine zwar nicht vollständige, aber doch informative Zusammenstellung solcher Untersuchungsergebnisse enthält Tabelle 4.2. Dort sind in einer ersten Serie Paarungen aufgeführt, bei denen ein Kontaktpartner aus Eisen besteht, während der zweite Kontaktpartner von einem Nichteisenmetall gebildet wird. Die Nichteisenmetalle sind der Härte nach geordnet. Der durch

150 *Zusammenhang zwischen Verschleiß und Härte*

das Verhältnis von F_A zu F_N gegebene Adhäsionskoeffizient weist keinen Zusammenhang mit den Härtewerten der Kontaktwerkstoffe auf. Auch bei den anderen in Tabelle 4.2 aufgeführten Paarungen ist kein Zusammenhang zwischen der Adhäsion und der Härte erkennbar.

Paarung		Härte HV [daN/mm²]		Adhäsion		Prüfbedingungen	Quelle
Me I	Me II	Me I	Me II				
Fe	Pb	45*	4*	$F_A/F_N =$	7		Buckley (1971)
"	Au	"	6*		2,5		
"	Al	"	15*		12,5		
"	Ta	"	30*		11,5		
"	Ag	"	26*		3		
"	Pt	"	35*		5		
"	Cu	"	40*		6,5		
"	Ni	"	60*		8		
"	Co	"	120*		6		
Cu	Ni	40*	60*	$F_A/F_N =$	2,0	$F_N = 2 \times 10^{-4}$ N	Buckley (1967)
"	Co	"	120*		0,5	T $= 23$ °C	
"	W	"	275*		0,5	p $= 10^{-13}$ bar	
Fe	Ag	180	85	$F_A/F_N =$	0,002		Sikorski (1963)
"	Pt	"	150		0,16		
"	V	"	300		0,07		
"	Rh	"	330		0,03		
K10**	Pb	1650	4*	sehr schwach		Beobachtung des Übertrages beim Zerspanen	Takeyama u. Ono (1968)
"	Sn	"	5*	sehr schwach			
"	Al	"	15*	stark			
"	Ag	"	26*	sehr schwach			
"	Zn	"	35*	sehr schwach			
"	Cu	"	40*	schwach			
"	Fe	"	45*	sehr stark			
"	Ni	"	60*	sehr stark			
"	Ti	"	70*	schwach			
"	Mo	"	150*	sehr stark			
"	W	"	275*	stark			

* Härtewerte nach Kieffer et al. (1971) oder Stoffhütte (1967)
** Hartmetall

Tabelle 4.2 Adhäsion von Metall-Paarungen mit Kontaktpartnern aus unterschiedlichen Metallen

Adhäsionsuntersuchungen, bei denen ein Kontaktpartner aus Kupfer und der andere aus Titancarbid, Diamant oder Saphir bestand, zeigten für die Paarung Titancarbid/Kupfer eine annähernd zehnfach stärkere Adhäsion als für die Paarungen Diamant/Kupfer und Saphir/Kupfer (Bild 4.9). Da Titancarbid einen hohen metallischen Bindungsanteil mit freien Elektronen besitzt, können zwischen Titancarbid und Kupfer Adhäsionsbindungen mit metallischem Charakter gebildet werden. Diamant und Saphir (Al_2O_3) besitzen dagegen keine freien Elektronen, so daß die schwache Adhäsion mit Kupfer verständlich ist.

In Bild 4.10 ist qualitativ die Adhäsion für Paarungen aus verschiedenartigen Werkstoffen dargestellt. Hervorzuheben ist die niedrige Adhäsion zwischen Kunstkohle und metallischen sowie keramischen Werkstoffen. Daß die Paarung Metall/Keramik generell mehr als die Paarung Metall/Metall zur Adhäsion neigt, muß aber bezweifelt werden. Sehr günstig verhalten sich vielfach die in Bild 4.10 nicht berücksichtigten Paarungen von Kunststoff mit metallischen und keramischen Werkstoffen oder mit Kunststoff selbst.

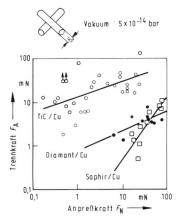

Bild 4.9 Adhäsion von Stoffen hoher Härte mit Kupfer nach Gane, Pfaelzer und Tabor (1974)

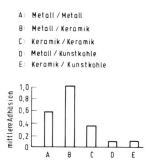

Bild 4.10 Adhäsion unterschiedlicher Werkstoff-Paarungen nach Kellog (1967)

4.4.1.4 Adhäsiver Verschleiß

Durch Adhäsion können Partikel von einem Verschleißpartner auf den anderen übertragen werden. Ist dieser Übertrag die primäre Ursache des Verschleißes, so spricht man auch von adhäsivem Verschleiß, obwohl an der Bildung von losen Verschleißpartikeln in der Regel noch andere Verschleißmechanismen beteiligt sind (siehe Bild 2.20).

Nach Holm (1958), Burwell und Strang (1952) und Archard (1953) gilt bei adhäsivem Verschleiß für die Größe des volumetrischen Verschleißbetrages W_V häufig die folgende Beziehung:

$$W_V = K \cdot \frac{F_N}{H} \cdot s \qquad (9)$$

mit der Normalkraft F_N, der Härte des weicheren Partners H, dem Gleitweg s und dem sogenannten Verschleißkoeffizienten K, welcher als ein Maß für die Wahrscheinlichkeit angesehen werden kann, mit der beim Kontakt der Rauheitshügel von Grund- und Gegenkörper Partikel von einem Partner auf den anderen übertragen werden.

Aus der Beziehung (9) folgt, daß der Verschleißbetrag umgekehrt proportional zur Härte des weicheren Partners ist, wobei nach Beziehung 6 die Größe der wahren Kontaktfläche vom Verhältnis der Normalkraft zur Härte des weicheren Partners abhängt. Der Verschleißkoeffizient könnte daher auch als ein Maß für die Größe der adhäsiven Bindungskräfte angesehen werden. Je größer die adhäsiven Bindungskräfte sind, desto wahrscheinlicher sollte demnach der Übertrag von Partikeln und um so größer der daraus resultierende Verschleißbetrag sein.

Für einige metallische Gleitpaarungen wurde von Archard (1953) der Verschleißkoeffizient K aus der Übertragungsrate nach Untersuchungen von Rabinowicz und Tabor (1951) abgeschätzt (Tabelle 4.3), wobei der Übertrag mit Hilfe der Autoradiographie bestimmt wurde. Aus den Ergebnissen läßt sich weder für die Übertragungsrate noch für den Verschleißkoeffizienten eine Abhängigkeit von der Härte feststellen. Überraschend hoch ist die Übertragungsrate, wenn beide Verschleißpartner aus hexagonalem Zink bestehen. Die Ergebnisse deuten insgesamt darauf hin, daß weniger die Größe der wahren Kontaktfläche, sondern mehr die Größe der adhäsiven Bindungskräfte für den Werkstoffübertrag verantwortlich ist.

Paarung		Härte [daN/mm^2]		Übertragungsrate [µg/cm] von I auf II	Verschleißkoeffizient 10^2 K
Partner I	Partner II	Partner I	Partner II		
Cd	Cd	20	20	50	1,7
Zn	Zn	38	38	200	16,0
Ag	Ag	43	43	20	1,2
Cu	Cu	95	95	20	3,2
Pt	Pt	138	138	40	3,9
unleg. Stahl	unleg. Stahl	158	158	15	4,5
rostbest. Stahl	rostbest. Stahl	217	217	5	2,1

Tabelle 4.3 Adhäsiver Übertrag nach Untersuchungen von Archard (1953) sowie Rabinowicz und Tabor (1951)

Bestehen beide Kontaktpartner aus verschiedenen Werkstoffen, so werden in der Regel Partikel von dem weicheren Werkstoff auf den härteren übertragen. Allerdings ist oft nicht die Ausgangshärte, sondern die sich während der tribologischen Beanspruchung einstellende Härte entscheidend, die erheblich von der Ausgangshärte abweichen kann (siehe Abschnitt 4.2)

Diese Feststellung gilt auch für Metall-Kunststoff- und Kunststoff-Kunststoff-Paarungen, bei denen der weichere Werkstoff auf den härteren bzw. auf den mit der höheren Kohäsionsenergie übertragen wird (Mittmann u. Czichos 1975; Kar und Bahadur 1978; Jain u. Bahadur, 1978). Ein Kunststoffübertrag ist häufig sogar erwünscht, wenn sich ein

Das Wirken der Verschleißmechanismen 153

dünner und gleichmäßiger Oberflächenfilm ausbilden kann. Unter diesen Umständen, die stark von den Beanspruchungsbedingungen abhängen, kann z. B. der Reibungskoeffizient der Paarung PTFE/Stahl auf Werte unter 0,1 absinken.

Der Verschleißkoeffizient wurde von Archard und Hirst (1956) zur Charakterisierung des Verschleißverhaltens von einer Reihe technisch interessanter Werkstoff-Paarungen benutzt (Tabelle 4.4). Danach hat die Härte weder auf den Verschleißkoeffizienten noch auf die Verschleißrate einen Einfluß. So hat die Paarung Polyäthylen/Werkzeugstahl mit Polyäthylen als dem weichsten der verwendeten Werkstoffe den kleinsten Verschleißkoeffizienten, während die Paarung gesintertes Wolframcarbid/gesintertes Wolframcarbid einen um eine Größenordnung höheren Verschleißkoeffizienten aufweist. An diesem Beispiel wird aber auch der beschränkte Wert des Verschleißkoeffizienten deutlich; denn trotz des höheren Verschleißkoeffizienten hat die Paarung gesintertes Wolframcarbid/gesintertes Wolframcarbid eine kleinere Verschleißrate als die Paarung Polyäthylen/Werkzeugstahl. —

Werkstoff-Paarung	Härte des weicheren Partners [daN/mm^2]	Verschleißrate [10^{-10}cm^3/cm]	Verschleißkoeffizient K
Polyäthylen/Werkzeugstahl	1,7	0,3	$1,3 \cdot 10^{-7}$
Teflon/Werkzeugstahl	5	200	$2,5 \cdot 10^{-5}$
Perspex/Werkzeugstahl	20	14,5	$7 \cdot 10^{-6}$
gegossenes Bakelit/Werkzeugstahl	25	12	$7,5 \cdot 10^{-6}$
laminiertes Bakelit/Werkzeugstahl	33	1,8	$1,5 \cdot 10^{-6}$
Messing (30% Zn)/Werkzeugstahl	68	100	$1,7 \cdot 10^{-4}$
Messing (40% Zn)/Werkzeugstahl	95	240	$6 \cdot 10^{-4}$
Weichstahl/Weichstahl	186	1570	$7 \cdot 10^{-3}$
ferritischer Edelstahl/Werkzeugstahl	250	2,7	$1,7 \cdot 10^{-5}$
Silberstahl/Werkzeugstahl	320	7,5	$6 \cdot 10^{-5}$
Stellit/Werkzeugstahl	690	3,2	$5,5 \cdot 10^{-5}$
Werkzeugstahl/Werkzeugstahl	850	6,0	$1,3 \cdot 10^{-4}$
gesintertes Wolframcarbid/gesintertes Wolframcarbid	1300	0,03	$1 \cdot 10^{-6}$

$F_N = 4$ N; $v = 1,8$ m/s; ohne Schmierung; $K = \dfrac{W_{V/s}}{H \cdot F_N}$

Tabelle 4.4 Verschleiß von unterschiedlichen Werkstoff-Paarungen nach Archard und Hirst (1956)

154 Zusammenhang zwischen Verschleiß und Härte

Daß bei adhäsivem Verschleiß der Verschleißbetrag nicht aus der Werkstoffhärte abgeleitet werden kann, soll im folgenden an weiteren Beispielen gezeigt werden. Gregory (1970) berichtet über Verschleißuntersuchungen, bei denen die Probekörper einmal nach einem Aufkohlen abgeschreckt wurden, so daß Martensit mit einer Härte von 876 daN/mm² entstand. Andere Probekörper wurden dagegen nach dem Aufkohlen langsam auf Raumtemperatur abgekühlt; dabei bildete sich ein perlitisch-zementitisches Gefüge mit einer Härte von 294 daN/mm². Trotz der niedrigeren Härte hatten die langsam abgekühlten Proben den wesentlich niedrigeren Verschleißbetrag (Bild 4.11). Die Ursache des schlechten Abschneidens der Proben aus hartem Martensit dürfte zumindest teilweise in seinem relativ homogenen Gefügezustand begründet sein. Berühren sich zwei Körper mit homogenem, einphasigem Gefüge, so treffen in den Mikrokontaktbereichen immer artgleiche Kristallite zusammen; besitzen die Kontaktpartner ein heterogenes wie z. B. ein perlitisch-zementitisches Gefüge, so berühren sich dagegen häufig artfremde Kristallite (Bild 4.12). Da in Stählen der Zementit (Fe_3C) überwiegend kovalent gebunden ist, dürfte er mit Ferrit mit vorherrschender metallischer Bindung weniger zur Adhäsion neigen als zwei ferritische Kristallite. In diesem Sinn kann man den Martensit als einen tetragonal aufgeweiteten, ursprünglich kubisch-raumzentrierten Ferrit ansehen.

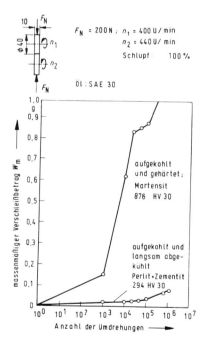

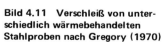

Bild 4.11 Verschleiß von unterschiedlich wärmebehandelten Stahlproben nach Gregory (1970)

Bild 4.12 Schematische Darstellung des Kontaktes von Werkstoffen mit homogenem und mit heterogenem Gefüge

Das Wirken der Verschleißmechanismen 155

An einer Reihe verschiedener Gußeisensorten durchgeführte Untersuchungen zur Kennzeichnung des adhäsiven Verschleißes wurden von Stähli (1965) vorgestellt (Bild 4.13; Tabelle 4.5). Bei den meisten Gußeisensorten nahm der Verschleißbetrag mit steigender Härte zu. Dies ist wahrscheinlich darauf zurückzuführen, daß mit steigender Härte der Graphitgehalt des Gußeisens abnimmt. Der im Gußeisen enthaltene Graphit ist aber als eine Art Festschmierstoff anzusehen, so daß mit abnehmendem Graphitgehalt die „Selbstschmierung" verschlechtert wird. Aus dem Rahmen fallen die mit CS bezeichneten Gußeisen, die Kugelgraphit enthalten. Der hohe Verschleißbetrag der Sorten C 10 S und C 7 S ist eine Folge des ferritischen bzw. austenitischen Grundgefüges, das ähnlich wie in Stählen zur Adhäsion und zum adhäsiven Verschleiß neigt. Die Sorten C 8 S und C 9 S mit ferritisch-perlitischem bzw. perlitischem Gefüge haben aus den oben bei der Diskussion des adhäsiven Verschleißes von Stählen genannten Gründen einen niedrigeren Verschleißbetrag. Durch den Zusatz von 0,1% Zinn kann der Perlitanteil auf Kosten des Ferrits noch wesentlich erhöht werden, was eine weitere, erhebliche Abnahme des Verschleißbetrages zur Folge hat (Montgomery, 1973).

Bei Untersuchungen des adhäsiven Verschleißes von Legierungen auf Kobalt-, Eisen- und Nickelbasis fand Silence (1978) ebenfalls keinen Zusammenhang zwischen dem Verschleißbetrag und der Härte der Legierungen. Am besten verhielt sich eine mit 24 HRC relativ weiche, carbidfreie Legierung auf Kobaltbasis. Auch bei den im 1. Kapitel in Bild 2.38 wiedergegebenen Ergebnissen über das Verschleißverhalten von unterschiedlich wärmebehandelten Stählen im Vakuum, wo die Adhäsion dominiert, hatten die weichen nitrierten Gleitpaarungen einen um ca. zwei Größenordnungen niedrigeren Verschleißbetrag als die viel härteren borierten und vanadierten Stahl-Paarungen.

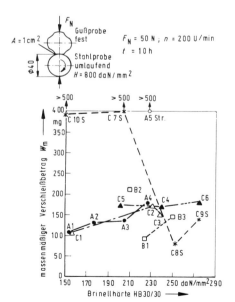

Bild 4.13 Adhäsiver Verschleiß von unterschiedlichen Gußeisensorten nach Stähli (1965)

Gießerei Gußart Rohgußform	Proben- bezeichnung		Chemische Zusammensetzung in %								
			C	Si	Mn	P	S	Cr	Ni	Cu	Mo
A Gußeisen mit Lamellengraphit Gußbarren, 40 mm Dmr., Sandguß	A_1	●	3,48	2,47	0,47	0,19					
	A_2	●	3,36	2,11	0,45	0,13					
	A_3	●	3,24	1,85	0,46	0,14					
	A_4	●	3,22	1,95	0,47	0,12					
A Strangguß, 54 mm Dmr.	A_5 Str.	○	3,42	2,69	0,40	0,11		0,51	1,43		
B Gußeisen mit Lamellengraphit Barren, 45 Dmr.	B_1	□	2,90	1,53	0,79	0,23	0,12	0,12	0,12		0,65
	B_2	□	2,97	2,21	0,58	0,18	0,12	0,61	1,75		0,83
B Gußeisen mit Lamellengraphit Scheiben, 100 mm Dmr., 11 mm dick	B_3	□	3,04	2,27	0,66	0,15	0,12	0,27	0,12		0,35
C Gußeisen mit Lamellengraphit Scheiben, 60 mm Dmr., 15 mm dick	C_1	△	3,64	2,70	0,42	0,36	0,08				
	C_2	△	3,28	1,92	0,71	0,10	0,02				
	C_3	△	3,34	1,59	0,68	0,07	0,10				
C Gußeisen mit Lamellengraphit Scheiben, 60 mm Dmr., 15 mm dick	C_4	▲	3,25	1,90	0,67	0,11	0,02			0,53	
	C_5	▲	3,65	1,65	0,69	0,25	0,04	0,10		0,51	
	C_6	▲	3,43	1,06	0,62	0,05	0,01			1,92	0,23
C Gußeisen mit Kugelgraphit Scheiben, 60 mm Dmr., 15 mm dick	C_7S	★	3,54	2,77	0,33	0,05	0,01				
	C_8S	★	3,53	2,81	0,33	0,05	0,01				
	C_9S	★	3,48	2,77	0,33	0,05	0,008				
	C_{10}S	★	2,77	2,63	1,98	0,06	0,01		17,68	2,52	

Tabelle 4.5 Chemische Zusammensetzung von Gußeisensorten zu den Bildern 4.13 und 4.54

4.4.1.5 Adhäsiv bedingtes Fressen

Unter „Fressen" versteht man bekanntlich den Anstieg des Reibungskoeffizienten und des Verschleißbetrages von einer Tieflage in eine Hochlage, wenn kritische Beanspruchungsgrößen wie die Normalkraft, die Relativgeschwindigkeit zwischen Grund- und Gegenkörper oder die Temperatur überschritten werden. Im äußersten Fall kann es sogar zum Festfressen kommen, wodurch eine Relativbewegung zwischen Gleit- oder Wälzpartnern völlig unmöglich gemacht wird. Das Fressen bzw. Festfressen ist eine Folge der Adhäsion, die dann verstärkt wirksam wird, wenn ein trennender Schmierfilm oder schützende Adsorptions- und Reaktionsschichten durchbrochen werden, so daß sich die inneren Grenzschichten (siehe Bild 2.12) der Kontaktpartner berühren und adhäsive Bindungskräfte wirksam werden können.

Zum Einfluß der Härte auf das Fressen, das man auch als adhäsiv bedingtes Versagen bezeichnen kann, liegen Untersuchungsergebnisse von Rogalski und Senatorski (1967) vor, die bei gegebener Gleitgeschwindigkeit und Ausgangstemperatur für eine Reihe von Paarungen die Versagenslast F_N (krit.) bestimmten. Die mit einem Vier-Rollen-Prüfsystem gewonnenen Ergebnisse sind in Tabelle 4.6 zusammengestellt. Danach läßt sich kein Einfluß der Härte erkennen. Trotz ihrer relativ niedrigen Härte schneiden die nach dem Normalisieren oder Vergüten sulfo- oder gasnitrierten Paarungen wesentlich besser als die vergütet und induktionsgehärteten, die carbonitrierten oder die aufgekohlt und gehärteten Paarungen ab.

Untersuchungen von Habig, Evers und Chatterjee-Fischer (1978) bestätigten den außerordentlich hohen Widerstand von nitrierten Gleitpaarungen gegenüber adhäsiv bedingtem Fressen (Bild 4.15). Die wesentlich härtere borierte Stahl-Paarung versagte schon bei einer viel niedrigeren Normalkraft. Interessant ist ferner die Beobachtung, daß Paarungen, bei denen beide Gleitpartner eine unterschiedliche Wärmebehandlung erfahren hatten, in keinem Fall die hohe Versagenslast der nitrierten Paarung erreichten.

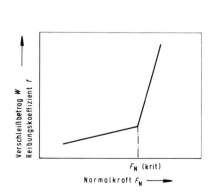

Bild 4.14 Schematische Darstellung von Versagens-Untersuchungen

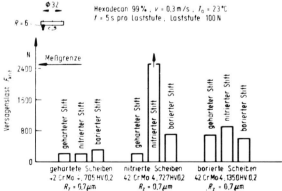

Bild 4.15 Versagensuntersuchungen an Gleitpaarungen aus unterschiedlich wärmebehandelten Stählen nach Habig, Evers und Chatterjee-Fischer (1978)

Werkstoff	Behandlung	Härte HV 20 [daN/mm²]	Versagenslast F_N (krit) [daN] ungeschmiert	geschmiert
C 45	normalisiert	195	7,5	92
"	normalisiert u. gebeizt	195	29	1200
"	normalisiert u. sulfonitriert	220	>1200	>1200
"	normalisiert u. gasnitriert	285	>1200	>1200
35 HGS (K30SiMnCr4)	vergütet	350	3,8	115
"	vergütet u. gebeizt	350	29	119
"	vergütet u. sulfonitriert	480	>1200	>1200
"	vergütet u. gasnitriert	555	>1200	>1200
40 CrMo 4	vergütet u. induktionsgehärtet	660	310	640
16 MnCr 5	karbonitriert	710	380	580
16 MnCr 5	aufgekohlt u. gehärtet	790	560	780

v = 0,07 m/s; t = 10 s pro Laststufe;
Tropfschmierung Öl SD 10 (η = 1 Poise bei 50 °C); Raumtemperatur

Tabelle 4.6 Versagenslasten von Gleitpaarungen mit unterschiedlich wärmebehandelten Gleitpartnern nach Rogalski und Senatorski (1967)

Auch von Matveevsky, Sinaisky und Buyanovsky (1975) durchgeführte Versagensuntersuchungen an Stählen, die mit Chrom, Nickel oder Wolfram legiert waren, ließen keinen Zusammenhang zwischen dem Versagen und der Werkstoffhärte erkennen, wobei das Versagen nicht durch eine Belastungssteigerung, sondern durch eine Erhöhung der Temperatur des verwendeten Schmierstoffes hervorgerufen wurde. Während der Zusatz von Nickel keinen Einfluß auf die Versagenstemperatur hatte, wurde die Versagenstemperatur durch Zulegieren von Wolfram oder Chrom erheblich angehoben. Niemann und Lechner (1967) sind der Ansicht, daß durch Metalle wie Nickel oder Mangan, welche den Austenitgehalt erhöhen, das Versagen begünstigt und durch Metalle wie Chrom, Wolfram, Molybdän, Vanadin und Silizium, welche den Austenitgehalt herabsetzen, das Versagen erschwert wird; Matveevsky et al. (1975) konnten dies nicht bestätigen.

Boas und Rosen (1977) untersuchten das adhäsiv bedingte Versagen von Stählen mit unterschiedlichen Legierungszusammensetzungen, die sie durch entsprechende Wärmebehandlungen auf die gleiche Härte von 40 HRC brachten. Es zeigte sich, daß die Versagenslast unabhängig von der chemischen Zusammensetzung, von der Streckgrenze und von der Zugfestigkeit war. Die Versagenslast nahm mit steigendem Verfestigungsexponenten und mit zunehmendem Gehalt von harten Carbiden zu.

4.4.1.6 Maßnahmen zur Einschränkung der Adhäsion

Die in den vorangehenden Abschnitten wiedergegebenen Ergebnisse haben zwar gezeigt, daß die Größe der wahren Kontaktfläche von der Härte des weicheren Kontaktpartners abhängt, die zu erwartenden adhäsiven Bindungskräfte lassen sich aber nur dann qualitativ aus der Härte abschätzen, wenn beide Kontaktpartner aus den gleichen, unlegierten Metallen bestehen. Dienen Legierungen oder verschiedenartige Werkstoffe als Kontaktpartner, so ermöglicht die Härte keine Aussage über den Adhäsionskoeffizienten, den adhäsiven Verschleiß oder das adhäsiv bedingte Fressen. Man ist daher größtenteils auf empirisch gewonnene Erkenntnisse angewiesen, die man beachten sollte, wenn man die Adhäsion einschränken will. Die wichtigsten Maßnahmen zur Einschränkung der Adhäsion seien im folgenden aufgezählt:

  I. Vermeidung von mechanischen und thermischen Überbeanspruchungen, durch welche die Oberflächenbereiche der Kontaktpartner plastisch verformt werden.
 II. Trennung der Kontaktpartner durch einen Schmierfilm, wenn eine niedrige Reibung gefordert oder zulässig ist.
III. Verwendung von Schmierstoffen mit EP (extreme pressure)-Additiven, welche schützende Adsorptions- oder Reaktionsschichten bilden.
 IV. Vermeidung von metallischen Paarungen; statt dessen Einsatz der Paarungen Keramik/Keramik, Kunststoff/Kunststoff, Kunststoff/Metall, Keramik/Metall oder Kunststoff/Keramik
  V. Beim Einsatz von metallischen Paarungen Bevorzugung von Werkstoffen mit kubisch-raumzentrierter oder hexagonaler Struktur; Vermeidung von Werkstoffen mit kubisch-flächenzentrierter Struktur, insbesondere von austenitischen Stählen
 VI. Einsatz von Werkstoffen mit heterogenem Gefügeaufbau

Zusätzlich zu diesen allgemeinen Angaben sind im Anhang D tabellarisch Werkstoff-Paarungen mit einem hohen Widerstand gegenüber der Adhäsion zusammengestellt, die nach den folgenden Gesichtspunkten geordnet wurden:

D I Paarungen mit hohem Widerstand gegenüber der Adhäsion bei Festkörperreibung
D II Korrosionsbeständige Paarungen mit hohem Widerstand gegenüber der Adhäsion bei Festkörperreibung
D III Paarungen mit hohem Widerstand gegenüber der Adhäsion bei Festkörperreibung im Vakuum

160 *Zusammenhang zwischen Verschleiß und Härte*

D IV Paarungen mit hohem Widerstand gegenüber der Adhäsion bei hohen Temperaturen im Vakuum
D V Paarungen mit hohem Widerstand gegenüber der Adhäsion im Mischreibungsgebiet

4.4.2 Tribooxidation und Härte

Während man die Adhäsion als eine stoffliche Wechselwirkung zwischen einem Grundkörper und einem festen Gegenkörper ansehen kann, stellt die Tribooxidation eine stoffliche Wechselwirkung zwischen Grund- und Gegenkörper einerseits und einem flüssigen oder gasförmigen Zwischenstoff oder Umgebungsmedium andererseits dar. Durch die Tribooxidation entstehen Reaktionsprodukte, welche sich in der Härte vom Grundwerkstoff unterscheiden können. In Abschnitt 4.4.2.3 kann gezeigt werden, daß der Verschleißbetrag beim Wirken der Tribooxidation entscheidend vom Verhältnis der Härte der Reaktionsprodukte zur Härte der unter den Reaktionsprodukten liegenden Werkstoffbereiche abhängt. Reaktionsschichten haben nämlich häufig auch eine verschleißmindernde Wirkung. Vor Erörterung dieser Zusammenhänge sollen aber zunächst einige Bemerkungen über die Thermodynamik und Kinetik der Tribooxidation gemacht werden.

4.4.2.1 Zum thermodynamischen Gleichgewicht der Tribooxidation

Es sei zunächst die gewöhnliche, von einer tribologischen Beanspruchung unbeeinflußte Reaktion eines Metalles mit Sauerstoff betrachtet. Diese Reaktion läßt sich in allgemeiner Form durch die folgende Beziehung darstellen:

$$x\,Me + y\,O_2 = Me_x O_{2y} \tag{10}$$

Mit x und y sind die Molzahlen der Ausgangsstoffe bezeichnet. Im thermodynamischen Gleichgewicht gilt das Massenwirkungsgesetz:

$$\frac{a_{Me_x O_{2y}}}{a_{Me}^x \cdot p_{O_2}^y} = K \tag{11}$$

mit der Aktivität a, die gleich dem Produkt aus dem Aktivitätskoeffizienten und der Konzentration ist, und dem Sauerstoffpartialdruck p_{O_2}. Die Gleichgewichtskonstante K ist mit der Differenz der Gibbsschen freien Energie der Reaktionspartner und der Temperatur verknüpft:

$$K = \exp(-\Delta G/RT) \tag{12}$$

mit

$$\Delta G = G_{Me_x O_{2y}} - (x G_{Me} + y G_{O_2}) \tag{13}$$

Hierbei bedeuten G die Gibbssche freie Energie, R die allgemeine Gaskonstante und T die absolute Temperatur. Je negativer G wird, desto größer ist die Triebkraft der Oxidation.

Die Gibbsschen freien Reaktionsenergien und die Gleichgewichtskonstanten sind für eine große Zahl von Reaktionen gemessen worden; sie können tabellarischen Zusammenstellungen entnommen werden (z. B. Eisenhütte, 1961).

Werden Werkstoffe tribologisch beansprucht, so können Reaktionen ablaufen, die nach den bekannten thermodynamischen Daten nicht zu erwarten sind. So berichtet Heinicke (1966) über die Oxidation von Spänen aus Elektrolytkupfer, die in einer Porzellan-Schwingmühle unter einer CO_2-Atmosphäre tribologisch beansprucht wurden. Die chemische Reaktion läuft nach der folgenden Gleichung ab:

$$4\,Cu + CO_2 \rightleftharpoons 2\,Cu_2O + C \tag{14}$$

mit einem $\Delta G = +\,102$ kJ pro Formelumsatz, woraus sich bei Raumtemperatur nach Beziehung 12 eine Gleichgewichtskonstante $K = 2 \times 10^{-18}$ berechnen läßt. Nimmt man an, daß die Temperatur durch die tribologische Beanspruchung auf 1000 K erhöht wird, so ergibt sich mit 10^{-11} immer noch eine sehr kleine Gleichgewichtskonstante, so daß kaum Kupferoxid gebildet werden dürfte. Daß es dennoch zu einer meßbaren Oxidation der Kupferspäne kommt, muß daran liegen, daß die Gibbssche freie Energie des Kupfers durch die tribologische Beanspruchung stark erhöht wird, so daß die Differenz der Gibbsschen freien Energie nach Beziehung 13 negativ wird. Dies ist dadurch möglich, daß in die beanspruchten Oberflächenbereiche Gitterfehler in Form von Versetzungen und Leerstellen eingebaut werden. In den gestörten Oberflächenbereichen kann zusätzlich eine große Menge von CO_2 gelöst werden, so daß auch im Inneren der Kupferproben die Reaktion 14 ablaufen kann (Schober, 1970). Darauf aufbauend entwickelten Lohrisch, K. Wagner u. W. Wagner (1977/78) ein mathematisches Modell zur Beschreibung von sogenannten tribochemischen Gleichgewichten.

Auch diesen tribochemischen Gleichgewichten kann man formal Differenzen der Gibbsschen freien Energie zuordnen. Interessant sind in diesem Zusammenhang Reaktionen von Metalloxiden mit CO_2, die nach den folgenden Reaktionsgleichungen ablaufen:

$$MeO + CO_2 \rightleftharpoons MeCO_3 \tag{15}$$
$$Me_2O + CO_2 \rightleftharpoons Me_2CO_3 \tag{16}$$

Mit Hilfe der Gleichungen 11 und 12 kann man die Differenz der Gibbsschen freien Energie mit dem CO_2-Partialdruck verknüpfen:

$$\Delta G = -\,RT \ln \frac{a_{MeCO_3}}{a_{MeO} \cdot p_{CO_2}} \tag{17}$$

$$\Delta G = -\,RT \ln \frac{a_{Me_2CO_3}}{a_{Me_2O} \cdot p_{CO_2}} \tag{18}$$

Nach diesen Beziehungen ist die Differenz der Gibbsschen freien Energie dem natürlichen Logarithmus des CO_2-Partialdruckes proportional. Heinicke und Sigrist (1974) geben die

162 *Zusammenhang zwischen Verschleiß und Härte*

CO_2-Partialdrucke im thermodynamischen Gleichgewicht und im tribochemischen Gleichgewicht bei mahlender Beanspruchung an (Tabelle 4.7). Während sich die CO_2-Partialdrucke der verschiedenen Reaktionen im thermodynamischen Gleichgewicht erheblich unterscheiden, sind sie im tribochemischen Gleichgewicht gleich. Danach spielt die unterschiedliche Härte der Oxide keine Rolle; denn MgO ist wesentlich härter als die anderen Oxide.

Reaktionspartner	$Li_2CO_3/Li_2O/CO_2$	$MgCO_3/MgO/CO_2$	$CdCO_3/CdO/CO_2$	$ZnCO_3/ZnO/CO_2$
p_{CO_2} im thermodynamischen Gleichgewicht [Pa]	10^{-32}	10^{-13}	10^{-10}	10^{-4}
p_{CO_2} im tribochemischen Gleichgewicht [Pa]	10^{-1}	10^{-1}	10^{-1}	10^{-1}

Tabelle 4.7 CO_2-Partialdrucke verschiedener Reaktionen im thermodynamischen und im tribochemischen Gleichgewicht nach Heinicke und Sigrist (1974)

4.4.2.2 Zur Geschwindigkeit der Tribooxidation

Daß die Tribooxidation wesentlich schneller als die normale Oxidation abläuft, wurde schon mit den dafür zu nennenden Ursachen in Abschnitt 2.1.6.2 erörtert. Zwei der genannten Ursachen, die auf einen gewissen Einfluß der Härte hinweisen, sollen im folgenden eingehender behandelt werden:

    I. die reibbedingte Temperaturerhöhung
    II. die mechanische Aktivierung

Die reibbedingte Temperaturerhöhung (I) der Mikrokontaktbereiche kann unter der Annahme, daß die Mikrokontaktbereiche des weicheren Kontaktpartners plastisch verformt werden, mit zwei Formeln von Archard (1958/59) abgeschätzt werden, die auf Arbeiten von Blok (1937) und Jaeger (1942) basieren:

a) für niedrige Gleitgeschwindigkeiten (L < 0,1)

$$\Delta T = \frac{f(\pi \cdot H)^{\frac{1}{2}}}{8 K} \cdot F_N^{\frac{1}{2}} \cdot v \qquad (19)$$

b) für hohe Gleitgeschwindigkeiten (L > 100)

$$\Delta T = \frac{f(\pi \cdot H)^{\frac{3}{4}}}{3,25 (K \cdot \rho \cdot c)^{\frac{1}{2}}} \cdot F_N^{\frac{1}{4}} \cdot v \qquad (20)$$

$$\text{mit } L = \frac{v \cdot \rho \cdot c \cdot F_N^{\frac{1}{2}}}{2 K (\pi \cdot H)^{\frac{1}{2}}} \qquad (21)$$

In diesen Beziehungen sind f der Reibungskoeffizient, H die Vickers-Härte, K die Wärmeleitfähigkeit, F_N die Normalkraft, v die Gleitgeschwindigkeit, ρ die Dichte und c die spezifische Wärme.

Nach den Beziehungen 19 und 20 nimmt die Temperaturerhöhung der Mikrokontaktbereiche mit einer Potenz der Vickers-Härte des weicheren Kontaktpartners zu. Dies hat offenbar seinen Grund darin, daß mit steigender Härte die Größe der durch plastische Verformung gebildeten Mikrokontaktflächen abnimmt, so daß unter Voraussetzung einer konstanten Reibleistung die Reibungsenergiedichte in den einzelnen Mikrokontaktbereichen zunimmt.

Eine Hauptschwierigkeit der Anwendung der Beziehungen 19 und 20 liegt darin, daß die Härte selbst temperaturabhängig ist und daß man daher nicht a priori festlegen kann, mit welchem Härtewert zu rechnen ist; die genannten Beziehungen müßten daher iterativ gelöst werden.

Durch die tribologische Beanspruchung werden die Oberflächenbereiche häufig plastisch verformt und damit mechanisch aktiviert, wodurch die Geschwindigkeit von chemischen Reaktionen erheblich gesteigert wird. So beobachtete Heidemeyer (1975), daß die Auflösung von Metallen bei einer tribologischen Gleitbeanspruchung wesentlich schneller abläuft als im unbeanspruchten Zustand. Dies läßt sich in Tabelle 4.8 an dem Verhältnis der Stromstärken der Auflösungsströme i_T und i_p zur Stromstärke i_o erkennen. Dabei bedeuten i_T die Stromstärke, die durch die reibbedingte Temperaturerhöhung und die mechanische Aktivierung bedingt ist, i_p die durch die mechanische Aktivierung nach Abklingen der Temperaturerhöhung gemessene Stromstärke und i_o die ohne tribologische Beanspruchung ermittelte Stromstärke. Aus den angegebenen Werten kann man entnehmen, daß die Erhöhung der Geschwindigkeit der Auflösung mit steigender Härte der tribologisch beanspruchten Metalle zunimmt. Ob aber generell ein Einfluß der Härte besteht, kann erst entschieden werden, wenn weitere Meßergebnisse an metallischen Werkstoffen unterschiedlicher Härte vorliegen.

Metall	Vickers-Härte der Verschleißspur [daN/mm^2]	Elektrolyt	Temp. [°C]	Reibk. f	ϵ_h [mV]	$\epsilon_h - \epsilon_r$ [mV]	$\dfrac{i_T}{i_o}$	$\dfrac{i_p}{i_o}$
Cd	18	5 %ige H_3PO_4	40	0,61	− 387	+ 30	2,5	2,2
Cu	67	0,05 m $CuSO_4$/ 1 n H_2SO_4	60	0,41	+ 332	+ 8	3,0	3,0
Fe	81	1 m $NaClO_4$ p_H = 1 ($HClO_4$)	40	0,40	− 253	+ 30	30	30
Ni	122	0,5 m Na_2SO_4 p_H = 1 (H_2SO_4)	40	0,32	+ 19	+ 100	88	80
Ni	122	0,5 m Na_2SO_4 p_H = 1 (H_2SO_4)	60	0,44	− 33	+ 60	107	80

Tabelle 4.8 Erhöhung des Auflösungsstromes ($\dfrac{i_T}{i_o}$ bzw. $\dfrac{i_p}{i_o}$) von Metallen durch eine tribologische Gleitbeanspruchung nach Heidemeyer (1975)

4.4.2.3 Tribochemischer Verschleiß

Beim tribochemischen Verschleiß werden im wesentlichen die durch Tribooxidation gebildeten Reaktionsschichten abgetragen. Für die Bildung von losen Verschleißpartikeln reicht die Tribooxidation allein nicht aus; zusätzlich müssen die Abrasion oder die Oberflächenzerrüttung wirksam werden (siehe Bild 2.20). Häufig ist der tribochemische Verschleiß mit einem viel niedrigeren Verschleißbetrag als der adhäsive Verschleiß verbunden. Man nimmt daher vielfach einen tribochemischen Verschleiß in Kauf, um den schweren adhäsiven Verschleiß oder das adhäsiv bedingte Fressen zu verhindern.

Ob der tribochemische Verschleiß einen niedrigen Verschleißbetrag gewährleistet, hängt entscheidend von der Härte der gebildeten Reaktionsprodukte im Verhältnis zur Härte der Werkstoffe von Grund- und Gegenkörper ab, wie wohl erstmalig von Dies (1943) gezeigt werden konnte. Um dies zu erläutern, sind in Tabelle 4.9 einige Härtewerte von reinen, verfestigten Metallen und von Metalloxiden zusammengestellt. — Es wurden die Metall-Härten des verfestigten Zustandes gewählt, weil die Metalle im allgemeinen durch die tribologische Beanspruchung verfestigt werden. — Aus Tabelle 4.9 wird ersichtlich, daß das Verhältnis der Metall-Härte zur Metalloxid-Härte für die verschiedenen Metalle sehr unterschiedlich ist. Es reicht von 0,35 bis 130. Nach Dies (1943) ist es besonders günstig, wenn Metall und Metalloxid nahezu die gleiche Härte haben, wie z. B. Kupfer und Kupferoxid. Werden dagegen auf Zinn oder Aluminium SnO_2 bzw. Al_2O_3 gebildet, so können Abriebpartikel aus diesen harten Oxiden den Verschleiß von Grund- und Gegenkörper außerordentlich erhöhen.

Metall	Metall-Härte* HV[daN/mm^2]	Metalloxid	Metalloxid-Härte** HV[daN/mm^2]	HV_{Oxid} / HV_{Metall}
Pb	4	PbO	80	20
Sn	5	SnO_2	650	130
Al	35	Al_2O_3	2000	57
Zn	35	ZnO	200	6
Mg	40	MgO	~ 400	10
Cu	110	Cu_2O	~ 175	1,6
		CuO	175	1,6
Fe	150	Fe_3O_4	500	2,7
		Fe_2O_3	400	3,3
Mo	230	MoO_3	80	0,35
Ni	230	NiO	400	1,7

* Härte der verfestigten Metalle nach Espe (1959) oder Kieffer et al. (1971)
** nach Rabinowicz (1967)

Tabelle 4.9 Härtewerte von Metallen und Metalloxiden

Bei Verschleißuntersuchungen an zwei Gleitpaarungen in Abhängigkeit vom Gasdruck des Umgebungsmediums konnten Habig, Kirschke, Maennig und Tischer (1972) zeigen, wie unterschiedlich sich die Tribooxidation auf den Verschleiß auswirken kann (Bild 4.16). Bei den Paarungen Eisen/Eisen und Magnesium/Eisen werden in Normalatmosphäre tribochemisch die Oxide α-Fe_2O_3 bzw. MgO gebildet; im Vakuum ist dagegen keine Tribooxidation nachweisbar. Bei der Paarung Eisen/Eisen findet im Vakuum schwerer metallischer Verschleiß statt, während in Normalatmosphäre die tribochemisch gebildeten Oxidationsprodukte eine Schutzwirkung ausüben, so daß die Verschleißrate erheblich abnimmt. Bei der Paarung Magnesium/Eisen sind die Verhältnisse umgekehrt. Hier führt die Bildung des Magnesiumoxids zu einer deutlichen Erhöhung der Verschleißrate. Betrachtet man das Verhältnis der Metall-Härte zur Oxid-Härte (Tabelle 4.9), so erkennt man, daß dieses Verhältnis für Eisenoxid/Eisen mit $\sim$ 3 viel kleiner als für Magnesiumoxid/Magnesium mit $\sim$ 10 ist. Ähnliche Beobachtungen machte auch Rabinowicz (1967) bei der Untersuchung des Reibungsverhaltens verschiedener Gleitpaarungen aus gleichen Metallen in Abhängigkeit von der Temperatur. Die Paarungen, bei denen das Metalloxid nur wenig härter als das Metall war, wie bei Molybdän, Tantal, Kupfer, Niob und Nickel, wurden durch die Oxidschichten geschützt; die harten Oxide des Bleis, Aluminiums und Zinns hatten dagegen keine Schutzwirkung.

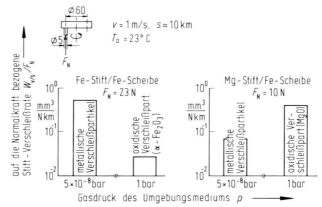

Bild 4.16 Verschleiß von Probekörpern aus Eisen und Magnesium in Abhängigkeit vom Gasdruck des Umgebungsmediums nach Habig, Kirschke, Maennig und Tischer (1972)

Für Eisenwerkstoffe ist nach Untersuchungen von Pomey (1948) sowie Knappwost und Wochnowski (1971) Fe_3O_4 hinsichtlich seiner Schutzwirkung höher als α-Fe_2O_3 zu bewerten. Daher führten Wochnowski et al. (1976) Versuche mit Festschmierstoffen wie z. B. $Ca(OH)_2$ durch, welche Eisenwerkstoffe bei tribologischen Beanspruchungen oberflächlich zu Fe_3O_4 oxidieren sollen.

Damit tribochemisch gebildete Oxide auf Stählen einen optimalen Schutz gewähren, soll nach Hurricks (1973) die Mindesthärte der Stähle bei 400 daN/mm² liegen. Dies würde nach Tabelle 4.9 einem Härteverhältnis von Eisenoxid zu Stahl von 1 entsprechen.

Auch für die Tribooxidation von Kupfer ist eine Mindesthärte des Kupfers notwendig, wie Fink und Hofmann (1932) beobachteten. So konnten auf weich geglühten Kupferproben keine tribochemischen Reaktionsprodukte nachgewiesen werden, während die Abriebpartikel von Kupferproben, die durch eine plastische Verformung verfestigt wurden, Cu_2O und CuO enthielten.

Ferner sollen Oxidschichten auf Chrom schützend wirken (Heinke, 1973). Besonders verschleißmindernd können Oxidschichten auf harten Oberflächenschichten wirken. So weisen Gleitpaarungen, bei denen ein oder beide Gleitpartner boriert sind, vor allem dann einen niedrigen Verschleißbetrag auf, wenn auf der harten Eisenboridschicht (H ≈ 1500 daN/mm^2) durch Tribooxidation Reaktionsschichten gebildet werden (Habig, Chatterjee-Fischer, Hoffmann, 1978).

Zusammenfassend kann man feststellen, daß tribochemisch gebildete Reaktionsschichten vor allem dann schützend wirken, wenn sie auf einem harten Untergrund aufwachsen können, der verhindert, daß die Reaktionsschichten bei der tribologischen Beanspruchung eingedrückt und damit zerstört werden.

4.4.2.4 Maßnahmen zur Einschränkung der Tribooxidation

Bevor man Maßnahmen zur Einschränkung der Tribooxidation erwägt, sollte man überlegen, ob die Tribooxidation unbedingt vermieden werden muß. In vielen Fällen kann nämlich durch die Bildung von tribochemischen Reaktionsprodukten der Verschleiß erheblich vermindert werden. Außerdem schränkt die Tribooxidation die Gefahr des adhäsiv bedingten Fressens ein.

Die Tribooxidation muß unterbunden werden, wenn durch die Reaktionsprodukte Lagerspiele verkleinert oder völlig zugesetzt werden, so daß der von der Funktion her geforderte Bewegungsablauf behindert wird. Ferner dürfen auf elektrischen Kontakten keine isolierenden Deckschichten gebildet werden, welche den elektrischen Stromfluß unterbinden. Im folgenden sind die wichtigsten Maßnahmen zur Einschränkung der Tribooxidation genannt:

    I. Einsatz von keramischen und polymeren Werkstoffen und Vermeidung von metallischen Werkstoffen, sofern keine elektrische Leitfähigkeit gefordert ist.
    II. Wenn metallische Werkstoffe eingesetzt werden müssen, so sollten Edelmetalle bevorzugt werden, die keine Reaktionsschichten bilden.
    III. Verwendung von Graphit, der als Reduktionsmittel dient.
    IV. Erzeugung von Umgebungsmedien, die keine oxidierenden Bestandteile enthalten.
    V. Hydrodynamische Schmierung mit additivfreien Schmierstoffen, sofern eine niedrige Reibung zulässig ist.

Kann eine Tribooxidation in Kauf genommen werden, so ist der Verschleiß vor allem dann niedrig, wenn die tribochemisch gebildeten Reaktionsschichten annähernd gleich hart oder weicher als die Grundwerkstoffe sind.

4.4.3 Abrasion und Härte

Die Abrasion kann vor allem dann wirksam werden, wenn Werkstoffe durch harte mineralische Stoffe tribologisch beansprucht werden. Abrasionsvorgänge treten ferner häufig auf, wenn weiche Werkstoffe, seien es Kunststoffe oder Metalle, als Gleitpartner von harten, aber rauhen metallischen Werkstoffen verwendet werden. Die Abrasion kann zu einem sehr großen Verschleiß führen; sie tritt besonders bei der Gewinnung, Förderung und Verarbeitung von Rohstoffen als zu beachtender Kostenfaktor in Erscheinung, so daß Maßnahmen zur Einschränkung des abrasiven Verschleißes aus volks- und betriebswirtschaftlicher Sicht als sehr wichtig anzusehen sind.

Die Fülle der über die Abrasion veröffentlichten Arbeiten kann man am zweckmäßigsten dadurch ordnen, daß man eine Unterteilung nach den Verschleißarten vornimmt, bei denen die Abrasion den Hauptverschleißmechanismus darstellt:
    I. Furchungsverschleiß
   II. Spülverschleiß
  III. Mahlverschleiß
  IV. Kerbverschleiß
   V. Strahlverschleiß

Der Begriff „Furchungsverschleiß" wird häufig synonym mit dem Begriff „abrasiver Verschleiß" benutzt. Hier soll mit Furchungsverschleiß eine besondere Verschleißart bezeichnet werden, bei welcher der Verschleiß durch einen rauhen, kompakten Gegenkörper oder durch lose Partikel bei Gleitbeanspruchungen verursacht wird. Zum Strahlverschleiß ist anzumerken, daß mit zunehmendem Anstrahlwinkel der Anteil der Abrasion auf Kosten der Oberflächenzerrüttung zurückgeht, bis schließlich bei reinem Prallstrahlverschleiß die Oberflächenzerrüttung dominiert.

4.4.3.1 Furchungsverschleiß

Beim Furchungsverschleiß dringen harte Rauheitshügel oder harte Partikel in die Oberflächenbereiche des beanspruchten Werkstoffes ein und erzeugen durch Gleitbewegungen Kratzer oder Riefen bzw. Furchen. Es ist üblich, den Furchungsverschleiß in zwei Untergruppen zu unterteilen (Eßlinger, 1960):
    I. Gegenkörperfurchung
   II. Teilchenfurchung

Bei der Gegenkörperfurchung erfolgt die tribologische Beanspruchung durch Rauheitshügel oder mineralische Körner, die auf der Oberfläche des Gegenkörpers fixiert sind, wie es z. B. bei Schleifscheiben der Fall ist. Im angelsächsischen Sprachraum wird die Gegenkörperfurchung auch als „two-body-abrasion" bezeichnet. Bei der Teilchenfurchung, die man häufig als Erosion (particle erosion) bezeichnet, ohne damit eine klare Abgrenzung vom Spül- oder Strahlverschleiß vorzunehmen, lösen mehr oder minder frei bewegliche Teilchen den Verschleiß aus. Im folgenden soll zuerst die Gegenkörperfurchung ausführlich behandelt werden.

Bei ihr ist das Verhältnis der Härte des angreifenden Gegenkörpers zur Härte des beanspruchten Werkstoffes von entscheidender Bedeutung. Ist nämlich der angreifende Gegenkörper weicher als der beanspruchte Werkstoff, so können seine Rauheitshügel nicht in die beanspruchten Oberflächenbereiche eindringen; der Verschleiß bleibt dann auf die äußere Grenzschicht beschränkt und der Verschleißbetrag in der Tieflage. Erst wenn der Gegenkörper die Härte des beanspruchten Werkstoffes erreicht oder überschreitet, können seine Rauheitshügel in die innere Grenzschicht des beanspruchten Werkstoffes eindringen und während einer Gleitbewegung furchend wirken. Dadurch steigt der Verschleißbetrag in eine Hochlage an. Diese sogenannte Verschleißtieflage-Verschleißhoch-

168 *Zusammenhang zwischen Verschleiß und Härte*

lage-Charakteristik wurde erstmalig von H. Wahl (1951) beobachtet. Sie läßt einen Zusammenhang zur Mohsschen Härteprüfung erkennen (siehe Abschnitt 3.2.2), nach der ein Stoff nur durch einen härteren geritzt werden kann.

Weitere Untersuchungen zur Tieflage-Hochlage-Charakteristik wurden in großem Umfang von Wellinger und Uetz (1955) mit dem Schleifteller-Verfahren durchgeführt, deren Ergebnisse in Bild 4.17 wiedergegeben sind. Der angreifende Gegenkörper bestand aus Schleifpapieren mit Schleifkörnern unterschiedlicher Härte. Bei den Stählen St 37 und C 60 H und bei Schmelzbasalt steigt die Verschleißrate von der Tieflage in die Hochlage an, wenn das Korn des Schleifpapiers eine bestimmte Härte erreicht. Bei dem geprüften Hartmetall unterbleibt dagegen mit den verwendeten Schleifpapieren ein Anstieg in die Verschleißhochlage, während die Verschleißrate von Gummi und Polystyrol schon bei der geringsten Schleifkornhärte in der Hochlage liegt.

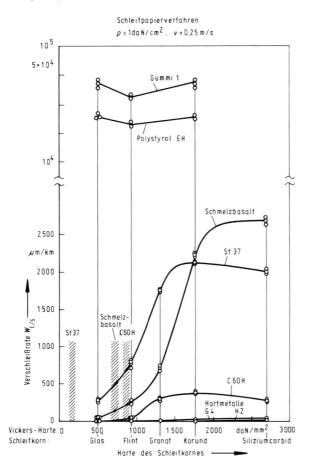

Bild 4.17 Verschleiß durch Gegenkörperfurchung in Abhängigkeit von der Härte des angreifenden Minerals nach Wellinger und Uetz (1955)

Eine Verschleißtieflage-Verschleißhochlage-Charakteristik wurde auch für Stähle mit hohem Chromgehalt beobachtet, die durch verschiedene Wärmebehandlungen unterschiedliche Härtewerte erhalten hatten (Wahl, 1970). Bei Werkstoffen, die aus mehreren Phasen zusammengesetzt sind, ist die Härte lokal unterschiedlich, wenn die Phasen eine unterschiedliche Härte haben. So sind in den Gußeisensorten, die in der Verschleißtechnik eingesetzt werden, harte Carbide wie z. B. Chromcarbide in einer weicheren Grundmasse eingebettet. Bei solchen Werkstoffen erstreckt sich der Übergang von der Verschleißtieflage in die Verschleißhochlage in der Regel über einen größeren Härtebereich des angreifenden Minerals, wie u. a. von Katavic (1978) an verschiedenen carbidischen Gußeisensorten beobachtet wurde. Die Hochlage wird erst erreicht, wenn das angreifende Mineral härter als der härteste Gefügebestandteil ist. Von großem Einfluß ist auch die Menge der Carbide; ist sie zu groß, so wird die Verankerung in der Matrix zu schwach, so daß die Carbide ausbrechen können (Wahl, 1970). Für eine gute Verankerung ist ferner eine hohe Härte der Matrix wichtig. Daher ist eine martensitische Matrix im allgemeinen einer perlitischen oder ferritischen vorzuziehen. –

Die folgenden Ausführungen sollen sich nur noch auf Untersuchungen in der Verschleißhochlage beziehen. Hierzu wurden vor allem von Khruschov und Babichev (1957, 1960) grundlegende Arbeiten veröffentlicht. Trägt man den relativen Verschleißwiderstand von Metallen, der gleich dem Reziprokwert des Verschleißbetrages ist, über der Härte der Metalle auf, so erhält man eine Gerade, die durch den Nullpunkt geht (Bild 4.18).

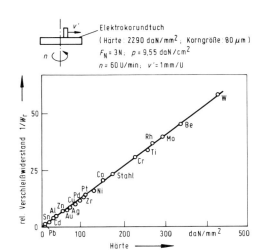

Bild 4.18 Verschleißwiderstand von Metallen bei Gegenkörperfurchung in der Hochlage nach Khruschov und Babichev (1960)

Für diese Gerade gilt die folgende Beziehung:

$$1/W_r = b \cdot H \tag{22}$$

mit dem relativen Verschleißwiderstand $1/W_r$, der Vickers- oder Brinell-Härte H und dem Proportionalitätsfaktor b. Diese Beziehung läßt sich auch aus theoretischen Überlegungen ableiten, wie im folgenden gezeigt werden soll.

Es sei der Fall betrachtet, daß ein kegelförmiges Korn in einen Werkstoff eindringt und anschließend tangential zur Oberfläche verschoben wird (Bild 4.19). Dadurch entsteht eine Riefe mit dem Volumen:

$$W_V = A_1 \cdot l \tag{23}$$

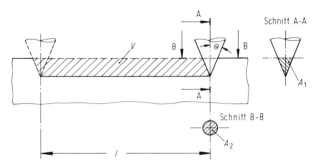

Bild 4.19 Schematische Darstellung der Furchung eines Werkstoffes durch ein kegelförmiges Korn

In der Regel wird aber nicht das gesamte Material des Querschnitts A_1 in Form von Verschleißpartikeln abgetrennt; ein gewisser Anteil wird vielmehr durch plastische Verformung verdrängt, so daß sich das Verschleißvolumen W_V um einen Betrag $A_V \cdot l$ vermindert.

$$W_V = (A_1 - A_V) \cdot l \tag{24}$$

Für eine Anzahl von n Körnern gilt:

$$W_V = n(A_1 - A_V) \cdot l \tag{25}$$

Multipliziert man die Anzahl der Körner mit ihrer Projektionsfläche A_2, so erhält man die Größe der wahren Kontaktfläche:

$$A_R = n \cdot A_2 \tag{26}$$

Für die Größe der wahren Kontaktfläche gilt nach der Beziehung 6:

$$A_R = \text{const.} \frac{F_N}{H} \tag{27}$$

Durch Einsetzen der Beziehungen 26 und 27 in die Beziehung 25 ergibt sich:

$$W_V = \text{const.} \frac{A_1}{A_2} \left(1 - \frac{A_V}{A_1}\right) \cdot l \cdot \frac{F_N}{H} \tag{28}$$

Für ein kegelförmiges Korn gilt ferner:

$$\frac{A_1}{A_2} = \frac{2 \cot \theta}{\pi} \tag{29}$$

So kommt man schließlich zu der folgenden Beziehung:

$$W_V = \text{const.} \frac{2 \cot \theta}{\pi} \left(1 - \frac{A_V}{A_1}\right) \cdot 1 \cdot \frac{F_N}{H} \tag{30}$$

Für weichgeglühte Metalle wurde von Goddard, Harker u. Wilman (1959) das Verhältnis $A_V/A_1 = 0{,}85$ experimentell bestimmt, woraus hervorgeht, daß der größte Teil des beanspruchten Werkstoffes durch plastische Verformung verdrängt wird. Die Beziehung 30 vereinfacht sich dann folgendermaßen:

$$W_V = \text{const.} \frac{0.3 \cot \theta}{\pi} \cdot 1 \cdot \frac{F_N}{H} \tag{31}$$

Es sei nun der relative Verschleißwiderstand $1/W_r$ betrachtet, der durch das Verhältnis des Verschleißwiderstandes des geprüften Werkstoffes zu dem Verschleißwiderstand eines Referenzkörpers gegeben ist:

$$1/W_r = \frac{W_{\text{Ref.}}}{W_{\text{Prüf.}}} = \frac{H_{\text{Prüf.}}}{H_{\text{Ref.}}} \tag{32}$$

Danach ist der Proportionalitätsfaktor b in Beziehung 22 gleich dem Reziprokwert der Härte des Referenzwerkstoffes, worauf von Rubenstein (1965) aufmerksam gemacht wurde. Khruschov und Babichev (1960) verwendeten bei ihren Untersuchungen als Referenzwerkstoff eine Zinn-Blei-Legierung mit 30% Blei, deren Härte sie leider nicht mitteilten. Die Vickers-Härte dieser Legierung dürfte aber ungefähr bei 10 daN/mm² liegen, womit man für den Proportionalitätsfaktor b einen Wert von 0,1 abschätzen kann, der mit einem von Khruschov (1974) angegebenen Wert von 0,14 einigermaßen übereinstimmt.

Für reine Metalle konnte Richardson (1967) die von Khruschov und Babichev (1957, 1960) vorgestellten Ergebnisse im wesentlichen bestätigen. Bei verunreinigten Metallen traten aber größere Abweichungen auf, die bei Titan mit drei verschiedenen Reinheitsgraden und bei Eisen am größten waren. Weiter unten wird gezeigt, daß die von Khruschov und Babichev bei reinen Metallen beobachtete lineare Abhängigkeit des Verschleißwiderstandes von der Härte auch bei Legierungen nicht unbedingt gültig ist.

Zum Schluß dieser Erörterungen sei noch auf eine wichtige Konsequenz der Beziehung 31 hingewiesen, in der der Winkel θ eine Aussage über die Schärfe des angreifenden Korns ermöglicht. Mit kleiner werdendem Winkel θ nehmen die Schärfe des Kornes und damit der Verschleißbetrag zu. –

Nachdem vorangehend über den Verschleißwiderstand von reinen, weichgeglühten Metallen berichtet wurde, soll nun die Frage behandelt werden, ob sich eine Verfestigung durch eine plastische Verformung auf den Verschleißwiderstand auswirkt. Auch hierzu wurden Untersuchungen von Khruschov (1957) gemacht, deren Ergebnisse in Bild 4.20

wiedergegeben sind. Danach wird durch eine Härtesteigerung infolge einer Verfestigung keineswegs eine Erhöhung des Verschleißwiderstandes bewirkt, sondern eher eine geringfügige Abnahme. Dies liegt daran, daß durch die tribologische Beanspruchung selbst starke plastische Verformungen der Oberflächenbereiche hervorgerufen werden, so daß ohnehin eine Verfestigung eintritt. Die Verfestigung ist offenbar so groß, daß die Verformungsfähigkeit der metallischen Werkstoffe erschöpft wird. Infolgedessen kommt es zur Rißbildung und zum Rißwachstum bis hin zur Abtrennung von Verschleißpartikeln.

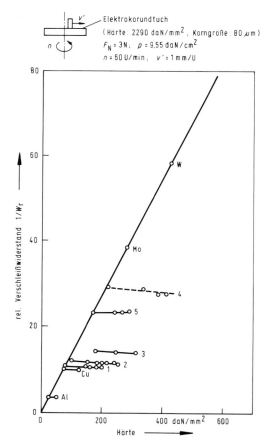

Bild 4.20 Verschleißwiderstand von verfestigten, metallischen Werkstoffen bei Gegenkörperfurchung nach Khruschov (1957)

Aus Bild 4.20 konnte schon entnommen werden, daß einige Legierungen im weichgeglühten Zustand die gleiche Abhängigkeit des Verschleißwiderstandes von der Härte wie reine Metalle aufweisen. Dies muß aber nicht immer der Fall sein. So läßt bei Kupfer-Nickel- und Blei-Zinn-Legierungen die Härte keine Aussage über den zu erwartenden Verschleißwiderstand zu (Bild 4.21). Bei den Kupfer-Nickel-Legierungen, die eine lückenlose Reihe von Mischkristallen bilden, steigt der Verschleißwiderstand mit zunehmendem Nickelgehalt weniger stark an, als nach der Härtezunahme zu erwarten ist. Ferner nimmt der Verschleißwiderstand oberhalb eines Nickelgehaltes von 48,6% weiter zu, obwohl die Härte oberhalb dieser Konzentration wieder abfällt. Finkin (1974) weist darauf hin, daß für die Kupfer-Nickel-Legierungen der Verschleißwiderstand einer Potenz des Elastizitätsmoduls proportional ist:

$$1/W = E^{0,9} \tag{33}$$

Bez.	Werkstoff, chem. Zusammensetzung	Wärmebehandlung vor der Verformung	Verformung [%]
	Al, technisch rein	geglüht	0; 75
	Cu, technisch rein	"	0; 75
1	Messing Cu: 80 %; Zn: 20 %	"	0; 50; 61; 74; 88,1
2	Aluminiumbronze Cu: 95 %; Al: 5 %	"	0; 30; 50; 60; 70; 80; 86,6
3	Berylliumbronze Be: 2,0 %	in Wasser abgeschreckt	0; 25; 50
4	Austenit. Chrom-Nickel-Stahl C: 0,2 %; Cr: 18 % Ni: 9 %	abgeschreckt	0; 30,5; 42,5; 50; 55
5	Stahl C45	geglüht	0; 15; 28,3; 46,7

Tabelle 4.10 Werkstoffdaten zu Bild 4.20

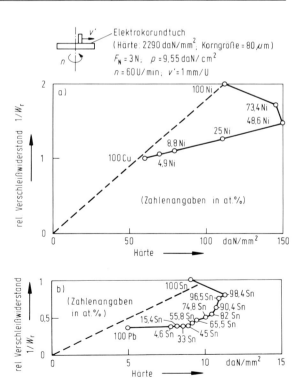

Bild 4.21 Verschleißwiderstand von Kupfer-Nickel- und Blei-Zinn-Legierungen bei Gegenkörperfurchung nach Khruschov und Babichev (1964)

Bei der Legierungsreihe des Systems Blei-Zinn, das ein Eutektikum bildet, ist ebenfalls keine eindeutige Abhängigkeit des Verschleißwiderstandes von der Härte erkennbar (Bild 4.21). Bei diesen Legierungen ist der Verschleißwiderstand mit dem Elastizitätsmodul durch die folgende Beziehung verknüpft:

$$1/W \sim e^E \tag{34}$$

Diese Beziehung, die ebenso wie die Beziehung 33 rein empirisch ohne theoretische Begründung gewonnen wurde, gilt aber nicht für reines Blei und für die zinnreichen Legierungen.

Aus diesen Untersuchungen geht also hervor, daß für jede Legierungsreihe zu prüfen ist, ob eine Härtesteigerung durch Zulegieren eines Elementes zu einer Erhöhung des Verschleißwiderstandes führt. Der Grund für dieses nicht voraussagbare Verhalten dürfte darin zu suchen sein, daß durch die verschiedenen Legierungselemente die plastische Verformbarkeit verändert wird, so daß das Verhältnis des plastisch verformten Volumens zu dem durch Verschleiß abgetrennten Volumen für die verschiedenen Legierungen und Legierungskonzentrationen nicht konstant ist.

Die Härte vieler Legierungen kann bekanntlich durch Aushärtung oder Dispersionshärtung erhöht werden. Diese Härtesteigerungen führen im allgemeinen überhaupt nicht zu einer Erhöhung des Verschleißwiderstandes. So ändert sich nach Untersuchungen von Wellinger, Uetz und Gürleyik (1968) die Härte von Kupfer-Beryllium-Legierungen durch Aushärtung von 119 auf 405 HV 10, ohne daß dies einen Einfluß auf den Verschleißwiderstand hat. Ein ähnliches Verhalten haben nach Wiegand und Heinke (1970) phosphorhaltige, chemisch abgeschiedene Nickelschichten (Bild 4.22). Bei reinem Furchungsverschleiß bleibt die mit steigender Anlaßtemperatur zunehmende Härte ohne Wirkung auf die Verschleißrate. Unter sogenannten Schürfverschleißbedingungen, bei denen offenbar nur die äußere Grenzschicht tribologisch beansprucht wird (siehe Bild 2.12), fällt die Verschleißrate sprunghaft ab, wenn die Härte ihren Maximalwert erreicht. Möglicherweise ist hierfür die verbesserte Stützwirkung des Grundwerkstoffes verantwortlich, so daß ein Abplatzen der oberflächlichen, natürlichen Reaktionsschichten verhindert wird.

Auch Einlagerungen von Partikeln aus Aluminiumoxid oder Siliziumcarbid bei der galvanischen Abscheidung von Nickelschichten haben nur beim „Schürfverschleiß" eine Abnahme des Verschleißbetrages zur Folge, während beim Furchungsverschleiß der Verschleißbetrag sogar noch erhöht werden kann, weil diese Partikel relativ leicht ausbrechen (Broszeit, Heinke u. Wiegand, 1971). Die Gründe für die praktische Wirkungslosigkeit der Ausscheidungs- und Dispersionshärtung auf den Furchungsverschleiß in der Verschleißhochlage sind darin zu sehen, daß das Durchschneiden einer Ausscheidungszone oder eines eingelagerten Partikels durch die Rauheitshügel oder Körner des Gegenkörpers ein relativ seltenes Ereignis ist. Die Furchung spielt sich vielmehr überwiegend in der Matrix ab, wobei die plastische Verformbarkeit wegen des durch die Ausscheidungen bzw. Partikel begrenzten Laufweges der Versetzungen begrenzt ist, so daß in noch stärkerem Maße als bei der Legierungshärtung der Anteil des plastisch verformten Volumens auf Kosten der Bildung von Verschleißpartikeln abnimmt.

Es sei nun der Furchungsverschleiß von Eisenwerkstoffen betrachtet. Für Stähle liegen wiederum Ergebnisse von Khruschov (1957) vor (Bild 4.23). Im weichgeglühten Zustand

Das Wirken der Verschleißmechanismen 175

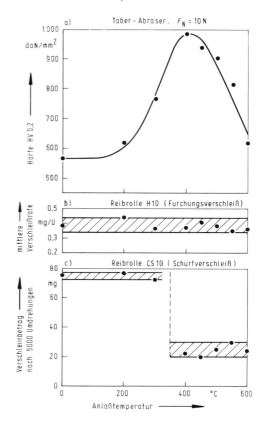

Bild 4.22 Furchungs- und Schürfverschleiß von chemisch abgeschiedenen Nickelschichten nach Wiegand und Heinke (1970)

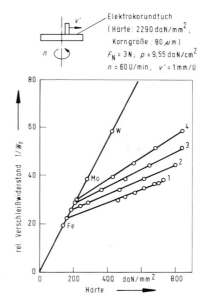

Bild 4.23 Verschleiß von Stählen durch Gegenkörperfurchung nach Khruschov (1957)

liegt der Verschleißwiderstand der untersuchten Stähle auf der für reine Metalle geltenden Geraden. Durch das Härten und Anlassen kann die Härte der Stähle beträchtlich verändert werden. Mit zunehmender Härte steigt der Verschleißwiderstand der wärmebehandelten Stähle aber weniger als der der weichgeglühten Metalle an.

Der Verschleißwiderstand läßt sich durch die folgende Beziehung ausdrücken:

$$1/W = \frac{1}{W_r^*} + c\,(H - H^*) \qquad (35)$$

Dabei sind $1/W_r^*$ und H^* der Verschleißwiderstand und die Härte im weichgeglühten Zustand und c ein Proportionalitätsfaktor.

Bez.	Kohlenstoff- und Chromgehalt [%]	Abschrecktemperatur [°C]	Abschreckmittel	Anlaßtemperaturen [°C]
1	C: 0,41	820	Wasser	ohne Anlassen; 50; 100; 150; 200; 250; 300
2	C: 0,83	830	Öl	150; 300; 450; 650; 700
3	C: 1,10	800	Öl	150; 300; 450; 600
4	C: 2,35; Cr: 11,9	975	Öl	150; 300; 450; 600

Tabelle 4.11   Werkstoffdaten zu Bild 4.23

Von Larsen-Badse (1966) wurde die von Khruschov (1957) beobachtete Beziehung für eine Reihe von Stählen mit unterschiedlichen Kohlenstoffgehalten nur bestätigt, wenn der Verschleißwiderstand über der Härte der durch die tribologische Beanspruchung verfestigten Oberflächenbereiche aufgetragen wurde. Dagegen ergaben sich beim Auftragen des Verschleißwiderstandes über der Härte der unbeanspruchten Stähle in Abhängigkeit von der Anlaßtemperatur zwei Geraden mit unterschiedlichem Anstieg (Bild 4.24). Bei niedrigen Anlaßtemperaturen ($\leq 200°C$) fällt der Verschleißwiderstand stark mit fallender Härte ab. In diesem Temperaturbereich bilden sich kohärente Ausscheidungen von ϵ-Carbid, welche die plastische Verformbarkeit der Matrix ähnlich wie bei der Ausscheidungshärtung vermindern. Werden bei höheren Temperaturen ϵ-Carbide inkohärent ausgeschieden, so können diese relativ harten Carbide dem Verschleiß der mit steigender Anlaßtemperatur immer weicher werdenden Matrix entgegenwirken, so daß im Bereich höherer Anlaßtemperaturen der Verschleißwiderstand nur langsam absinkt.

Bei der Erörterung des Verschleißwiderstandes von Stählen unter Bedingungen des Furchungsverschleißes erhebt sich die Frage, warum die auf den Härtewert „null" extrapolierten Geraden (1...4) in Bild 4.23 nicht durch den Nullpunkt gehen. Dies hängt wahrscheinlich damit zusammen, daß die Härte des Martensits und seiner Anlaßstufen durch unterschiedliche Gefügeelemente verursacht wird (Vöhringer u. Macherauch, 1977):

Das Wirken der Verschleißmechanismen 177

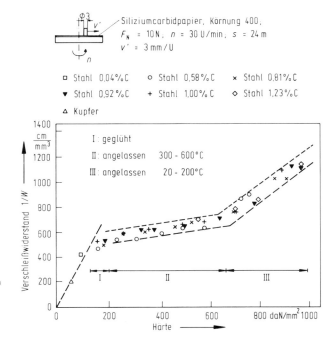

Bild 4.24 Verschleiß von Stählen durch Gegenkörperfurchung nach Larsen-Badse (1966)

I. Hohe Versetzungsdichte als Folge der diffusionslosen Umwandlung des Austenits in Martensit
II. Korn-, Zwillings- und Phasengrenzen
III. Interstitiell gelöste Kohlenstoffatome
IV. Kohärente, teilkohärente und inkohärente Carbid-Ausscheidungen

Diese Gefügeelemente bewirken die meßbare Gesamthärte H_g, die man sich aus den Teilhärten H_I bis H_{IV} zusammengesetzt denken kann. Vorangehend wurde aber gezeigt, daß hohe Versetzungsdichten (I) sowie Ausscheidungs- und Dispersionsteilchen (IV) keinen Beitrag zum Verschleißwiderstand liefern. Man kann daher formal den durch diese Gefügeelemente gegebenen Härteanteil von der Gesamthärte abziehen, so daß man einen niedrigeren Härtewert H_T erhält, dem ein Betrag des Verschleißwiderstandes zugeordnet werden kann, der auf der Geraden der weichgeglühten Metalle liegt (Bild 4.25).

Martensitische Stähle enthalten häufig einen gewissen Anteil an Restaustenit, der den Verschleißwiderstand erheblich beeinflussen kann. So berichtet Zum Gahr (1977) über den Einfluß des Restaustenitgehaltes auf die Härte und den Verschleißwiderstand des Stahles MnCrV 8 (Bild 4.26). Während die Härte mit zunehmender Austenitisierungstemperatur ein Maximum durchläuft, steigen Restaustenitgehalt und Verschleißwiderstand bis zu einer Austenitisierungstemperatur von 900°C stark an. Der Verschleißwiderstand ist also in diesem Fall nicht mit der Härte, sondern mit dem Restaustenitgehalt korreliert. In der Diskussion dieser Untersuchungsergebnisse führt Zum Gahr (1977) aus,

178 *Zusammenhang zwischen Verschleiß und Härte*

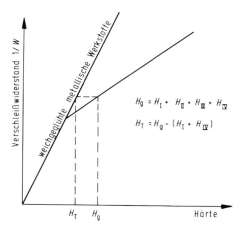

Bild 4.25 Schematische Darstellung des Verschleißes von gehärteten und angelassenen Stählen durch Gegenkörperfurchung

daß durch die tribologische Beanspruchung der Austenit in Martensit umgewandelt wird, wodurch die Verfestigungsfähigkeit des Stahles erhöht wird, so daß die Rißbildung erst nach relativ großen plastischen Verformungen einsetzt. Ferner werden durch die Umwandlung des Austenits in den Oberflächenbereichen Druckeigenspannungen erzeugt, weil die Umwandlung mit einer Volumenzunahme verbunden ist. Die Druckeigenspannungen hemmen aber die Bildung und das Wachstum von Rissen.

Zum Gahr (1977) beobachtete weiterhin, daß der Verschleißwiderstand bei kleinen Carbidkorngrößen (~ 1 μm) mit zunehmendem Carbidgehalt sank, weil die Carbide die Ausgangspunkte für Mikrorisse bildeten. Die Carbide sollen nur dann den Verschleißwiderstand erhöhen, wenn sie größer als die durch die tribologische Beanspruchung erzeugten Riefen sind. —

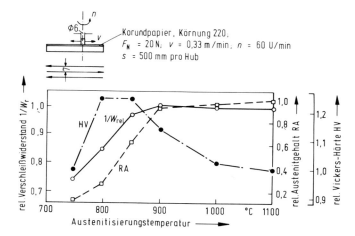

Bild 4.26 Verschleißwiderstand, Härte und Restaustenitgehalt des Stahles MnCrV 8 nach Zum Gahr (1977)

In der Praxis werden zur Einschränkung des Furchungsverschleißes vor allem legierte Stähle und Gußeisen eingesetzt. Diese Werkstoffe enthalten harte Carbide wie z. B. Cr_7C_3 (1200...1600 HV), $Cr_{23}C_6$ (1800 HV), Mo_2C (1500 HV) oder VC (2800 HV). Der Carbidgehalt hängt von der Konzentration des Kohlenstoffs und der Legierungselemente ab. Wie schon erwähnt, darf die Carbidmenge nicht zu groß werden, damit eine gute Verankerung in der Matrix gewährleistet bleibt.

Aus umfangreichen Untersuchungen von Diesburg und Borik (1974) an einer großen Zahl von Stählen und Gußeisensorten mit unterschiedlichen Gehalten an Carbidbildnern geht hervor, daß nur bei schmiedbarem Stahl mit Kohlenstoffgehalten unter 0,3% und bei Gußstahl mit Kohlenstoffgehalten unter 0,9% der Verschleißwiderstand mit steigender Härte zunimmt. Bei weißem Gußeisen mit Kohlenstoffgehalten zwischen 1,2 und 3,7%, dessen Hauptlegierungsbestandteile Chrom (15...18%), Molybdän (1...3%) und Kupfer (1%) sind, ist die Härte dagegen offenbar von untergeordneter Bedeutung. Trotz ihrer meist niedrigeren Härte hatten die Gußeisensorten mit austenitischer Matrix im Mittel keinen niedrigeren Verschleißwiderstand, als wenn die Matrix martensitisch war (Bild 4.27). Auch Untersuchungen von Katavic (1978) an verschiedenen carbidischen Gußeisensorten zeigten, daß beim Furchungsverschleiß in der Hochlage der Verschleißwiderstand kaum von der Härte abhängt. Gußeisen mit martensitischer oder austenitischer Matrix hatte durchweg einen höheren Verschleißwiderstand als Gußeisen mit perlitischer Matrix. Nach Untersuchungen von Gundlach und Parks (1978) haben austenitische Gußeisensorten einen höheren Verschleißwiderstand als martensitische, wenn der tribologisch beanspruchte Gegenkörper mindestens genauso hart wie die Primärcarbide ist; ist der Gegenkörper weicher, so soll eine martensitische Matrix günstiger sein. —

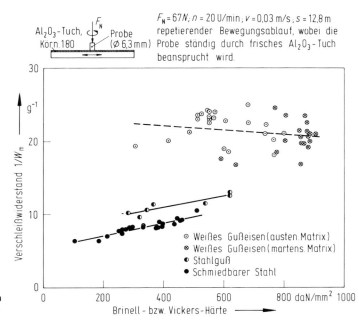

Bild 4.27 Verschleiß von Gußeisen und Stählen bei Gegenkörperfurchung nach Diesburg und Borik (1974)

180 *Zusammenhang zwischen Verschleiß und Härte*

Nachdem vorangehend ausführlich über die Gegenkörperfurchung von metallischen Werkstoffen in der Verschleißhochlage berichtet wurde, sollen im folgenden Ergebnisse von Verschleißuntersuchungen vorgestellt werden, die an keramischen und polymeren Werkstoffen gewonnen wurden.

Für keramische Werkstoffe liegen wiederum Arbeiten von Khruschov (1957, 1974) vor, deren Ergebnisse zusammen mit an metallischen Werkstoffen gewonnenen Ergebnissen in Bild 4.28 wiedergegeben sind. Danach liegt der in Abhängigkeit von der Härte aufgetragene Verschleißwiderstand der keramischen Werkstoffe auf zwei Geraden, die durch den Nullpunkt des Koordinatensystems gehen. Ihr Anstieg ist aber wesentlich geringer als der Anstieg der für die metallischen Werkstoffe geltenden Geraden. Interessant ist ferner, daß die Halbleiter Germanium und Silizium beim Furchungsverschleiß in die Gruppe der keramischen Werkstoffe fallen. Sie sind offenbar wegen ihres hohen kovalenten Bindungsanteiles den keramischen Werkstoffen verwandt.

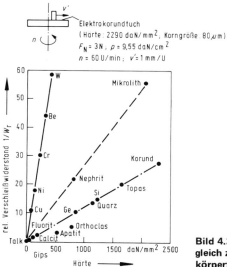

Bild 4.28 Verschleiß von keramischen im Vergleich zu metallischen Werkstoffen bei Gegenkörperfurchung nach Khruschov (1974)

Der Verschleißwiderstand von keramischen Werkstoffen nimmt also mit steigender Härte weniger stark zu als der der Metalle. Hierfür ist die größere Sprödigkeit der keramischen Werkstoffe verantwortlich, so daß die tribologische Beanspruchung unmittelbar zur Rißbildung ohne vorangehende größere plastische Verformung führt.

Für spröde Werkstoffe wurden theoretische Überlegungen angestellt, bei denen der Verschleißwiderstand außer mit der Härte auch mit der Rißzähigkeit verknüpft wird. Nach Hornbogen (1975) ist der Verschleißwiderstand dem folgenden Ausdruck proportional:

$$1/W \sim K_{Ic}^2 \cdot H^{\frac{3}{2}} \tag{36}$$

Evans und Wilshaw (1976) finden eine etwas andere Abhängigkeit:

$$1/W \sim K_c^{\frac{3}{4}} \cdot H^{\frac{1}{2}} \tag{37}$$

Die Beziehung 37 wird recht gut durch Ergebnisse bestätigt, die beim Sägen von Borcarbid, Aluminiumoxid, Siliziumnitrid, Zirkonoxid, Spinell und Magnesiumoxid mit einer Diamantsäge gewonnen wurden.

Für Metalle, bei denen das Rißwachstum von einer plastischen Verformung begleitet wird, ist es nach Marx und Feller (1979) zweckmäßig, anstelle der kritischen Rißzähigkeit mit der kritischen Rißöffnung δ_c zu arbeiten, welche eine gewisse plastische Verformung am Rißgrund zuläßt. Der Verschleißwiderstand ist dann dem folgenden Ausdruck proportional:

$$1/W \sim \delta_c \cdot H^{\frac{3}{2}} \tag{38}$$

Verschleißuntersuchungen an Gold-Tantal-Legierungen und an reinem Nickel ließen sich bei kleinen und mittleren Belastungen befriedigend mit dieser Beziehung korrelieren. Für reines Gold ergaben sich dagegen größere Abweichungen.

Über vergleichende Untersuchungen an polymeren, metallischen und keramischen Werkstoffen berichtet Selwood (1961). Dabei wurde die Härte der polymeren Werkstoffe auf die folgende Art bestimmt: Zunächst wurden keilförmige Plättchen aus Blei, Zinn, Weichlot oder Kadmium gefertigt und deren Vickers-Härte gemessen. Weiterhin wurden aus den Kunststoffen Probekörper in Form von runden Stäben hergestellt. Gegen die Mantelfläche dieser Stäbe, die auf eine Glasplatte gelegt wurden, wurden die Metallplättchen mit ihren Kanten gedrückt. War die Kunststoffprobe weicher als das Metallplättchen, so wurde sie durchgeschnitten, war sie härter, so wurde die Kante des Metallplättchens plastisch verformt. Durch Beanspruchungen der Kunststoffproben mit Metallplättchen unterschiedlicher Härte ließ sich die Härte der Kunststoffe innerhalb gewisser Härtebereiche eingrenzen.

Der Verschleißwiderstand der untersuchten Kunststoffe bzw. polymeren Werkstoffe ist zusammen mit den an einigen metallischen und keramischen Werkstoffen gewonnenen Ergebnissen in Bild 4.29 in doppelt logarithmischer Darstellung über der Härte aufgetragen. Man erkennt, daß der Verschleißwiderstand der polymeren Werkstoffe nicht mit der Härte korreliert ist. So hat Polyurethan-Gummi trotz seiner niedrigen Härte hier den höchsten Verschleißwiderstand innerhalb der Gruppe der polymeren Werkstoffe. Nach Vijh (1975) und Giltrow (1970) erhält man einen wesentlich besseren Zusammenhang, wenn man den Verschleißwiderstand statt über der Härte über der Kohäsionsenergie aufträgt. Abschließend ist zu Bild 4.29 festzustellen, daß keiner der untersuchten polymeren Werkstoffe den Verschleißwiderstand eines unlegierten Stahles erreicht. Diese Beobachtung steht in Übereinstimmung mit den Ergebnissen von Wellinger und Uetz (1955), nach denen Gummi und Polystyrol EH bei Gegenkörperfurchung einen viel höheren Verschleißbetrag als metallische und keramische Werkstoffe haben (siehe Bild 4.17). —

Nach der Gegenkörperfurchung ist nun die Teilchenfurchung zu behandeln, bei welcher der Verschleiß durch mehr oder weniger frei bewegliche Teilchen hervorgerufen wird. Bei heterogenen Werkstoffen, die aus einer harten Phase und einer weicheren Matrix bestehen, können die Teilchen die harten Bestandteile des Gefüges im gewissen Umfang umgehen, so daß in vielen Fällen primär die Matrix dem Verschleiß unterliegt. Der Abtrennung von Verschleißpartikeln gehen häufig größere plastische Verformungen voraus, welche den Ablauf tribochemischer Reaktionen begünstigen (Uetz u. Föhl, 1969).

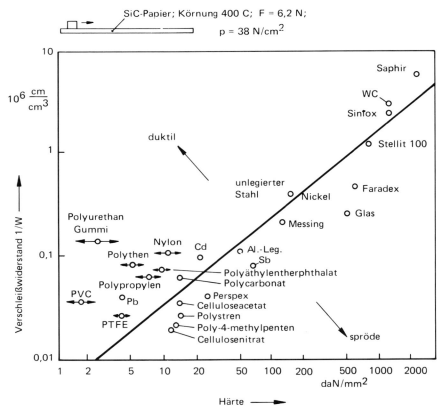

Bild 4.29 Verschleiß von polymeren im Vergleich zu metallischen und keramischen Werkstoffen bei Gegenkörperfurchung nach Selwood (1961)

Da die Teilchenfurchung häufig mit dem Schleiftopf-Verfahren untersucht wird, sollen im folgenden Ergebnisse vorgestellt werden, die mit diesem Verfahren gewonnen wurden. Trägt man die Verschleißrate über der Härte der angreifenden mineralischen Partikel auf (Bild 4.30), so erhält man eine Verschleißtieflage-Verschleißhochlage-Charakteristik, wie sie in ähnlicher Weise bei der Gegenkörperfurchung beobachtet wurde (siehe Bild 4.17).

Im folgenden sei wiederum der Verschleiß in der Hochlage und zwar zunächst für Stähle und dann für Gußeisen betrachtet. Bei weichgeglühten Stählen bringt eine Härtesteigerung durch Legierungselemente bis zu einer Vickers-Härte von 300 daN/mm² praktisch keine Erhöhung des Verschleißwiderstandes (Bild 4.31). Um einen möglichen Einfluß der Tribooxidation auszuschalten, führten Stähli und Beutler (1976) Verschleiß-

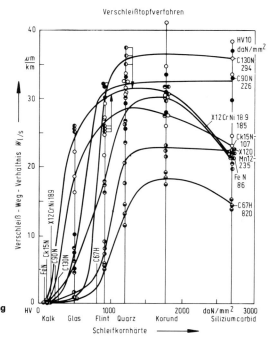

Bild 4.30 Verschleiß durch Teilchenfurchung in Abhängigkeit von der Härte des angreifenden Minerals nach Gürleyik (1967)

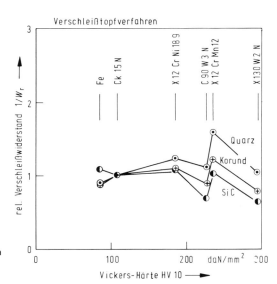

Bild 4.31 Verschleißwiderstand von Stählen bei Teilchenfurchung in der Verschleißhochlage nach Gürleyik (1967)

untersuchungen durch, bei denen sich der Abrasivstoff in Öl befand, so daß der Zutritt von Luftsauerstoff weitgehend verhindert wurde. Die in Bild 4.32 dargestellten Ergebnisse lassen erkennen, daß unter diesen Bedingungen der Verschleißwiderstand mit steigender Stahl-Härte zunimmt, wobei eine Steigerung der Grundhärte durch Legierungselemente von größerem Einfluß als eine Härtesteigerung durch Wärmebehandlung ist, wie es auch bei der Gegenkörperfurchung der Fall war (siehe Bild 4.23). Eine Ausnahme bildete lediglich der gehärtete Stahl C 100 nach einem Anlassen bei 450°C (Punkt V 2 in Bild 4.32). Trotz einer nur geringen Härtezunahme stieg hier der Verschleißwiderstand gegenüber dem nicht vergüteten Zustand beträchtlich an.

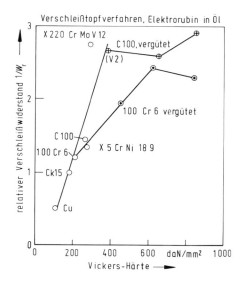

Bild 4.32 Verschleißwiderstand von Stählen bei Teilchenfurchung in der Verschleißhochlage nach Stähli und Beutler (1976)

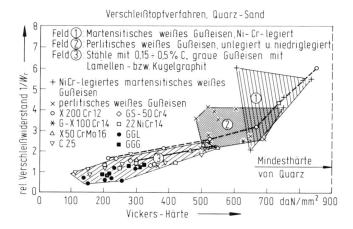

Bild 4.33 Verschleißwiderstand von Gußeisen bei Teilchenfurchung nach Henke (1975)

Auch bei Gußeisen nimmt der Verschleißwiderstand tendenziell mit steigender Härte zu, wobei der Höchstwert des erreichbaren Verschleißwiderstandes in der Reihenfolge graues Gußeisen mit Lamellen- oder Kugelgraphit, perlitisches Gußeisen und martensitisches Gußeisen ansteigt (Bild 4.33). Innerhalb der einzelnen Gußeisensorten sind aber erhebliche Streuungen des Verschleißwiderstandes zu verzeichnen, für die wahrscheinlich unterschiedliche Phasenzusammensetzungen verantwortlich sind. So steigt mit zunehmendem Carbidgehalt die Härte progressiv, der Verschleißwiderstand aber degressiv an (Bild 4.34). Das Abflachen der Kurve des Verschleißwiderstandes oberhalb eines Carbidgehaltes von 30% soll nach Röhrig (1971) auf dem Auftreten von Zementit (Fe_3C) und von spröden, übereutektischen Carbiden beruhen. Neben dem Gehalt und der Art der Carbide haben die Eigenschaften der Matrix, in der die Carbide eingelagert sind, einen großen Einfluß auf den Verschleißwiderstand. Bei konstantem Carbidgehalt nimmt der Verschleißwiderstand mit steigender Matrix-Härte zu (Bild 4.35). Den höchsten Verschleißwiderstand erreicht man, wenn die Carbide in einer harten und gleichzeitig zähen Matrix eingebettet sind. Die hohe Härte verhindert, daß die Matrix, die in der Regel weicher als das angreifende Mineral ist, zu schnell verschlissen wird; die Zähigkeit verhindert ein Ausbrechen der Carbide.

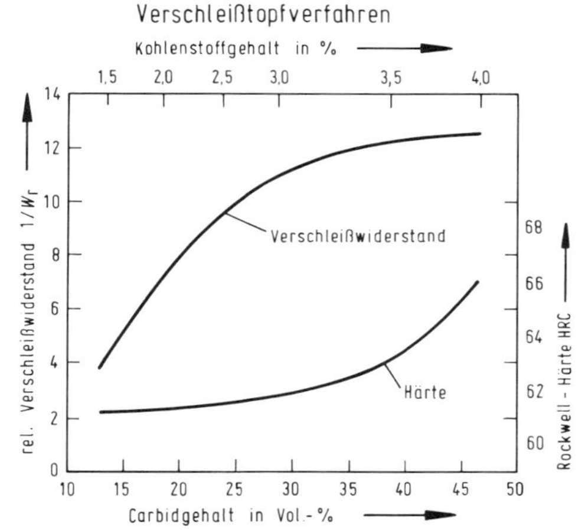

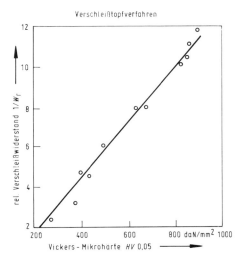

Bild 4.34 Verschleißwiderstand und Härte von martensitischem Chrom-Gußeisen (12–14% Cr; 1,4–1,8% Mo; 0,5–0,8% Mn; 0,3–0,8% Si) bei Teilchenfurchung in Abhängigkeit vom Carbidgehalt nach Bungardt, Kunze u. Horn (1958)

Bild 4.35 Verschleißwiderstand von Chromgußeisen (3% C, 13% Cr, 15% Mo) bei Teilchenfurchung in Abhängigkeit von der Härte der Matrix nach Garber et al. (1969)

Nach Untersuchungen von Katavic (1978) soll bei einer geringen Kornschärfe eine austenitische Matrix günstiger als eine martensitische sein; bei scharfem Korn soll dagegen eine martensitische Matrix zu bevorzugen sein.

Von großer Bedeutung kann auch die Art der Wärmebehandlung sein, durch die ein bestimmter Gefügezustand erzeugt wird (Berezovski et al., 1966). Ein durch schroffes Abschrecken und anschließendes Anlassen gebildetes Vergütungsgefüge ist weniger verschleißbeständig als ein Gefüge, das durch isotherme Umwandlung gebildet wird (Bild 4.36). Der geringere Verschleißwiderstand des durch Abschrecken und Anlassen erzeugten Gefüges dürfte auf der Bildung von Spannungen und Mikrorissen während des Abschreckens beruhen. —

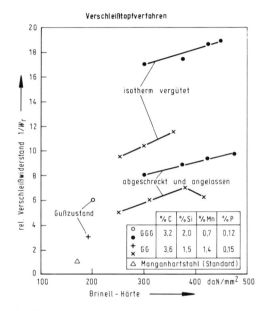

Bild 4.36 Verschleißwiderstand von Gußeisen bei Teilchenfurchung in Abhängigkeit von der Wärmebehandlung nach Berezovski (1966)

Neben dem Schleiftopfverfahren wird zur Untersuchung der Teilchenfurchung auch das Schleifradverfahren benutzt, bei dem abrasiv wirkende Teilchen zwischen ein rotierendes Rad, das meistens aus Gummi hergestellt wird, und den zu prüfenden Werkstoff gebracht werden. Die Teilchen sind unter diesen Bedingungen nicht mehr so frei beweglich wie beim Schleiftopfverfahren. Nach Untersuchungen von Stolk (1970) soll mit dem Schleifradverfahren der Verschleiß von Pflugscharen recht gut simuliert werden können.

Mit dem Schleifradverfahren wurden von Avery (1974) umfangreiche Verschleißprüfungen durchgeführt, deren Ergebnisse in Bild 4.37 wiedergegeben sind. Danach hat zwischen 200 und 600 daN/mm² die Härte der untersuchten Werkstoffe keinen Einfluß auf den Verschleißwiderstand; oberhalb einer Vickers-Härte von 650 daN/mm² steigt der Verschleißwiderstand sprunghaft an, wofür möglicherweise der stark gestiegene Anteil von harten Carbiden verantwortlich ist. Auch Diesburg und Borik (1974) berichten, daß weniger die Härte als vielmehr die Phasenzusammensetzung für den Verschleißwiderstand maßgebend ist.

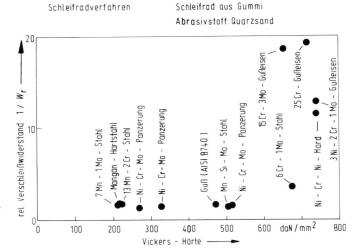

Bild 4.37 Verschleißwiderstand bei Teilchenfurchung durch das Schleifradverfahren nach Avery (1974)

4.4.3.2 Spülverschleiß

Werden Werkstoffoberflächen sandhaltigen Strömungen ausgesetzt, so entstehen häufig Mulden mit wellenförmigem Profil, die durch Wirbel verursacht werden (Bild 4.38). Hinter jeder noch so kleinen Erhebung kann eine wirbelförmige Strömung entstehen, die die Sandpartikel infolge der Zentrifugalkraft gegen die Oberfläche schleudert, wodurch es zum sogenannten Spülverschleiß kommt.

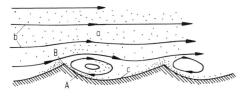

Bild 4.38 Schematische Darstellung der Entstehung von Oberflächenwellen beim Spülverschleiß nach Ackeret und de Haller (1939)

a sandhaltiges Wasser, b Strömungslinien, c ursprünglich ebene Oberfläche, A Stelle des stärksten Angriffs, B scharfe Kante

Spülverschleiß tritt in der Praxis z. B. in Rohrleitungen auf. Zu seiner Simulation kann man ein Prüfgerät verwenden, bei dem stabförmige Probekörper in einem Spülgut-Wasser-Gemisch umlaufen (Wellinger u. Uetz, 1955). Mit einem solchen Prüfgerät gewonnene Ergebnisse weisen auf die schon beim Furchungsverschleiß beobachtete Verschleißtieflage-

188 *Zusammenhang zwischen Verschleiß und Härte*

Verschleißhochlage-Charakteristik hin (Bild 4.39). Im Gegensatz zum Furchungsverschleiß bleibt aber der Spülverschleiß von Vulkollan E im gesamten Härtebereich der angreifenden Mineralien in der Verschleißtieflage.

In der Verschleißhochlage nimmt der Verschleißwiderstand von unlegierten Stählen ähnlich wie beim Furchungsverschleiß mit steigender Härte der Stähle zu.

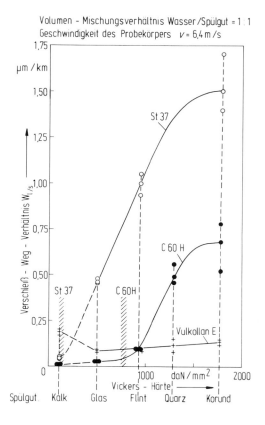

Bild 4.39 Spülverschleiß von Stählen und Vulkollan in Abhängigkeit von der Härte des Spülgutes nach Wellinger und Uetz (1955)

Von großem Einfluß ist das Wasser-Sand-Mischungsverhältnis. Nach Untersuchungen von Wellinger und Uetz (1963) durchläuft der Verschleiß von Stählen in Abhängigkeit vom Wasser-Sand-Mischungsverhältnis ein Maximum (Bild 4.40), wobei der Betrag des Verschleißmaximums für den gehärteten Stahl C 60 H niedriger als für den Baustahl St 37 ist. Für den Anstieg des Verschleißes auf den Maximalwert soll eine zunehmende Reibung verantwortlich sein, die dadurch hervorgerufen wird, daß bei kleinen Wassergehalten die Adhäsion zwischen den Sandkörnern zunimmt, wodurch die Reibung zwischen den Probekörpern und dem Sand größer wird. Übersteigt der Wassergehalt einen kritischen Betrag, so wirkt das Wasser schmierend und kühlend, so daß der Verschleiß wieder abnimmt. Bei den gummiartigen Werkstoffen, die sich elastisch verformen können, überwiegt offenbar bei allen Wasser-Sand-Mischungsverhältnissen die reibungsmindernde und kühlende Wirkung des Wassers.

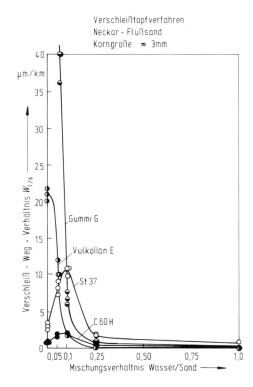

Bild 4.40 Verschleiß durch Teilchenfurchung in Abhängigkeit vom Wassergehalt des Abrasivstoffes nach Wellinger und Uetz (1963)

Für ein Mischungsverhältnis von Wasser zu Sand von 1 : 2 wurde von Stauffer (1958) eine große Anzahl von Werkstoffen untersucht. Die für Eisenwerkstoffe ermittelten Ergebnisse sind in Tabelle 4.12 zusammengestellt. Wenn auch Chromstahl mit einer Härte von 847 HV 50 den höchsten Verschleißwiderstand hat, so läßt sich jedoch kaum eine Korrelation zwischen dem Verschleißwiderstand und der Härte feststellen. — Weiterhin untersuchte Stauffer (1958) eine große Zahl von Kupferlegierungen, Zinklegierungen, Aluminiumlegierungen, Titanlegierungen, Hartmetalle, Oberflächenschutzschichten sowie Holz, Gummi und Kunststoffe. Den höchsten Verschleißwiderstand hatte ein mit BH 3 IS bezeichnetes Hartmetall auf Wolframcarbidbasis.

4.4.3.3 Mahlverschleiß

Mahlverschleiß tritt auf, wenn in Kugelmühlen mineralische Stoffe zerkleinert werden. Durch die Zerkleinerung entstehen ständig neue Kanten und Spitzen, so daß die Intensität der tribologischen Beanspruchung außerordentlich hoch ist. Man spricht daher im Englischen auch von high stress abrasion.

In schnell laufenden Kugelmühlen können die Mahlkörper durch die Luft gewirbelt werden, so daß zusätzliche Stoßbeanspruchungen auftreten, die aber nicht nur wegen der erhöhten tribologischen Beanspruchung, sondern auch wegen der Verschlechterung des Zerkleinerungsprozesses unerwünscht sind.

Zusammenhang zwischen Verschleiß und Härte

Tabelle 4.12 Verschleißwiderstand von Eisenwerkstoffen bei Spülverschleiß nach Stauffer (1958)

Lf. Nr.	Werkstoffbezeichnung	Zustand	C	Si	Mn	Ni	Cr	Sonstige		HV 50	$1/W_{rel}$
A	**Stahl gewalzt oder geschmiedet**										
1	Automatenstahl 1008	normalisiert	0.18	0.35	0.50	—	—	S	= 0.20	157	0.87
2	Austenitischer Stahl NSP2	abgeschreckt und angelassen	0.07	0.25	0.30	6.00	17.00	Al Cu	= 0.7 = 3.0	342	0.87
3	Austenitischer Stahl NSP2	abgeschreckt und angelassen	0.07	0.25	0.30	6.00	17.00	Al Cu	= 0.7 = 3.0	435	0.97
4	Unlegierter Stahl SAE 1020	geglüht	0.20	0.25	0.50	—	—	—		113	0.97
5	Einsatzstahl unlegiert C 15	normalisiert	0.16	0.30	0.40	—	—	—		116	1.00
6	Carilloy T 1-Blech	abgeschreckt und angelassen	0.15	0.25	0.80	0.85	0.60	Mo V Cu B	= 0.50 = 0.07 = 0.30 = 0.004	260	1.00
7	Flußstahl, mittelhart	gewalzt	0.25	0.30	0.40	—	—	—		150	1.13
8	Flußstahl, mittelhart	vergütet	0.25	0.30	0.40	—	—	—		205	1.21
9	Martensitischer korrosionsfester Stahl 14/1	vergütet	0.18	0.35	0.50	0.75	13.80	—		383	1.23
10	NiCr-Vergütungsstahl 1201	vergütet	0.24	0.30	0.60	3.50	0.75	—		248	1.23
11	NiCr-Vergütungsstahl 1201	vergütet	0.24	0.30	0.60	3.50	0.75	—		306	1.24
12	Unlegierter Stahl SAE 1045	normalisiert	0.46	0.30	0.75	—	—	—		154	1.25
13	Nitrierstahl	vergütet	0.30	0.35	0.60	—	1.5	Mo Al	= 0.3 = 1.0	268	1.30
14	Austenitischer Manganhartstahl	abgeschreckt	0.35	0.33	19.00	2.00	—	—		206	1.33
15	Austenitischer Stahl NSP2	abgeschreckt und angelassen	0.07	0.25	0.30	6.00	17.00	Al Cu	= 0.7 = 3.0	152	1.34
16	Leichtlegierter naturharter Stahl VTE 5093	naturhart	—	—	—	—	—	—		309	1.35
17	Flußstahl mittelhart 1005	vergütet	0.25	0.30	0.40	—	—	—		258	1.37
18	Martensitischer korrosionsfester Stahl AK 5	geglüht	0.50	0.35	0.60	—	15.5	—		191	1.37
19	NiCr-Vergütungsstahl 1200	vergütet	0.24	0.30	0.60	3.5	0.75	—		366	1.38
20	NiCr-Vergütungsstahl 1200	geglüht	0.24	0.30	0.60	3.5	0.75	—		205	1.39
21	Austenitischer korrosionsfester Stahl Stainless 63	abgeschreckt	0.03	0.56	0.43	10.0	17.7	Nb/Ta	= 0.45	189	1.43
22	NiCr-Vergütungsstahl 1202	vergütet	0.24	0.30	0.60	3.5	0.75	—		298	1.43
23	Stahl mittelhart 1005	vergütet	0.25	0.30	0.40	—	—	—		387	1.48
24	CrMo-Stahl 49-046-6	therm.behandelt	0.79	0.49	0.83	—	2.22	Mo	= 0.31	367	1.48
25	NiCr-Vergütungsstahl 1200	vergütet	0.24	0.30	0.60	3.5	0.75	—		420	1.49
26	Unlegierter VT-Stahl O 309	naturhart	—	—	—	—	—	—		314	1.51
27	Martensitischer korrosionsfester Stahl AK 5	vergütet	0.50	0.35	0.60	—	15.5	Mo	= 0.31	301	1.54
28	Schnelldrehstahl StM, aufgekohlt	roh gegossen	4.77	0.30	0.35	—	—	Mo V W Co	= 1.0 = 1.5 = 20.0 = 12.0	510	1.54
29	Chromstahl 2002	geglüht	2.00	0.35	0.60	—	12.5	—		215	1.67
30	Flußstahl mittelhart 1005	gehärtet	0.25	0.30	0.40	—	—	—		281	1.81
31	Schnelldrehstahl	geglüht	0.70	0.12	0.30	—	4.5	W Co V Mo	= 18.0 = 5.0 = 1.0 = 0.6	319	1.85
32	NiCr-Vergütungsstahl 1200	gehärtet Wasser	0.24	0.30	0.60	3.50	0.75	—		468	1.85
33	Flußstahl mittelhart 1005	gehärtet Wasser	0.25	0.30	0.40	—	—	—		498	1.86
34	Austenitischer Manganhartstahl 47-637-4v	abgeschreckt	1.19	0.52	12.68	—	—	—		227	1.86
35	Chromstahl AN 8661	vergütet	1.01	0.75	1.02	0.04	0.98	Mo Al Cu	= 0.12 = 0.14 = 0.08	364	1.95

Das Wirken der Verschleißmechanismen 191

Lf. Nr.	Werkstoffbezeichnung	Zustand	Chemische Zusammensetzung [%]					Sonstige	HV 50	$1/W_{rel}$
			C	Si	Mn	Ni	Cr			
36	Schnelldrehstahl StM aufgekohlt	roh gegossen	0.70	0.30	0.35	–	5.0	Mo = 1.0 V = 1.5 W = 20.0 Co = 12.0	506	1.98
37	Martensitischer korrosionsfester Stahl AK 5	vergütet	0.50	0.35	0.60	–	15.50	–	473	2.08
38	Chromstahl 2002	vergütet	2.00	0.35	0.60	–	12.50	–	383	2.17
39	Martensitischer korrosionsfester Stahl AK 5	gehärtet Öl	0.50	0.35	0.60	–	15.50	–	554	2.19
40	Martensitischer korrosionsfester Stahl AK 5	vergütet	0.50	0.35	0.60	–	15.50	–	507	2.28
41	Chromstahl Spezial K BO	vergütet	2.20	0.60	0.40	–	13.00	–	526	2.60
42	Chromstahl 2002	vergütet	2.00	0.35	0.60	–	12.50	–	665	3.22
43	Kugellagerstahl AN 7530	gehärtet	0.90	0.30	0.30	–	1.0	–	865	3.55
44	Kugellagerstahl AN 7530	gehärtet	0.90	0.30	0.30	–	1.0	–	841	3.62
45	Chromstahl 2002	vergütet	2.00	0.35	0.60	–	12.50	–	733	4.34
46	Schnelldrehstahl	gehärtet	0.70	0.12	0.30	–	5.00	W = 18.0 Co = 5.0 V = 1.0 Mo = 0.6	857	4.50
47	Schnelldrehstahl StM aufgekohlt	roh gegossen	0.70	0.30	0.35	–	5.0	Mo = 1.0 V = 1.5 W = 20.0 Co = 12.0	594	4.59
48	Chromstahl 2002	gehärtet Öl	2.00	0.35	0.60	–	12.50	–	847	6.02
B	**Stahlformguß**									
1	Unlegierter Stahlguß 23/45	normalisiert	0.22	0.35	0.50	–	–	–	142	1.01
2	1,5 % Mangan-Stahlguß	normalisiert	0.22	0.35	1.50	–	–	–	165	1.02
3	2 % Nickel-Stahlguß		0.20	0.35	0.60	2.00	–	–	166	1.04
4	1,5 % Mangan-Stahlguß	normalisiert	0.22	0.35	1.50	–	–	–	180	1.13
5	Martensitischer korrosionsfester Stahlguß Cr 13	vergütet	0.15	0.35	0.50	0.75	13.5	–	220	1.20
6	Chromstahlguß Cr 18	vergütet	0.16	0.35	0.50	0.75	17.0	–	206	1.21
7	Verschleißfester Stahlguß CN 26	vergütet	0.17	0.30	0.60	3.00	1.0	Mo = 0.25	260	1.33
8	Verschleißfester Stahlguß CV 2	vergütet	0.50	0.30	0.50	–	1.0	–	350	1.35
9	Martensitischer korrosionsfester Stahlguß Cr 13	vergütet	0.15	0.35	0.50	0.75	13.5	–	280	1.39
10	CrMo-Stahlguß CDV 2110	vergütet	0.34	0.30	0.70	–	1.0	Mo = 0.25	394	1.39
11	Cr-Stahlguß Cr 26	vergütet	0.19	0.30	0.50	–	27.0	–	–	1.44
12	Verschleißfester Stahlguß CN 26	vergütet	0.17	0.30	0.60	3.00	1.0	Mo = 0.25	350	1.45
13	Martensitischer korrosionsfester Stahlguß Cr 13	vergütet	0.15	0.35	0.50	0.75	13.50	–	311	1.45
14	Austenitisch-ferritischer Stahlguß	vergütet	0.17	0.45	0.68	7.34	20.86	Mo = 1.85	186	1.46
15	Austenitischer Stahlguß Cr 30	abgeschreckt	0.06	0.60	0.50	9.00	18.0	–	–	1.48
16	Verschleißfester Stahlguß CL 2	vergütet	0.50	0.30	0.70	–	1.0	–	280	1.53
17	Verschleißfester Stahlguß C 2	vergütet	0.50	0.30	0.50	–	1.0	–	230	1.56
18	Martensitischer korrosionsfester Stahlguß FN	vergütet	0.22	0.20	1.00	1.68	13.8	–	460	1.66
19	Martensitischer korrosionsfester Stahlguß 71 024	vergütet	0.46	0.36	0.35	1.12	12.8	–	437	1.66
20	Martensitischer korrosionsfester Stahlguß 71 024	vergütet	0.46	0.36	0.35	1.12	12.8	–	454	1.73
21	Martensitischer korrosionsfester Stahlguß 71 024	vergütet	0.46	0.36	0.35	1.12	12.8	–	464	1.76
22	Verschleißfester Stahlguß HH	abgeschreckt	1.20	0.30	12.–	–	–	–	200	1.86

Lf. Nr.	Werkstoffbezeichnung	Zustand	Chemische Zusammensetzung [%]					Sonstige			HV 50	$1/W_{rel}$
			C	Si	Mn	Ni	Cr					
23	Verschleißfester Stahlguß MG	vergütet	0.98	0.78	1.98	0.06	14.4	P S	= =	0.060 0.020	526	2.52
24	Verschleißfester Stahlguß MG	vergütet	1.07	0.41	1.49	0.08	14.0	P S	= =	0.060 0.038	625	2.52
25	Sphärenguß Ch 7b, ungeglüht	gegossen	3.50	2.50	0.40	0.08	0.006	Mg	=	0.06	304	1.37
26	Mahlkugel III	gegossen	3.54	3.28	0.40	0.08	0.002	Cr Ni Mg	= = =	0.08 0.15 0.054	361	1.43
27	Sphäroguß III	gegossen	3.50	3.30	0.45	0.08	0.002	Mg	=	0.054	320	1.46
28	Gußeisen acicular MGN	gegossen	3.00	1.90	1.00			Ni Cr Mo	= = =	2.2 0.01 1.10	299	1.71
29	Gußeisen, Schleuderguß	gegossen	Walzenguß								319	1.92
			C	Si	Mn	P	S					
30	Spezialgußeisen WA	gegossen	3.50	1.18	0.60			Cr Ni	= =	1.08 0.06	509	2.06
31	NiCr-Gußeisen NHEW	gegossen	3.30	0.60	0.80	0.10	0.04	Cr Ni	= =	1.8 3.8	656	2.08
32	Spezialgußeisen WAH	gegossen	2.50	2.05	1.10			Cr Ni	= =	0.15 0.08	498	2.22
33	Sphäroguß I	gegossen	3.60	2.60	0.43	0.12	0.004	Cr Ni Mg	= = =	0.09 0.15 0.046	378	2.33
34	CrNiMo-Gußeisen II Schleuderguß	gegossen	Walzenhartguß								594	2.50
35	CrNiMo-Gußeisen I, Schleuderguß	gegossen	Walzenhartguß								594	2.56
36	Hartguß BU	gegossen	Walzenhartguß								521	2.56
37	Hartguß	gegossen	2.97	0.64	0.80	0.026	0.020	Cr Ni	= =	0.36 0.31	689	2.62
38	CrNi-Hartguß H BU	gegossen	Walzenhartguß								539	2.68
39	Hartguß	gegossen	Walzenhartguß								645	2.71
40	Hartguß 47-283-5	gegossen	3.03	1.57	0.97			Cr	=	1.30	522	2.81
41	Hartguß EW Ch 1180	gegossen	3.94	0.63	0.28	0.12	0.04	Ni Cr	= =	8.38 12.24	433	2.90
42	Spezialgußeisen WH	gegossen	–	–	–	–	–				409	2.96

Prüfbedingungen: Verschleißtopfverfahren
Flußsand der Körnung 3 ... 5 mm
Wasser (1 Teil Wasser; 2 Teile Flußsand)
Umlaufgeschwindigkeit der Proben 6 m/s
Versuchsdauer 15 h
Wasserkühlung, so daß die Temperatur nicht über 100° C anstieg

Über den Mahlverschleiß liegen sowohl Ergebnisse von in der Praxis arbeitenden Kugelmühlen als auch von Modellverschleißprüfungen mit dem Avery-Verschleißprüfgerät (siehe Bild 2.34) vor. Nach Untersuchungen von Voigt, Clement und Uetz (1974) gibt es ähnlich wie beim Furchungs- und Spülverschleiß auch beim Mahlverschleiß eine Verschleißtieflage-Verschleißhochlage-Charakteristik in Abhängigkeit von der Härte des angreifenden Minerals (Bild 4.41). In der Verschleißhochlage nimmt der Verschleißwiderstand zwar tendenziell mit steigender Werkstoffhärte zu (Bild 4.42); die großen Schwankungsbreiten der

Das Wirken der Verschleißmechanismen 193

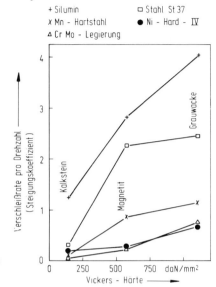

Bild 4.41 Mahlverschleiß in Abhängigkeit von der Härte des angreifenden Minerals nach Voigt, Clement u. Uetz (1974)

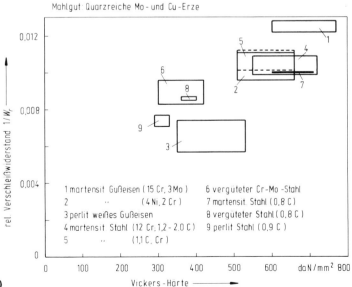

Bild 4.42 Mahlverschleiß von Eisenwerkstoffen nach Norman und Röhrig (1970)

einzelnen Werkstoffgruppen weisen aber darauf hin, daß noch andere Eigenschaften wie z. B. die Phasenzusammensetzung von Einfluß sein müssen. Nach im Metals Handbook (1961) veröffentlichten Ergebnissen hat beim Mahlverschleiß perlitischer Stahl mit 0,8% Kohlenstoff einen höheren Verschleißwiderstand als martensitischer Stahl, sofern der Perlit die Härte des Martensits erreicht. Auch Bainit soll bei gleicher Härte günstiger als Martensit sein. Dagegen ist in Gußeisen mit Chrom, Molybdän oder Nickel ein martensitisches Gefüge erwünscht, in dem die Carbide gut verankert sind, so daß sie nicht zum Ausbrechen neigen.

Interessant sind die Ergebnisse von Untersuchungen über die Vergleichbarkeit von Bewertungsfolgen von Werkstoffen, die in Kugelmühlen und im Avery-Verschleißprüfgerät tribologisch beansprucht wurden (Bild 4.43). Bei gleicher Bewertungsfolge ist der durch den sogenannten Abrasionsfaktor gekennzeichnete Verschleiß der weniger verschleißbeständigen Gußeisensorten in Kugelmühlen bedeutend größer als im Avery-Verschleißprüfgerät, wofür die in den Kugelmühlen gegebenen zusätzlichen Stoßbeanspruchungen verantwortlich sein dürften.

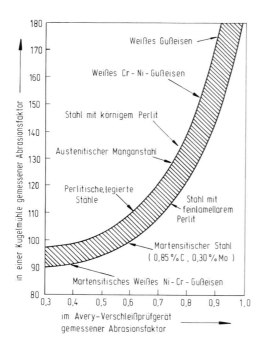

Bild 4.43 Vergleich der Ergebnisse von Verschleißprüfungen, die in einer Kugelmühle und in einem Avery-Verschleißprüfgerät gewonnen wurden; nach Avery (1961)

4.4.3.4 Kerbverschleiß

Kerbverschleiß kann auftreten, wenn grobes Gut mit großer Energie in die Oberfläche eines Werkstückes eindringt, so daß die Oberflächenbereiche von tiefen Riefen und Kerben durchzogen werden. Im Englischen wird diese Verschleißart auch als gouging abrasion bezeichnet. Sie kann z. B. bei Baggerzähnen, Schrappern, Brecherbacken oder Rutschenauskleidungen in Erscheinung treten. Über Untersuchungen des Kerbverschleißes, die mit einem Laboratoriumsbackenbrecher durchgeführt wurden (Bild 2.52), berichten Borik, Sponseller und Scholz (1971). Die Ergebnisse sind in Bild 4.44 dargestellt. Danach besteht kein Zusammenhang zwischen der Ausgangs-Härte und dem Verschleißbetrag der untersuchten Werkstoffe. Wählt man als Härtemaß die nach der tribologischen Beanspruchung gemessene Härte der verfestigten Oberflächenbereiche, so erhält man eine hyperbelförmige Kurve. Auffallend sind aber die großen Streuungen im Härtebereich zwischen 400 und 500 daN/mm². Es müssen also auch hier noch andere Eigenschaften als die Härte von Bedeutung sein.

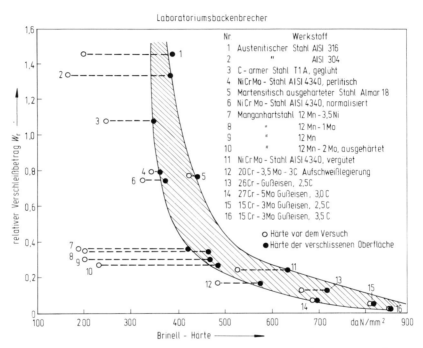

Bild 4.44 Kerbverschleiß von Eisenwerkstoffen nach Borik, Sponseller und Scholz (1971)

Trägt man den Verschleißbetrag bei Kerbverschleiß über dem Kohlenstoffgehalt auf, so ergibt sich nach Untersuchungen von Borik, Sponseller u. Scholz (1971) bis zu einem Kohlenstoffgehalt von 0,8% eine recht gute Korrelation. Oberhalb dieses Kohlenstoffgehaltes nimmt der Verschleiß nur noch geringfügig ab.

Bei tribologischen Beanspruchungen, die zum Kerbverschleiß führen, besteht häufig die Gefahr, daß das gesamte Bauteil zu Bruch geht. Unter diesen Bedingungen bewähren sich Manganhartstähle besonders gut, weil sie einen hohen Verschleißwiderstand mit einer großen Zähigkeit verbinden. Die tribologische Beanspruchung der Oberflächenbereiche muß aber so groß sein, daß eine Verfestigung erfolgen kann. Unterbleibt diese Verfestigung, so ist der Verschleißwiderstand von Manganhartstählen, die im unbeanspruchten Zustand relativ weich sind, sehr gering.

4.4.3.5 Strahlverschleiß

Treffen Partikel, die in einem Gasstrom geführt werden, auf eine Werkstoffoberfläche, so kommt es zum Strahlverschleiß. Diese Verschleißart tritt z. B. in Sandstrahldüsen auf. Nach umfangreichen Untersuchungen von Wellinger und Uetz (1955) ist für den Strahlverschleiß die Größe des Anstrahlwinkels α, mit dem die Partikel auf die Werkstoffoberfläche treffen, von besonderer Bedeutung (Bild 4.45). In Abhängigkeit vom Anstrahlwinkel kann man folgende Unterteilung des Strahlverschleißes vornehmen:

   I. Gleitstrahlverschleiß
   II. Schrägstrahlverschleiß
   III. Prallstrahlverschleiß

I Grundkörper, II Strahlduse, III Sandstrahl
F = Strahlquerschnitt, F' = Auftrefflache
α = Anstrahlwinkel

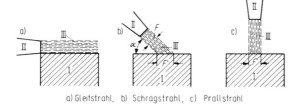

a) Gleitstrahl, b) Schrägstrahl, c) Prallstrahl

Bild 4.45 Arten des Strahlverschleißes nach Wellinger und Uetz (1955)

Beim Gleitstrahlverschleiß (I), der beim Anstrahlwinkel α = 0° auftritt, wird die tribologische Beanspruchung durch die gleichen Prozesse wie bei der Teilchenfurchung hervorgerufen (siehe Abschnitt 4.4.3.1). Bei einem Anstrahlwinkel α = 90° liegt Prallstrahlverschleiß vor (III). Durch das wiederholte Auftreffen von Partikeln auf die Werkstoffoberfläche laufen Vorgänge ab, die dem Verschleißmechanismus der Oberflächenzerrüttung zuzuordnen sind und daher im nächsten Abschnitt behandelt werden müßten. Um aber den Strahlverschleiß geschlossen darstellen zu können, erschien es sinnvoll, den Prallstrahlverschleiß in den Abschnitt über die Abrasion einzubeziehen.

Bei Anstrahlwinkeln, die zwischen 0° und 90° liegen, kommt es zum Schrägstrahlverschleiß (II), den man in eine Gleitstrahl- und in eine Prallstrahlkomponente zerlegen kann (Bild 4.46):

$$W_G = f\{P \cdot (\cos\alpha - \mu \cdot \sin\alpha); P \cdot \sin\alpha\} \tag{39}$$

$$W_P = f\{P \cdot \sin\alpha\} \tag{40}$$

mit W_G als dem Verschleißbetrag bei Gleitstrahlverschleiß, W_P als dem Verschleißbetrag bei Prallstrahlverschleiß, P als dem Impuls eines unter dem Winkel α auftreffenden Partikels und μ als dem Reibungskoeffizienten. In der Beziehung 39 stellt der Ausdruck $\mu \cdot P \cdot \sin\alpha$ den Reibungswiderstand dar, welcher der Gleitbewegung entgegenwirkt. Dieser Reibungswiderstand hat zur Folge, daß schon bei kleineren Anstrahlwinkeln als bei 90° die Gleitstrahlkomponente nicht mehr wirksam ist, d.h. es kann schon bei kleineren Anstrahlwinkeln als bei 90° zu reinem Prallstrahlverschleiß kommen.

Das Wirken der Verschleißmechanismen 197

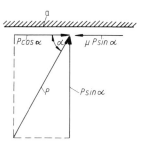

Bild 4.46 Zerlegung des beim Strahlverschleiß auftretenden Impulses in einen Prallstrahl- und in einen Gleitstrahlanteil nach Wellinger und Uetz (1955)

a Grundkörper, P Impuls eines unter dem Winkel α auftreffenden Sandkorns, μ Reibungszahl zwischen Sand und Werkstoff

Zur Ermittlung des linearen Verschleißbetrages beim Strahlverschleiß ist zu berücksichtigen, daß die Größe der beanspruchten Fläche vom Anstrahlwinkel abhängt (Bild 4.45). Um die bei verschiedenen Anstrahlwinkeln gemessenen linearen Verschleißbeträge bzw. Verschleißraten miteinander vergleichen zu können, ist es notwendig, den linearen Verschleißbetrag auf eine konstante Fläche zu beziehen:

$$W_l = W_l' / \sin \alpha \tag{41}$$

wobei W_l' den jeweils gemessenen Verschleißbetrag darstellt. Trägt man die entsprechenden Verschleißraten $W_{l/t}$ und $W_{l/t}'$ über dem Anstrahlwinkel auf (Bild 4.47), so erhält man zwei Kurven mit je einem Maximum und einem Minimum der Verschleißrate. Besonders auffallend ist die Tatsache, daß das Maximum der auf eine konstante Fläche bezogenen Verschleißrate $W_{l/t}$ viel größer als das Maximum der gemessenen Verschleißrate $W_{l/t}'$ ist. Außerdem unterscheiden sich beide Maxima in der Größe des zugehörigen Anstrahlwinkels.

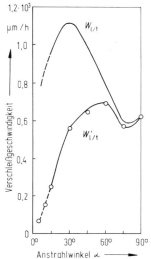

Bild 4.47 Gemessene und auf eine konstante Fläche bezogene Verschleißraten $W_{l/t}'$ und $W_{l/t}$ beim Strahlverschleiß des Stahles St 37 nach Wellinger und Uetz (1955)

Während die in Bild 4.47 wiedergegebenen Ergebnisse für den Stahl St 37 gelten, sollen in Bild 4.48 weitere, an anderen Werkstoffen gewonnene Ergebnisse wiedergegeben werden. Da die gestrahlten Partikel aus Quarz mit einer Härte von 900 bis 1280 HV bestanden, ist bei den gegebenen Werkstoffhärten mit einem Verschleiß in der Hochlage zu rechnen. Aus Bild 4.48 wird wiederum der Einfluß des Anstrahlwinkels deutlich. Demgegenüber hat die Härte der untersuchten Werkstoffe nur einen untergeordneten Einfluß. So ist die Verschleißrate von Hartguß mit einer Härte von 550 HV im gesamten Anstrahlwinkelbereich größer als die Verschleißrate von Stahl St 37, der nur eine Härte von 128 HV hat. Besonders schlecht schneidet Schmelzbasalt ab. Hervorzuheben ist die mit steigendem Anstrahlwinkel abnehmende Verschleißrate von Vulkollan B, die darauf zurückzuführen ist, daß mit größer werdendem Anstrahlwinkel die tribologische Beanspruchung bei die-

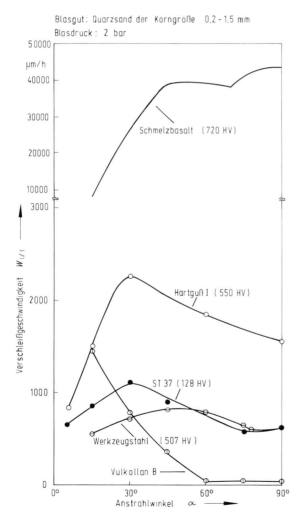

Bild 4.48 Strahlverschleiß von unterschiedlichen Werkstoffen nach Wellinger und Uetz (1955)

sem Werkstoff fast nur noch zu elastischen Verformungen der Oberflächenbereiche führt. Bei metallischen und keramischen Werkstoffen können die tribologischen Beanspruchungen dagegen kaum durch elastische Verformungen abgebaut werden. Bei diesen Werkstoffen gewinnen mit zunehmendem Prallstrahlanteil die Zähigkeitseigenschaften an Bedeutung. Dies sei am Beispiel eines normalisierten – also weichen und zähen – und eines gehärteten – also harten und spröden – Stahles gezeigt, das von Bitter (1963) vorgestellt wurde. Er zerlegte aufgrund theoretischer Überlegungen den Strahlverschleiß in einen Gleitstrahlanteil, bei dem die Abrasion dominiert, und in einen Prallstrahlanteil, bei dem die Oberflächenzerrüttung vorherrscht. Nach Bild 4.49 durchläuft das Verschleißvolumen, das durch Abrasion hervorgerufen wird, ein Maximum, das bei dem normalisierten Stahl bei einem kleineren Anstrahlwinkel als bei dem gehärteten Stahl liegt. Außerdem unterscheiden sich die unterschiedlich wärmebehandelten Stahlproben durch den Betrag des Maximums. Es hat für den weicheren Stahl auch unter Berücksichtigung der größeren Strahlgutmenge einen höheren Verschleißbetrag als für den härteren Stahl. Der durch Oberflächenzerrüttung bedingte Verschleißbetrag nimmt bei beiden Stählen mit steigendem Anstrahlwinkel zu. Wegen der geringeren Zähigkeit hat sie bei dem gehärteten Stahl einen größeren Verschleißbetrag als bei dem normalisierten Stahl zur Folge. Addiert man die durch die beiden Verschleißmechanismen hervorgerufenen Verschleißbeträge, so erhält man die durch die Meßwerte gegebenen Kurven, deren Charakteristik für die beiden unterschiedlich wärmebehandelten Stähle recht unterschiedlich ist.

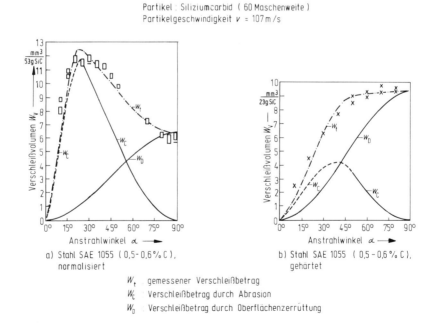

Bild 4.49 Strahlverschleiß des Stahles SAE 1055 in normalisiertem und in gehärtetem Zustand nach Bitter (1963)

Über ähnliche Untersuchungen an verschiedenen reinen Metallen und Stählen berichten Finnie, Wolak u. Kalil (1967). Dabei zeigten die Elemente Wismut und Wolfram bei der Bestrahlung mit Siliziumcarbidpartikeln Verschleißkurven vom Typ a (Bild 4.49), während Cadmium, Eisen, Blei, Magnesium, Molybdän, Tantal und die Stähle C 45 sowie C 1213 (0,15% C) Verschleißkurven vom Typ b aufwiesen.

Verschleißuntersuchungen über den Einfluß der Härte des Strahlgutes erbrachten sowohl für den Schrägstrahl- als auch für den Prallstrahlverschleiß die schon in den vorangehenden Abschnitten beschriebene Verschleißtieflage-Verschleißhochlage-Charakteristik (Wellinger, Uetz u. Gürleyik, 1968; Magnée u. Coutsouradis, 1973). Beim Prallstrahlverschleiß, bei dem die Oberflächenzerrüttung wirksam ist, dürfte der Anstieg in die Verschleißhochlage dadurch bedingt sein, daß mit steigender Härte der strahlenden Partikel die plastische Verformung sich von den Partikeln in die beanspruchten Oberflächenbereiche verlagert (Engel, 1977).

Trägt man für Gummi und für den Stahl C 60 H den auf den Stahl St 37 bezogenen relativen Verschleißbetrag über dem Anstrahlwinkel und der Strahlguthärte auf, so erkennt man das sehr unterschiedliche Verschleißverhalten dieser beiden Werkstoffe (Bild 4.50).

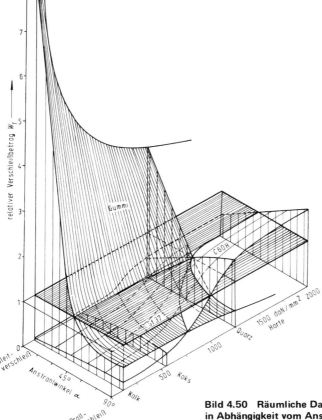

Bild 4.50 Räumliche Darstellung des Strahlverschleißes in Abhängigkeit vom Anstrahlwinkel und von der Härte des angreifenden Minerals nach Wellinger und Uetz (1963)

Der Stahl C 60 H ist bei kleinen Anstrahlwinkeln und niedrigen Strahlguthärten zu bevorzugen; bei großen Anstrahlwinkeln ist dagegen Gummi unabhängig von der Strahlguthärte günstiger.

Bei der Bestrahlung von Hartmetall mit Quarzsand oder von Hartmetall, Hartguß oder gehärtetem Stahl mit Gaskoks bleibt der Verschleißbetrag durchweg in der Tieflage, obwohl er mit steigendem Anstrahlwinkel zunimmt (Wellinger u. Uetz, 1963).

Für einen Anstrahlwinkel von 45° wurden von Brauer und Kriegel (1963) umfangreiche Untersuchungen an einer großen Anzahl von metallischen und polymeren Werkstoffen durchgeführt. Für die polymeren Werkstoffe wurde als Härtemaß die Shore-Härte angegeben. Nach den in Tabelle 4.13 zusammengestellten Ergebnissen weisen in der Gruppe der polymeren Werkstoffe die Werkstoffe mit einer niedrigen Shore-Härte einen niedrigen Verschleißbetrag auf, während in der Gruppe der metallischen Werkstoffe die Werkstoffe mit einer niedrigen Vickers-Härte durch einen hohen Verschleißbetrag auffallen. Kleine Shore-Härtewerte begünstigen offenbar elastische Verformungen, die nicht zum Verschleiß führen, während kleine Vickers-Härtewerte plastische Verformungs- und Rißbildungsvorgänge erleichtern, was aber nur für den Schrägstrahlverschleiß gültig ist; denn nach Bild 4.49 kann mit zunehmendem Prallstrahlanteil ein weicherer Werkstoff günstiger als ein härterer sein.

4.4.3.6 Maßnahmen zur Einschränkung der Abrasion

Bei der Abrasion kann der Verschleißbetrag vor allem dann niedrig gehalten werden, wenn der eingesetzte Werkstoff härter als der tribologisch beanspruchende Gegenkörper ist. Bei Spülverschleiß und Strahlverschleiß mit überwiegendem Prallstrahlanteil wird der Verschleiß besonders durch den Einsatz von gummielastischen Werkstoffen eingeschränkt.

Da der abrasive Verschleiß größtenteils durch mineralische Stoffe hervorgerufen wird, sind in der Tabelle C des Anhangs die Härtewerte von häufig anzutreffenden Mineralien zusammengestellt. Die Tabelle B des Anhangs enthält die Härtewerte der gebräuchlichsten Werkstoffe, so daß man bei Kenntnis der Härte des angreifenden Minerals einen Werkstoff auswählen kann, durch den der Verschleiß in der sogenannten Verschleißtieflage gehalten werden kann.

Bedenkt man aber, daß Quarz, der in der Natur weit verbreitet ist, eine Härte von 900 bis 1200 HV hat, so erkennt man, daß es nur eine begrenzte Anzahl von Werkstoffen gibt, die eine höhere Härte haben.

Aus fertigungstechnischen und wirtschaftlichen Gründen ist man vielfach auf die Verwendung von Stählen, Gußeisen oder Auftragsschweißungen auf Eisenbasis angewiesen, deren Makrohärte unter der Härte von Quarz liegt. Diese Werkstoffe sind aus mindestens zwei Phasen zusammengesetzt, und zwar aus einer harten, carbidischen Phase, die in einer martensitischen oder austenitischen Matrix verankert ist. Bei diesen Werkstoffen findet der Verschleiß bei oft erträglichem Verschleißbetrag im Übergangsbereich von der Verschleißtieflage in die Verschleißhochlage statt.

Ist das angreifende Mineral härter als der härteste Gefügebestandteil des tribologisch beanspruchten Werkstoffes, so läßt sich ein Verschleiß in der sogenannten Verschleißhochlage nicht vermeiden. Unter diesen Bedingungen hängt der Verschleißbetrag weniger von der Härte des eingesetzten Werkstoffes als vielmehr von seiner Zähigkeit ab.

Werkstoff	Härte	Abrasivstoff	rel. Verschleißbetrag W/W_{St37}
Stahl T 80 H	590 HV	II	0,109
Polyurethan	18 Shore D	II	0,143
Polyvinylchlorid	5 Shore D	II	0,143
Polyurethan	34 Shore D	II	0,403
Polyvinylchlorid	10 Shore D	II	0,42
Gummi	17 Shore D	II	0,57
Polyvinylchlorid	14 Shore D	II	0,96
Stahl St 37	122 HV	I	1,0
Niederdruck-Polyäthylen	60 Shore D	I	1,06
Stahl St 34	124 HV	I	1,07
Polyvinylchlorid	17 Shore D	II	1,12
Polyamid-6, Grilon R 50 hell	62 Shore D	I	(1,33)
Polyamid-6, Grilon R 70 hell	64 Shore D	I	(1,33)
Kupfer	99 HV	I	1,36
Hochdruck-Polyäthylen	42 Shore D	II	(1,4)
Niederdruck-Polyäthylen	58 Shore D	II	(1,4)
Polyamid-11, Rilsan-Besvo	71 Shore D	I	1,81
Niederdruck-Polyäthylen	58 Shore D	I	(2,0)
Niederdruck-Polyäthylen	60 Shore D	II	(2,0)
Polyamid-6, Ultramid	70 Shore D	I	2,21
Aluminium	39 HV	II	2,68
Messing	150 HV	I	2,76
Aluminium	29 HV	II	3,23
Polyamid-11	69 Shore D	I	3,31
Polyvinylchlorid	52 Shore D	II	(4,2)
Polyvinylchlorid	78 Shore D	II	6,3
Hartpapier, Resitex	89 Shore D	II	8,2
Polyvinylchlorid	76 Shore D	II	(8,5)
Glas	6–7 Mohs	II	(9,7)
Blei	4 HV	II	(10,5)
Acrylglas, Plexiglas	85 Shore D	II	(10,75)
Hartpapier, Pertinax	92 Shore D	II	(18,5)
Epoxidharz mit Glasfaser	86 Shore D	II	(19,5)
Epoxidharz mit Härter und Quarzmehl	84 Shore D	II	(31)

Abrasivstoff I : Strahlsand, Vickers-Härte $\approx$ 500 daN/mm²; Korngröße $\leqslant$ 0,9 mm

II : Strahlsand, Vickers-Härte 720 - 810 daN/mm²; Korngröße 0,3 - 0,5 mm

Strahlwinkel : 45°; Strahlgeschwindigkeit : 77 m/s

Tabelle 4.13 Strahlverschleiß von polymeren und metallischen Werkstoffen nach Brauer und Kriegel (1963)

Daher haben unter diesen Bedingungen metallische Werkstoffe einen niedrigeren Verschleißbetrag als keramische Werkstoffe. Dabei ist besonders das günstige Verschleißverhalten von austenitischen Eisenwerkstoffen hervorzuheben, wenn die tribologische Beanspruchung dazu ausreicht, den Austenit zu verformen und in Martensit umzuwandeln. Solche Werkstoffe bewähren sich auch dann, wenn der abrasive Verschleiß durch stoßartige Beanspruchungen hervorgerufen wird.

4.4.4 Oberflächenzerrüttung und Härte

Die Oberflächenzerrüttung tritt bei wechselnder mechanischer Beanspruchung der Oberflächenbereiche von Werkstoffen auf. Die wechselnden Beanspruchungen führen zu Gefügeänderungen, Rißbildungs- und Rißwachstumsvorgängen bis hin zur Abtrennung von Verschleißpartikeln, die in den Werkstoffoberflächen häufig sogenannte Grübchen zurücklassen. Die Grübchenbildung ist eine der Hauptursachen des Ausfalls von Wälzlagern und Zahnrädern. Da dynamische Beanspruchungen auch durch hydrodynamische oder elastohydrodynamische Schmierfilme übertragen werden können, läßt sich die Oberflächenzerrüttung, die auch als Oberflächenermüdung oder im Englischen als „surface fatigue" bezeichnet wird, durch eine Schmierung nicht vollständig unterdrücken.

Im Unterschied zur Abrasion, bei der durch einen einzigen Beanspruchungsvorgang Verschleißpartikel gebildet werden können, geht der Oberflächenzerrüttung in der Regel eine längere Inkubationsperiode voraus, in der es nicht zu einem meßbaren Verschleiß kommt. In dieser Periode wird die Bildung von Verschleißpartikeln durch Gefügeänderungen sowie Rißbildungs- und Rißwachstumsvorgänge vorbereitet.

Wie schon erwähnt, kann die Oberflächenzerrüttung zum Ausfall von Wälzlagern und Zahnradgetrieben führen, in denen Wälzbeanspruchungen wirksam sind. Sie tritt zudem häufig als Teilprozeß bei Gleit- und Stoßbeanspruchungen auf und ist auch für den Verschleiß durch Kavitation oder Tropfenschlag verantwortlich.

4.4.4.1 Wälzverschleiß

Unter dieser Überschrift soll in diesem Abschnitt vor allem die Grübchenbildung behandelt werden. Vom Entstehungsmechanismus her kann man zwischen der Grübchenbildung in Kugellagern und in Zahnradgetrieben einen Unterschied machen. In wälzbeanspruchten Kugeln entstehen die Grübchen nämlich meistens durch Risse, die unter der Oberfläche initiiert werden, während bei Zahnrädern die Rißbildung in der Regel auf der Zahnflankenoberfläche beginnt. Hierfür sind die größere Rauhigkeit von Zahnflanken im Vergleich zu Kugeloberflächen und überlagerte Gleitbeanspruchungen außerhalb des Wälzpunktes der Zahnflanken verantwortlich.

Über den Rißbildungsmechanismus in Wälzlagern, der bis heute noch nicht ganz verstanden ist, wurden grundlegende Untersuchungen und Überlegungen vor allem von Littmann (1970), Schlicht (1970) und Eberhard, Schlicht und Zwirlein (1975) veröffentlicht. Werden die Wälzkörper durch einen Schmierfilm voneinander getrennt, so daß in den Oberflächenbereichen nur kleine Tangentialkräfte wirken, so setzt die Rißbildung unterhalb der Oberfläche in dem Bereich ein, in dem die nach verschiedenen Anstrengungshypothesen abschätzbare maximale Vergleichsspannung liegt (siehe Abschnitt 2.1.3). Die Risse treten häufig in der Nachbarschaft sogenannter „butterflies" auf, die auch „white etching areas" genannt werden. Diese „butterflies" bestehen wahrscheinlich aus Martensit hoher Härte, der durch die tribologische Beanspruchung gebildet wird. Unklar ist jedoch, ob die „butterflies" Ursache oder Folge der Rißentstehung sind.

In Wälzkörpern können Druckspannungen in der Größenordnung von 1000 N/mm² auftreten, die ähnlich wie bei der Brinell-Härteprüfung größtenteils zum Aufbau eines hydrostatischen Druckes dienen und nur zu einem kleineren Teil als Schubspannung wirksam werden. Diese Schubspannungen ermöglichen aber noch lokale plastische Verformungen, die zunächst zu Verfestigungen und dann infolge des Aufstaus von Versetzungen zur Rißbildung führen. Die Versetzungen stauen sich vor Hindernissen auf, welche z. B. durch harte oxidische Einschlüsse in Wälzlagerstählen gebildet werden. Demgegenüber sind weiche sulfidische Einschlüsse weniger gefährlich. Durch die Erhöhung der Reinheit von Wälzlagerstählen konnte der Gehalt an rißbildungsfördernden, oxidischen Einschlüssen erheblich vermindert und die Grübchenbildung eingeschränkt werden, so daß die Gebrauchsdauer von Wälzlagern spürbar erhöht wurde. Offenbar ist man inzwischen aber an einer Grenze angelangt, oberhalb der eine weitere Verlängerung der Gebrauchsdauer von Wälzlagern durch den Einsatz von noch reineren Stählen statistisch nicht mehr gesichert ist (Hengerer et al., 1975).

Schon im vorigen Jahrhundert erkannte man, daß wegen der hohen Druckspannungen, die bei Wälzbeanspruchungen auftreten, nur Stähle mit einer hohen Festigkeit und damit auch mit einer hohen Härte verwendet werden können. Schon damals wurde aus der Gruppe der Werkzeugstähle eine spezielle Gruppe als Wälzlagerstähle ausgewählt. Der heute noch vorherrschende Wälzlagerstahl 100 Cr 6 wurde schon 1901 von Stribeck als besonders geeignet genannt. Neben diesem Stahl finden nur wenige weitere Stähle Verwendung, die etwa die folgende chemische Zusammensetzung haben:

    Kohlenstoff: 1%
    Mangan: 0,25...1,25%
    Chrom: 0,4...1,65%

Diese Stähle werden voll durchgehärtet, so daß sie eine Härte zwischen 58 und 65 HRC annehmen, wobei das Gefüge aus Martensit und Zementit besteht. Durch besondere Warmformgebungsverfahren wie z. B. durch „Ausforming", bei dem die Formgebung durch plastische Verformung im Temperaturbereich des metastabilen Austenits erfolgt, wodurch eine Martensitumwandlung bewirkt wird, kann der Widerstand gegenüber Grübchenbildung erheblich gesteigert werden (Bamberger, 1970). Dies soll vor allem auf eine Verringerung der Carbidkorngröße und auf eine gleichmäßigere Verteilung der Carbide zurückzuführen sein.

Nach Untersuchungen von Carter, Zaretsky und Anderson (1960) mit verschiedenen Wälzlagerstählen nimmt die Gebrauchsdauer von Wälzlagern tendenziell mit steigender Stahl-Härte zu (Bild 4.51); wenn man vom Stahl WB-49 absieht, verläuft die Zunahme der Gebrauchsdauer mit steigender Härte aber degressiv, so daß möglicherweise mit noch weiter anwachsender Härte ein Maximum der Gebrauchsdauer auftritt. Ein solches Maximum beobachteten Baugham (1960), Scott und Blackwell (1966) und Lorösch (1976). Es läßt sich mit der gegenläufigen Änderung zweier Eigenschaften erklären:

    I. Mit steigender Härte nimmt die plastische Verformung und damit auch die Verfestigung, die der Rißbildung vorangeht, ab. Der Beginn der Rißbildung wird also hinausgezögert.

II. Wenn aber ein Riß entstanden ist, so kann bei harten Werkstoffen die Spannungskonzentration an der Rißspitze kaum durch plastische Verformung abgebaut werden, wodurch das Wachstum des Risses begünstigt wird.

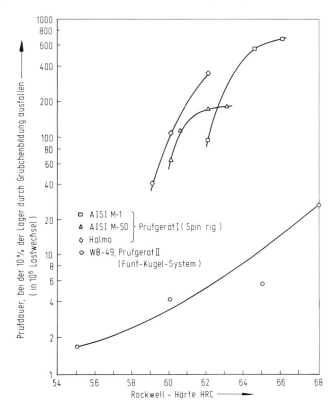

Bild 4.51 Prüfdauer bis zur Grübchenbildung von Wälzkörpern in Abhängigkeit von der Härte nach Carter, Zaretsky und Anderson (1960)

Neben der Beachtung der optimalen Härte der Wälzlagerstähle hängt die Gebrauchsdauer von Wälzlagern von der Härtedifferenz zwischen Wälzkörper und Laufring ab. Die größte Gebrauchsdauer ergibt sich, wenn der Wälzkörper ein bis zwei Rockwell-Einheiten härter

Stahl	max. Betriebs-temperatur [°C]	chemische Zusammensetzung [Gew.-%]									
		C	P_{max}	S_{max}	Mn	Si	Cr	V	W	Mo	Co
AISI M-1	480	0,80	0,030	0,030	0,30	0,30	4,00	1,00	1,50	8,00	—
AISI M-50	320	0,80	0,030	0,030	0,30	0,25	4,00	1,00	—	4,25	—
Halmo	320	0,65	0,030	0,030	0,27	1,20	4,60	0,55	—	5,2	—
WB-49	540	1,07	0,006	0,007	0,30	0,02	4,40	2,00	6,80	3,90	5,2

Tabelle 4.14 Werkstoffdaten zu den Bildern 4.51 und 4.52

als der Laufring ist (Zaretsky und Anderson, 1970). Die Ursache soll in einer Zunahme der Druckeigenspannungen in den Oberflächenbereichen der Laufringe liegen, durch welche die effektive Spannung $(\sigma_{max})_R$ nach der folgenden Beziehung herabgesetzt wird:

$$(\sigma_{max})_R = \tau_{max} - \sigma_R \tag{42}$$

mit τ_{max} als der nach der Schubspannungshypothese abgeschätzten maximalen Schubspannung und σ_R als der Eigenspannung. –

Die Forderung nach erhöhten Betriebstemperaturen bis zu 1000°C machte die Entwicklung von neuen Werkstoffen notwendig. Sieht man eine Härte von 58 HRC als eine untere, noch zulässige Härtegrenze an, so erkennt man aus Bild 4.52, daß der gebräuchliche Wälzlagerstahl 100 Cr 6 schon bei ca. 200°C unter 58 HRC abfällt, während andere Stähle erst bei viel höheren Temperaturen auf diesen Härtewert absinken.

Zum Vergleich der Gebrauchsdauer von Wälzlagern, die aus Stählen unterschiedlicher Härte hergestellt sind, wurde von Chevalier, Zaretsky und Parker (1973) empirisch die folgende Beziehung gefunden:

$$L_2/L_1 = e^{m(HRC_1 - HRC_2)} \tag{43}$$

mit L_1, L_2 als den Gebrauchsdauern, bei denen 10% der Wälzlager ausfallen, und HRC_1, HRC_2 als den Rockwell-Härtewerten. Der Exponent m soll für den Stahl 100 Cr 6 0,1 betragen.

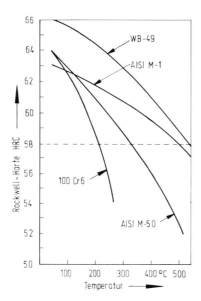

Bild 4.52 Temperaturabhängigkeit der Rockwell-Härte von verschiedenen Wälzlagerstählen nach Zaretsky und Anderson (1970)

Für den Einsatz bei höheren Temperaturen wurden neben metallischen auch keramische Werkstoffe ausprobiert. Die dynamische Tragfähigkeit von keramischen Werkstoffen auf Al_2O_3-, SiC- oder TiC-Basis mit Härtewerten zwischen 2000 und 2750 HV lag aber bei Raumtemperatur unter 10% der Tragfähigkeit des Stahles AISI-M 1 (Zaretsky und Anderson, 1970). Befriedigende Ergebnisse wurden mit Kugeln aus Wolframcarbid erzielt (Scott und Blackwell, 1967). Weitaus am besten scheint sich aber heißgepreßtes Siliziumnitrid zu bewähren (Parker u. Zaretsky, 1975; Kessel und Gugel, 1977). —

Für die Auslegung von Zahnradgetrieben kann man nach Niemann (1943) und Rettig (1969) mit der sogenannten Dauerwälzfestigkeit rechnen, welche die Spannung angibt, unterhalb der es nicht mehr zum Ausfall von Zahnradgetrieben durch Grübchenbildung kommt. Die Dauerwälzfestigkeit nimmt quadratisch mit der Vickers-Härte zu, wie es in den Beziehungen 1 und 2 des Abschnittes 4.3 gezeigt wurde. Aus Bild 4.53 ist aber ersichtlich, daß innerhalb der einzelnen, unterschiedlich wärmebehandelten Stahlgruppen nicht unerhebliche Abweichungen auftreten. Auch Horstmann (1976) beobachtete bei Dauerwälzfestigkeits-Untersuchungen an vergüteten Stählen relativ große, für Ermüdungsvorgänge offenbar charakteristische Streuungen. Legt man durch die gewonnenen Meßpunkte eine Regressionsgerade, so ergibt sich für den Stahl 37 MnSi 5 eine Steigerung der Dauerwälzfestigkeit um 45%, wenn man die Härte von 210 HV auf 280 HV erhöht.

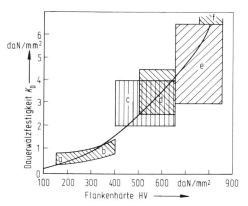

Bild 4.53 Dauerwälzfestigkeit von Zahnrädern aus unterschiedlich behandelten Werkstoffen nach Rettig (1969)

Bemerkenswert sind Untersuchungsergebnisse von Niemann und Rettig (1967), nach denen die Dauerwälzfestigkeit von vergüteten Zahnrädern durch das galvanische Aufbringen von weichen Metallen wie Zinn und Kupfer um den Faktor 1,9 bzw. 1,5 erhöht werden kann. Offenbar haben die weichen Oberflächenschichten die Fähigkeit, Risse zuzuschmieren, so daß in sie kein Öl eindringen kann, das die Risse aufweiten würde. —

Bei Wälzverschleißuntersuchungen an verschiedenen Gußeisensorten, die von Stähli (1965) mit einem Zwei-Scheiben-Verschleißprüfgerät durchgeführt wurden, nahm der Verschleißbetrag mit steigender Härte der Gußeisenproben zu, wenn man von der B-Sorte absieht (Bild 4.54). Nach Stähli (1965) steht dieses Verhalten mit der plastischen Verformbarkeit des heterogenen Gußgefüges und einem als dessen Folge auftretenden „Spannungsausgleich" im Zusammenhang. Obwohl Gußeisenlegierungen mit Lamellengraphit verhältnismäßig spröde sind, sind offenbar die naheutektischen, weicheren Legierungen

208 *Zusammenhang zwischen Verschleiß und Härte*

zäher als die härteren mit einem niedrigeren Sättigungsgrad. Die Zähigkeit von Gußeisen wird auch durch die Art der Graphitausscheidung und durch das Gefüge der Grundmasse beeinflußt. Von der Art der Graphitausscheidung hängen die in den tribologisch beanspruchten Oberflächenbereichen wirksamen Spannungsspitzen ab. Diese sind bei Gußeisen mit Kugelgraphit offenbar niedriger als bei Gußeisen mit Lamellengraphit, wodurch der niedrigere Verschleißbetrag der mit C bezeichneten Gußeisensorten verständlich wird.

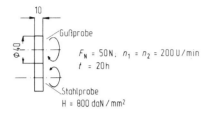

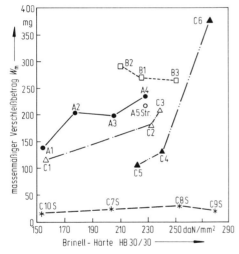

Bild 4.54 Wälzverschleiß von Gußeisen nach Stähli (1965) (Werkstoffdaten in Tabelle 4.5)

Wälzverschleiß-Untersuchungen an Stählen unterschiedlicher Zusammensetzung wurden von Pigors und Hucke (1975) durchgeführt. Aus den in Bild 4.55 dargestellten Ergebnissen läßt sich kein Einfluß der Härte auf den Verschleißbetrag erkennen. Vermutlich wird der Härteeinfluß vom Einfluß der Gefügeeigenschaften und zwar insbesondere von der Verfestigungsfähigkeit und dem Gehalt und der Verteilung der Carbide überdeckt.

4.4.4.2 Stoßverschleiß

Auch beim Stoßverschleiß, der gelegentlich auch als Impaktverschleiß bezeichnet wird, ist die Oberflächenzerrüttung in vielen Fällen hauptsächlich für den Verschleiß verantwortlich. So wurde schon in Abschnitt 4.4.3.5 gezeigt, daß beim Prallstrahlverschleiß, der auftritt, wenn mineralische Partikel auf eine Werkstoffoberfläche aufprallen, die Oberflächenzerrüttung dominiert, so daß diese Verschleißart eigentlich in diesem Abschnitt zu behandeln gewesen wäre. Hierauf wurde aber verzichtet, damit der Strahlverschleiß geschlossen behandelt werden konnte.

Das Wirken der Verschleißmechanismen 209

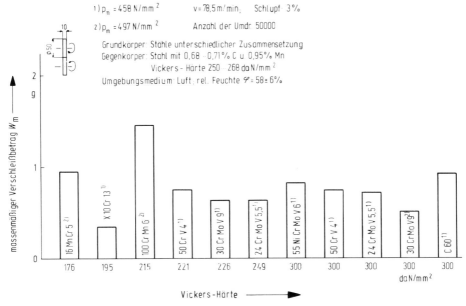

Bild 4.55 Wälzverschleiß von Stählen nach Pigors und Hucke (1975)

Andererseits läßt es sich nicht umgehen, daß in diesem Abschnitt einige Ergebnisse von Stoßverschleißuntersuchungen mitgeteilt werden, an denen auch die Abrasion beteiligt ist. So soll zuerst über Untersuchungen von Khruschov (1974) berichtet werden, bei denen unterschiedlich wärmebehandelte Stahlproben durch Gegenkörper mit einer Oberflächenschicht aus Abrasivstoff stoßend beansprucht wurden. Die Ergebnisse, bei denen der Verschleißwiderstand für verschiedene Impaktenergien über der Härte des Stahles C 70 W 2 aufgetragen ist, enthält Bild 4.56. Nur bei der niedrigsten Impaktenergie nimmt der Verschleißwiderstand linear mit steigender Härte zu. Bei mittleren Impaktenergien bleibt die Härte ohne Einfluß, während bei hohen Impaktenergien ein Maximum des Verschleißwiderstandes auftritt, dem ein Minimum des Verschleißbetrages entspricht. Ähnlich wie beim Wälzverschleiß scheint es unter bestimmten Bedingungen einen optimalen Härtewert zu geben, bei dem die Formänderungsfähigkeit und die Zähigkeit sich so ergänzen, daß der Rißbildung und dem Rißwachstum ein größtmöglicher Widerstand entgegengesetzt wird.

Als nächstes sollen die Ergebnisse von Stoßverschleißuntersuchungen vorgestellt werden, bei denen Gußeisensorten mit unterschiedlichen chemischen Zusammensetzungen und Gefügezuständen eingesetzt wurden. Die Stoßbeanspruchungen wurden durch Stahlkugeln der Härte 840 HV hervorgerufen, die mit einer Geschwindigkeit von 400 m/s auf Gußeisenplatten auftrafen. Die Eigenschaften der von Parent-Simonin und Margerie (1973) untersuchten Gußeisensorten sind in Tabelle 4.15 zusammengestellt. Beachtenswert ist, daß neben der Makrohärte auch die Mikrohärte der Matrix und der Carbide bestimmt wurde. Trägt man die gemessenen Verschleißbeträge über der Härte auf, so ergibt sich die beste Korrelation, wenn man als Härtemaß die Härte der Matrix wählt (Bild

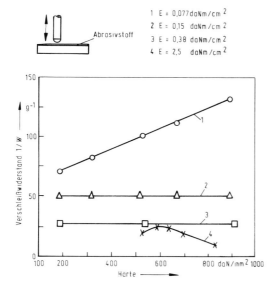

Bild 4.56 Stoßverschleißwiderstand von unterschiedlich wärmebehandeltem Stahl C 70 W 2 nach Khruschov (1974)

4.57). Vor allem bei Matrixhärten über 600 HV wird der Verschleißbetrag recht niedrig. Dies liegt wahrscheinlich daran, daß mit abnehmender Differenz zwischen der Härte der tribologisch beanspruchenden Stahlkugeln und der beanspruchten Werkstoffoberflächen zunehmend mehr Verformungsenergie von den Stahlkugeln aufgenommen wird. – Die großen Streuungen des Verschleißbetrages im Härtebereich zwischen 300 und 500 HV deuten darauf hin, daß hier weniger die Härte als vielmehr der Gefügezustand von Bedeutung ist.

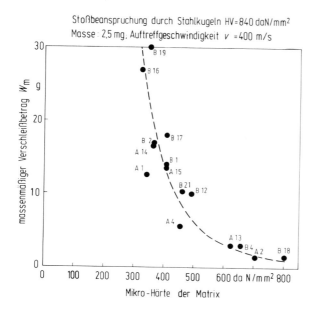

Bild 4.57 Stoßverschleiß von Gußeisen nach Parant-Simonin (1973) (Werkstoffdaten in Tabelle 4.14)

Das Wirken der Verschleißmechanismen 211

Bez.	Chemische Zusammensetzung [%]	Wärmebehandlung	Vickers-Härte [daN/mm^2]	Matrix Bestandteile	Matrix Mikrohärte [daN/mm^2]	Carbide Typ	Carbide Mikrohärte [daN/mm^2]	Carbide Gehalt Vol. %
A 1	3,3 C; 0,54 Si; 0,70 Mn, 15,38 Cr	3 h/950 °C → Luft 6 h/250 °C Ofenabkühl.	491	Perlit, Carbidnetz	342	(FeCr)$_7$C$_3$	1027	24,4
A 2	3,55 C; 0,60 Si; 0,71 Mn; 14,69 Cr; 2,86 Mo	"	826	angelassener Martensit	704	"	1172	27,5
A 4	3,60 C; 0,65 Si; 0,71 Mn; 16,10 Cr; 6,34 V	3 h/1000 °C → Luft 6 h/ 250 °C Ofenabkühl.	688	Sorbit, Troostit	453	(FeCr)$_7$C$_3$ + VC	1449	28,1
A 13	3,36 C; 0,64 Si; 0,70 Mn; 6,24 Ni; 7,83 Cr		711	Austenit	711	(FeCr)$_7$C$_3$	1193	30,9
A 14	3,18 C; 0,76 Si; 3,14 Mn; 0,21 Mo; 0,88 Cu		531	Perlit	362	Fe$_3$C	997	28,1
A 15	3,49 C; 0,76 Si; 2,34 Mn; 2,57 Cr; 0,70 Mo		561	Perlit	406	Fe$_3$C	804	32,9
B 1			800	Perlit	405	(FeCr)$_7$C$_3$		
B 2			450	Sorbit	364	"		
B 4			780	Bainit	654	(FeCr)$_7$C$_3$ + VC		
B 12			760	angelassener Martensit	639	Fe$_3$C		
B 16	3,60 C; 0,89 Si; 24,5 Mn; 2,98 Nb		491	Austenit	322	NbC	1265	
B 17	3,83 C; 0,77 Si; 23,9 Mn; 9,24 V		481	nicht auflösbar	406	VC		
B 18	3,67 C; 0,63 Si; 0,54 Mn; 0,64 Ni; 24,0 C; 0,90 Mo	3 h/1050 °C → Luft	746	Austenit	803	(FeCr)$_7$C$_3$		
B 19	3,36 C; 0,70 Si; 0,50 Mn, 9,92 W	3 h/ 950 °C → Luft	386	Sorbit, Martensit, Troostit	348	WC	1213	
B 21	3,54 C; 0,71 Si; 11,1 Mn; 18,3 Cr		486	Austenit	459	(FeCr)$_7$C$_3$		

Tabelle 4.15 Werkstoffdaten zu Bild 4.57

Während bei den vorangehend geschilderten Ergebnissen zwischen Grund- und Gegenkörper kein Schmierfilm vorhanden war, soll im folgenden über Stoßverschleißuntersuchungen berichtet werden, bei denen ein Schmierstoff verwendet wurde. Erdmann-Jesnitzer und Weigel (1958) führten Untersuchungen mit zylindrischen Proben durch, deren Stirnflächen schlagartig zusammengedrückt und anschließend wieder auseinandergezogen wurden. Sie verwendeten die folgenden Stähle: 50 CrV 4, weichgeglüht (206 HV 30), 50 CrV 4, in Luft abgekühlt (334 HV 30), 42 MnV 7 (337 HV 30) und 20 MnCr 5 (295 HV 30). Die an diesen Stählen gewonnenen Ergebnisse ließen die folgenden Schlußfolgerungen zu:

I. Die Oberflächenzerrüttung, die zur Grübchenbildung führte, war um so weniger ausgeprägt, je höher die Härte (bzw. Quetschgrenze) der Stähle war.

II. Paarungen mit größeren Härteunterschieden zwischen Grund- und Gegenkörper hatten das ungünstigste Verhalten. Als besonders günstig erwies sich unter den gegebenen Bedingungen die Paarung 42 MnV 7 (337 HV 30) gegen 50 CrV 4 (334 HV 30)

Für die Praxis wird empfohlen, den Härteunterschied zwischen Grund- und Gegenkörper nicht größer als 20...30 Vickers-Härteeinheiten zu machen, wobei zu beachten ist, daß die zulässige Pressung auf den weicheren Partner abgestimmt sein muß.

Auch Becker (1963/64) beobachtete mit einer ähnlichen Prüfmethodik, daß bei Stählen die Grübchenbildung durch Oberflächenzerrüttung bei Stoßbeanspruchungen tendenziell mit steigender Härte abnimmt. Von verschiedenen Gußeisensorten hatte Gußeisen mit Kugelgraphit ein besseres Verhalten als Gußeisen mit Lamellengraphit. Aluminium-Knetlegierungen hatten einen größeren Widerstand gegenüber der Oberflächenzerrüttung als Aluminium-Gußlegierungen, was auf den geringeren Gehalt von Mikrorissen in den Knetlegierungen zurückzuführen sein dürfte. Bei der Prüfung einer Bleibronze, eines Weißmetalls und eines mit Silber beschichteten Stahles schnitt die Bleibronze am schlechtesten und der mit Silber beschichtete Stahl am besten ab.

4.4.4.3 Gleitverschleiß

Beim Gleitverschleiß können alle Verschleißmechanismen getrennt und überlagert wirksam werden. In diesem Abschnitt sollen nur die Fälle betrachtet werden, bei denen der Verschleißmechanismus der Oberflächenzerrüttung dominiert. Hierzu liegen einige interessante Arbeiten vor, die sich in drei Gruppen aufteilen lassen:

I. Abschätzung eines sogenannten „Nullverschleißes" nach Bayer und Ku (1964)

II. Eine theoretisch abgeleitete Beziehung zur Abschätzung der Verschleißrate nach Halling (1975)

III. Die „delamination theory of wear" von Suh (1973)

Über die Abschätzung eines „Nullverschleißes", der zu erreichen sein soll, wenn die durch die maximale Schubspannung gekennzeichnete Werkstoffanstrengung unterhalb der Scherfließspannung der beanspruchten Werkstoffe liegt, wurde schon im Abschnitt 4.3 berichtet (siehe Beziehung 3). Dabei ist die Scherfließspannung von Werkstoffen mit ihrer Mikrohärte korreliert.

In einer theoretischen Arbeit kommt Halling (1975) letztlich zu der folgenden Beziehung, die in ähnlicher Form auch für den adhäsiven Verschleiß angegeben wird (siehe Beziehung 9 in Abschnitt 4.4.1.4)

$$W_{V/s} = C \cdot \frac{F_N}{H} \tag{44}$$

Die Beziehungen 9 und 44 unterscheiden sich aber durch die Größe und physikalische Bedeutung der Konstanten K bzw. C. In der Konstanten C sind der Formänderungs- und Verfestigungszustand, die Größe und Verteilung der Rauheitshügel, die Größe der Verschleißpartikel u. a. enthalten, wobei Einzelheiten zusammen mit der theoretischen Begründung der Originalarbeit entnommen werden können.

Die von Bayer und Ku (1964) sowie von Halling (1975) abgeleiteten Beziehungen weisen darauf hin, daß die Oberflächenzerrüttung beim Gleitverschleiß durch eine hohe Werkstoffhärte eingeschränkt werden kann. Abweichend davon kommt Suh (1973) in der „delamination theory of wear" zu dem Ergebnis, daß der Verschleiß durch eine weiche, aber sehr dünne Oberflächenschicht erheblich reduziert werden kann. Verschleißprüfungen an Stahlproben mit ca. 1 μm dicken Oberflächenschichten aus Kadmium, Silber, Gold und Nickel stehen in Übereinstimmung mit der Theorie (Jahanmir, Abrahamson und Suh, 1976). Der günstige Einfluß der weichen und dünnen Oberflächenschichten soll darin begründet sein, daß sie sich durch die tribologische Beanspruchung nicht verfestigen, weil die Versetzungen durch sogenannte Bildkräfte und durch das Spannungsfeld der Versetzungen des Grundwerkstoffes aus der Oberflächenschicht eliminiert werden sollen. Es darf aber nicht unerwähnt bleiben, daß diese Theorie von verschiedenen Seiten starken Angriffen ausgesetzt ist.

4.4.4.4 Kavitation und Tropfenschlag

Unter dieser Überschrift wurde von Rieger (1977) eine auf dem neuesten Stand der Wissenschaft stehende Monographie veröffentlicht, in der die Mechanismen der Werkstoffzerstörung durch Kavitation und Tropfenschlag, die wichtigsten Prüfverfahren und nicht zuletzt werkstofftechnische Maßnahmen zur Einschränkung des Verschleißes durch Tropfenschlag und Kavitation zusammengestellt sind. Zur Kavitation liegen ferner ausführliche Arbeiten von Grein (1974), Piltz (1966) und Erdmann-Jesnitzer (1973) vor. Besonders Erdmann-Jesnitzer hat sich in einer Reihe von experimentellen Arbeiten eingehend mit der Kavitation beschäftigt.

Die gemeinsame Ursache des Verschleißes durch Kavitation und Tropfenschlag liegt in der wiederholten Beanspruchung von Werkstoffoberflächen durch kurzzeitig wirkende Flüssigkeitsstöße. Bei der Kavitation werden die Werkstoffoberflächen durch implodierende Flüssigkeitshohlräume und beim Tropfenschlag durch aufprallende Flüssigkeitstropfen stoßartig beansprucht. Durch diese Beanspruchung werden die Oberflächenbereiche von metallischen Werkstoffen plastisch verformt und verfestigt, bis die Verformungsfähigkeit lokal erschöpft ist und es zur Bildung und zum allmählichen Wachstum von Rissen kommt, so daß schließlich Partikel abgetrennt werden, die in den beanspruchten Oberflächenbereichen Löcher zurücklassen. Bei Kunststoffen sind zusätzlich Werkstoffschädigungen durch Aufschmelzungen und Verkohlungen als Folge von Temperaturerhöhungen möglich.

214 *Zusammenhang zwischen Verschleiß und Härte*

In einer schematischen Darstellung zeigt Piltz (1966), daß der Verschleiß von metallischen Werkstoffen durch Kavitation tendenziell mit steigender Härte abnimmt (Bild 4.58). Dies gilt nach Untersuchungen von Rieger (1977) auch für den Tropfenschlag.

Rieger (1977) stellt weiterhin Untersuchungsergebnisse vor, aus denen erkennbar ist, wie durch Aushärtung der Widerstand von Kupfer-Beryllium-Legierungen gegenüber Tropfenschlag und von martensitaushärtendem Stahl gegenüber Kavitation zunimmt. Auch durch eine Verfestigung kann der Kavitationswiderstand erhöht werden. Diese Beobachtungen sind insofern bemerkenswert, weil bei der Abrasion Härtesteigerungen durch Aushärtung oder Verfestigung keinen Einfluß auf den Verschleißwiderstand haben (siehe Abschnitt 4.4.3.1). Dagegen bewirkt die Martensithärtung von Stählen sowohl bei der Abrasion als auch bei Kavitation und Tropfenschlag eine Zunahme des Verschleißwiderstandes.

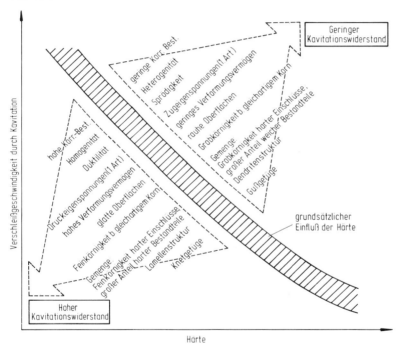

Bild 4.58 Schematische Darstellung des Verschleißes durch Kavitation in Abhängigkeit von verschiedenen Werkstoffeigenschaften nach Piltz (1966)

Bei keramischen Werkstoffen nimmt die Inkubationszeit bis zum Auftreten der ersten Werkstoffschädigungen durch Kavitation offenbar erheblich mit steigender Härte zu. — Es sei hier abschließend nochmals darauf hingewiesen, daß in der Abhandlung von Rieger (1977) eine große Anzahl von Untersuchungsergebnissen zusammengestellt sind, die an den verschiedensten metallischen, keramischen und polymeren Werkstoffen gewonnen wurden, so daß bei der Lösung von Verschleißproblemen durch Kavitation und Tropfenschlag diese Abhandlung zur Hand genommen werden sollte.

4.4.4.5 Maßnahmen zur Einschränkung der Oberflächenzerrüttung

Betrachtet man als erste Maßnahme zur Einschränkung der Oberflächenzerrüttung die Schmierung, so darf man nicht vergessen, daß selbst bei hydrodynamischer oder elastohydrodynamischer Schmierung dynamische Beanspruchungen durch den Schmierfilm übertragen werden können. Die Oberflächenzerrüttung kann daher auch in hydrodynamisch geschmierten Gleitlagern oder in elastohydrodynamisch geschmierten Zahnradgetrieben wirksam werden und zum Ausfall dieser tribotechnischen Systeme führen. Durch die Schmierung wird aber der Reibungskoeffizient und damit auch die Werkstoffanstrengung der tribologisch beanspruchten Oberflächenbereiche beträchtlich herabgesetzt, wodurch das Wirken der Oberflächenzerrüttung und noch mehr der anderen Verschleißmechanismen erheblich eingeschränkt wird.

Mit werkstofftechnischen Maßnahmen läßt sich ein hoher Widerstand gegenüber der Oberflächenzerrüttung vor allem durch den Einsatz von Werkstoffen erreichen, die eine hohe Härte mit einer großen Zähigkeit verbinden.

Da mit steigender Werkstoffhärte die Zähigkeit im allgemeinen abnimmt, ist man aber in der Regel auf einen Kompromiß angewiesen. So scheint es bei Stählen, deren Eigenschaften durch Wärmebehandlungen in weiten Grenzen verändert werden können, einen optimalen Härtewert zu geben, bei dem der Widerstand gegenüber der Oberflächenzerrüttung am größten ist. Oberhalb dieses Härtewertes ist die Zähigkeit und unterhalb dieses Härtewertes der Widerstand gegenüber plastischer Verformung zu gering.

Zur Einschränkung der Oberflächenzerrüttung eignen sich besonders homogene Werkstoffe. Heterogene Werkstoffe können homogenen überlegen sein, wenn sie eine harte Phase enthalten, die feinkörnig und fein verteilt ist.

Da Druckeigenspannungen der Werkstoffanstrengung entgegenwirken, können sie den Widerstand gegenüber der Oberflächenzerrüttung spürbar erhöhen. Auf der Erzeugung von Druckeigenspannungen dürfte vor allem die günstige Wirkung des Aufkohlens und des Nitrierens von Stählen beruhen. Auch durch Verfestigung der Oberflächenbereiche eingebrachte Druckeigenspannungen wirken sich positiv aus.

Bei keramischen Werkstoffen ist besonders darauf zu achten, daß die Oberflächenbereiche keine Mikrorisse enthalten, weil von ihnen ein weiteres Rißwachstum ausgehen kann. Ferner sind möglichst glatte Oberflächen anzustreben, da die Rauheitstäler von rauhen Oberflächen als Mikrokerben wirken können.

4.5 Verschleiß von ausgewählten Bauteilen in Abhängigkeit von der Härte der verwendeten Werkstoffe

In den letzten vier Abschnitten wurde ausführlich dargestellt, welchen Einfluß die Werkstoffhärte auf den Verschleiß hat, wenn die einzelnen Verschleißmechanismen getrennt wirksam werden. In der Praxis treten die Verschleißmechanismen aber nur selten getrennt, sondern meistens überlagert auf; dabei ist jede Konstellation von Verschleißmechanismen denkbar. Dies kann man Tabelle 4.16 entnehmen, in der für verschiedene tribotechnische Systeme die bevorzugt auftretenden Verschleißmechanismen wiedergegeben sind. Danach können sich z. B. bei Gleitlagern oder bei Passungen alle Verschleißmechanismen überlagern. Einen Unterschied kann man u. a. darin sehen, daß beim Gleitlager die Tribooxidation im allgemeinen nur teilweise zum Verschleiß beiträgt — wenn sie nicht sogar verschleißmindernd wirkt —, während Passungen vielfach durch das Wirken der Tribooxidation ausfallen. In den folgenden Abschnitten soll daher gezeigt werden, welche Verschleißmechanismen für einzelne Bauteile besonders und welche weniger gefährlich sind. Daran anschließend werden die Werkstoffe mit Angaben über ihre Härte aufgeführt, die zur Fertigung der verschiedenen tribotechnischen Bauteile benutzt werden.

Tribosystem bzw. tribologisch beanspruchtes Bauteil	Mögliche Verschleißmechanismen			
	Adhäsion	Tribooxidation	Abrasion	Oberflächenzerrüttung
Gleitlager				
a) hydrodynamisch geschmiert		+		++
b) bei Misch- oder Festkörperreibung	++	+	++	+
Wälzlager	+	+	+	++
Zahnradgetriebe	++	+	+	++
Passungen	+	++	+	+
Nocken und Stößel	++	+	+	++
Rad und Schiene	(+)	+	+	+
Reibungsbremsen	+	+	+	+
Elektrische Schaltkontakte	+	+		+
Werkzeuge der Zerspanungstechnik	++	+	++	+
Werkzeuge der Umformtechnik	++	+	+	+
Bauteile, die durch mineralische Stoffe tribologisch beansprucht werden		+	++	+

++ hauptsächlich   + teilweise

Tabelle 4.16 In tribotechnischen Systemen auftretende Verschleißmechanismen

4.5.1 Gleitlager

Lager haben die Aufgabe, sich bewegende Bauteile zu tragen und zu führen. Je nach Art der Relativbewegung der Elemente des Lagers unterscheidet man zwischen Gleit- und Wälzlagern. Da beide Lagerarten für die Praxis von großer Bedeutung sind, sollen in diesem Abschnitt die Gleitlager und im folgenden die Wälzlager behandelt werden.

Gleitlager können in verschiedenen Betriebszuständen betrieben werden, die sich durch den Reibungszustand nach DIN 50 281 charakterisieren lassen:

      I. Festkörperreibung
     II. Flüssigkeitsreibung
    III. Gasreibung
    IV. Mischreibung

Ein weitgehend verschleißfreier Betrieb ist in den Gleitlagern gegeben, in denen die Gleitpartner durch einen Flüssigkeits- oder Gasfilm getrennt sind, sei es, daß dieser Film hydrostatisch oder hydrodynamisch bzw. aerostatisch oder aerodynamisch aufgebaut wird. Hydro- und aerostatische Lager werden wegen ihrer hohen Kosten aber nur in Sonderfällen eingesetzt. Auch aerodynamische Gleitlager werden meistens nur bei extrem hohen Gleitgeschwindigkeiten benutzt. In der Praxis finden vor allem flüssigkeitsgeschmierte Gleitlager, die nach Möglichkeit hydrodynamisch betrieben werden sollen, Verwendung; wegen ihrer Wartungsfreiheit werden auch zunehmend mehr Trockengleitlager, die bei reiner Festkörperreibung laufen, eingesetzt. Von den Systemelementen her kann man diese beiden Lagertypen durch die folgenden Unterschiede kennzeichnen:

     A. Geschmiertes Gleitlager: Welle/Schmierstoff/Lagerschale
     B. Ungeschmiertes Gleitlager: Welle/Lagerschale

Während die Welle bei beiden Lagertypen in der Regel aus Stahl besteht, wird in ölgeschmierten Gleitlagern die Lagerschale meistens aus einem metallischen Gleitlagerwerkstoff gefertigt; demgegenüber bestehen die Lagerschalen von Trockengleitlagern praktisch nie aus rein metallischen Werkstoffen, sondern höchstens aus Metall-Kunststoff-Verbundwerkstoffen. Häufiger werden für die Lagerschalen von Trockengleitlagern spezielle Werkstoffe auf Polymer-, Kunstkohle- oder Keramikbasis verwendet.

Im folgenden sollen zunächst die ölgeschmierten Gleitlager behandelt werden. Für ihr Betriebsverhalten ist die Stribeck-Kurve (siehe Bild 2.54) von entscheidender Bedeutung, weil sie darüber Auskunft gibt, ob das Lager im Gebiet der Mischreibung oder der Flüssigkeitsreibung arbeitet. Aus der Stribeck-Kurve kann man entnehmen, daß bei kleinen Gleitgeschwindigkeiten, wie sie beim An- oder Auslauf auftreten, das Gebiet der Mischreibung durchlaufen wird, in dem ein Teil der Lagerbelastung durch Festkörperkontakte übertragen wird. Unter diesen Bedingungen kommt es zum Verschleiß durch Adhäsion und Abrasion und in geringerem Maße auch durch Tribooxidation. Beim Erreichen der reinen Flüssigkeitsreibung wird das Wirken der Adhäsion und Abrasion vollständig und das Wirken der Tribooxidation weitgehend eingeschränkt. Bei dynamischen Belastungen, die auch durch den Schmierfilm übertragen werden, muß statt dessen der Oberflächenzerrüttung Aufmerksamkeit geschenkt werden.

Neben einem möglichst hohen Widerstand gegenüber dem Wirken der Verschleißmechanismen müssen metallische Gleitlagerwerkstoffe eine Reihe weiterer Eigenschaften besitzen, die in der Norm DIN 50 282 zusammengestellt sind. Dazu gehören eine hohe mechanische Belastungsgrenze, Schmiegsamkeit, Anpassungsfähigkeit, Einbettfähigkeit, ein gutes Einlauf- und Notlaufverhalten, Schmierstoffbenetzbarkeit, Wärmeleitfähigkeit, eine gute Korrosionsbeständigkeit gegen Additive und Alterungsprodukte von Schmierölen u. a. Diese Vielzahl von Anforderungen, die sich teilweise widersprechen, so daß man einen Kompromiß der Werkstoffeigenschaften eingehen muß, macht es verständlich, daß es eine Reihe sehr unterschiedlicher Lagerwerkstoffe gibt. Einzelheiten über ihre chemische Zusammensetzung und über ihre wesentlichen Eigenschaften können den Monographien von Schmid und Weber (1953) sowie Kühnel (1952) und der VDI-Richtlinie 2203 von 1964 entnommen werden. Ferner ist in den letzten Jahren eine verstärkte Aktivität auf dem Gebiet der Normung der Gleitlagerwerkstoffe zu beobachten, wobei nach Möglichkeit DIN-ISO-Normen erstellt werden. Die gebräuchlichen Gleitlagerwerkstoffe lassen sich entsprechend ihrem Aufbau in drei Hauptgruppen unterteilen (Hodes, Mann u. Roemer, 1978):

    a. Massivwerkstoffe
    b. Verbundwerkstoffe
    c. Sinterwerkstoffe

	Kurzzeichen	Norm	Härte HB 10/1000/10			
			Sandguß	Kokillenguß	Schleuderguß	Strangguß
Gußlegierungen	CuPb10Sn10	DIN-ISO 4382 Entwurf 1977	65	65	70	70
	CuPb15Sn8		60	60	65	65
	CuPb20Sn5		45	50	50	50
	CuPb9Sn5	''	65	65	70	70
	CuSn10P	''	70	95	100	100
	CuSn12Pb2	''	80		90	90
	CuSn5Pb5Zn5	''	60	60	65	65
	CuSn7Pb7Zn3	''	65	65	70	70
	AlZn5SiCuPbMg	''		50		
	AlSn6CuNi	DIN-ISO 6279	35			40
Knetlegierungen	CuSn8	DIN 17 662		110		
	CuZn31Si	DIN 17 660		110		
	CuZn40Al2	DIN 17 660		140		
	CuAl10Fe5Ni5			140		

Tabelle 4.17 Gleitlagermetalle für Massivgleitlager

Als Massivwerkstoffe werden eine größere Anzahl von Kupferlegierungen und praktisch nur zwei Aluminiumlegierungen verwendet (Tabelle 4.17). Die Verbundwerkstoffe bestehen aus einer Stahlstützschale, auf die eine Gleitlagermetallschicht aufgegossen oder aufgesintert wird. Diese Gleitlagermetallschicht kann aus Legierungen auf Blei-, Zinn-, Kupfer- oder Aluminiumbasis bestehen (Tabelle 4.18). Auf die Gleitlagermetallschicht wird häufig noch galvanisch eine ternäre Laufschicht aus einer Bleibasislegierung aufgebracht (z. B. PbSnCu 2, PbSn 10 oder PbIn 7).

Betrachtet man die Härtewerte der in den Tabellen 4.17 und 4.18 aufgeführten Legierungen, so fällt auf, daß diese teilweise beträchtlich unter 100 HB liegen. Dabei nehmen von den weiter oben genannten Anforderungen an Gleitlagerwerkstoffe die Schmiegsamkeit, die Anpassungsfähigkeit, das Einlauf- und Notlaufverhalten und die Einbettfähigkeit tendenziell mit sinkender Härte zu.

Bezüglich des Verschleißwiderstandes im Mischreibungsgebiet verhalten sich die relativ harten Kupfer-Knetlegierungen und die Kupfer-Zinn-Gußlegierungen am günstigsten.

Gegenüber der Oberflächenzerrüttung infolge dynamischer Belastungen bei hydrodynamischer Schmierung sind die Kupfer-Knetlegierungen ebenfalls recht beständig. Für höchstbeanspruchte Kurbelwellen- und Pleuellager in Verbrennungsmotoren werden über-

Kurzzeichen	Norm	Härte am Probestab HB 10/2500/180			
		20 °C	50 °C	100 °C	150 °C
PbSb10Sn6	DIN ISO 4383 Entwurf 1977	18	18	14	8
PbSb15SnAs	"	18	15	14	10
PbSb15Sn10	"	21	16	14	10
SnSb8Cu4	"	21	17	11	8
CuPb10Sn10	"	gegossen: 70 . . . 110;* gesintert: 50 . . . 80*			
CuPb17Sn5	"	"	60 . . . 95;		
CuPb24Sn4	"	"	60 . . . 90;	"	45 . . . 60
CuPb24Sn	"	"	55 . . . 80;	"	50 . . . 70
CuPb30	"	"	30 . . . 45		
AlSn20Cu	"	30 . . . 40			
AlSn6Cu	"	35 . . . 40			
AlSi4Cd	"	30 . . . 40			
AlCd3CuNi	"	35 . . . 55			
AlSi11Cu	"	45 . . . 60			

* Härte bei 20 °C

Tabelle 4.18 Gleitlagermetalle für Verbundgleitlager

wiegend Verbundwerkstoffe eingesetzt (Hodes, Mann u. Roemer, 1978). Hier zeichnen sich Verbundwerkstoffe mit Gleitlagermetallschichten aus Kupfer-Blei-Zinn-Legierungen durch einen besonders hohen Widerstand gegenüber der Oberflächenzerrüttung aus; die Aluminiumlegierungen haben in der Regel einen etwas geringeren Widerstand gegenüber der Oberflächenzerrüttung, während die weichen Legierungen auf Blei- und Zinnbasis nur dann der Oberflächenzerrüttung widerstehen können, wenn sie genügend dünn sind (Bild 4.59).

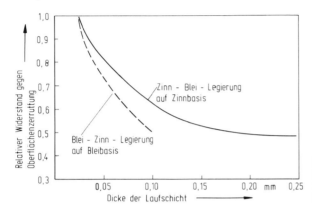

Bild 4.59 Widerstand von Blei-Zinn-Legierungen gegenüber der Oberflächenzerrüttung bei hydrodynamischer Schmierung nach Neale (1973)

Nach den Massiv- und Verbundwerkstoffen sind die Sinterwerkstoffe zu behandeln. Sinterlager arbeiten überwiegend im Gebiet der hydrodynamischen Schmierung; sie zeichnen sich durch weitgehende Wartungsfreiheit aus und sind bei kleinen Gleitgeschwindigkeiten höher als Massiv- und Verbundlager belastbar (Detter, 1974). Als Sinterwerkstoffe werden hauptsächlich Sinterbronze mit Zusätzen von Graphit und Blei sowie Sintereisen mit Zusätzen von Kupfer und Graphit bzw. Kohlenstoff verwendet. Die Härte dieser Werkstoffe liegt je nach chemischer Zusammensetzung, Porosität und Oberflächenzustand zwischen 20 und 50 HB für Bronzen und zwischen 30 und 140 HB für Sintereisen (Fachverband Pulvermetallurgie, 1966). Wenn sich Kantenpressungen nicht vermeiden lassen, sollten Sinterwerkstoffe nicht eingesetzt werden, da sonst die Gefahr des adhäsiv bedingten Fressens besteht (Wiemer, 1970).

Die Lagerschalen von ölgeschmierten Gleitlagern können auch aus Kunststoffen gefertigt werden. Hierzu eignen sich insbesondere Hartgewebe oder Kunstharze (Friedrich, 1965; Campbell, 1978). Gleitlagerwerkstoffe aus verstärkten Kunstharzen finden bevorzugt dort Anwendung, wo die Schmierungsbedingungen ungünstig sind und der Betrieb sehr rauh ist wie z. B. in Kugelmühlen oder bei Anwesenheit von wasserhaltigen Umgebungsmedien. Sie sollen sich besonders bei hohen Belastungen unter kleinen Gleitgeschwindigkeiten bewähren, also unter Betriebsbedingungen, bei denen Mischreibung vorherrscht. Thermoplastische Kunststoffe werden dagegen weniger für ölgeschmierte Gleitlager benutzt; sie werden überwiegend für Trockengleitlager eingesetzt, die weiter unten behandelt werden.

Nach den Lagerwerkstoffen sollen einige Bemerkungen zu den Wellenwerkstoffen gemacht werden, die aus Stählen oder Gußeisen bestehen. Für die harten Zinnbronzen sollten Stähle mit einer Mindesthärte von ca. 450 HB verwendet werden, während bei den weichen Legierungen auf Zinn- und Bleibasis Stähle mit einer Härte von 130 bis 165 HB ausreichen können (Bild 4.60). Sind Öle verunreinigt, so hängt der Verschleiß der Welle in starkem Maße davon ab, inwieweit die Verunreinigungen in den Gleitlagerwerkstoff eingebettet werden können, so daß ihre abrasive Wirkung eingeschränkt wird. Die Einbettfähigkeit nimmt zwar mit sinkender Härte der Gleitlagerwerkstoffe zu; Untersuchungen an Pleuellagern von PKW-Motoren zeigten aber, daß noch andere Werkstoffeigenschaften als die Härte eine Rolle spielen müssen; denn bei annähernd gleicher Härte war der Wellenverschleiß bei der Legierung CuPb 30 viel höher als bei der Legierung AlSn20Cu1 (Bild 4.61).

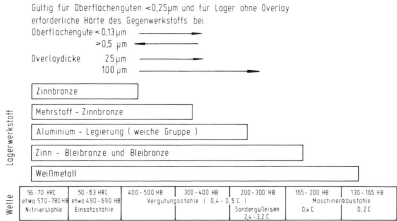

Bild 4.60 Für Gleitlagerwerkstoffe geeignete Wellenwerkstoffe nach Metals Handbook (1961)

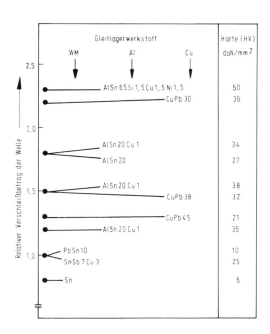

Bild 4.61 Verschleiß der Wellen von Pleuellagern mit verschiedenen Gleitlagerwerkstoffen nach Duckworth und Forrester (1957)

Es sollen nun die Gleitlagerwerkstoffe behandelt werden, die für ungeschmierte Gleitlager eingesetzt werden können. Die sogenannten Trockengleitlager haben sich besonders drei Hauptanwendungsbereiche erobert (Lancaster, 1973):

    I. Hohe und tiefe Betriebstemperaturen sowie aggressive Umgebungsmedien einschließlich des Vakuums, weil es für diese Bedingungen keine flüssigen Schmierstoffe gibt.

    II. Anlagen, in denen Produkte nicht durch Schmierstoff verunreinigt werden dürfen wie z. B. in der Lebensmittelindustrie.

    III. Anlagen, die möglichst wartungsfrei ohne Schmierstoffkontrolle und Schmierstoffwechsel betrieben werden müssen.

Ferner werden Trockengleitlager häufig dort eingesetzt, wo bestimmte Werkstoffeigenschaften wie elektrisches Isolationsvermögen, chemische Beständigkeit, Dämpfungsvermögen, Gewichtsersparnis u.a. von Bedeutung sind. Häufig ist auch die wirtschaftliche Verarbeitbarkeit von Kunststoffen von Vorteil, wenn große Stückzahlen durch Spritzguß gefertigt werden können, wenn komplizierte Formen verlangt werden, ein geringes Einbauvolumen anzustreben ist oder das Lager als integriertes Element in einem Kunststoffbauteil vorhanden ist (Erhard u. Strickle, 1974 u. 1978).

Der wesentliche Nachteil der Trockengleitlager besteht darin, daß die Reibungswärme nicht mit einer strömenden Flüssigkeit abgeführt werden kann. Daher können Trockengleitlager nicht bei hohen Reibleistungen eingesetzt werden. Während bei den ölgeschmierten Gleitlagern mit steigender Gleitgeschwindigkeit die Beanspruchung der Gleitlagerwerkstoffe abnimmt, wenn sich der hydrodynamische Tragantteil vergrößert, ist bei Trockengleitlagern mit einer Erhöhung der Gleitgeschwindigkeit fast immer eine Erhöhung der Beanspruchung des Gleitlagerwerkstoffes verbunden.

Die Lagerschalen von Trockengleitlagern werden aus verschiedenen Werkstoffen hergestellt, die sich in vier Hauptgruppen einteilen lassen:

    A. Werkstoffe auf Polymerbasis
    B. Werkstoffe auf Kunstkohlebasis
    C. Werkstoffe auf Metallbasis
    D. Werkstoffe auf Keramikbasis

Als Gleitlagerwerkstoffe auf Polymerbasis sind vor allem die thermoplastischen Kunststoffe zu nennen, über die in den Arbeiten von Lancaster (1973), Erhard und Strickle (1978) und in der VDI-Richtlinie 2541 „Gleitlager aus thermoplastischen Kunststoffen" umfangreiche Angaben enthalten sind. Dabei fällt das weitgehende Fehlen von Härtewerten auf.

Für das tribologische Verhalten von Polymerwerkstoff-Stahl-Gleitpaarungen ist die Adhäsion von großer Bedeutung, die im Unterschied zu metallischen Paarungen in einem gewissen Umfang erwünscht ist. Haftet z. B. PTFE fest an einem Gleitpartner, so gleiten einzelne Moleküle oder Lamellen des PTFE aufeinander ab, was mit einem niedrigen Reibungskoeffizienten verbunden ist (Pooley u. Tabor, 1972; Mittmann u. Czichos, 1975). Ein dünner Film wird aber nur bei niedrigen Gleitgeschwindigkeiten und hohen Flächenpressungen übertragen. Bei hohen Gleitgeschwindigkeiten können durch Adhäsion größere Partikel aus dem PTFE herausgerissen und auf den Stahlpartner übertragen werden, wodurch der Reibungskoeffizient auf Werte über 0,5 ansteigen kann. Unter diesen Bedingungen ist PTFE nicht mehr als Gleitlagerwerkstoff einsetzbar.

Außer der Adhäsion kann auch die Abrasion in Kunststoff-Metall-Gleitpaarungen in Erscheinung treten. Sie führt zum Verschleiß, wenn der Metallpartner einen optimalen Rauheitswert überschreitet. Ferner ist für die Abrasion die Härte des Metallpartners von Wichtigkeit. Tendenziell nimmt der Verschleiß von Trockengleitlagern mit steigender Härte des metallischen Gleitpartners ab (Bild 4.62). Nach Erhard und Strickle (1972) soll die Härte des Metallpartners größer als 50 HRC sein, weil sonst in größerem Umfang Rauheitshügel des Metallpartners abgerieben werden, die als Verschleißpartikel nicht aus der Gleitfläche entfernt werden können und daher zur Abrasion des Kunststoffes und des Metalles führen. Dies kann für den metallischen Gleitpartner vor allem dann gefährlich werden, wenn die Verschleißpartikel teilweise im Kunststoff verankert werden, so daß es zur Gegenkörperfurchung mit einer sehr hohen Verschleißrate kommt. Die Abrasion des metallischen Gleitpartners kann auch durch im Kunststoff enthaltene harte Füllstoffe wie z. B. Glasfasern hervorgerufen werden.

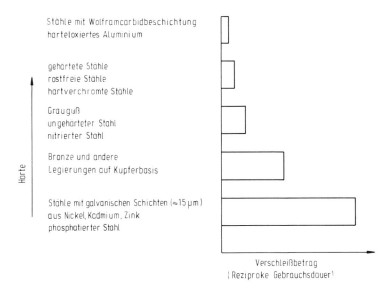

Bild 4.62 Verschleiß von hochbelasteten Trockengleitlagern in Abhängigkeit vom Werkstoff des Gleitpartners nach Hentschel (1976)

Auch die Tribooxidation kann in Kunststoff-Metall-Gleitpaarungen auftreten; dabei wird weniger der Kunststoff als vielmehr der metallische Gleitpartner angegriffen. Abgeriebene Metalloxidpartikel können zusätzlich abrasiv wirken.

Eine Übersicht über die wichtigsten polymeren Basiswerkstoffe für Trockengleitlager ist zusammen mit einer Aufstellung der gebräuchlichsten Füllstoffe in Tabelle 4.19 wiedergegeben. Die Füllstoffe haben die Aufgabe, Reibung und Verschleiß zu vermindern und die Wärmeleitfähigkeit heraufzusetzen. Außerdem sollen sie die Festigkeit erhöhen und die Materialkosten senken. Zu den verschiedenen Werkstoffen können keine Härteangaben gemacht werden, weil fast keine Meßergebnisse vorliegen. Die in Trockengleitlagern unter definierten Prüfbedingungen gemessenen Verschleißraten und Reibungskoeffizienten sind für einige polymere Gleitlagerwerkstoffe mit Füllstoffen in Bild 4.63 zusammen-

Basis-Werkstoff	Kurzzeichen	Füllstoffe *		
		zur Erhöhung des Verschleißwiderstandes	zur Verminderung des Reibungskoeffizienten	zur Erhöhung der thermischen Leitfähigkeit
Polyamid 66	PA 66	Asbest	Graphit	Bronze
Polyamid 6	PA 6	Glas	Molybdändisulfid	Silber
Gußpolyamid 6	Guß-PA	Graphit	Polytetrafluoräthylen	Graphit
Polyamid 610	PA 610	Textilfasern		
Polyamid 11	PA 11	Glimmer		
Polyamid 12	PA 12	Metalle u. Metalloxide		
Polyoxymethylen	POM			
Polyäthylenterephthalat	PETP			
Polybutylenterephthalat	PBTP			
Polyäthylen hoher Dichte	HDPE			
Polytetrafluoräthylen	PTFE			
Polyimid	PI			
Phenolharze	PF			
Epoxidharze	EP			

* nach Lancaster (1973)

Tabelle 4.19 Gleitlagerwerkstoffe auf Polymerbasis

Verschleiß von ausgewählten Bauteilen 225

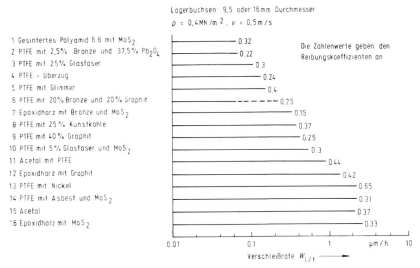

Bild 4.63 Verschleiß und Reibung von Gleitlagerwerkstoffen auf Polymerbasis nach Neale (1973)

gestellt. Weitere Daten über das tribologische Verhalten von Kunststoff-Stahl-Paarungen sind bei Detter (1975) und Erhard u. Strickle (1978) zu finden.

Der Einsatz von thermoplastischen Kunststoffen ist auf Betriebstemperaturen von höchstens 300°C begrenzt. Für höhere Betriebstemperaturen können Gleitlagerwerkstoffe auf Kunstkohlebasis verwendet werden, die an Luft bis zu 500°C und in reduzierenden Atmosphären sogar bis zu 1000°C ertragen. Dabei ist erwähnenswert, daß sich die mechanisch-technologischen Eigenschaften von Kunstkohle bis 1000°C nur wenig ändern.

Da Kunstkohle kaum plastisch verformbar ist, können örtliche Spannungsspitzen relativ leicht zur Rißbildung und zum Rißwachstum führen, so daß mit Oberflächenzerrüttung zu rechnen ist. Bedenkt man, daß die Härte des Graphits, der neben amorphem Kohlenstoff einen Hauptbestandteil von Kunstkohle bildet, richtungsabhängig ist, und im Extremfall bis zu 1500 HV betragen kann, so wird verständlich, daß selbst gehärteter Stahl abrasivem Verschleiß durch Graphitkörner ausgesetzt sein kann. Außerdem können Abrasionsprozesse durch harte Verunreinigungen der Kunstkohle ausgelöst werden. Bei Temperaturen über 350°C treten Oxidation bzw. Tribooxidation verstärkt in Erscheinung.

Das günstige Reibungsverhalten von Kunstkohle-Stahl-Paarungen beruht auf der hexagonalen Gitterstruktur des Graphits, dessen Basisflächen leicht aufeinander abgleiten können, sofern H_2O-Moleküle im Graphitgitter gelöst sind, welche die Bindungskräfte zwischen den Gitterebenen herabsetzen. Weil die H_2O-Moleküle im Vakuum herausdiffundieren, kann Graphit im Vakuum nicht als Gleitlagerwerkstoff eingesetzt werden.

Die in der Praxis verwendeten Kunstkohlearten kann man in 5 Hauptgruppen unterteilen:

    a. Hartbrandkohle
    b. Elektrographitierte Kunstkohle
    c. Kunstkohle mit Metallimprägnierung

d. Kunstkohle mit Kunstharzimprägnierung
e. Kunstkohle mit Keramikimprägnierung

Durch die verschiedenen Imprägnierungen wird zwar der Verschleißwiderstand der Kunstkohle erhöht; dagegen sinken die zulässigen Betriebstemperaturen.

Als Härtewerte für Kunstkohle gibt Wiemer (1970) je nach Imprägnierung Beträge zwischen 45 und 90 HB an. Der Gegenkörper soll eine Härte von 400...600 HV haben. Als Gegenkörperwerkstoff soll sich u. a. auch austenitisches Gußeisen bewähren (Lancaster, 1973). Sehr harte Gegenkörperoberflächen sollten aber eine geringe Rauhtiefe haben, damit der Einlaufverschleiß nicht zu groß wird.

Nach den Gleitlagerwerkstoffen auf Kunstkohlebasis sollen nachfolgend die Gleitlagerwerkstoffe auf Metallbasis behandelt werden, die für Trockengleitlager geeignet sind.

Als Metallmatrix wird in der Regel eine Kupfer-Zinnbronze mit 10% Zinn verwendet, in die als Festschmierstoff PTFE, Graphit oder Blei eingelagert wird. Eine beträchtliche technische Anwendung haben Gleitlagerwerkstoffe gefunden, die aus einer auf einem Stahlband aufgesinterten, porösen Bronze bestehen, in die PTFE mit Metall- oder Metalloxidzusätzen eingewalzt wird, so daß die Poren vollständig geschlossen werden. An der Oberfläche befindet sich eine 10...30 μm dicke PTFE-Schicht, die als Einlaufschicht dienen soll. Die besonderen Vorteile dieses Werkstoffes, der in DIN 1494, Teil 4, genormt ist, liegen darin, daß der hohe Verschleißwiderstand der Bronzeschicht mit dem günstigen Reibungsverhalten des PTFE kombiniert ist.

Bei einer anderen Werkstoffgruppe wird Graphit anstelle von PTFE in die Bronze eingelagert. Der Graphitanteil liegt zwischen 5 und 15%. Während die Härte mit steigendem Graphitanteil abnimmt, soll der Verschleißwiderstand ansteigen (Pratt, 1973). Die Vorzüge dieser Gleitlagerwerkstoffe liegen in ihrer hohen Maßhaltigkeit und Temperaturbeständigkeit sowie in dem geringen thermischen Ausdehnungskoeffizienten. Sie besitzen aber im Vergleich zu den Metall-Kunststoff-Verbundwerkstoffen einen niedrigeren Verschleißwiderstand.

Rein metallische Gleitwerkstoffe bestehen aus Silber-Indium-Legierungen mit Indiumgehalten zwischen 10 und 70% und Härtewerten zwischen 57 und 147 HV 0,001 (Hintermann, 1972). Diese Legierungen sollen sich als Käfigwerkstoffe für Wälzlager eignen, die im Ultrahochvakuum betrieben werden; sie sollen einen höheren Verschleißwiderstand als mit MoS_2 gefüllte Polyimide aufweisen.

Herrschen sehr hohe Betriebstemperaturen, bei denen polymere und metallische Werkstoffe erweichen, so bietet sich der Einsatz von keramischen Werkstoffen an, die auch bei Raumtemperatur Vorteile bringen, wenn ein hoher Widerstand gegenüber abrasivem Verschleiß und eine gute Korrosionsbeständigkeit gefordert werden.

Nach Stookey (1959) sollen glaskeramische Gleitlagerwerkstoffe mit einer Härte von 200 HV 0,1 mit Gleitpartnern aus Nickel- oder Kobaltlegierungen Temperaturen von 1000°C aushalten, ohne adhäsiv zu versagen. Bei einer so hohen Temperatur sollen auch Siliziumcarbid und Siliziumnitrid einsetzbar sein, wenn mit Festschmierstoffen geschmiert wird (Gugel, 1973). Auch Aluminiumoxid wird als Gleitlagerwerkstoff für hohe Temperaturen genannt; es bildet häufig den keramischen Bestandteil von Cermets, die als metallische Bestandteile vor allem Chrom, Molybdän und Wolfram enthalten. Diese Werkstoffe sollen ebenfalls bis 1000°C als Gleitlagerwerkstoffe verwendbar sein (Glaeser, 1967).

4.5.2 Wälzlager

Wälzlager zeichnen sich bekanntlich durch einen niedrigen Reibungskoeffizienten (f = 0,001...0,003) aus, der nahezu geschwindigkeitsunabhängig ist; außerdem ist der statische Reibungskoeffizient dem dynamischen annähernd gleich. Die Gebrauchs- bzw. Lebensdauer von Wälzlagern wird vielfach durch die Grübchenbildung begrenzt, als deren Ursache die Oberflächenzerrüttung anzusehen ist (siehe Abschnitt 4.4.4.1).

Die nominelle Lebensdauer von Wälzlagern wird nach dem Entwurf der Norm DIN-ISO 281, Teil 1, von 1977 mit der folgenden Beziehung abgeschätzt:

$$L_{10} = C/F \tag{45}$$

mit L_{10} als der nominellen Lebensdauer, die mit 90% Erlebenswahrscheinlichkeit bei 10^6 Umdrehungen erreicht wird, der dynamischen Tragzahl C und der auf das Lager wirkenden Kraft F, die sich aus der Radial- und Tangentialkraft zusammensetzt.

Für besondere Werkstoffeigenschaften und Betriebsbedingungen und für eine Erlebenswahrscheinlichkeit 100 − n wird mit einer modifizierten nominellen Lebensdauer gerechnet

$$L_{na} = a_1 \cdot a_2 \cdot a_3 \cdot L_{10} \tag{46}$$

mit $0 < a_1, a_2, a_3 \leqslant 1$

Der Beiwert a_1 berücksichtigt Abweichungen von der 90%-Erlebenswahrscheinlichkeit. So beträgt er bei einer geforderten 99%igen Erlebenswahrscheinlichkeit 0,21. Mit dem Beiwert a_2 werden die Werkstoffeigenschaften erfaßt. Er nimmt nur dann den Wert 1 an, wenn die Wälzkörper aus einem Wälzlagerstahl mit einem besonderen Reinheitsgrad und einer bestimmten chemischen Zusammensetzung gefertigt werden; andernfalls ist mit einem kleineren Wert zu rechnen. Dies ist auch notwendig, wenn die Härte der Wälzkörper unter 58 HRC liegt.

Der Beiwert a_3 in Beziehung 46 berücksichtigt die Betriebsbedingungen, wobei die Geschwindigkeit, die Betriebstemperatur und der Reibungs- bzw. Schmierungszustand von besonderer Wichtigkeit sind. Ein ausreichend dicker Schmierfilm zwischen den Elementen des Wälzlagers muß verhindern, daß Mischreibung oder sogar Grenzreibung auftritt, weil sonst die Adhäsion und Abrasion zum Verschleiß führen können (Eschmann, 1964), wobei die folgenden Reibungsvorgänge in Erscheinung treten:

    I. Gleitreibung in der Kontaktfläche der Wälzpartner als Folge von elastischen Verformungen der aufeinander abrollenden Wälzkörper

    II. Bohrreibung durch Rotation der Kugeln in einer anderen als in der Bewegungsrichtung

    III. Gleitreibung zwischen den Wälzkörpern und den Gleitflächen des Käfigs

    IV. Gleitreibung zwischen den Stirnflächen von Wälzrollen und dem Bord

Laufen diese Reibungsvorgänge im Gebiet der Mischreibung ab, so ist mit einem Beiwert $a_3 < 1$ zu rechnen.

Erhöhte Betriebstemperaturen und der Einsatz von Wälzlagern im Ultrahochvakuum machten Werkstoffweiter- und Neuentwicklungen notwendig (Scott, 1977). Hierüber

228 *Zusammenhang zwischen Verschleiß und Härte*

wurde schon in Abschnitt 4.4.4.1 berichtet. So entwickelte man Stähle mit einer höheren Warmhärte und machte Versuche mit Wälzkörpern aus keramischen Werkstoffen. Da unter den genannten, erschwerten Betriebsbedingungen eine Flüssigkeitsschmierung nicht möglich ist, liegt die Tragfähigkeit solcher Lager in der Regel aber erheblich unter der Tragfähigkeit von Wälzlagern, die unter Normalbedingungen laufen.

4.5.3 Zahnradgetriebe

Zahnradgetriebe dienen zur Übertragung von Drehmomenten und Bewegungen. Müssen große Drehmomente übertragen werden, so werden die Zahnräder im allgemeinen aus metallischen Werkstoffen und zwar insbesondere aus Stählen gefertigt. Für Getriebe, mit denen Bewegungen bei kleinen Drehmomenten übertragen werden, haben sich auch polymere Werkstoffe bewährt. Da zwischen dem tribologischen Verhalten von Zahnrädern aus metallischen und polymeren Werkstoffen einige Unterschiede bestehen, sollen im folgenden zunächst die Zahnradgetriebe aus metallischen Werkstoffen und anschließend die aus polymeren Werkstoffen behandelt werden.

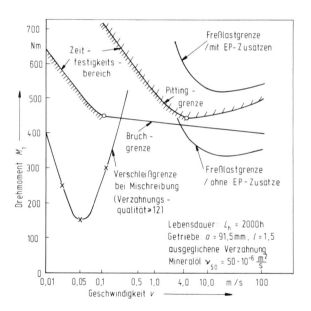

Bild 4.64 Schadensarten von Zahnradgetrieben bei verschiedenen Betriebsbedingungen nach Rettig und Plewe (1977)

Nach Rettig und Plewe (1977) kann man für ein Zahnradgetriebe in Abhängigkeit von der Relativgeschwindigkeit der Zahnräder ein zulässiges Drehmoment angeben, unterhalb der es bei einer vorgegebenen Gebrauchsdauer nicht zum Ausfall des Getriebes kommt (Bild 4.64). Bei hohen Relativgeschwindigkeiten wird das zulässige Drehmoment durch die adhäsiv bedingte „Freßlastgrenze" bestimmt, wenn der Schmierstoff keine EP (extreme pressure)-Additive enthält. Verwendet man ein Getriebeöl mit EP-Zusätzen, so wird die Freßlastgrenze so stark angehoben, daß die zulässige Belastung nun durch die Zahnbruchgrenze gegeben ist, die noch unter der Pittinggrenze liegt, welche den Ausfall durch Grübchenbildung infolge Oberflächenzerrüttung repräsentiert. Bei niedrigen Relativgeschwindigkeiten der Zahnräder werden die Zahnflanken nicht mehr durch einen elastohydrodynamischen Schmierfilm getrennt; es kommt zum Verschleiß im Mischreibungsgebiet, bei dem die Verschleißmechanismen der Adhäsion und Abrasion dominieren dürften. Unter diesen Bedingungen gibt es eine kritische Geschwindigkeit, bei der die zulässige Belastung besonders niedrig ist.

Bei Zahnradgetrieben, die längere Zeit still stehen und dabei gleichzeitig Schwingungen ausgesetzt, sind, ist mit Reibkorrosion zu rechnen. Gelegentlich werden auf den Zahnflanken auch Kavitationsschäden beobachtet, die auftreten können, wenn das Öl mit zu großer Geschwindigkeit aus den Öldüsen auf die Zahnflanken trifft. Daneben kann an Zahnrädern eine Reihe weiterer Zahnschäden auftreten, die ausführlich in der Norm DIN 3979 und in einer Arbeit von Ku (1976) zusammengestellt sind. Im folgenden sollen nur die wichtigsten, der Tribologie zuzuordnenden Zahnschäden einschließlich der werkstofftechnischen Maßnahmen zu ihrer Einschränkung behandelt werden und zwar:
    I. die Grübchenbildung durch Oberflächenzerrüttung
    II. das adhäsiv bedingte Fressen
    III. der Verschleiß im Mischreibungsgebiet bei kleinen Relativgeschwindigkeiten der Zahnräder

Der Widerstand gegenüber der Oberflächenzerrüttung kann durch die Dauerwälzfestigkeit gekennzeichnet werden.

Im Abschnitt 4.3 wurde schon gezeigt, daß für Zahnräder aus Stählen die Dauerwälzfestigkeit quadratisch mit der Brinell-Härte zunimmt (siehe Beziehung 2). Für Gußeisen ist nach Rettig (1969) die Härteabhängigkeit weniger ausgeprägt:

$$K_D = (0{,}13 \ldots 0{,}25) \frac{HB}{100} \tag{47}$$

Durch Flamm- oder Induktionshärten kann die Dauerwälzfestigkeit von Gußeisen nicht unerheblich gesteigert werden (Niemann und Rettig, 1958). Die Dauerwälzfestigkeit von Messing und phosphorhaltiger Bronze soll im gleichen Bereich wie die Dauerwälzfestigkeit von ungehärtetem Gußeisen liegen (Woodley, 1977).

Durch das Aufbringen von Oberflächenschichten kann die Dauerwälzfestigkeit beträchtlich erhöht werden. So wurde schon in Abschnitt 4.4.4.1 berichtet, daß dünne Zinn- oder Kupferfilme die Dauerwälzfestigkeit heraufsetzen, weil diese weichen Metalle frisch entstandene Haarrisse zuschmieren können. In der Praxis werden solche Überzüge offenbar aber nur wenig eingesetzt. Dagegen haben das Aufkohlen und das Nitrieren einen festen Platz in der Wärmebehandlung von Zahnrädern. Der Vorteil dieser Verfahren liegt vor allem darin, daß sie in den Oberflächenbereichen der Zahnräder Druckeigenspannungen erzeugen, die der Rißbildung entgegenwirken. –

Für Verzahnungs-Verhältnisse, die größer als 1,5 sind, hat es sich zur Erzielung einer hohen Dauerwälzfestigkeit bewährt, das Ritzel härter als das getriebene Zahnrad zu machen (Tabelle 4.20).

Der Widerstand von Zahnradgetrieben gegenüber dem adhäsiv bedingten Fressen kann einerseits durch den Einsatz von speziellen Getriebeölen erhöht werden, welche EP-Additive enthalten. Andererseits ist hierzu auch besonders das Nitrieren geeignet (Tabelle 4.21), obwohl nitrierte Zahnräder im allgemeinen weicher als aufgekohlte und gehärtete sind.

Brinell-Härte [daN/mm²]	
Zahnrad	Ritzel
180	210
210	245
225	265
245	285
255	295
270	310
285	325
300	340
335	375
350	390
375	415

Tabelle 4.20 Gebräuchliche Härtedifferenzen zwischen Ritzel und Zahnrad nach Woodley (1977)

Stahl	Paarung und Wärmebehandlung		Schmierstoff	Freßgrenztragfähigkeit M_{krit} [daN · m]
20 MnCr 5	aufgekohlt und gehärtet	aufgekohlt und gehärtet	mildes Getriebeöl	24,1
"	salzbadnitriert	salzbadnitriert	"	46,1
"	aufgekohlt und gehärtet	salzbadnitriert	"	41,1
"	aufgekohlt, gehärtet und salzbadnitriert	aufgekohlt, gehärtet und salzbadnitriert	"	54,4

Tabelle 4.21 Erhöhung der Freßgrenztragfähigkeit von Zahnrädern durch eine Nitrierbehandlung nach Rettig (1966)

Der bei kleinen Relativgeschwindigkeiten auftretende adhäsiv-abrasive Verschleiß liegt nach Untersuchungen von Rettig und Plewe (1977) für eine Zahnradpaarung aus vergütetem Stahl 42 CrMo 4 nur wenig über dem der viel härteren Paarung aus aufgekohltem und gehärtetem Stahl 15 CrNi 6. Auch flammgehärtete Paarungen haben annähernd das gleiche Verschleißniveau. Außerordentlich hoch wird der Verschleiß, wenn ein vergütetes Zahnrad mit einem aufgekohlten und gehärteten gepaart wird. — Zur Erzielung eines erträglichen Verschleißes hat sich in einigen Fällen das Borieren bewährt.

Nach dem tribologischen Verhalten von metallischen Zahnradwerkstoffen soll nun über Zahnräder aus polymeren Werkstoffen berichtet werden. Nach Erhard und Strickle (1978) sowie Siedke (1977) bringt die Fertigung von Zahnrädern aus polymeren Werkstoffen folgende Vorteile:

 A. wartungsfreier Betrieb im Trockenlauf
 B. Dämpfung von Schwingungen, Stößen und Geräuschen
 C. hoher Korrosionswiderstand
 D. geringes Gewicht, geringe träge Massen
 E. rationelle Fertigung sowohl im Spritzguß als auch zerspanend
 F. elektrisches Isolationsvermögen

Die Nachteile von Kunststoff-Zahnrädern liegen — wie schon erwähnt — in ihrer geringen Belastbarkeit. Von den Verschleißmechanismen kann ähnlich wie bei den metallischen Werkstoffen die Oberflächenzerrüttung wirksam werden, die zur Grübchenbildung führt. Ein Ausfall durch adhäsiv bedingtes Fressen dürfte dagegen kaum auftreten. Bei Überbeanspruchungen können die Zähne plastisch verformt werden. Ansonsten sind bei Kunststoff-Zahnrädern die von metallischen Zahnrädern her bekannten Schadensbilder zu finden (Erhard u. Strickle, 1978).

Von den thermoplastischen Kunststoffen eignen sich im wesentlichen die in Tabelle 4.18 bei den Gleitlagerwerkstoffen wiedergegebenen Werkstoffe. Von den Duroplasten finden Schichtpreßwerkstoffe aus Hartgewebe, Hartpapier oder Kunstharzpreßholz Verwendung. In Einzelfällen werden auch Phenolharzpreßmassen und Vulkanfiber für die Zahnradfertigung benutzt. Die Vorzüge von Hartgewebe liegen in seinem relativ hohen Elastizitätsmodul, seiner Temperaturbeständigkeit und seiner geringen Feuchtigkeitsaufnahme; es ist aber stoßempfindlich und soll häufig ein ungünstigeres Verschleißverhalten als thermoplastische Kunststoffe aufweisen (Friedrich, 1965).

Nicht selten werden auch Zahnradgetriebe verwendet, bei denen ein Zahnrad aus einem Kunststoff und das andere aus einem metallischen Werkstoff besteht. Der Vorteil der Paarung Kunststoff/Metall gegenüber der Paarung Kunststoff/Kunststoff liegt vor allem darin, daß die Reibungswärme durch das metallische Zahnrad besser als durch ein Kunststoff-Zahnrad abgeleitet werden kann.

4.5.4 Passungen

Mit Passungen können Bauteile form- oder kraftschlüssig miteinander verbunden werden. Sie können als Spiel- oder als Preßpassungen angewendet werden. Erleiden die Paßflächen oszillierende Beanspruchungen, was sich in Maschinen häufig kaum vermeiden läßt, so kann es als Folge von Relativbewegungen mit kleinen Amplituden zu einer Schädigung der beanspruchten Oberflächenbereiche kommen, die man als Passungsrost oder Reibkorrosion bezeichnet. Die zur Reibkorrosion bzw. zum Passungsrost führenden Vorgänge sind von Waterhouse (1972) und von Bartel (z. B. 1975) ausführlich beschrieben worden. Nach Bartel kann man drei Stadien unterscheiden. Im ersten Stadium werden die auf den metallischen Oberflächen liegenden natürlichen Oxidschichten durchbrochen, so daß die Adhäsion wirksam werden kann; dadurch kann Werkstoff von einem Partner auf den anderen übertragen werden. Im zweiten Stadium tritt zusätzlich die Tribooxidation in Erscheinung; es entstehen oxidische und metallische Verschleißpartikel. Im dritten Stadium findet durch die Verschleißpartikel Abrasion statt; außerdem macht sich die Oberflächenzerrüttung bemerkbar. Infolge der überlagerten Wirkung der verschiedenen Verschleißmechanismen werden die Oberflächenbereiche völlig zerstört.

Passungsrost bzw. Reibkorrosion sind besonders aus zwei Gründen sehr gefürchtet:
    I. Durch die Verschleißpartikel kann das Spiel zwischen den Paßflächen zugesetzt werden, so daß die Relativbewegung zwischen den Paßelementen erschwert oder völlig unterbunden wird.
    II. Durch Passungsrost geschädigte Oberflächenbereiche können Ausgangsstellen für einen Reibdauerbruch (engl.: fretting fatigue) sein, durch den das gesamte Bauteil zerstört wird.

Betrachtet man die Möglichkeiten zur Einschränkung des Passungsrostes, so sind zunächst zwei konstruktive Maßnahmen in Erwägung zu ziehen, nämlich die Vermeidung von Passungen, was vor allem dann möglich ist, wenn es sich um Preßpassungen handelt, sowie die Dämpfung von Schwingungsbeanspruchungen. Die Wirkung von schwingenden Beanspruchungen kann man in Preßsitzen durch eine Erhöhung der Reibung einschränken, so daß die Relativbewegung der Paßflächen erschwert wird. Hierzu sind Überzüge aus weichen Metallen wie z. B. Kadmium, Kupfer oder Silber geeignet. Diese Überzüge gehen mit Stahloberflächen Adhäsionsbindungen ein, welche den Reibungskoeffizienten anheben und somit den Widerstand gegen Relativbewegungen erhöhen (Waterhouse, 1972).

Bei Spielpassungen, die eine niedrige Reibung erfordern, muß dagegen die Adhäsion möglichst weitgehend unterbunden werden. Hierzu können Schmierstoffe dienen, wobei feste Schmierstoffe gegenüber flüssigen bevorzugt werden, weil wegen der geringen Gleitgeschwindigkeiten flüssige Schmierstoffe die Paßflächen nicht durch einen hydrodynamischen Schmierfilm trennen können.

Bestehen beide Elemente einer Passung aus Eisenwerkstoffen, so führt eine Erhöhung der Härte zu einer Verminderung des Passungsrostes. So beobachtete Wright (1958), daß durch eine Erhöhung der Härte von Stahl von 190 HV auf 800 HV der durch Passungsrost bedingte Verschleiß auf die Hälfte sank. Bei Gußeisen führte eine Erhöhung der Härte von 100 auf 250 HB zu einem Abfall des Verschleißes durch Passungsrost auf ca. ein Fünftel. Auch das günstige Verhalten von Borcarbidschichten, die durch Ionenimplantieren aufgebracht werden, läßt auf einen Einfluß der Härte schließen, da Borcarbid mit einer Knoop-Härte von fast 3000 daN/mm^2 mit zu den härtesten Stoffen gehört (Ohmae, Nakai u. Tsukizoe, 1974). Abweichend davon beobachtete Neukirchner (1977), daß Paarungen, bei denen beide Partner mit Chromcarbid, Vanadincarbid oder Titancarbid beschichtet waren, Passungsrost bei reiner Festkörperreibung nicht verhindern konnten, weil die relativ dünnen Schichten zu schnell durchbrochen wurden. Wesentlich bessere Ergebnisse wurden erzielt, wenn ein Partner mit den genannten Carbiden beschichtet wurde und der andere aus weich geglühtem Stahl 100 Cr 6 bestand. Bei Schmierung verhielt sich die Paarung Titancarbid/Titancarbid recht gut; noch besser war es aber, Titancarbid mit weich geglühtem Stahl 100 Cr 6 zu kombinieren. Nickel-Dispersionsschichten sollen auch bei Gegenwart von Schmieröl keinen ausreichenden Schutz gegen Passungsrost bieten (Neukirchner (1977)); demgegenüber sollen Hartchromschichten zur Einschränkung des Passungsrostes geeignet sein, wie aus Untersuchungen von Gabel u. Bethke (1978) an einer Reihe von verschiedenartigen Oberflächenschichten hervorgeht. Auch durch das Nitrieren soll der Widerstand gegenüber dem Passungsrost erhöht werden.

Mehr als metallische Überzüge bieten sich Kunststoffüberzüge oder -zwischenschichten zur Verminderung oder sogar Unterbindung des Passungsrostes an, weil Kunststoffe weniger als metallische Werkstoffe zur Adhäsion und Triboxidation neigen, so daß zwei wesentliche Teilprozesse des Passungsrostes weitgehend unterbunden werden. Für Paarungen, bei denen ein Partner aus Kunststoff und der andere aus Stahl besteht, wurden umfangreiche Untersuchungen von Stott, Bethune und Higham (1977) gemacht. Die an den Stahlproben gemessenen Verschleißbeträge sind in Tabelle 4.22 zusammengestellt. Da PCTFE, PVDF, PE und PTFE einen besonders niedrigen Verschleiß auf den Stahlproben hervorrufen, sind diese Kunststoffe zur Einschränkung des Passungsrostes von Stahl offenbar besonders geeignet. So wird z. B. der Passungsrost der Blattfedern von Eisenbahnwagen durch mit Glasstaub verstärkten Zwischenschichten aus PTFE deutlich vermindert.

Kunststoff	Frequenz [Hz]	F_N [N]	Amplitude [μm]	Belastungszyklen × 10^6	Verschleißbetrag [mm^2] × 10^{-2}
Polyamid 6 6	60	3.3	7.7	0.21	1.8
			7.7	1.08	6.9
			7.7	3.46	11.8
Polycarbonat	60	3.3	3.5	0.42	0.06
			6.3	0.21	0.3
			6.3	1.08	1.2
			6.3	3.46	2.1
			11.0	0.42	2.0
PMMA	60	3.3	2.8	0.42	0.0
			6.3	0.21	0.25
			6.3	1.08	1.06
			6.3	3.46	2.0
			8.5	0.42	2.0
PVC	60	3.3	3.0	0.42	0.01
			6.3	0.21	0.14
			6.3	1.08	0.75
			6.3	3.46	1.71
			8.2	0.42	0.63
Polysulphon	60	3.3	6.3	3.46	1.58
PCTFE	60	3.3	2.6	0.42	0.0
			4.0	0.42	0.07
			6.3	0.21	0.01
			6.3	1.08	0.10
			6.3	2.46	0.45
			8.1	0.42	0.37
PVDF	60	3.3	6.3	0.21	0.0
			6.3	1.08	0.04
			6.3	3.46	0.10
			11.0	3.46	0.0
Polyäthylen	30	1.3	5.5	3.46	0.0
	30	1.3	7.0	3.46	0.08
	30	1.3	10.5	3.46	0.4
	60	1.3	9.4	1.08	0.0
	60	3.3	6.3	3.46	0.0
PTFE	60	3.3	6.3	3.46	0.0

Stahl (0,1 % C; weichgeglüht), geläppt (Pulver: 3 μm)
Kunststoff

Tabelle 4.22 Reibkorrosionsuntersuchungen an Kunststoff-Stahl-Paarungen nach Stott, Bethune und Higham (1977)

4.5.5 Nocken und Stößel

Das Tribosystem „Nocken/Stößel" dient vielfach dazu, die Ventile von Verbrennungsmotoren zu öffnen und zu schließen. Nocken und Stößel bilden einen punkt- oder linienförmigen Kontakt; die Kontaktspannungen lassen sich mit den bekannten Hertzschen Gleichungen abschätzen (siehe Tabelle 2.2). Bei Anwesenheit eines flüssigen Schmierstoffes kann in der Kontaktstelle ein elastohydrodynamischer Schmierfilm erzeugt werden, wenn die hydrodynamisch wirksame Geschwindigkeit $\bar{v}$ ungleich null ist (Müller, 1966). Diese Geschwindigkeit kann mit der folgenden Beziehung abgeschätzt werden:

$$\bar{v} = w_1 + w_2 \tag{48}$$

Dabei stellen w_1 und w_2 die Relativgeschwindigkeiten der Gleitflächen von Nocken und Stößel gegen ein im Schmierspalt fixiertes Koordinatensystem dar.

Ist $\bar{v} = 0$, so wird nach dem Abklingen eines kurzzeitigen Verdrängungsvorganges kein Schmierstoff mehr in die Kontaktstelle gefördert; es tritt Misch- oder sogar Grenzreibung auf. Unter diesen Bedingungen können nach Wilson (1969) die folgenden Verschleißmechanismen wirksam werden:

I. Adhäsiv-abrasiver Verschleiß, wenn die Geschwindigkeiten w_1 und w_2 klein sind. Nach Kern (1957) bewirken kleine Gleitgeschwindigkeiten größere, den Verschleiß fördernde Berührungskräfte, da die volle Ventilfederkraft wirkt, während bei hohen Gleitgeschwindigkeiten die Ventilfederkraft durch Tangentialkräfte vermindert wird.

II. Adhäsiv bedingtes Fressen bei hohen Geschwindigkeiten w_1 und w_2, das durch die relativ hohe Reibungsenergie begünstigt wird.

III. Oberflächenzerrüttung, die zur Grübchenbildung oder nach Just (1970) zur Lochbildung führt, wenn z. B. im Gußeisen Graphitlamellen die Ausgangspunkte von Rissen bilden, die zur Herauslösung von Martensitkörnern führen.

IV. Sogenannter polierender Verschleiß, der bei einem sehr hohen Verschleißbetrag glatte Oberflächen hinterläßt; er wird vermutlich durch das überlagerte Wirken der Abrasion und Oberflächenzerrüttung hervorgerufen.

Interessant ist eine Beobachtung von Holinski (1977), daß sich durch die tribologische Beanspruchung die Konzentration von Legierungselementen in den Oberflächenbereichen des Stößels ändern kann (Bild 4.65), was eine Härteänderung zur Folge haben dürfte.

Nocken und Stößel werden aus einer Reihe unterschiedlicher Eisenwerkstoffe hergestellt und zwar insbesondere aus unlegiertem und legiertem Gußeisen, das entweder während des Gießens und anschließenden Abkühlens durch den Einbau von Kokillen in die Gußform unmittelbar gehärtet oder anschließend flamm- oder induktionsgehärtet wird. Weiterhin werden flammgehärtete sowie aufgekohlte und gehärtete Stähle verwendet. Der Widerstand der genannten Werkstoffe gegenüber den Verschleißmechanismen der Oberflächenzerrüttung und der Adhäsion ist schematisch in Tabelle 4.23 dargestellt. Da sich die Neigung zur Adhäsion und zur Oberflächenzerrüttung gegenläufig ändert, ist man bei der Auswahl eines geeigneten Werkstoffes in vielen Fällen auf einen Kompromiß angewiesen.

Verschleiß von ausgewählten Bauteilen 235

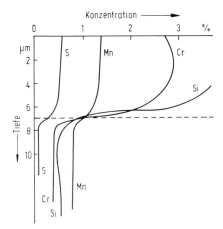

Bild: 4.65 Änderung der Konzentration der Legierungselemente in den Oberflächenbereichen eines tribologisch beanspruchten Stößels nach Holinski (1977)

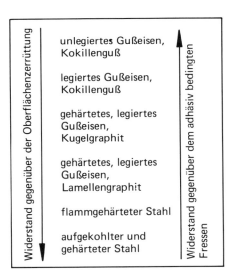

Tabelle 4.23 Widerstand von Nocken- und Stößelwerkstoffen gegenüber der Oberflächenzerrüttung und der Adhäsion nach Wilson (1969)

Gußeisen bietet gegenüber Stahl den Vorteil des niedrigeren Elastizitätsmoduls, so daß bei der Verwendung von Gußeisen mit kleineren Hertzschen Spannungen zu rechnen ist (Hartung, 1975). Außerdem können durch den Graphit des Gußeisens Schwingungen gedämpft werden.

Durch ein Nitrieren kann der Widerstand sowohl gegenüber der Adhäsion als auch gegenüber der Oberflächenzerrüttung erhöht werden (Wilson, 1969). Nach Just (1970) soll ein Nitrieren von Gußeisen oder Stahl die an Nocken und Stößeln auftretenden Verschleißprobleme nur dann lösen können, wenn diese Werkstoffe als Nitridbildner Chrom, Aluminium oder Molybdän enthalten.

In Gußeisen ist der Phosphorgehalt von besonderer Bedeutung. Einerseits ist er erwünscht, weil er die Gefahr des adhäsiv bedingten Fressens einschränkt. Wegen der niedrigen Schmelztemperatur des Phosphideutektikums 960°C muß aber darauf geachtet werden, daß beim Austenitisieren diese Temperatur nicht erreicht wird.

Eine Zusammenstellung von gebräuchlichen Werkstoff-Paarungen für Nocken und Stößel enthält Tabelle 4.24. Weitere Werkstoffe können einer Arbeit von Wykes (1970) entnommen werden, in der die Ergebnisse von Modell-Verschleißprüfungen an 43 Werkstoff-Paarungen zusammengestellt sind.

Werkstoffpaarung		Vickers-Härte [daN/mm^2]		Gleitgeschwindigkeit [m/s]	Zahl der Belastungszyklen	Schmierstoff	zulässige Pressung [N/mm^2]
Nocken	Stößel	Nocken	Stößel				
Gußeisen, K	Gußeisen, K, P	440 – 600	440 – 600	3,44	2 x 10^7	NA SAE 10W/20	965
Gußeisen, K	gehärtetes Gußeisen, P	440 – 600	510	3,44	2 x 10^7	NA SAE 10W/20	930
einsatzgehärteter Stahl	einsatzgehärteter Stahl, P	700	700	3,44	2 x 10^7	NA SAE 10W/20	1035
induktionsgehärt. Gußeisen	Gußeisen, K, P	510	440 – 600	3,44	2 x 10^7	ZDDP SAE 10W/20	965
einsatzgehärteter Stahl	salzbadnitriertes Gußeisen, K	700	500 – 600	3,44	2 x 10^7	NA SAE 10W/20	1170
einsatzgehärteter Stahl	salzbadnitriertes Gußeisen, K	700	500 – 600	3,44	2 x 10^7	ZDDP SAE 10W/20	980
salzbadnitriertes Gußeisen, K	salzbadnitriertes Gußeisen, K	500 – 600	500 – 600	3,44	4 x 10^7	NA SAE 10W/20	1180
salzbadnitriertes Gußeisen, K	salzbadnitriertes Gußeisen, K	500 – 600	500 – 600	3,44	2 x 10^7	ZDDP SAE 10W/20	1060
induktionsgehärteter Vergütungsstahl	gehärteter Werkzeugstahl (1,05 C)	500	800	0	––	NA	1720
Nocken oder Stößel							
Stahl (0,2 C; 0,5 Mn)	Stahl (0,2 C; 0,5 Mn), P	130 – 170	130 – 170	0	––		840
Stahl (0,2 C; 0,5 Mn)	Stahl (0,2 C; 0,5 Mn), P	130 – 170	130 – 170	2,96	10 x 10^7		600
Stahl 34 CrMo 4, vergütet	Stahl 34 CrMo 4, vergütet, P	270 – 300	270 – 300	0	10 x 10^7		1290
Stahl 34 CrMo 4, vergütet	Stahl 34 CrMo 4, vergütet, P	270 – 300	270 – 300	2,96	10 x 10^7		760
Graues Gußeisen	gehärteter Werkzeugstahl	140 – 160	750	0	10 x 10^7		338
Graues Gußeisen	gehärteter Werkzeugstahl	140 – 160	750	2,96	10 x 10^7		324

P : phosphatiert   K : Kokillenguß   NA: additivfreies Öl   ZDDP: Zinkdithiophosphat

Tabelle 4.24 Werkstoffe für Nocken und Stößel nach Neale (1973)

4.5.6 Rad und Schiene

Für das tribologische Verhalten des Tribosystems „Rad/Schiene" sind sowohl die Reibung als auch der Verschleiß von Wichtigkeit. Damit Zug- und Bremskräfte vom Rad auf die Schiene übertragen werden können, ohne daß die Räder rutschen, darf der Reibungskoeffizient einen bestimmten Mindestwert nicht unterschreiten. Daher muß zwischen Rad und

Schiene eine gewisse Adhäsion vorhanden sein. Die Adhäsion kann durch Wasser und natürlich besonders durch Öl stark herabgesetzt werden (Marta u. Mels, 1969; Collins u. Pritchard, 1972; Beagley, McEwen u. Pritchard, 1975). Verschleiß- oder Sandpartikel machen die Verminderung der Adhäsion weitgehend rückgängig. Die Wirkung dieser Partikel soll vor allem darauf beruhen, daß sie im Betrieb die Schienenoberflächen von kontaminierenden Öl- und Wasserfilmen reinigen.

Im Kontaktbereich zwischen Rad und Schiene herrschen hohe mechanische Beanspruchungen, zu deren Abschätzung Bröhl und Brinkmann (1975) verschiedene Berechnungsverfahren angeben. Als Folge der Beanspruchungen werden die Oberflächenbereiche von Rad und Schiene elastisch und während des Einlaufes auch plastisch verformt und verfestigt.

Die elastischen Verformungen, die bei einer Radlast in der Größenordnung von 10^5 N bei ca. 0,1 mm liegen, können bei der Rückfederung Schwingungen hervorrufen, die von Barwell (1974) als die Ursache der Riffelbildung auf Schienen angesehen werden. Trotz großer Anstrengungen, über die z.B. Spieker, Köhler u. Kühlmeyer (1971) oder Werner (1975) berichteten, wartet das Riffelproblem immer noch auf seine Klärung und Lösung. In diesem Zusammenhang ist auch noch die Frage unbeantwortet, ob die häufig beobachtete Reibmartensitbildung auf Schienen Ursache oder Folge der Riffelbildung ist (Stolte, 1963). −

Da die Oberflächenbereiche von Rad und Schiene periodisch be- und entlastet werden, spielt für den Verschleiß die Oberflächenzerrüttung eine wichtige Rolle. Sie tritt bei den Rädern wegen deren kleinerer Oberfläche stärker als bei den Schienen in Erscheinung. Die Räder bilden nicht nur mit den Schienen, sondern auch mit den Bremsen ein Tribosystem. Durch die Bremsbacken wird vor allem abrasiver Verschleiß hervorgerufen. Ferner können durch Thermoschock Risse entstehen, wenn als Folge des Bremsens örtlich sehr hohe Temperaturen entstehen, die sehr schnell wieder abklingen. Für den Verschleiß der Schienen ist offenbar die Tribooxidation in besonderem Maße verantwortlich, wie Dearden (1960) anhand umfangreicher Untersuchungen zeigen konnte. In Übereinstimmung damit fand Pigors (1972) bei der chemischen Analyse von Verschleißpartikeln, die in einem Güterbahnhof im Fahrbetrieb entstanden waren, neben SiO_2 und Ferrit auch $\alpha\text{-}Fe_2O_3$, Fe_3O_4, $\alpha\text{-}FeO(OH)$ und $\gamma\text{-}FeO(OH)$.

Für die Herstellung von Schienen und Rädern wird nur eine eng begrenzte Anzahl von Werkstoffen verwendet. Dabei werden die Eigenschaften der Werkstoffe nicht allein durch die Forderung nach einem hohen Verschleißwiderstand bestimmt. So müssen Schienenstähle zusätzlich einen ausreichend hohen Widerstand gegenüber plastischer Verformung besitzen, unempfindlich gegenüber Sprödbruch sein und sich schweißen lassen. Obwohl bei der Entwicklung von Schienenstählen von naturharten Schienen gesprochen wird (Jäniche u. Heye, 1961, Heller, 1972), wird als mechanisch-technologische Eigenschaft der Stähle nur selten die Härte, sondern im allgemeinen die Zugfestigkeit, die Bruchdehnung und die Streckgrenze angegeben. So werden die Schienenstähle nach Mindestzugfestigkeiten eingeteilt, die heute in der Regel zwischen 700 und 1100 N/mm² liegen. Neuere Entwicklungen zielen aber auf Stähle mit höheren Zugfestigkeiten ab, deren obere Grenze bei ca. 1400 N/mm² liegen soll (Herbst, 1972). Ein solcher Stahl soll auf der Lauffläche eine Härte von 360 bis 400 HV und 12 mm unter der Lauffläche noch eine Härte von über 300 HV haben.

Für einen in den letzten Jahren zur Anwendung empfohlenen Chrom-Mangan-Stahl mit einer Zugfestigkeit von 1100 N/mm² wird für die 4 mm unter der Lauffläche gemessene Härte ein Wert von ca. 300 HV 20 angegeben (Heller, 1972); in der Umgebung der Schweißnähte soll die Härte mit 350...400 HV 20 deutlich höher liegen.

Stähle mit geringerer Zugfestigkeit als 1100 N/mm² dürften niedrigere Härtewerte aufweisen, sofern die in Abschnitt 3.5.1 wiedergegebene Beziehung 24 über den Zusammenhang zwischen Härte und Zugfestigkeit gültig ist.

Schienenstähle bestehen vorzugsweise aus feinlamellarem Perlit; Martensit ist wegen seiner Sprödigkeit unerwünscht (Schultheiss, 1976). Auch die Bildung von Reibmartensit wirkt sich nachteilig aus, weil er sich wegen seiner hohen Härte zu wenig plastisch verformen kann und somit die Bildung von Rissen begünstigt (Pigors, 1975). Abweichend davon berichten Uetz, Nounou und Halach (1972), daß sich austenitische Auftragsschweißungen vor allem deshalb bewähren sollen, weil der Austenit durch die tribologischen Beanspruchungen in Martensit umgewandelt werden kann. —

Die Räder werden im allgemeinen aus Stählen gefertigt, die eine geringere Härte als die Schienenstähle haben. So gibt Trebst (1968) für zwei verschiedene Radstähle Härtewerte zwischen 228 und 248 HV an. Bröhl und Brinkmann (1971) berichten über ein Sondervergütungsverfahren für Räder, durch das ein troostitisch-sorbitisches Gefüge mit einer Härte von etwas über 300 HB 30 auf dem Laufkranz entsteht. Auch die von Pigors (1975) untersuchten Radwerkstoffe hatten eine Maximal-Härte von nur wenig über 300 HV 30.

Bei rauhem Betrieb in der Stahlindustrie oder im Bergbau werden dagegen oberflächengehärtete Räder mit Oberflächenhärten von 500 HB 30 und Kernhärten von 300 HB 30 eingesetzt (N.N., 1971). Auch Aufschweißungen aus austenitischen Stählen, deren Härte im Betrieb von 200 auf 500 HB ansteigt, sollen sich unter diesen Bedingungen bewähren (Bierögel, 1971).

Interessant sind die in Bild 4.66 wiedergegebenen Ergebnisse von Laboruntersuchungen mit einer modifizierten Amsler-Verschleißprüfmaschine über den Einfluß der Härte des Schienenstahles auf den Verschleiß des Rad- und des Schienenwerkstoffes. Bis zu einer Schienenstahl-Härte von 370 HV 30 steigt der Verschleiß der beiden untersuchten Radstähle erheblich, bei höheren Härtewerten des Schienenstahles aber nur noch geringfügig. Bei den Schienenstählen sinkt der Verschleiß dagegen bis zu einer Härte von ca. 400 HV; oberhalb dieses Härtewertes nimmt er nur noch wenig ab.

Dies steht in Übereinstimmung mit weiter oben zitierten Arbeiten, nach denen bei der Weiterentwicklung von Schienenstählen eine obere Härtegrenze bei ca. 400 HV als sinnvoll anzusehen ist.

4.5.7 Reibungsbremsen

Die technische Funktion von Bremsen besteht bekanntlich darin, die Geschwindigkeit von Fahrzeugen oder sich bewegenden Bauteilen zu vermindern. Hierzu werden vor allem Reibungsbremsen benutzt, wie z. B. Scheiben-, Trommel-, Klotz- oder Schlingbandbremsen, welche die Bewegungsenergie durch Reibung hauptsächlich in Wärme umwandeln. Die Reibungswärme führt zu erheblichen Temperaturerhöhungen der Reibungspartner, die bei Flugzeugbremsen bis zu 1000°C betragen können (Ho, Peterson u. Ling, 1974); in Scheibenbremsen von Kraftfahrzeugen können Temperaturen bis zu 600°C auftreten (Burckhardt, Glasner von Ostenwall u. Näumann, 1974). Neben der Forderung nach einem ho-

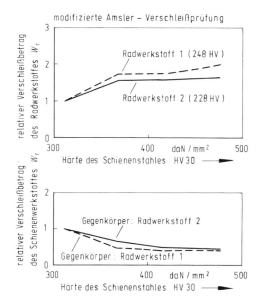

Bild 4.66 Verschleiß von Rad- und Schienenstählen in Abhängigkeit von der Härte von Schienenstählen nach Trebst (1968)

hen Reibungskoeffizienten (f > 0,3) wird von einer Bremse eine möglichst geringe Temperatur- und Geschwindigkeitsabhängigkeit des Reibungskoeffizienten verlangt.

Um diesen Anforderungen zu genügen, wurden spezielle Reibwerkstoffe entwickelt, aus denen ein Reibungspartner der Bremse hergestellt wird; der Gegenkörper besteht in der Regel aus einem Eisenwerkstoff, wobei Gußeisen bevorzugt wird.

Für den Verschleiß in Reibungsbremsen sind einmal Rißbildungsvorgänge verantwortlich, die im weitesten Sinn der Oberflächenzerrüttung zugeordnet werden können; es lassen sich nach Barwell (1978) drei Rißarten unterscheiden:

    I. Risse senkrecht zur Gleitrichtung als Folge von Zugspannungen in den Oberflächenbereichen, die durch die Reibungskraft hervorgerufen werden.

   II. Risse in Gleitrichtung als Folge von thermoelastischen und thermoplastischen Instabilitäten, die als „Barber-Effekt" bekannt sind.

  III. Risse in einem gewissen Abstand von der Oberfläche als Folge von Spannungserhöhungen durch größere Partikel

Die hohen Reibungstemperaturen sind für Oxidations- und Tribooxidationsprozesse verantwortlich, die in manchen Fällen erwünscht sind, wenn sie zur Bildung von schützenden Belägen führen (Rebsch u. Kühnel, 1975). Reaktionsprodukte, in denen Fasern aus Asbest enthalten sind, können aber auch eine Schmierwirkung haben und somit zu einem unerwünschten Abfall des Reibungskoeffizienten führen, den man auch als „fading" bezeichnet (N.N., 1973).

Ist der Gegenkörperwerkstoff härter und rauher als der Reibwerkstoff, so kann die Abrasion wirksam werden (Rhee, 1973). Dies ist auch der Fall, wenn Verschleißpartikel nicht schnell genug aus der Reibfläche entfernt werden oder wenn Sandpartikel von außen in die Reibstelle gelangen (Baumgarten, 1969).

Schließlich kann auch die Adhäsion, die in gewissem Ausmaß zur Erzielung eines hohen Reibungskoeffizienten notwendig ist, zum Verschleiß beitragen. Im schlimmsten Fall kann durch die Adhäsion sogar Eisen vom Gegenkörper auf den Reibwerkstoff übertragen werden (Ścieska, 1979/80).

Außer der Forderung nach einem hohen Reibungskoeffizienten mit Gußeisen und einem hohen Verschleißwiderstand werden an Reibwerkstoffe weitere Anforderungen gestellt:

  A. Ausreichende Volumenfestigkeit bei hohen Betriebstemperaturen
  B. Thermoschockbeständigkeit
  C. große spezifische Wärme und Dichte zur Erzielung einer hohen Wärmekapazität
  D. große thermische Leitfähigkeit
  E. niedriger Wärmeausdehnungskoeffizient
  F. keine Erniedrigung des Schmelzpunktes durch Löslichkeit im Gegenkörperwerkstoff
  G. keine Brennbarkeit

Es ist nicht verwunderlich, daß sich diese verschiedenartigen Anforderungen nicht mit einem oder wenigen Reibwerkstoffen erfüllen lassen; es ist vielmehr eine große Zahl von Reibwerkstoffen auf dem Markt, über die Bohmhammel (1973/74) einen ausführlichen Überblick gibt, dem die Auswertung von 400 Patenten zugrunde liegt. Die gebräuchlichen Reibwerkstoffe können in vier Hauptgruppen eingeordnet werden:

  a. Organische Stoffe
   (natürliche Stoffe und Kunststoffe)
  b. Asbest
  c. Metalle
  d. Cermets

Zu der Gruppe a gehören Holz, Papier, Horn, Leder, Kork, Kohle, Naturkautschuk, synthetischer Kautschuk, Textilien und Kunstharze. Härtewerte sind für diese Werkstoffe kaum bekannt. Holz, Horn, Leder und Kork sind als die ältesten Reibwerkstoffe anzusehen. Sie halten aber nur geringen Reibleistungen stand, so daß mit zunehmenden Beanspruchungen andere Reibwerkstoffe entwickelt werden mußten. Kohle und Kautschuk werden erst zu Reibwerkstoffen, wenn ihnen Asbest, Metalle, Metalloxide oder andere Zusätze zugemischt werden. Textilien, wie gewebte und anschließend imprägnierte Baumwolle, zeichnen sich mit Grauguß als Gegenkörper durch einen hohen Reibungskoeffizienten aus. Ihre Festigkeit fällt aber schon bei Temperaturen von 120 bis 150°C merklich ab, wodurch der Reibungskoeffizient seinen hohen Wert verliert und der Verschleiß stark zunimmt. Reibwerkstoffe auf Textilbasis sollten daher nur dann verwendet werden, wenn nur gelegentliche, kurzzeitige Bremsungen erforderlich sind, so daß die Temperatur nicht zu stark ansteigt.

Kunststoffe werden für den Einsatz in Klotzbremsen von Eisenbahnen vorgeschlagen, die zur Zeit noch überwiegend aus Grauguß hergestellt werden. Hier gab es zunächst einige Probleme, da Kunststoffe die Reibungswärme schlechter als Grauguß ableiten und so die Rißbildung auf wärmerißempfindlichen Radreifenstählen begünstigen. Außerdem wurden häufig Verschleißpartikel des Rades in den Kunststoff eingedrückt, so daß es zu starkem abrasivem Verschleiß des Rades kam. Andererseits bieten Kunststoffe nicht zu verkennende Vorteile, wenn sie optimal auf die zu bremsenden Räder abgestimmt sind. Hierzu gehören ihre Dämpfungseigenschaften, der Wegfall des für Motoren und Maschinen schädlichen Bremsstaubes und ein bis zu fünfmal höherer Verschleißwiderstand (Hegenbarth, 1970). Inzwischen sollen sich Reibwerkstoffe auf Kunststoffbasis einen festen Platz in Schienenfahrzeugbremsen erobert haben (Morgenschweiß, 1966). —

Die Gruppe b der Reibwerkstoffe besteht aus Werkstoffen auf Asbestbasis; sie werden gewebt oder gepreßt. Reibwerkstoffe aus gepreßtem Asbest können wesentlich höhere Betriebstemperaturen als organische Reibwerkstoffe ertragen. Sie werden bevorzugt in der Kraftfahrzeugindustrie eingesetzt. Asbest kann aber nicht ohne Zusatzstoffe verwendet werden; es hat nämlich eine geringe Festigkeit, einen wenig konstanten Reibungskoeffizienten (mit Gegenkörpern aus Grauguß) und einen niedrigen Verschleißwiderstand. Daher enthalten Reibwerkstoffe auf Asbestbasis außer Harzen acht bis fünfzehn weitere Bestandteile, die aus 300 möglichen Stoffen ausgewählt werden (Bohmhammel, 1973). Durch bestimmte Mischungen können gezielt besondere Eigenschaften eingestellt werden, wie z. B. die Größe des Reibungskoeffizienten bei gegebenem Gegenkörperwerkstoff, die Anti-Fading-Charakteristik und der Verschleißwiderstand.

In jüngster Zeit sind Bestrebungen zu beobachten, den Asbest durch andere Stoffe zu ersetzen, weil er als Naturprodukt in seinen Eigenschaften Schwankungen unterworfen ist, so daß die Herstellung von Bremsbelägen mit konstantem tribologischem Verhalten Schwierigkeiten mit sich bringt. Außerdem führt das Einatmen von Asbeststaub zu einer gefürchteten Krankheit, die als Asbestose bekannt ist.

Als Gruppe c der Reibwerkstoffe sind die Werkstoffe auf Metallbasis zu behandeln. Grauguß wurde schon als Werkstoff für Klotzbremsen von Eisenbahnen erwähnt. Trotz des Nachteiles, daß der Reibungkoeffizient der Paarung „Grauguß/Radreifenstahl" erheblich von der Geschwindigkeit abhängt, hat Grauguß über viele Jahrzehnte seine führende Stellung als Bremswerkstoff für Eisenbahnbremsen behalten; die Kunststoffe scheinen aber — wie schon erwähnt — an Bedeutung zu gewinnen. Mit zunehmenden Fahrgeschwindigkeiten werden anstelle von Klotzbremsen bevorzugt Scheibenbremsen verwendet, in denen die Bremsklötze aus anderen Werkstoffen als Grauguß hergestellt sind (Law, 1975).

Wachsende Bedeutung gewinnen metallische Sinterwerkstoffe. Hier sind einmal Eisen-Graphit-Reibwerkstoffe zu nennen; sie sind höher als Reibwerkstoffe auf Asbestbasis belastbar, weil sie die Reibungswärme besser ableiten. Das Reibungsverhalten wird mit zunehmendem Graphitanteil verbessert, während der Verschleißwiderstand abnimmt (Strobel, Rebsch u. Henkel, 1967). Das tribologische Verhalten dieser Werkstoffe, das durch die Bildung von tribochemischen Reaktionsschichten geprägt wird, kann durch Keramikzusätze weiter verbessert werden (Rebsch u. Kühnel, 1975).

Weiterhin werden metallische Reibwerkstoffe auf Kupferbasis verwendet, die neben Kupfer als Hauptbestandteile Zinn, Zink, Blei, Eisen oder Silizium und als nichtmetallische Bestandteile Siliziumdioxid, Molybdänsulfid, Graphit, Metallphosphide u. a. enthalten können (Völker u. Gade, 1968; Bohmhammel, 1973). So berichten z. B. Heinrich und Schatt (1975) über die pulvermetallurgische Herstellung einer Kupferlegierung mit

Zusätzen von Blei, Eisen und Magnesiumoxid. Der Verschleißwiderstand dieses Werkstoffes soll erheblich größer als der von Eisen-Graphitwerkstoffen sein. Durch den Bremsbetrieb steigt die Ausgangshärte dieser Legierung von 60 HV 0,2 auf 100 HV 0,2 an.

Insgesamt gesehen bieten die Reibwerkstoffe auf Metallbasis den Vorteil, daß ihre Reibwerte mit einem optimal abgestimmten Gegenkörper über einem großen Temperatur- und Belastungsbereich nahezu konstant sind. —

Für höchste Beanspruchungen, wie sie beim Abbremsen von Flugzeugen auftreten, werden metall-keramische Reibwerkstoffe verwendet, die auch als Cermets bezeichnet werden und der Gruppe d der Reibwerkstoffe zuzuordnen sind. Cermets zeichnen sich durch einen hohen Verschleißwiderstand und ein geringes Fading aus (NN, 1973). Gleitkufen von Flugzeugen, die unmittelbar auf dem Boden aufsetzen, werden ausschließlich aus Cermets hergestellt, weil diese Werkstoffe selbst der tribologischen Beanspruchung durch Beton widerstehen.

Der metallische Bestandteil der für Reibwerkstoffe benutzten Cermets besteht im allgemeinen aus einer Kupfer- oder Nickel-Legierung; als keramische Bestandteile dienen vor allem Wolframcarbid, Siliziumcarbid, Borcarbid, Tantalcarbid, Titancarbid, Siliziumnitrid, Aluminiumoxid und Magnesiumoxid. Für die Erzielung bestimmter Reibeigenschaften werden außerdem Graphit, Molybdändisulfid, Kupfersulfid oder verschiedene Metallphosphate zugesetzt (Bohmhammel, 1973).

Nach Untersuchungen von Ho und Peterson (1978) soll ein Reibwerkstoff auf Nickelbasis mit Zusätzen von Al_2O_3, $PbWO_4$ und Graphit sich besonders gut bei sehr hohen Temperaturen bewähren. Ein Reibwerkstoff auf Molybdänbasis mit einem 50%igen Anteil einer intermetallischen Kobalt-Molybdän-Silizium-Verbindung soll sich durch einen besonders hohen Verschleißwiderstand auszeichnen.

Zur vergleichenden Betrachtung der verschiedenen Reibwerkstoffe eignen sich Angaben über zulässige Temperaturen und Bremsdrucke (Tabelle 4.25). —

Reibwerkstoff	Härte	Reibungskoeff. f (Gegenkörper: Gußeisen)	Betriebstemp. T [°C]	Maximaltemp. T [°C]	Arbeitsdruck [kN/m²]
Baumwollgewebe		0,50	100	150	70 ... 700
Asbestgewebe		0,45	125	250	70 ... 700
gepreßte Werkstoffe auf Asbestbasis					
a) flexibel	zunehmend	0,40	175	350	70 ... 700
b) halbflexibel		0,35	200	400	70 ... 700
c) starr		0,35	225	500	70 ... 700
Reibwerkstoffe auf Harzbasis		0,32	300	550	350 .. 1750
gesinterte Metalle		0,30	300	600	350 .. 3500
Cermets		0,32	400	800	350 .. 1050

Tabelle 4.25 Eigenschaften von Reibwerkstoffen nach Newcomb und Spurr (1971)

Das tribologische Verhalten von Reibungsbremsen hängt natürlich nicht nur vom Reibwerkstoff, sondern auch vom Gegenkörperwerkstoff ab. Als Gegenkörperwerkstoff wird vor allem Gußeisen mit feinkörnigem Perlit verwendet, dessen Härte zwischen 140 und 300 HB liegt. Die Vorteile des Gußeisens liegen vor allem darin, daß es mit den meisten Reibwerkstoffen nicht zum adhäsiv bedingten Verschweißen neigt und mit einer großen Zahl von Reibwerkstoffen einen konstanten, sich mit den Betriebsbedingungen nur wenig ändernden Reibungskoeffizienten hat. Außerdem sind seine gute Wärmeleitfähigkeit und seine leichte Bearbeitbarkeit von Vorteil. Der hohe Kohlenstoffgehalt soll das Gußeisen mehr als Stahl vor thermischen Schädigungen schützen. Außerdem hat Gußeisen einen hohen Widerstand gegenüber der Abrasion. Die Festigkeitseigenschaften des Gußeisens sind weniger temperaturabhängig als die von Stahl. Weiterhin bringt die mangelnde plastische Verformbarkeit des Gußeisens gewisse Vorteile mit sich; denn sie verhindert die Agglomeration von Verschleißpartikeln und schränkt damit die abrasive Wirkung von Verschleißpartikeln ein. Es bildet sich statt dessen ein Gemenge aus Metallstaub, oxidischem Eisenstaub und sehr feinen Graphitschuppen, das als Polier- und Gleitmittel wirken soll und gute Notlaufeigenschaften hervorbringt (Möller, 1968).

Bei hohen Gleitgeschwindigkeiten treten aber in Bremsscheiben so hohe Fliehkräfte auf, daß die Festigkeit des Gußeisens nicht mehr ausreicht; es muß dann Stahl oder zumindest legiertes Gußeisen eingesetzt werden. Besteht der Reibwerkstoff aus einem Cermet, das relativ hart ist, so sollte das als Gegenkörper dienende Gußeisen bzw. der Stahl eine Härte von 200 bis 300 HB haben. Offenbar hat man aber noch nicht für alle Cermets den optimalen Gegenkörperwerkstoff gefunden.

4.5.8 Elektrische Schaltkontakte

Elektrische Schaltkontakte dienen dazu, Stromkreise zu schließen, die Stromleitung vorübergehend oder für längere Zeit zu gewährleisten und geschlossene Stromkreise wieder zu öffnen. Damit diese Funktionen mit einer möglichst großen Gebrauchsdauer erfüllt werden können, sind an die Werkstoffe für Schaltkontakte die folgenden Forderungen zu stellen (Rieder, 1962):

    I. niedriger, über längere Zeit konstanter Kontaktwiderstand
   II. hohe Abbrandfestigkeit
  III. Widerstand gegenüber Grob- und Feinwanderung
  IV. Widerstand gegenüber Verschweißen
   V. hoher Verschleißwiderstand bei prallender Beanspruchung

Über diese Anforderungen und ihre Erfüllung durch die verschiedenen Kontaktwerkstoffe wird ausführlich in den Monographien von Keil (1960) und Holm (1967) berichtet. Dem Bereich der Tribologie sind die unter den Punkten I, IV und V genannten Anforderungen zuzurechnen.

Der Kontaktwiderstand (I) ist aus dem Widerstand von Oberflächenfilmen R_f und dem Engewiderstand R_c zusammengesetzt:

$$R = R_f + R_c \tag{49}$$

Der durch nichtmetallische Oberflächenfilme bedingte Widerstand R_f hängt von der Art und der Dicke der auf den Kontaktpartnern liegenden äußeren Grenzschicht ab (siehe

Bild 2.12), die man auch als Fremdschicht bezeichnen kann. Die Dicke der Fremdschicht kann bei häufiger Schaltfolge infolge des Wirkens der Tribooxidation erheblich zunehmen (Ruthardt, 1975). Außerdem kann ein anfänglich hoher Kontaktwiderstand während des Stromdurchganges zu einer Erwärmung der Kontaktpartner führen, welche das Fremdschichtwachstum beschleunigt. Bei genügend großen Schaltkräften können die Fremdschichten in einer Art Selbstreinigungsprozeß durch Verschleiß entfernt werden. Kritisch ist die Situation in der Schwachstromtechnik, in der die Schaltkräfte immer kleiner werden, so daß die Fremdschichten kaum noch abgerieben werden.

Der Engewiderstand R_c ist dadurch bedingt, daß die Kontaktpartner sich nur in Mikrokontaktbereichen berühren, deren Summe die wahre Kontaktfläche ausmacht (siehe Bild 2.14). Er kann mit der folgenden Beziehung abgeschätzt werden (Stevens, 1974):

$$R_c = k \rho \, 10 \, H/F \tag{50}$$

mit der Konstanten k, dem Widerstand des Kontaktwerkstoffes ρ, seiner Härte H und der Kontaktkraft F. Danach nimmt der Engewiderstand mit sinkender Härte der Kontaktwerkstoffe ab, so daß von daher gesehen weiche Kontaktwerkstoffe zu bevorzugen sein müßten.

Der Einsatz von weichen Kontaktwerkstoffen bringt aber entscheidende Nachteile mit sich: Der Schmelzpunkt von weichen Werkstoffen ist relativ niedrig, so daß sie infolge von Lichtbogenentladungen hohe Abbrandverluste aufweisen; ferner neigen weiche Kontaktwerkstoffe zum Verschweißen, das weniger als eine Folge der Adhäsion als vielmehr des Aufschmelzens der Oberflächenbereiche anzusehen ist. Schließlich können sich weiche Kontaktwerkstoffe bei stoßender Beanspruchung plastisch verformen.

Es müssen daher in vielen Fällen härtere Werkstoffe eingesetzt werden. So hat man durch legierungstechnische Maßnahmen versucht, die Abbrandfestigkeit, den Widerstand gegen ein Verschweißen und den Verschleißwiderstand zu erhöhen, wobei man aber in der Regel eine Abnahme der elektrischen Leitfähigkeit in Kauf nehmen muß. In Tabelle 4.26 sind die wichtigsten Werkstoffgruppen für elekrische Kontakte mit Angaben über die Vickers-Härte, die Leitwerte und der typischen Eigenschaften der einzelnen Werkstoffe zusammengestellt.

Die Entwicklungsanstrengungen gehen dahin, die Härte der Kontaktwerkstoffe zu erhöhen, ohne dadurch die Leitfähigkeit allzusehr herabzusetzen. So wird über die Entwicklung von faser- und whiskerverstärkten Kontaktwerkstoffen auf Silberbasis berichtet; denn Silber hat als Grundmetall die höchste elektrische Leitfähigkeit. Als Faserwerkstoffe werden Stahl, Graphit, Wolfram, Molybdän und Nickel genannt (Stöckel u. Schneider, 1974). Weiter wird über Versuche zur Verstärkung von Silber mit Whiskern aus Al_2O_3 und Si_3N_4 berichtet (Stöckel, 1972). Kontaktwerkstoffe auf Wolframbasis können in ihrer Härte durch den Zusatz von CuB angehoben werden (Häßler, Kippenberg u. Schreiner, 1977). Während des Sinterns dieser Werkstoffe entstehen die Wolframboride W_2B_5 mit einer Härte von 2000...2900 HV und WB mit einer Härte von 1000 HV. Diese Boride steigern die Makrohärte des Wolfram-Kupfer-Verbundwerkstoffes von 200 auf 300 HB. Die Härte von Wolfram-Kupfer-Verbundwerkstoffen kann ferner durch den Zusatz von Kobalt erhöht werden, wofür die Bildung von Co_7W_6 verantwortlich sein soll (Moon u. Lee, 1977).

Kontaktwerkstoff	Vickers-Härte [daN/mm²]		Leitwert $[\frac{m}{\Omega\,mm^2}]$	Quelle	Typische Eigenschaften (nach Roslavlev 1975 u. Harmsen u. Saeger 1973)
	geglüht	verformt			
auf Goldbasis					
Au	18	50	45	Keil (1960)	geringe Neigung zur Bildung von isolierenden Fremdschichten, daher geringer und konstanter Kontaktwiderstand.
Au Ag 20	37	90	10	"	
Au Ni 5	100	170	7,1	"	
Au Co 5	140	150	16,7	"	
Au Ag 10 Cu 30		279 (HV 0,3)		Ruthard (1975)	
Au Ag 20 Cu 8,5 Ni 1,5		237 (HV 0,3)		"	
Au Cu 19,65 Ni 5,35 Pd 2,5		285 (HV 0,3)		"	
Au Pt 10	45	90 – 115	8		
auf Silberbasis					
Ag	28	100	61 – 62,9	Keil (1960)	reines Silber: höchste elektrische Leitfähigkeit; aber empfindlich gegen schwefelhaltige Atmosphäre (Deckschichtbildung) und Schweißneigung; Ag Pd-Legierungen: anlaufbeständiger gegen Schwefel als reines Silber; Ag Ni-Legierungen: höhere Abbrandfestigkeit und verminderte Schweißneigung: Ag CdO und Ag SnO: hoher Verschweißwiderstand und geringer Abbrand.
Ag Cu 3	40	120	55	"	
Ag Cu 10	60	140	50	"	
Ag Cu 28	85	150 – 170	48	"	
Ag Cd 15	40	110	20	"	
Ag Pd 4	38	105	30	"	
Ag Pd 30	70	160	6,7	"	
Ag Ni 20	55 – 60	< 120	43 – 46	"	
Ag Graphit 2,5	42 – 46		46 – 49	"	
Ag Graphit 10	36 – 40		32 – 35	"	
Ag CdO 10	70 – 75		43 – 46	"	
Ag SnO₂	65 – 83		29 – 52	Poniatowski et al. (1978)	
auf Platinbasis					
Pt Ni 8	140	220	3,6	Keil (1960)	chemisch beständig, geringe Schweißneigung, hohe Abbrandfestigkeit, hoher Verschleißwiderstand.
Pt W 5	130	230	2,4	"	
Pt Ir 5	70	140	5,5	"	
Pt Ir 20	180	240	3,2	"	
Pt Ru 10	190	280	2,4	"	
auf Palladiumbasis					
Pd Cu 15	90	210	2,6	"	ähnlich wie Platin-Legierungen, aber chemisch weniger beständig, Neigung, adsorbierte Kunststoffdämpfe bei tribologischer Beanspruchung zu polymerisieren, wodurch der Kontaktwiderstand erhöht wird.
Pd Cu 40	120	250	2,3	"	
Pd Ag 50	90	200	3,1	"	
auf Wolframbasis					
W Cu 20		200 – 250	18 – 20	"	große Abbrandfestigkeit, hoher Verschweiß- und Verschleißwiderstand, Gefahr der Bildung von nichtleitenden Deckschichten.
W Cu 40		160 – 190	23 – 26	"	
W Ag 20		220 – 250	20 – 23	"	
W Ag 40		150 – 180	26 – 29	"	

Tabelle 4.26 Werkstoffe für elektrische Kontakte

4.5.9 Werkzeuge der Zerspanungstechnik

Durch das Zerspanen werden Werkstücke mit bestimmten Abmessungen und Oberflächenfeingestalten hergestellt, indem mit einem Werkzeug von dem zu bearbeitenden Werkstück Späne abgetrennt werden. Als die wichtigsten Zerspanungsverfahren sind das Drehen, Fräsen, Bohren, Räumen und Schleifen zu nennen. Eine gute Übersicht über die beim Zerspanen von Eisenwerkstoffen ablaufenden Prozesse gibt eine Monographie von Vieregge (1970). Die folgenden Ausführungen gelten besonders für das Drehen als einem der wichtigsten Bearbeitungsverfahren von Werkstoffen bzw. Werkstücken.

Die als Werkzeuge dienenden Drehmeißel sind vom Beanspruchungskollektiv her hohen Druckspannungen, hohen Schnittgeschwindigkeiten und wegen der hohen Reibleistungen auch hohen Temperaturen ausgesetzt. Der Verschleiß, der an der Span- und der Freifläche des Drehmeißels entsteht, wird primär durch die folgenden Verschleißmechanismen bzw. Prozesse hervorgerufen.

  I. Adhäsion
  II. Abrasion
  III. Diffusion
  IV. Tribooxidation

Bei unterbrochenem Span kann auch die Oberflächenzerrüttung wirksam werden. Wie die vier zuerst genannten Verschleißmechanismen von der Schnittemperatur abhängen, ist schematisch in Bild 4.67 dargestellt.

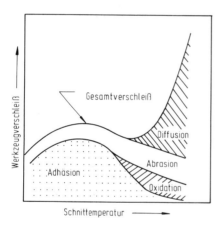

Bild 4.67 Die Verschleißmechanismen im Tribosystem „Drehmeißel/Werkstück" nach Westbrook et al. (1972)

Die Adhäsion wird dadurch begünstigt, daß durch die Zerspanung im Kontaktbereich zwischen Werkstück und Spanfläche adsorptions- und reaktionsschichtfreie Oberflächen erzeugt werden können, die sich unter hohen Pressungen bei hohen Temperaturen berühren. Die Adhäsion ist für die sogenannte Aufbauschneidenbildung verantwortlich, bei der Werkstoff von dem zu bearbeitenden Werkstück auf das Werkzeug übertragen wird. Um die Aufbauschneidenbildung zu vermeiden, muß je nach dem zu bearbeitenden Werkstoff und der gewählten Schnittgeschwindigkeit für das Werkzeug ein geeigneter Werkstoff verwendet werden. So sind beim Zerspanen von Stählen oxidkeramische Schneidwerkzeuge auf Al_2O_3-Basis in dieser Hinsicht den Hartmetallen und Schnellarbeitsstählen vorzuziehen (Dawihl, 1971); dagegen ist Al_2O_3-Keramik nicht für die spanende Bearbeitung von Aluminium und Aluminiumlegierungen geeignet, weil in diesem Fall die Adhäsion besonders stark in Erscheinung tritt.

Zur Einschränkung der Adhäsion zwischen Hartmetallen und Eisenwerkstoffen hat sich die chemische Abscheidung aus der Gasphase (CVD) von dünnen Schichten aus Titancarbid, Titannitrid, Titancarbonitrid und Aluminiumoxid (Al_2O_3) bewährt. Der Vorteil von dünnen Schichten aus Al_2O_3 gegenüber kompaktem Al_2O_3 liegt in ihrer wesentlich größeren Zähigkeit, so daß sie auch stoßartigen Beanspruchungen gewachsen sind.

Eine andere Möglichkeit der Einschränkung der Adhäsion besteht darin, dem zu bearbeitenden Werkstoff bestimmte Zusätze zuzugeben, die auf der Oberfläche des Drehmeißels einen Belag bilden, der z. B. aus Kalzium-Aluminium-Silikaten, Kalziumtitanat oder Mangansulfid bestehen kann (Opitz et al., 1962). Auch die den Automatenstählen zugegebenen Legierungselemente Schwefel und Blei wirken der Adhäsion entgegen. Schließlich ist an dieser Stelle auch der Einsatz von Kühlschmierstoffen zu erwähnen, die EP-Additive enthalten, welche schützende Oberflächenschichten bilden können.

Die Tribooxidation kann vor allem bei höheren Schnittgeschwindigkeiten wirksam werden. Tribochemisch gebildete Reaktionsprodukte schränken zwar die Adhäsion ein; sie werden aber wegen der hohen Beanspruchungen relativ schnell abgetragen und vermindern daher den Verschleiß nur wenig. Durch tribochemische Reaktionen zwischen Werkzeugen aus Aluminiumoxid und den Oxidschichten von Eisenwerkstoffen kann der Verschleiß sogar erhöht werden (Dawihl und Altmeyer, 1975).

Die Abrasion von Werkzeugen der Zerspanungstechnik kann durch harte, im zu zerspanenden Werkstoff vorhandene Bestandteile wie Carbide oder Oxide verursacht werden. Bei der Zerspanung von sehr harten Werkstoffen ist sie die Hauptursache des Verschleißes. Brechen aus dem Werkzeuge Carbide aus und werden diese in dem zu zerspanenden Werkstoff eingebettet, so kann die Abrasion außerordentlich stark in Erscheinung treten.

Ein für die Zerspanung bei hohen Schnittgeschwindigkeiten häufig anzutreffender Prozeß ist die Diffusion, mit der zu rechnen ist, wenn die Temperatur des Werkzeuges das 0,4-fache seiner absoluten Schmelztemperatur erreicht. Diffusionsprozesse können vor allem für den Verschleiß von Hartmetall-Werkzeugen von Bedeutung sein. So kann bei der Zerspanung von Stahl Kohlenstoff aus dem Hartmetall in den Stahl eindiffundieren, wodurch die Festigkeit des Hartmetalls vermindert wird, was eine Erhöhung des Verschleißes zur Folge hat. Bei der Zerspanung von hochkohlenstoffhaltigem Gußeisen kann andererseits Kohlenstoff in das Hartmetall eindiffundieren, wodurch der Verschleiß ebenfalls zunimmt (Vieregge, 1970).

Wie im ersten Kapitel dieses Buches gezeigt wurde, spielt die Diffusion auch für den Verschleiß von Diamantkörnern beim Schleifen von Stahl eine entscheidende Rolle.

Neben der Forderung nach einem hohen Verschleißwiderstand müssen Werkzeuge eine hohe Biegefestigkeit, eine hohe Druckfestigkeit und eine hohe Zunderbeständigkeit besitzen. Um den genannten Anforderungen zu genügen, wurde für Werkzeuge der Zerspanungstechnik eine größere Anzahl von Werkstoffen entwickelt, die man nach Tabelle 4.27 in sechs Hauptgruppen unterteilen kann. Zusätzlich ist zu erwähnen, daß an der Entwicklung von weiteren Werkstoffen auf Metallcarbid-, Metallborid-, Metallnitrid- und Metallsilizidbasis gearbeitet wird. Zunehmende Bedeutung kommt der Beschichtung von Hartmetall-Werkzeugen mit Titancarbid, Titannitrid, Titancarbonitrid und Aluminiumoxid zu.

Zusammenhang zwischen Verschleiß und Härte

Werkstoffgruppe	Chem. Zusammensetzung [%]	Härte HV* bei 25 °C	Härte HV* bei 500 °C	Härte HV* bei 750 °C
Werkzeugstahl	Fe: 90 - 99; C: 0,8 - 2,22; Si: 0,15 - 1,7 Mn: 0,1 - 2,0; P_{max}, S_{max}: 0,020 - 0,035 Cr: 0 - 12; V: 0 - 2,5 W: 0 - 5; Ni: 0 - 4 Mo: 0 - 1,2	700 ... 900	280 ... 400	< 150
Schnellarbeitsstahl	Fe: 70 - 90; C: 0,7 - 1,5; Si: < 0,40 Mn: < 0,40; P_{max}, S_{max}: 0,025 Cr: < 4,5; V: < 5 W: 2 - 18,5; Mo: 0 - 9,2 Co: 0 - 15	760 ... 1060	640 ... 750	240 ... 360
Stellit	C: 1,5 - 3; Cr: ~ 30 W: 10 - 18; Co: Rest	670 ... 785	500 ... 640	360 ... 540
Hartmetall	WC: 30 - 93 TiC + TaC: 0 - 64 Co: 5 - 16	1250 ... 1800	980 ... 1400	650 ... 1000
Schneidkeramik	Al_2O_3: 50 ... 100 % mit metallischen, carbidischen oder oxidischen Zusätzen	1200 ... 2500	1420 ... 1560	1000 ... 1160
Diamant	C (kub) : 100	3000 .. 10000		(Oxidation bei ~ 800 °C)

* Härtewerte größtenteils Vieregge (1970) entnommen

Tabelle 4.27 Werkstoffe für Werkzeuge der Zerspanungstechnik nach Vieregge (1970)

4.5.10 Werkzeuge der Umformtechnik

Beim Umformen wird die vorliegende Form eines Werkstückes unter Beibehaltung seiner Masse und seines Stoffzusammenhanges in eine andere Form überführt (Lange, 1975). Wichtige Verfahren der Umformtechnik sind das Walzen, das Schmieden, das Ziehen, das Tiefziehen, das Strangpressen u. a..

Vergleicht man das Umformen mit dem Zerspanen, so besteht der wesentliche Unterschied beider Verfahren darin, daß beim Umformen sich die plastische Verformung über das gesamte Werkstoffvolumen erstreckt, während beim Zerspanen höchstens die Oberflächenbereiche eine plastische Verformung erleiden. Dementsprechend ergibt sich ein unterschiedlicher Verlauf der Verfestigung und der Härte (Bild 4.68). Auffallend ist, daß der umgeformte Werkstoff am Rand eine geringere Härte als im Inneren aufweist. Hierfür ist nach Kloos (1968) die relativ geringe Schubbeanspruchung an der mit einem Schmierstoff bedeckten Oberfläche des umgeformten Werkstoffes verantwortlich.

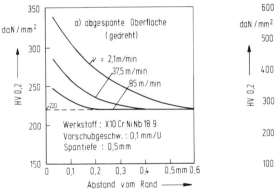
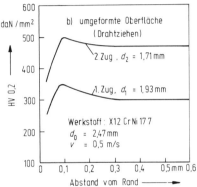

Bild 4.68 Härteverlauf in den Oberflächenbereichen eines zerspanten und eines umgeformten Werkstoffes nach Kloos (1968)

Für die Umformung ist die Reibung von besonderer Bedeutung. Bei einigen Umformverfahren wie z. B. beim Walzen muß der Reibungskoeffizient eine gewisse Mindestgröße haben, damit die Bewegung des Werkzeuges auf das Werkstück übertragen werden kann. Sehr häufig spielt die Reibung jedoch eine störende Rolle; sie kann nämlich in ungünstigen Fällen 40% der für den gesamten Umformvorgang benötigten Energie verbrauchen. Daher strebt man an, die Reibung nach Möglichkeit in das Gebiet der Mischreibung oder Flüssigkeitsreibung zu verlegen.

Als Verschleißmechanismen treten bei der Umformung vor allem die Adhäsion und die Abrasion in Erscheinung. Da von der Adhäsion sowohl die Reibung als auch der Verschleiß beeinflußt werden, wird ihrer Einschränkung große Aufmerksamkeit gewidmet. Daß die Stärke der Adhäsion von den Eigenschaften des Werkzeuges und des umgeformten Werkstoffes abhängt, geht aus Untersuchungen von Kloos (1972) hervor, wenn man als Maß für die Adhäsion die im Streifenziehversuch gemessene Ziehkraft ansieht (Bild 4.69). Danach ist bei Streifenziehen des Stahles R St13 Aluminiumbronze als Werkzeugwerkstoff besonders geeignet, während dieser Werkstoff für das Streifenziehen von Kupfer völlig ungeeignet ist.

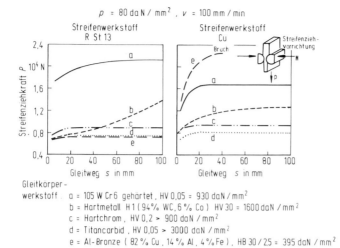

Bild 4.69 Ziehkraft beim Streifenziehen von Stahl und Kupfer in Abhängigkeit vom Werkstoff des Werkzeuges nach Kloos (1972)

Die für die Herstellung von Umformwerkzeugen gebräuchlichen Werkstoffe sind in Tabelle 4.28 zusammengestellt. Zur Erhöhung des Widerstandes gegenüber der Adhäsion mit dem umgeformten Werkstoff werden auf die Werkzeuge häufig Oberflächenschichten aufgebracht. Solche Schichten können z.B. durch Nitrieren, Borieren, chemische Abscheidung aus der Gasphase oder elekrolytische Abscheidung erzeugt werden.

Außer oder anstelle des Umformwerkzeuges wird auch häufig der umzuformende Werkstoff beschichtet. Als Beschichtungsverfahren sind hier das Phosphatieren, das Oxalieren und das Chromatieren zu nennen. Zum Fließpressen von Schnellarbeitsstählen hat es sich bewährt, die Rohteile durch Erwärmen auf eine Temperatur zwischen 500 und 800°C zu oxidieren.

Vergleicht man die für die Fertigung von Werkzeugen der Zerspanungstechnik verwendeten Werkstoffe (siehe Tabelle 4.27) mit den für die Herstellung von Umformwerkzeugen benutzten Werkstoffen (Tabelle 4.28), so fällt auf, daß für letztere Werkstoffe mit sehr niedrigen Härtewerten verwendet werden können. So werden Ziehwerkzeuge für den Karosserie- und Flugzeugbau teilweise aus Epoxidharzen hergestellt (Oehler u. Kaiser 1973). Werkzeuge aus Zinklegierungen, die ebenfalls recht weich sind, eignen sich in erster Linie für die Umformung von Blechen aus Leichtmetall. Mit solchen Werkzeugen wurden aber auch schon Karosseriebleche aus Stahl gezogen, wobei insbesondere großflächige Teile zu erwähnen sind. Aluminiumbronze dient als Werkstoff für Werkzeuge, mit denen austenitische Stähle umgeformt werden sollen; sie bietet den Vorteil, daß die Oberfläche des Ziehgutes geschont und die Bildung von Kratzern und Riefen weitgehend vermieden wird (Keller, 1959), weil sie mit austenitischem Stahl kaum zur Adhäsion neigen soll.

Werkstoffgruppe	Chem. Zusammensetzung [%]	Vickers-Härte [daN/mm^2]
Werkzeugstahl für Kaltarbeit	C: 0,06 - 2,2; Si: 0,1 - 1,7; Mn: 0,1 - 2,0; P_{max}, $S_{max} \leqslant 0{,}035$ Cr: 0 - 13; Mo: 0 - 1,2 Ni: 0 - 4,5; V: 0 - 2,5 W: 0 - 5,0; Co: 0 - 1,3 Al: 0 - 1,0	480 – 850
Werkzeugstahl für Warmarbeit	C: 0,06 - 2,1; Si: 0,1 - 1,5 Mn: 0,1 - 2,0; P_{max}, $S_{max} \leqslant 0{,}035$ Cr: 0 - 13; Mo: 0 - 2,8 Ni: 0 - 13; V: 0 - 1,0 W: 0 - 9,0; Co: 0 - 2,3 Al: 0 - 1,0	85 – 235 (zwischen 300 und 700 °C)
Stahlguß für Kaltarbeit	C: 1 - 1,65; Si: 0,3 - 0,6 Mn: 0,3 - 12; Co: 0 - 3,5 Cr: 1,5 - 12,0; Mo: 0 - 1,1 V: 0 - 0,2; W: 0 - 0,5	~ 300 – 670
Stahlguß für Warmarbeit	C: 0,2 - 2,5; Si: 0,4 - 1,2 Mn: 0,3 - 0,7; Co: 0 - 1,3 Cr: 0 - 26; Ni: 0 - 2,4 V: 0 - 0,5; W: 0 - 2,0	~ 300 – 670
Hartguß (für Walzen)	C: 2,6 - 3,8; Si: 0,3 - 1,5 Mn: 0,2 - 2,0; P: 0,05 - 0,55 S: 0,06 - 0,02; Cr: 0 - 2,0 Mo: 0 - 1,0; Ni: 0 - 5,0	450 – 850
Gußeisen mit Lammellengraphit mit Kugelgraphit	C: 1,7 - 4 Si: 0,3 - 3 Mn: 0,3 - 1,2 P: 0,1 - 0,6 S: < 0,12 Ni, Cr, Mo, V, Al in verschiedenen Gehalten	100 – 300 140 – 320
Hartmetalle (G 03 - G 60)	Co: 6 - 30 % TiC + TaC: 0 - 3 % WC: Rest	900 – 1750
Aluminiumbronzen	Al: 13 - 14; Fe: 2,5 - 6,5 Ni: 0 - 6,5; Cu: ≈ 80	300 – 400
Zinklegierungen	Al: 3 - 4,5; Cu: 2,5 - 3,75 Mg: 0,03 - 1,25 Zn: Rest	100 – 150
Epoxidharze		

Tabelle 4.28 Werkstoffe für Werkzeuge der Umformtechnik

4.5.11 Bauteile, die durch mineralische Stoffe tribologisch beansprucht werden

Werden Bauteile durch mineralische Stoffe wie z. B. durch Gestein, Erz oder Sand tribologisch beansprucht, so dominiert in den meisten Fällen der Verschleißmechanismus der Abrasion. Die Tribooxidation tritt zusätzlich vor allem bei der Teilchenfurchung in Erscheinung. Die Oberflächenzerrüttung ist beim Schrägstrahl- und besonders beim Prallstrahlverschleiß zu berücksichtigen. Die Adhäsion ist dagegen fast immer von untergeordneter Bedeutung.

In Abschnitt 4.4.3 wurde die Abrasion ausführlich behandelt, wobei eine Unterteilung nach verschiedenen Verschleißarten vorgenommen wurde. Zu den einzelnen Verschleißarten sind in Tabelle 4.29 einige typische Bauteile genannt. Wie sich die verschiedenen Werkstoffe, die zur Fertigung dieser und ähnlicher Bauteile verwendet werden können, beim Vorliegen der verschiedenen Verschleißarten verhalten, kann den Unterabschnitten des Abschnittes 4.4.3 entnommen werden.

Verschleißart	tribologisch beanspruchte Bauteile	Abschnitt
Furchungsverschleiß	Misch- und Förderelemente, Rutschen, Siebe	4.4.3.1
Spülverschleiß	Rührvorrichtungen	4.4.3.2
Mahlverschleiß	Mahlkörper, offene Elemente in Aufbereitungs- und Erdbewegungsmaschinen	4.4.3.3
Kerbverschleiß	Baggerzähne, Schrapper, Brecherbacken	4.4.3.4
Strahlverschleiß		4.4.3.5
a) Gleitstrahlverschleiß	Blasversatzrohre, Sandstrahldüsen	
b) Schrägstrahlverschleiß	Krümmer in Blasversatzrohren	
c) Prallstrahlverschleiß	Prallmühlenplatten	

Tabelle 4.29 Durch mineralische Stoffe tribologisch beanspruchte Bauteile, nach Verschleißarten geordnet

Anhang

DK 669.14 : 620.178.152.2/.4 : 620.172	DEUTSCHE NORMEN	Dezember 1976
Prüfung von Stahl und Stahlguß **Umwertungstabelle** für Vickershärte, Brinellhärte, Rockwellhärte und Zugfestigkeit		**DIN 50 150**

Testing of steel and cast steel; conversion-table for Vickers hardness, Brinell hardness, Rockwell hardness and tensile strength

Essais de l'acier et de l'acier moulé; table de conversion de dureté Vickers, dureté Brinell, dureté Rockwell et résistance à la traction

Zusammenhang mit der von der Europäischen Gemeinschaft für Kohle und Stahl herausgegebenen EURONORM 8-55 siehe Erläuterungen.

1 Zweck und Anwendungsbereich

Die in dieser Norm enthaltene Umwertungstabelle gilt
- für Härtewerte, die nach folgenden Normen ermittelt worden sind:
  DIN 50103 Teil 1 und Teil 2 (Rockwell)
  DIN 50 133 Teil 1 (Vickers) und
  DIN 50 351 (Brinell),
- für Zugfestigkeitswerte, die nach DIN 50145 ermittelt worden sind sowie
- für Werte der im Deutschen Normenwerk nicht festgelegten Härte HRD [1].

Mit den später angeführten Einschränkungen ist diese Umwertungstabelle gültig für unlegierte und niedriglegierte Stähle und Stahlguß im warmumgeformten oder wärmebehandelten Zustand. Bei hochlegierten und/oder kaltverfestigten Stählen sind meistens erhebliche Abweichungen bei der Umwertung zu erwarten.

Eine Umwertung von Härtewerten untereinander oder von Härtewerten in Zugfestigkeitswerte ist grundsätzlich mit Ungenauigkeiten behaftet, die berücksichtigt werden müssen. Umfangreiche Untersuchungen haben gezeigt, daß es unmöglich ist, selbst äußerst sorgfältig nach verschiedenen Verfahren gemessene Härtewerte mit einer Beziehung ineinander umzuwerten, die für alle metallischen Werkstoffe oder auch nur für alle Stahlsorten gültig ist. Dies rührt daher, daß das Eindringverhalten eines Werkstoffs in sehr komplexer Weise von seinem Spannung-Formänderung-Verhalten bestimmt wird. Eine gegebene Umwertungsbeziehung wird deshalb um so bessere Übereinstimmung liefern, je mehr das Spannung-Formänderung-Verhalten des untersuchten Werkstoffs dem der Werkstoffe ähnlich ist, die für die Aufstellung dieser Beziehung herangezogen wurden.

Anmerkung: In vielen Fällen erhält man einen Hinweis auf das Spannung-Formänderung-Verhalten durch das Streckgrenzenverhältnis.

2 Begriffe

Zur Erklärung von Begriffen, Formeln und Kurzzeichen der verschiedenen Härteprüfverfahren sind die in Abschnitt 1 genannten Normen heranzuziehen.

3 Umwertung

3.1 Allgemeines

Die folgende Tabelle enthält eine Zusammenstellung einander entsprechender, nach verschiedenen Verfahren ermittelter Härtewerte und Zugfestigkeitswerte, die in umfangreichen Versuchen gewonnen wurden.

Umwertung im Sinne dieser Norm heißt, zu einem nach einem bestimmten Verfahren experimentell ermittelten Härtewert den entsprechenden Härtewert eines anderen Verfahrens oder den entsprechenden Zugfestigkeitswert nach dieser Tabelle anzugeben.

Eine Härteumwertung soll nur dann vorgenommen werden, wenn das vorgeschriebene Prüfverfahren nicht angewandt werden kann, z. B. weil kein geeignetes Prüfgerät vorhanden ist oder sich die Probe zur Prüfung mit dem Prüfgerät nicht eignet, oder wenn die Entnahme der für das vorgeschriebene Verfahren erforderlichen Proben (z. B. Zugproben) aus dem Probestück nicht möglich ist.

Kennwerte, die nur auf dem Umweg über diese Norm gefunden wurden, können nur dann zur Grundlage von Beanstandungen gemacht werden, wenn dies im Liefervertrag vereinbart ist.

Sind Härte- oder Zugfestigkeitswerte durch Umwertung nach dieser Norm ermittelt worden, so muß angegeben werden, nach welchem Prüfverfahren gemessen wurde und daß die Umwertung nach dieser Norm erfolgte.

Grundsätzlich ist zu beachten, daß jede Härteermittlung nur gültig ist für den Bereich des Eindrucks. Im Falle von Härteänderungen, z. B. mit zunehmendem Abstand von der Oberfläche, können die Ergebnisse von Brinell- und Vickershärtemessungen oder auch des Zugversuchs allein als Folge der unterschiedlichen Ausdehnungen der erfaßten Werkstoffbereiche von den umgewerteten Werten abweichen.

Als Grundlage für Umwertungen soll ein Mittelwert aus mindestens drei Einzelwerten der Härte verwendet werden.

---

[1] International üblich, z. B. ASTM E 18-74 (American Society for Testing and Materials)

Fortsetzung Seite 2 bis 4
Erläuterungen Seite 5

Fachnormenausschuß Materialprüfung (FNM) im DIN Deutsches Institut für Normung e. V.

Seite 2 DIN 50150

3.2 Umwertung von Härtewerten untereinander

Bei Überlegungen zur Verläßlichkeit von umgewerteten Härtewerten muß sowohl die Genauigkeit des angewendeten Härteprüfverfahrens als auch die Breite des Umwertungsstreubandes berücksichtigt werden, wie es in Bild 1 schematisch gezeigt ist.

Die Kurve a kennzeichnet hier die mittlere Umwertungsbeziehung für Stähle im Sinne dieser Norm. Die Kurven b_1 und b_2 verdeutlichen den Bereich beiderseits a, der bei Berücksichtigung der Stähle mit ihrem unterschiedlichen Spannung-Formänderung-Verhalten erhalten wird.

Bei idealer Umwertung des Härtewertes x_0 erhält man y_0. Unter Berücksichtigung des Streubandes b_1 bis b_2 kann praktisch jeder Härtewert zwischen y_{01} und y_{02} erhalten werden.

Darüber hinaus muß berücksichtigt werden, daß auch der Härtewert x_0 noch mit der Unsicherheit des betreffenden Meßverfahrens behaftet ist. Die Härte kann deshalb von x_1 bis x_2 schwanken, so daß der umgewertete Wert zwischen y_{11} und y_{22} liegen wird.

Anmerkung: In Ringversuchen des VDEh ergab sich bei der Auswertung von etwa 700 Meßwerten für die Umwertung zwischen Vickershärte HV 10 und Brinellhärte HB eine (graphisch ermittelte) Streubandbreite von ± 24 HV 10 bzw. ± 23 HB.

3.3 Umwertung zwischen Härtewerten und Zugfestigkeitswerten

Während schon die Umwertung von Härtewerten untereinander große Streuungen und systematische Abweichungen mit sich bringen kann, muß bei der Umwertung zwischen Härtewerten und Zugfestigkeitswerten mit noch größeren Streuungen gerechnet werden. Eine Ursache hierfür ist der große Unterschied im Verformungsablauf bei Härtemessungen und Zugversuch, der sich unter anderem in einem unterschiedlichen Spannungszustand und unterschiedlicher Verformungsgeschwindigkeit auswirkt. Eine weitere Ursache besteht in großen Unterschieden im Spannung-Formänderung-Verhalten der verschiedenen Stähle.

Die in der Tabelle angegebenen Zugfestigkeitswerte sind deshalb nur als Näherungswerte anzusehen, die in keinem Falle im Zugversuch bestimmte Meßwerte ersetzen können.

Anmerkung: In Ringversuchen des VDEh ergab sich bei der Auswertung von etwa 700 Meßwerten für die Umwertung zwischen Vickershärte HV 10 und Zugfestigkeit eine (graphisch ermittelte) Streubandbreite von ± 25 HV 10 bei der Härte bzw. ± 85 N/mm^2 bei der Zugfestigkeit. Dabei zeigte sich auch, daß bei bestimmten Stahlgruppen systematische Abweichungen von der Mittelwertlinie möglich sind. So wurden z. B. bei der Gruppe der perlitischen Stähle im Bereich zwischen 300 HV und 500 HV 10 Werte der Zugfestigkeit gefunden, die im Mittel um rund 100 N/mm^2 über den aus dieser Tabelle zu entnehmenden Zugfestigkeitswerten lagen.

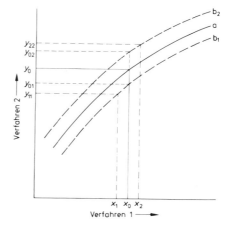

Bild 1. Schematische Darstellung der Streuungen bei der Härteumwertung.

DIN 50150 Seite 3

Zug-festig-keit N/mm²	Vickers-härte ($F \geq 98$ N)	Brinell-härte[2] $\left(0{,}102 \cdot \dfrac{F}{D^2} = 30 \dfrac{N}{mm^2}\right)$	Rockwellhärte							
			HRB	HRF	HRC	HRA	HRD[1]	HR 15 N	HR 30 N	HR 45 N
255	80	76,0								
270	85	80,7								
285	90	85,5	41,0	82,6						
305	95	90,2	48,0							
320	100	95,0	52,0	87,0						
			56,2							
335	105	99,8								
350	110	105	62,3	90,5						
370	115	109								
385	120	114	66,7	93,6						
400	125	119								
415	130	124	71,2	96,4						
430	135	128								
450	140	133	75,0	99,0						
465	145	138								
480	150	143	78,7	101,4						
495	155	147								
510	160	152	81,7	103,6						
530	165	156								
545	170	162	85,0	105,5						
560	175	166								
575	180	171	87,1	107,2						
595	185	176								
610	190	181	89,5	108,7						
625	195	185								
640	200	190	91,5	110,1						
660	205	195	92,5							
675	210	199	93,5	111,3						
690	215	204	94,0							
705	220	209	95,0	112,4						
720	225	214	96,0							
740	230	219	96,7	113,4						
755	235	223								
770	240	228	98,1	114,3	20,3	60,7	40,3	69,6	41,7	19,9
785	245	233			21,3	61,2	41,1	70,1	42,5	21,1
800	250	238	99,5	115,1	22,2	61,6	41,7	70,6	43,4	22,2
820	255	242			23,1	62,0	42,2	71,1	44,2	23,2
835	260	247	(101)		24,0	62,4	43,1	71,6	45,0	24,3
850	265	252			24,8	62,7	43,7	72,1	45,7	25,2
865	270	257	(102)		25,6	63,1	44,3	72,6	46,4	26,2
880	275	261			26,4	63,5	44,9	73,0	47,2	27,1
900	280	266	(104)		27,1	63,8	45,3	73,4	47,8	27,9
915	285	271			27,8	64,2	46,0	73,8	48,4	28,7
930	290	276	(105)		28,5	64,5	46,5	74,2	49,0	29,5
950	295	280			29,2	64,8	47,1	74,6	49,7	30,4
965	300	285			29,8	65,2	47,5	74,9	50,2	31,1
995	310	295			31,0	65,8	48,4	75,6	51,3	32,5
1030	320	304			32,2	66,4	49,4	76,2	52,3	33,9
1060	330	314			33,3	67,0	50,2	76,8	53,6	35,2
1095	340	323			34,4	67,6	51,1	77,4	54,4	36,5
1125	350	333			35,5	68,1	51,9	78,0	55,4	37,8

Die eingeklammerten Zahlen sind Härtewerte, die außerhalb des Definitionsbereichs der genormten Härteprüfverfahren liegen, praktisch jedoch vielfach als Näherungswerte benutzt werden.
[1] Siehe Seite 1
[2] Errechnet aus: HB = 0,95 · HV

Umwertungstabelle

Seite 4   DIN 50150

Zug-festig-keit N/mm²	Vickers-härte ($F \geq 98$ N)	Brinell-härte [2] $\left(0{,}102 \cdot \dfrac{F}{D^2} = 30 \dfrac{N}{mm^2}\right)$	HRB	HRF	HRC	HRA	HRD [1]	HR 15 N	HR 30 N	HR 45 N
1155	360	342			36,6	68,7	52,8	78,6	56,4	39,1
1190	370	352			37,7	69,2	53,6	79,2	57,4	40,4
1220	380	361			38,8	69,8	54,4	79,8	58,4	41,7
1255	390	371			39,8	70,3	55,3	80,3	59,3	42,9
1290	400	380			40,8	70,8	56,0	80,8	60,2	44,1
1320	410	390			41,8	71,4	56,8	81,4	61,1	45,3
1350	420	399			42,7	71,8	57,5	81,8	61,9	46,4
1385	430	409			43,6	72,3	58,2	82,3	62,7	47,4
1420	440	418			44,5	72,8	58,8	82,8	63,5	48,4
1455	450	428			45,3	73,3	59,4	83,2	64,3	49,4
1485	460	437			46,1	73,6	60,1	83,6	64,9	50,4
1520	470	447			46,9	74,1	60,7	83,9	65,7	51,3
1555	480	(456)			47,7	74,5	61,3	84,3	66,4	52,2
1595	490	(466)			48,4	74,9	61,6	84,7	67,1	53,1
1630	500	(475)			49,1	75,3	62,2	85,0	67,7	53,9
1665	510	(485)			49,8	75,7	62,9	85,4	68,3	54,7
1700	520	(494)			50,5	76,1	63,5	85,7	69,0	55,6
1740	530	(504)			51,1	76,4	63,9	86,0	69,5	56,2
1775	540	(513)			51,7	76,7	64,4	86,3	70,0	57,0
1810	550	(523)			52,3	77,0	64,8	86,6	70,5	57,8
1845	560	(532)			53,0	77,4	65,4	86,9	71,2	58,6
1880	570	(542)			53,6	77,8	65,8	87,2	71,7	59,3
1920	580	(551)			54,1	78,0	66,2	87,5	72,1	59,9
1955	590	(561)			54,7	78,4	66,7	87,8	72,7	60,5
1995	600	(570)			55,2	78,6	67,0	88,0	73,2	61,2
2030	610	(580)			55,7	78,9	67,5	88,2	73,7	61,7
2070	620	(589)			56,3	79,2	67,9	88,5	74,2	62,4
2105	630	(599)			56,8	79,5	68,3	88,8	74,6	63,0
2145	640	(608)			57,3	79,8	68,7	89,0	75,1	63,5
2180	650	(618)			57,8	80,0	69,0	89,2	75,5	64,1
	660				58,3	80,3	69,4	89,5	75,9	64,7
	670				58,8	80,6	69,8	89,7	76,4	65,3
	680				59,2	80,8	70,1	89,8	76,8	65,7
	690				59,7	81,1	70,5	90,1	77,2	66,2
	700				60,1	81,3	70,8	90,3	77,6	66,7
	720				61,0	81,8	71,5	90,7	78,4	67,7
	740				61,8	82,2	72,1	91,0	79,1	68,6
	760				62,5	82,6	72,6	91,2	79,7	69,4
	780				63,3	83,0	73,3	91,5	80,4	70,2
	800				64,0	83,4	73,8	91,8	81,1	71,0
	820				64,7	83,8	74,3	92,1	81,7	71,8
	840				65,3	84,1	74,8	92,3	82,2	72,2
	860				65,9	84,4	75,3	92,5	82,7	73,1
	880				66,4	84,7	75,7	92,7	83,1	73,6
	900				67,0	85,0	76,1	92,9	83,6	74,2
	920				67,5	85,3	76,5	93,0	84,0	74,8
	940				68,0	85,6	76,9	93,2	84,4	75,4

Die eingeklammerten Zahlen sind Härtewerte, die außerhalb des Definitionsbereichs der genormten Härteprüfverfahren liegen, praktisch jedoch vielfach als Näherungswerte benutzt werden. Darüber hinaus gelten die eingeklammerten Brinell-härtewerte nur dann, wenn mit einer Hartmetallkugel gemessen wurde.

[1] Siehe Seite 1
[2] Errechnet aus: $HB = 0{,}95 \cdot HV$

258 *Anhang*

DIN 50150 Seite 5

Erläuterungen

Diese Norm wurde vom Arbeitsausschuß A 2 a „Härteprüfung" des Fachnormenausschusses Materialprüfung erarbeitet.

Sie berücksichtigt die technische Entwicklung seit dem Erscheinen der entsprechenden Vornorm im Mai 1957. Die gegenüber der Vornorm vorgenommenen Veränderungen und die wesentlichen Gründe hierfür sind nachfolgend angegeben.

Neu aufgenommen wurden die Härtewerte der Verfahren HRA, HRD, HRF, HR 15 N, HR 30 N und HR 45 N. Der Bedarf hierfür ergab sich aus der inzwischen erfolgten Normung der Verfahren (DIN 50103 Teil 1 und Teil 2). Die in Deutschland nicht genormte Rockwellhärte HRD wurde in diese Folgeausgabe aufgenommen, weil sie ebenfalls weit verbreitet ist. Die Zahlenwerte für die genannten Verfahren in dieser Tabelle wurden in Übereinstimmung mit ASTM E 140-1972 festgelegt. Auch die Härtewerte der Verfahren HRB und HRC in der Tabelle wurden aus ASTM E 140-1972 übernommen. Dadurch ergeben sich nur geringfügige Unterschiede gegenüber der bisherigen Umwertung bei HRC (Vornorm DIN 50150, Ausgabe Mai 1957), gleichzeitig bei HRD eine bessere Anpassung an Versuchswerte.

Härtewerte der Verfahren HR 15 T, HR 30 T und HR 45 T konnten noch nicht einbezogen werden, da nicht genügend Versuchsergebnisse vorlagen. Sie sollen jedoch bei der nächsten Überarbeitug der Norm aufgenommen werden. Deshalb wird gebeten, sachdienliche Unterlagen hierzu dem Fachnormenausschuß Materialprüfung zur Verfügung zu stellen.

Für die Umwertung zwischen Vickershärte und Brinellhärte gilt folgendes:

In der Vornorm DIN 50150, Ausgabe Mai 1957, waren die Zahlenwerte von HV und HB bis 350 gleich. Durch zahlreiche Versuche und umfangreiche Auswertungen von Härtemessungen an Härteprüfplatten zeigte sich aber, daß bereits bei sehr viel niedrigeren Härtewerten systematische Unterschiede zwischen den Ergebnissen dieser beiden Verfahren auftreten. Die Meßwerte werden dagegen besser im gesamten Härtebereich durch die Beziehung $HB = 0,95 \cdot HV$ wiedergegeben. Hier ergeben sich vor allem im Bereich unterhalb 350 geringfügige Unterschiede gegenüber der Vornorm.

Einigen Änderungswünschen zum entsprechenden Norm-Entwurf folgend, hat man die bisherige Praxis verlassen, getrennte Umwertungstabellen für Härtewerte untereinander und für Härte- und Zugfestigkeitswerte zu bilden, wodurch bisher bestimmte Härteprüfverfahren für die Umwertung zwischen Härtewerten und Zugfestigkeitswerten bevorzugt wurden (in Vornorm DIN 50150, Ausgabe Mai 1957: Brinellhärte; in Norm-Entwurf DIN 50150, Ausgabe Juli 1975: Vickershärte). In der vorliegenden Norm sind alle Zahlenwerte in einer Tabelle zusammengefaßt.

Da auch hochfeste Baustähle zunehmend geprüft werden, wurde der Bereich der Zugfestigkeit in der Tabelle bis auf 2180 N/mm² erweitert. Die angegebenen Werte der Zugfestigkeit basieren auf umfangreichen Ringversuchen des VDEh, die im unteren Bereich, bis etwa 420 HV 10, durchgeführt wurden, sowie auf Versuchsergebnissen von F. Hahn [3]), denen sich die Werte im Bereich oberhalb 420 HV 10 allmählich nähern.

Die Angaben über die mittlere Meßunsicherheit wurden in die Folgeausgabe nicht übernommen, da sie nicht in die Umwertungsnorm, sondern in die Prüfgerätenorm gehören. In der vorliegenden Norm müßten eigentlich Angaben über die Umwertungs-Unsicherheit gemacht werden, hierüber liegen zur Zeit aber noch nicht genügend Meßergebnisse vor. Darüber hinaus erscheint es heute fraglich, ob die mittlere Meßunsicherheit unabhängig von den Eigenschaften der verwendeten Prüfgeräte durch einfache Zahlen gekennzeichnet werden kann.

Wie in der Vornorm, Ausgabe Mai 1957, wurde auch in dieser Fassung keine Umwertung in die Rücksprunghärte (z. B. Shore-Härte) aufgenommen, da inzwischen für die Rücksprunghärte noch keine Norm aufgestellt wurde. Außerdem sind die Ergebnisse, die mit Rücksprunghärte-Prüfgeräten verschiedener Herstellung gefunden werden, nicht ohne weiteres miteinander vergleichbar. Vorläufige Umwertungskurven HRC-Shore-Härte sind in Bild 2 dargestellt [4]).

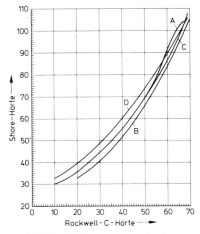

A: Modell D (nur für Walzen) } der Fa. The Shore
B: Modell D   } Instrumental Comp.
C: Modell C   } New York

D: Modell A und B   der Fa. Karl Frank GmbH, Weinheim-Birkenau

Bild 2. Umwertungsschaubild HRC-Shore-Härte

Eine entsprechende Tabelle, jedoch beschränkt auf die Umwertung von Härtewerten, wird zur Zeit in ISO/TC 17 beraten.

Die Tabelle der EURONORM 8-55 entspricht inhaltlich den Tabellen der nun überholten Ausgabe Mai 1957 von DIN 50150.

[3]) F. Hahn: „Die Prüfung der Festigkeit harter Stähle im Zugversuch" Dissertation T.U. Berlin 1968

[4]) Vergleiche auch: Schmitz, H., und Schlüter, W., „Versuche zur Vereinheitlichung der Rückprallhärteprüfung" Stahl und Eisen 75 (1955) S. 411-416.

Härtewerte

Tabelle B I: Härtewerte von Werkstoffen und von Verschleiß-Schutzschichten

Werkstoff	Härte	Quelle
Eisenwerkstoffe		
allgemeine Baustähle (St 33, St 34, ...)	100 ... 265 HV	Umwertung nach DIN 50 150 aus den Zugfestigkeitswerten nach DIN 17 100
Vergütungsstähle	weich geglüht: 155 ... 265 HB 30 vergütet: 160 ... 450 HV	Umwertung nach DIN 50 150 aus den Zugfestigkeitswerten nach DIN 17 200
	Härte nach dem Stirnabschreckversuch 1,5 mm von der abgeschreckten Stirnfläche entfernt: 44 ... 65 HRC	DIN 17 200
Wälzlagerstähle	weich geglüht: 207 ... 217 HV gehärtet: 56 ... 66 HRC	Wellinger, Gimmel u. Bodenstein (1972)
unlegierte Werkzeugstähle	weich geglüht: 130 ... 240 HB gehärtet: 44 ... 65 HRC	Verein Deutscher Eisenhüttenleute (1965)
Schnellarbeitsstähle	weich geglüht: 200 ... 300 HB gehärtet: maximal 70 HRC	"
Werkzeugstähle für Kaltarbeit	gehärtet u. angelassen: 40 ... 66 HRC	Stahlschlüssel (1968)
Werkzeugstähle für Warmarbeit	weich geglüht: 190 ... 270 HB gehärtet u. angelassen bei 300 °C: 145 ... 230 HV 400 °C: 130 ... 230 HV 500 °C: 110 ... 235 HV 600 °C: 100 ... 230 HV 700 °C: 85 ... 125 HV	"
Stähle für Flamm- und Induktionshärten	weich geglüht: 183 ... 235 HB 30 gehärtet; Härte an den oberflächengehärteten Zonen: 51 ... 60 HRC	DIN 17 212
Einsatzstähle	weich geglüht: 131 ... 235 HB 30 aufgekohlt u. gehärtet: 700 ... 900 HV	DIN 17 200
Nitrierstähle	weich geglüht: 217 ... 262 HB nitriert 800 ... 950 HV	DIN 17 211
Nichtrostende Stähle a) ferritische und martensitische Stähle	weich geglüht: 130 ... 260 HB vergütet: 160 ... 275 HB gehärtet u. angelassen: ~ 55 HRC	DIN 17 440
b) austenitische Stähle	abgeschreckt: 130 ... 210 HB	"
Allgemeiner Stahlguß	115 ... 210 HB	Umwertung nach DIN 50 150 aus den Zugfestigkeitswerten nach DIN 1681
Vergütungsstahlguß	130 ... 350 HB	Umwertung nach DIN 50 150 aus den Zugfestigkeitswerten nach Stahl-Eisen-Werkstoffblatt 510-62

Werkstoff	Härte	Quelle
Warmfester ferritischer Stahlguß	130 ... 260 HB	Umwertung nach DIN 50 150 aus den Zugfestigkeitswerten nach DIN 17 245
Hitzebeständiger Stahlguß	200 ... 300 HB 30	DIN 17 645
Stahlguß für Flamm- und Induktionshärtung	50 ... 57 HRC	Stahl-Eisen-Werkstoffblatt 835-60
Austenitischer Hart-Mangan-Stahlguß	175 ... 500 HV (500 HV nach tribol. Beanspruchung)	Wellinger, Gimmel u. Bodenstein (1972)
Hochlegierter Stahlguß	170 ... 660 HV	''
Nichtrostender Stahlguß a) ferritisch	geglüht: 170 ... 270 HB 30 vergütet: 170 ... 300 HB 30	DIN 17 445
b) austenitisch	abgeschreckt: 130 ... 200 HB 30	''
Gußeisen mit Lamellengraphit (Grauguß)	~ 100 ... 300 HB	DIN 1691 (Beiblatt)
Gußeisen mit Kugelgraphit	140 ... 320 HB	Wellinger, Gimmel u. Bodenstein (1972)
Austenitisches Gußeisen a) mit Lamellengraphit	120 ... 250 HB	DIN 1694 (Beiblatt)
b) mit Kugelgraphit	120 ... 255 HB	''
Temperguß a) weiß	200 ... 270 HB	DIN 1692
b) schwarz	150 ... 270 HB	''
Hartguß	47 ... 65 HRC	Verein Deutscher Eisenhüttenleute (1965)
Verschleißfestes legiertes Gußeisen	350 ... 850 HV 38 ... 66 HRC	DIN 1695 (Beiblatt 1) Entwurf (1977)
Hartlegierungen auf Eisenbasis	38 ... 72 HRC	Knotek, Lugscheider u. Eschnauer (1975)
Kupferlegierungen		
Kupfer-Aluminium-Gußlegierungen (Guß-Aluminiumbronze)	105 ... 200 HB 10/1000	DIN 1714
Kupfer-Blei-Zinn-Gußlegierungen (Guß-Zinn-Blei-Bronze)	30 ... 70 HB 10/1000	DIN 1716
Kupfer-Zink-Gußlegierungen (Guß-Messing und Guß-Sondermessing)	45 ... 190 HB 10/1000	DIN 1709
Kupfer-Zinn- und Kupfer-Zinn-Zink-Gußlegierungen (Guß-Zinnbronze und Rotguß)	60 ... 100 HB 10/1000	DIN 1705

Härtewerte 261

Werkstoff	Härte	Quelle
Kupfer-Nickel-Gußlegierungen	100 ... 115 HB 10/1000	DIN 17 658
Kupfer-Aluminium-Knetlegierungen	80 ... 160 HB 2,5/62,5	DIN 17 670
Kupfer-Zink-Knetlegierungen (Messing)	60 ... 180 HB 2,5/62,5	"
Kupfer-Zinn-Knetlegierungen (Zinnbrone)	60 ... 225 HB 2,5/62,5	"
Kupfer-Nickel-Zink-Knetlegierungen	85 ... 185 HB 2,5/62,5	"
Kupfer-Nickel-Knetlegierungen	65 ... 95 HB 2,5/62,5	"
niedrig legierte, nicht aushärtbare Kupfer-Knetlegierungen	55 ... 170 HB 2,5/62,5	"
niedrig legierte, aushärtbare Kupfer-Knetlegierungen	80 ... 450 HV	"
Aluminium-Legierungen		
Aluminium-Silizium-Gußlegierungen	45 ... 80 HB 5/250	DIN 1725, Blatt 2
Aluminium-Silizium-Magnesium-Gußlegierungen	50 ... 115 HB 5/250	"
Aluminium-Silizium-Kupfer-Gußlegierungen	65 ... 110 HB 5/250	"
Aluminium-Kupfer-Titan-Gußlegierungen	85 ... 110 HB 5/250	"
Aluminium-Kupfer-Titan-Magnesium-Legierungen	90 ... 130 HB 5/250	"
Glänzlegierungen auf Basis Al 99,9 H	23 ... 75 HB*	Wellinger, Gimmel u. Bodenstein (1972)
Aluminium-Mangan-, Aluminium-Magnesium- und Aluminium-Magnesium-Mangan-Knetlegierungen	25 ... 90 HB*	"
Aluminium-Silizium- und Aluminium-Magnesium-Silizium-Knetlegierungen	40 ... 95 HB*	"
Automaten (-Aluminium)-Knetlegierungen	60 ... 110 HB*	"
	* für Schmiedestücke Mindestwerte	

Werkstoff	Härte	Quelle
Aluminium-Kupfer-Magnesium- und Aluminium-Kupfer-Silizium-Mangan-Knetlegierungen	90 ... 125 HB*	Wellinger, Gimmel u. Bodenstein (1972)
Aluminium-Zink-Magnesium- und Aluminium-Zink-Magnesium-Kupfer-Knetlegierungen	45 ... 140 HB* * für Schmiedestücke Mindestwerte	''
Magnesium-Legierungen		
Magnesium-Aluminium-Zink-Gußlegierungen	50 ... 90 HB 5/250	DIN 1729, Blatt 2
Magnesium-Aluminium-Gußlegierungen	50 ... 70 HB 5/250	''
Sonderlegierungen (mit seltenen Erden)	50 ... 85 HB 5/250	''
Magnesium-Knetlegierungen (Magnesium-Mangan; Magnesium-Aluminium-Zink)	40 ... 60 HB	DIN 9715
Titan-Legierungen	$\sim$ 130 ... 350 HB	
Zink-Legierungen		
Feinzink-Gußlegierungen (Zink-Aluminium; Zink-Aluminium-Kupfer)	70 ... 110 HB 30/10	Wellinger, Gimmel u. Bodenstein (1972)
Blei- und Zinn-Legierungen (für Gleitlager)	20 ... 27 HB 250/180	DIN 1703
Nickel-Legierungen		
Nickel-Gußlegierungen	80 ... 180 HB 10/1000	DIN 17 730
Nickel-Kupfer-Gußlegierungen	120 ... 260 HB 10/1000	''
niedrige legierte Nickel-Knetlegierungen	$\leqslant$ 100 ... 220 HB	DIN 17 750
Nickel-Knetlegierungen mit Chrom	$\leqslant$ 185 ... 230 HB	''
Nickel-Knetlegierungen mit Kupfer	$\leqslant$ 120 ... 210 HB	''
Nickel-Knetlegierungen mit Molybdän, Chrom und Kobalt	$\leqslant$ 190 ... 260 HB	''
Hartlegierungen auf Nickelbasis	15 ... 65 HRC	Knotek, Lugscheider u. Eschnauer (1975)

Werkstoff	Härte	Quelle
Kobalt-Legierungen		
Hartlegierungen auf Kobaltbasis	30 ... 66 HRC	Knotek, Lugscheider u. Eschnauer (1975)
Hartmetalle		
Wolframcarbid, Titancarbid + Tantalcarbid, Kobalt	900 ... 1850 HV	Wellinger, Gimmel u. Rodenstein (1972)
Titancarbid, Eisen u. verschiedene Legierungselemente	weich geglüht: 38 ... 49 HRC gehärtet: 40 ... 73 HRC	"
Cermets		
Chrom, Chrom-Molybdän oder Chrom-Wolfram mit Al_2O_3	320 ... 470 HV 30	"
Molybdän mit Zirkondioxid u. weiteren Zusätzen	350 ... 650 HV 30	"
Nichtmetallische Hartstoffe		
Diamant	7575 HK 0,1*	Binder (1975)
kub. Bornitrid	4700 HK 0,1	"
Borcarbid (B_4C)	2940 HK 0,1	"
Bor	2700 ± 100 HK 0,1	"
α-Aluminiumborid (AlB_{12})	2400 HK 0,1	"
Siliziumcarbid (SiC)	2580 HK 0,1	"
Siliziumborid (SiB_6)	2300 HK 0,1	"
Korund (α-Al_2O_3)	2080 HK 0,1	"
Schmelz-Zirkonoxid	1500 HK 0,1	"
α-Siliziumnitrid (Si_3N_4)	1700 HK 0,1	"
Aluminiumnitrid (AlN)	1230 HK 0,1	"
Porzellan ($K_2O \cdot Al_2O_3 \cdot SiO_2$)	600 ... 800 HV	Dörre (1973)
Steatit ($MgO \cdot SiO_2$)	600 ... 800 HV	"
gesintertes Aluminiumoxid 80 % Al_2O_3	1100 HV	"
90 % Al_2O_3	1500 HV	"
95 % Al_2O_3	1900 HV	"
97 ... 99,7 % Al_2O_3	2000 ... 2300 HV	"
Saphir	2500 HV	"

* Knoop-Härte

Werkstoff	Härte	Quelle
Elektrolytische Überzüge		
Chrom	900 ... 1100 HV	N. N. (1977)
Gold (100 %)	60 ... 70 HV	Degussa (1967)
Gold (+ Cd + 0,1 .. 10 % Cu)	250 ... 400 HV	,,
Kadmium	30 ... 50 HV	N. N. (1977)
Kobalt-Nickel	350 ... 450 HV	,,
Kupfer	41 ... 220 HV	,,
Kupfer-Zinn	150 ... 250 HV	,,
Nickel	140 ... 500 HV	,,
Nickel-Phosphor	500 ... 1100 HV 0,1	Hübner u. Ostermann (1979)
Nickel-Bor	500 ... 2000 HV 0,1	,,
Nickel-Siliziumcarbid	270 ... 450 HV 0,1	Broszeit, Heinke u. Wiegand (1971)
Nickel-Aluminiumoxid	270 ... 420 HV 0,1	,,
Rhodium	400 ... 800 HB	N. N. (1977)
Silber	50 ... 150 HB	,,
Zinn	5 HB	,,
Zinn-Nickel	625 HV	,,
Thermochemisch gebildete Oberflächenschichten auf Stahl durch		
Aufkohlen und Härten	700 ... 1000 HV 0,2	Habig (1979)
Carbonitrieren und Härten	700 ... 1000 HV 0,2	,,
Nitrieren	450 ... 1200 HV 0,2	,,
Sulfonitrieren	350 ... 600 HV 0,2	,,
Sulfidieren	~ 400 HV 0,2	,,
Borieren	1400 ... 2200 HV 0,2	,,
Vanadieren	1800 ... 2500 HV 0,2	,,
Chromieren	1400 ... 2000 HV 0,2	,,
Aluminieren	200 ... 1200 HV 0,2	,,
Zinnieren	300 ... 900 HV 0,2	,,
Oberflächenschichten durch chemische Abscheidung aus der Gasphase (CVD)		
Titancarbid (TiC)	> 3200 HV* * Mikrohärte	Archer u. Yee (1977)

Werkstoff	Härte	Quelle
Titannitrid (TiN)	2000 ... 2700 HV*	Archer u. Yee (1977)
Aluminiumoxid (Al_2O_3)	2000 ... 2500 HV*	"
Wolframcarbid (WC)	~ 1700 HV*	"
" (W_2C)	2000 ... 2500 HV*	"
Vanadincarbid (VC)	2000 ... 3000 HV*	"
Siliziumnitrid (Si_3N_4)	2500 ... 3000 HV*	"
Siliziumcarbid (SiC)	2500 ... 4000 HV*	"
Borcarbid (B_4C)	3000 ... 3500 HV*	"
Hafniumcarbid (HfC)	1800 ... 2500 HV*	"
	* Mikrohärte	
Oberflächenschichten durch Auftragschweißen		
unlegierter oder niedriglegierter Stahl bis 0,4 % C mit maximal 5 % Legierungsbestandteilen (Cr, Mn, Mo, Ni)	200 ... 400 HB	Wirtz u. Hess (1969)
unlegierter oder niedriglegierter Stahl über 0,4 % C mit maximal 5 % Legierungsbestandteilen (Cr, Mn, Mo, Ni)	~ 500 HB	"
Warmarbeitsstähle mit W, Cr, manchmal mit Mo, Ni, V, (Co), legiert	48 ... 52 HRC gehärtet: 58 ... 62 HRC	"
Schnellarbeitsstähle mit W, Cr, V, manchmal mit Co oder Cr, Mo, W und V legiert	58 ... 65 HRC	"
Chromstähle (5 ... 30 % Cr) mit niedrigem C-Gehalt ($\leq$ 0,2 %)	500 ... 600 HB	"
Chromstähle (5 ... 18 % C) mit C-Gehalt von 0,2 ... 2 %	500 ... 600 HB	"
Manganhartstahl (11 ... 18 % Mn; < 0,5 % C und bis 3 % Ni)	nach Verfestigung 400 ... 500 HB	"
Cr-Ni-Mn-Austenite	200 ... 250 HB	"
Nichtrostende Cr-Ni-Stähle	200 ... 250 HB	"
Ledeburitische Cr-C-Fe-Legierungen mit oder ohne Zusätze	55 ... 70 HRC	"

Werkstoff	Härte	Quelle
Stellite auf Co-Basis, Cr-W-legiert, mit oder ohne Ni und Mo	38 ... 58 HRC	Wirtz u. Hess (1969)
Metallcarbidlegierungen (Hartmetalle) (0 ... 80 % Carbide, Bindemittel Fe, Mo, Co, Ni)	Grundmasse: ~ 600 HV Wolframcarbid- körner 1800 – 2000 HV	"
NiCrB-Legierungen	40 ... 60 HRC	"
Nickel-Legierungen mit Zusätzen, Mo-legiert, mit oder ohne Cr)	200 ... 250 HB (verfestigungsfähig)	"
Zinnbronzen	60 ... 130 HB	"
Aluminiumbronzen	60 ... 320 HB	"
Kupfer-Nickel-Legierungen	bis 160 HB	"
Oberflächenschichten durch Plasmaspritzen		
Hartmetall (WC + (6... 20 % CO))	1500 ... 800 HV 0,1*	Kirner (1979)
Cr_3C_2 + 25 % CrNi (80/20)	1200 ... 600 HV 0,1*	"
Titannitrid (TiN)	1050 HV 0,1*	"
Zirkonnitrid (ZrN)	1250 HV 0,1*	"
Zirkonborid (ZrB_2)	965 HV 0,1*	"
Molybdänsilizid ($MoSi_2$)	900 HV 0,1*	"
Aluminiumoxid (Al_2O_3)	1200 ... 1600 HV 0,1*	"
Chromoxid (Cr_2O_3)	1200 ... 1700 HV 0,1*	"
Titanoxid (TiO_2)	600 ... 1000 HV 0,1*	"
Magnesiumoxid (MgO)	520 HV 0,1*	"
Zirkonoxid mit 5 % CaO	640 HV 0,1*	"
Zirkonoxid mit 13 % Y_2O_3	1090 HV 0,1*	"
Aluminiumoxid (Al_2O_3) + 3 % Titanoxid (TiO_2)	1500 HV 0,1*	"
Aluminiumoxid (Al_2O_3) + 40 % Titanoxid (TiO_2)	480 HV 0,1*	"
Aluminiumoxid (Al_2O_3) + 2 ... 3 % Chromoxid (Cr_2O_3)	1200 ... 1700 HV 0,1*	"
Chromoxid + Titanoxid	1000 ... 1700 HV 0,1*	"
Bariumtitanat ($BaO \cdot TiO_2$)	420 HV 0,1*	"
Spinell ($Al_2O_3 \cdot MgO$)	600 ... 900 HV 0,1*	"

* Die Werte hängen stark von den Spritzbedingungen ab

Werkstoff	Härte	Quelle
Zirkonsilikat ($ZrO_2 \cdot SiO_2$)	450 ... 600 HV 0,1*	Kirner (1979)
Mullit (3 $Al_2O_3 \cdot 2 SiO_2$)	470 HV 0,1*	''
	* Die Werte hängen stark von den Spritzbedingungen ab	

Tabelle C I: Härtewerte von mineralischen Stoffen

Mineral	Härte			Quelle
	Mohs	Vickers [daN/mm²]	Knoop [daN/mm²]	
Diamant	10	10000	7575	Binder (1975) Röhrig (1971)
Bornitrid (kub.)			4700	Binder (1975)
Borcarbid			2940	Binder (1975)
Siliciumcarbid		2600	2585	Röhrig (1971)
Korund	9	1800 1900	2020	Röhrig (1971) Avery (1977)
Schmirgel			1400	Röhrig (1971)
Topas	8	1430 1200	1330	Röhrig (1971) Avery (1977)
Quarz	7	900 – 1280 750	840	Röhrig (1971) Avery (1977)
Feuerstein		950	820	Röhrig (1971)
Olivin	6,5 – 7,0	600 – 750		Avery (1977)
Orthoklas (Feldspat)	6	470	620	Röhrig (1971) Avery (1977)
Plagioklas (Feldspat)	6,0 – 6,5	470 – 600		Avery (1977)
Pyrit	6,0 – 6,5	470 – 600		Avery (1977)
Magnetit	5,5 – 6,5	370 – 600	575	Avery (1977) Röhrig (1971)
Hämatit	5,5 – 6,5	370 – 600		Avery (1977)
Glas		500	455	Röhrig (1971)
Apatit	5	540 300	435	Röhrig (1971) Avery (1977)
Hornblende	5,0 – 6,0	300 – 470		Avery (1977)
Paulit	5,0 – 6,0	300 – 470		Avery (1977)
Leucit	5,5 – 6,0	370 – 470		Avery (1977)
Ilmenit	5,0 – 6,0	300 – 470		Avery (1977)
Limonit	5,0 – 5,5	300 – 370		Avery (1977)
Fluorit (Flußspat)	4	190 180	175	Röhrig (1971) Avery (1977)
Siderit	3,5 – 4,0	145 – 180		Avery (1977)
Dolomit	3,5 – 4,0	145 – 180		Avery (1977)
Serpentin	2,5 – 4,0	90 – 180		Avery (177)

Härtewerte

Mineral	Härte			Quelle
	Mohs	Vickers [daN/mm²]	Knoop [daN/mm²]	
Calcit (Kalkspat)	3	140 115	130	Röhrig (1971) Avery (1977)
Biotit	2,5 – 3,0	90 – 115		Avery (1977)
Muscovit	2,0 – 2,5	70 – 90		Avery (1977)
Kaolin	2,0 – 2,5	70 – 90		Avery (1977)
Chlorit	2,0 – 2,5	70 – 90		Avery (1977)
Gips	2	70 36	40	Avery (1977) Röhrig (1971)
Kohle			35	Röhrig (1971)
Talk	1,0 – 1,5	45 – 56	20	Avery (1977) Röhrig (1971)

Tabelle D I: Paarungen mit hohem Widerstand gegenüber der Adhäsion bei Festkörperreibung

Paarung		Kennzahl f. d. Adhäsionswiderstand $\frac{p}{W_I + W_{II}}$ $10 \left[\frac{N}{cm^2 \cdot mg}\right]$	Prüfsystem	Literatur
Grundkörper I	Gegenkörper II			
Molybdän, hartplattiert	Ck 15, aufgekohlt u. gehärtet	33,3		Stähli und Beutler (1976)
Hartmetall	"	30,0	Breite: 10 mm	
Co Cr Mo-Leg.	"	30,0		
Molybdän, flammgespritzt	G-CuSn 7 ZnPb (Rg 7)	25,0		
TiC auf 100 Cr6	Ck 15, aufgekohlt u. gehärtet	19,8		
Al$_2$O$_3$, plasmagespritzt	G-CuSn 7 ZnPb (Rg 7)	16,6	$p = 20 \ldots 30$ N/cm^2 $v = 0,42$ m/s	
WC-Co, plasmagespritzt	CuSn 14	15,4	Raumtemperatur $t = 20$ h	
Hartmetall	GGL 15	10,8	Kennzeichnung des Adhäsionswiderstandes durch das Produkt aus dem Verschleißwiderstand von Grund- und Gegenkörper $\frac{1}{W_I + W_{II}}$ und der Flächenpressung p (Je höher die Kennzahl, desto günstiger ist die Paarung)	
Hartmetall	Cf 53, geglüht	10,2		
TiC	GGL 15	5,1 – 9,9		
TiC auf 100 Cr6	Cf 53, geglüht	7,8		
Hartchrom	Ck 15, aufgekohlt u. gehärtet	7,5		
Ck 35, boriert	"	6,3		
Hartmetall	CuSn 14	6,0		
Ck 15, salzbadnitriert	"	4,8		
WC-Co, plasmabeschichtet	Cf 53, geglüht	3,6		
Ck 15, salzbadnitriert	Ck 15, aufgekohlt u. gehärtet	3,6		
34 CrAlMo 5, gasnitriert	Ck 15, aufgekohlt u. gehärtet	3,3		
borierter Stahl	GGL 15	3,3		
Hartchrom	"	3,0		
Molybdän, flammgespritzt	CuSn 14	2,8		
34 CrAl, gasnitriert	Cf 53, geglüht	2,5		

Paarung		Kennzahl f. d. Adhäsionswiderstand $\frac{p}{w_I + w_{II}}$	Prüfsystem	Literatur
Grundkörper I	Gegenkörper II	$10 \ [\frac{N}{cm^2 \ mg}]$		
X 220 CrMoV 12 H	X 220 CrMoV 12 H	2,5		
GGL 15	CuSn 14	1,9		
Hartchrom	″	1,7		
Ck 15, aufgekohlt u. gehärtet	″	1,7		

Tabelle D II: Korrosionsbeständige Paarungen mit hohem Widerstand gegenüber der Adhäsion bei Festkörperreibung

Paarung		Kennzahl f. d. Adhäsionswiderstand $1/W_{m/t}$* $10 \ |s/\mu g|$	Prüfsystem	Literatur
Grundkörper I	Gegenkörper II			
Stellit 6 B (auf Kobaltbasis) 48 H R C	Stellit 6 B (wie I)	5,7	F_N = 71 N n = 105 U/min Raumtemperatur z = 10.000 Umdrehungen Kennzeichnung des Adhäsionswiderstandes durch den Reziprokwert der massenmäßigen Verschleißgeschwindigkeit $1/W_{m/t}$ (Je höher die Kennzahl, desto günstiger ist die Paarung) Bei Paarungen aus verschiedenen Werkstoffen wurden beide Werkstoffe einmal als Grundkörper und zum anderen als Gegenkörper eingesetzt. Die in beiden Anordnungen gemessenen Verschleißgeschwindigkeiten wurden gemittelt.	Schuhmacher (1977)
Hartchrom	Hartchrom	3,4		
Haynes 25 (auf Kobaltbasis) 28 H R C	Haynes 25 (wie I)	3,3		
Stahl Nitronic 60 (0,1 % C; 8,1 % Mn; 3,9 % Si; 16,7 % Cr; 8,2 % Ni) 95 H R B	Stellit 6 B (siehe oben)	3,0		
Stahl Nitronic 32 (12,3 % Mn; 0,44 % Si; 18,4 % Cr; 1,5 % Ni) 91 H R B	Stellit 6 B (siehe oben)	2,9		
Stahl Nitronic (siehe oben)	Hartchrom	2,7		
Stahl AISI 304 (18 - 20 % Cr; 8 - 12 % Ni) 99 H R B	Hartchrom	2,5		
Stahl AISI 440 C (16 - 18 % Cr) 57 H R C	Stahl Nitronic 60 (siehe oben)	2,4		
Stahl Nitronic 32 (siehe oben)	Hartchrom	2,3		
Stahl Nitronic 60 (siehe oben)	Stahl Nitronic 60 (siehe oben)	2,0		
Stahl AISI 304 (siehe oben)	Stellit 6 B (siehe oben)	2,8		
Stahl Nitronic 32 (siehe oben)	Stahl Nitronic 32 (siehe oben)	1,8		
Stahl AISI 440 C (siehe oben)	Stahl Nitronic 32 (siehe oben)	1,8		
Stahl Nitronic 50 (0,04 % C; 4,9 % Mn; 0,5 % Si; 21 % Cr; 12,8 % Ni; 2,2 % Mo; 0,28 % N; 0,17 % Cb; 0,17 % V) 95 H R B	Stahl Nitronic 60	1,6		

* Der Adhäsionswiderstand der hier aufgeführten Paarungen ist in der Regel niedriger als der der in Tabelle E I genannten Paarungen.

Paarung		Kennzahl f. d. Adhäsions- widerstand $1/W_{m/t}$*	Prüfsystem	Literatur
Grundkörper I	Gegenkörper II	10 [s/μg]		
Stahl AISI 440 C (siehe oben)	Stahl AISI 316 (X 5 CrNiMo 18 10)	1,5		
Stahl AISI 440 C (siehe oben)	Stahl AISI (siehe oben)	1,5		
Stahl AISI 440 C (siehe oben)	Stahl AISI 304 (siehe oben)	1,4		
Stahl AISI 440 C (siehe oben)	Stahl Nitronic 50 (siehe oben)	1,3		

Tabelle D III: Paarungen mit hohem Widerstand gegenüber der Adhäsion bei Festkörperreibung im Vakuum

Paarung		Kennzahl f. d. Adhäsions- widerstand $1/W_{v/t}$ [h/mm³]	Prüfsystem	Literatur
Grundkörper I	Gegenkörper II			
Stahl AISI 440 C (0,95 - 1,20 % C; 16 - 18 % Cr) 54 HRC	MoS$_2$ gebunden mit Phenolharz auf Stahl AISI 440 C	$3,3 \cdot 10^5$ (f = 0,27)	ϕ 64, Partner II, Partner I, R=5, F_N, $R_a = 1 - 2\,\mu m$ Vakuum: 10^{-10} bar $F_N = 9,8$ N v = 2,25 m/s Raumtemperatur t = 1 h Kennzeichnung des Adhäsionswiderstan- des durch den Rezi- prokwert der volu- metrischen Ver- schleißgeschwindig- keit $1/W_{v/t}$ (Je höher die Kenn- zahl, je günstiger ist die Paarung) f: Reibungszahl	Buckley, Swikert u. Johnson (1962)
"	MoS$_2$, gebunden mit Siliconharz auf Stahl AISI 440 C	$1,4 \cdot 10^4$ (f = 0,31)		
"	TiN auf Stahl AISI 440 C	$6,3 \cdot 10^2$ (f = 0,14)		
"	Au auf Stahl AISI 440 C	$3,3 \cdot 10^2$ (f = 0,10)		
"	Pb auf Stahl AISI 440 C	$2,0 \cdot 10^2$ (f = 0,09)		
"	Ag auf Stahl AISI 440 C	$1,3 \cdot 10^2$ (f = 0,06)		
"	PbO · SiO$_2$ auf Stahl AISI 440 C	$6,3 \cdot 10^1$ (f = 0,16)		
nitrierter Stahl 42 CrMo 4 (mit Verbindungs- schicht)	nitrierter Stahl 42 CrMo 4 (mit Verbindungs- schicht)	$5 \cdot 10^4$ (f = 0,5)	Vakuum: 10^{-9} bar $F_N = 10$ N v = 0,1 m/s Raumtemperatur s = 1 km	Habig, Chatterjee- Fischer u. Hoffmann (1978)

Tabelle D IV: Paarungen mit hohem Widerstand gegenüber der Adhäsion bei hohen Temperaturen im Vakuum

Paarung		Kennzahl f. d. Adhäsionswiderstand $1/F_A$	Prüfsystem	Literatur
Grundkörper	Gegenkörper	$[N^{-1}]$		
1) Wolfram	Wolfram	> 2	geometrische Kontaktfläche $A = 161\ mm^2$ t = Kontaktzeit T = Kontakttemperatur p = Gasdruck des Umgebungsmediums Kennzeichnung des Adhäsionswiderstandes durch den Reziprokwert der Trennkraft $1/F_A$ (Je größer die Kennzahl, desto günstiger ist die Paarung) 1) t = 1300 h; T = 722 °C; p = 10^{-12} bar; F_N = 74,5 N 2) t = 1258 h; T = 722°C; p = 10^{-11} bar; F_N = 74,5 N 3) t = 1750 h; T = 556°C; p = 10^{-11} bar; F_N = 64,5 N 4) t = 72 h; T = 389 °C; p = 10^{-12} bar; F_N = 66,7 N 5) t = 2350 h; T = 428 °C; p = 10^{-12} bar; F_N = 66,7 N 6) t = 2370 h; T = 556 °C; p = 10^{-12} bar; F_N = 111 N 7) t = 342 h; T = 714 °C; p = 10^{-12} bar; F_N = 74,5 N	Kellog (1967)
2) Inconel X	weichmagnetischer Stahl	> 2		
3) Al_2O_3 (99 %ig)	Graphit, imprägniert	> 2		
4) Cr-Überzug	Cr-Überzug	> 2		
5) Cr-Überzug	Al_2O_3 (99 %ig)	> 0,7		
6) Al_2O_3 (99 %ig)	WC mit 13 - 16 % C	> 0,5		
7) Al_2O_3 (99 %ig)	Al_2O_3 (99 %ig)	> 0,3		

Tabelle D V: Paarungen mit hohem Widerstand gegenüber der Adhäsion im Mischreibungsgebiet

Paarung		Kennzahl f. d. Adhäsionswiderstand F_{krit} [N]	Prüfsystem	Literatur
Grundkörper I	Gegenkörper II			
nitrierter Stahl (mit Verbindungsschicht)	nitrierter Stahl (mit Verbindungsschicht)	> 2400	ϕ 42, R=6, F_N, I, II	Habig, Evers u. Chatterjee-Fischer (1978)
nitrierter Stahl	borierter Stahl	900		
gehärteter Stahl	borierter Stahl	700		
borierter Stahl	nitrierter Stahl	700	Grundwerkstoff von Stift und Scheibe: Stahl 42 CrMo4	
borierter Stahl	borierter Stahl	600	Zwischenstoff: Hexadecan 99 %ig	
borierter Stahl	gehärteter Stahl	300	v = 0,3 m/s T = 23 °C t = 5 sec pro Laststufe	
gehärteter Stahl	nitrierter Stahl	200*	Kennzeichnung des Adhäsionswiderstandes durch die Versagenslast F_{krit}, bei der Reibungskoeffizient u. Verschleißbetrag von einer Tieflage in eine Hochlage ansteigen. (Je höher die Kennzahl, desto günstiger ist die Paarung)	
nitrierter Stahl	gehärteter Stahl	200*		
gehärteter Stahl	gehärteter Stahl	200*		
			* Diese Paarungen sind nur zum Vergleich aufgeführt; sie haben keinen hohen Widerstand gegenüber der Adhäsion	
Ferner dürfen die in Tabelle D I genannten Paarungen auch unter Mischreibungsbedingungen zu einem großen Teil einen hohen Widerstand gegenüber der Adhäsion besitzen.				

Schrifttum

1. Kapitel

Binder, F.: Refraktäre metallische Hartstoffe. Radex-Rundschau H.4 S. 531–557 (1975)
Burwell, J.T.: Survey of possible wear mechanisms. Wear *1* S. 119–141 (1957/58)
Hornbogen, E.: Über die Begriffe „Gefüge" und „Phase" Prakt. Metallographie *7* S. 51–59 (1970)
Hütte; Taschenbuch der Werkstoffkunde (Stoffhütte), herausgegeben vom Akademischen Verein Hütte e.V. in Berlin, Berlin, München: Verlag Wilhelm Ernst & Sohn (1967)
Meyer, H.R.: Borazon oder Diamant? Oberfläche H.2 S. 50–58 (1971)
Röhrig, K.: Gefüge und Beständigkeit gegen Mineralverschleiß von carbidischem Gußeisen. Giesserei *58* S. 697–705 (1971)
Vijh, A.K.: The influence of solid state cohesion of metals and non-metals on the magnitude of their abrasive wear resistance. Wear *35* S. 205–209 (1975)

2. Kapitel

Allianz: Handbuch der Schadenverhütung. 2., erweiterte und überarbeitete Auflage. München und Berlin: Allianz Versicherungs-AG (1976)
Archard, J.F.: The temperature of rubbing surfaces. Wear *2* S. 438–455 (1958/59)
ASLE: A catalog of friction and wear devices. Park Ridge: American Society of Lubrication Engineers (1976)
Barwell, F.T.; Bowen, E.R.; Bowen, J.P.; Westcott, V.C.: The use of temper colors in ferrography. Wear *44* S. 163–171 (1977)
Bayer, R.G.; Ku, T.C.: Handbook of analytical design for wear. Herausgeber: C.W. MacGregor. New York: Plenum Press (1964)
Blok, H.: Measurement of temperature flashes on gear teeth under extreme pressure conditions.–Theoretical study of temperature rise at surfaces of actual contact under oiliness lubricating conditions. Proc. General Discussion on Lubrication and Lubricants, Inst. Mech. Engrs., London *2* S. 14–20 u. 222–235 (1937)
Blok, H.: Die Blitztemperatur-Theorie. Hamburg: Deutsche Shell AG, Techn. Dienst, 15 Seiten (1962)
Borik, F.; Scholz, W.G.: Gouging abrasion test for materials used in ore and rock crushing. J. Mater. *6* S. 590–605 (1971)
Bowden, F.P.; Tabor, D.: The friction and lubrication of solids. Oxford: Clarendon Press (1950)
Bowden, F.P.; Tabor, D.: The friction and lubrication of solids, Part II. Oxford: Clarendon Press (1964)
Bowen, K.A.; Graham, T.S.: Noise analysis: a maintenance indicator. Mechanical Engineering *89* S. 31–33 (1967)
Broszeit, E.; Heß, F.J.; Kloos, K.H.: Werkstoffanstrengung bei oszillierender Gleitbewegung. Z. Werkstofftechnik *8* S. 425–432 (1977)
Bugarcic, H.: Einfluß der Feuchtigkeit auf mechanisch-chemische Vorgänge bei Reibungsbeanspruchungen von ARMCO-Eisen, Einsatz- und Radreifenstahl unter Verwendung einer neukonstruierten Reibungsprüfmaschine. Dissertation TH Aachen (1964)
Burwell, J.T.: Survey of possible wear mechanisms. Wear *1* S. 119–141 (1957/58)
Czichos, H.: The principles of system analysis and their application to tribology. ASLE Trans *17* S. 300–306 (1974)
Czichos, H.; Salomon, G.: The application of systems thinking and systems analysis to tribology. Bundesanstalt für Materialprüfung (BAM), Berlin, BAM-BR 030, 10 Seiten (1974)
Czichos, H.: Systemanalyse und Physik tribologischer Vorgänge. Teil 2: Anwendungen. Schmiertechnik Tribologie *23* S. 6–12 (1976)
Czichos, H.: A systems analysis data sheet for friction and wear tests and an outline for simulative testing. Wear *41* S. 45–55 (1977)
Czichos, H.: Tribology – A systems approach to the science and technology of friction, lubrication and wear. Amsterdam; New York: Elsevier Sci.Publ. Co. (1978)

Czyzewski, T.: Changes in the stress field in the elastohydrodynamic contact zone due to some operating factors and their possible role in the rolling contact fatigue of cylindrical surfaces. Wear *31* S. 119–140 (1975)

Danow, G.: Gegenwärtige Aspekte der Mechanik konformer Reibflächen. Schmierungstechnik *6* S. 111–116 (1975)

Dies, K.: Die Reiboxydation als chemisch-mechanischer Vorgang. Arch. für das Eisenhüttenwesen *16* S. 399–407 (1943)

DIN 50 320: Verschleiß – Begriffe, Analyse von Verschleißvorgängen, Gliederung des Verschleißgebietes. Berlin: Beuth Verlag (1953)

DIN 50 320: Verschleiß – Begriffe, Systemanalyse von Verschleißvorgängen, Gliederung des Verschleißgebietes. Berlin: Beuth Verlag, im Druck

DIN 50 321: Verschleiß-Meßgrößen. Berlin: Beuth Verlag, im Druck

DIN 51 354: Prüfung von Schmierstoffen; Mechanische Prüfung von Schmierstoffen in der FZG-Zahnrad-Verspannungs-Prüfmaschine; Allgemeine Arbeitsgrundlagen. Berlin: Beuth Verlag (1975)

Dowson, D.; Higginson, G.R.: A new roller-bearing lubrication formula. Engineering, London, *192* S. 158–159 (1961)

Dowson, D.: Elastohydrodynamic lubrication – the fundamentals of roller and gear lubrication (2nd edition) Oxford: Pergamon Press (1977)

Fleischer, G.: Systembetrachtungen zur Tribologie. Wiss. Zeitschrift der T.H. Otto von Guericke, Magdeburg, *14* S. 415–420 (1970)

Föppl, L.: Beanspruchung von Schiene und Rad beim Anfahren und Bremsen. Forsch.-Ing.-Wesen *7* S. 141–147 (1936)

Föppl, L.: Drang und Zwang. Dritter Band. München: Leibniz Verlag (1947)

Frey, H.; Feller, H.G.: Verschleißuntersuchungen mit dem Rasterelektronenmikroskop. Prakt. Metallographie *9* S. 187–197 (1972)

Frey, H.; Frey, E.; Feller, H.G.: Der Einfluß einiger physikalisch-chemischer Eigenschaften auf das tribologische Verhalten metallischer Werkstoffe. Z. Metallkunde *67* S. 177–185 (1976)

Gee, A.W.J., de: Selection of materials for lubricated journal bearings – determination of the critical roughness parameter. Wear *36* S. 33–61 (1976) u. *42* S. 251–261 (1977)

Gee, A.W.J., de: Selection of materials for tribotechnical applications – the role of tribometry. Tribology *11* S. 233–239 (1978)

Gervé, A.J.: Moderne Möglichkeiten der Verschleißmessung mit radioaktiven Isotopen. Z. Werkstofftechnik *3* S. 81–86 (1972)

Göttner, G.H.: Zur Definition des Gleitweges bei Verschleißmessungen. Schmiertechnik *13* S. 32–34 (1966)

Habig, K.-H.: Der Einfluß der gegenseitigen Löslichkeit von Metallen auf einige ihrer tribologischen Eigenschaften. Metalloberfläche *24* S. 375–379 (1970)

Habig, K.-H.: On the determination of wear rates. Wear *28* S. 135–139 (1974)

Habig, K.-H.: Möglichkeiten der Modell-Verschleißprüfung. Materialprüfung *17* S. 358–365 (1975)

Habig, K.-H.; Chatterjee-Fischer, R.; Hoffmann, F.: Adhäsiver, abrasiver und tribochemischer Verschleiß von Oberflächenschichten, die durch Eindiffusion von Bor, Vanadin oder Stickstoff in Stahl gebildet werden. Härterei-Techn. Mitt. *33* S. 28–35 (1978)

Habig, K.-H.; Evers, W.; Chatterjee-Fischer, R.: Verschleiß- und Versagensuntersuchungen an gehärteten, nitrierten und borierten Stählen in Abhängigkeit von der Wärmebehandlung des Gegenkörpers und der chemischen Zusammensetzung von Schmierstoffadditiven. Härterei-Techn. Mitt. *33* S. 272–280 (1978)

Hamilton, G.M.; Goodman, L.E.: The stress field created by a circular sliding contact. Trans ASME Ser. E *33* S. 371–376 (1966)

Harbordt, J.: Spannungen und Materialermüdung in mehrschichtigen Schalen von Gleitlagern. VDI-Z. *118* S. 1067–1070 (1976)

Heidemeyer, J.: Einfluß der plastischen Verformung von Metallen bei Mischreibung auf die Geschwindigkeit ihrer chemischen Reaktionen. Schmiertechnik Tribologie *22* S. 84–90 (1975)

Heinke, G.: Verschleiß – eine Systemeigenschaft. Auswirkungen auf die Verschleißprüfung. Z. Werkstofftechnik *6* S. 164–169 (1975)

Hertz, H.: Über die Berührung fester elastischer Körper und über die Härte. Sitzungsberichte des Vereins zur Förderung des Gewerbefleißes S. 449–463 (1882)

Hofman, M.V.; Johnson, J.H.: The development of ferrography as a laboratory wear measurement method for the study of engine operating conditions on diesel engine wear. Wear *44* S. 183–199 (1977)

Huppmann, H.: Schäden an Gleit- und Wälzlagern. Möglichkeiten der Schadenverhütung durch Überwachung und Konstruktion. VDI-Berichte Nr. 141 S. 97–105 (1970)

Jaeger, J.C.: Moving sources of heat and the temperature of sliding contact. J. Proc. Roy. Soc. New South Wales *76* S. 203–224 (1942)

Kaffanke, K.; Czichos, H.: Die Bestimmung der Grenzflächentemperaturen bei tribologischen Vorgängen. Literaturrecherche, Bundesanstalt für Materialprüfung (BAM), Berlin, BAM-BR 019, 34 Seiten (1973)

Kägler, S.H.: Neue Mineralölanalyse. Heidelberg: Dr. Alfred Hüthig Verlag G.m.b.H. (1969)

Kägler, S.H.: Die Bestimmung von Abriebgehalten in Schmierstoffen mit Hilfe spektroskopischer Verfahren. Schmiertechnik Tribologie 25 S. 46–51 u. 84–88 (1978)

Kaiser, W.: Ringflanken-, Ringlaufflächen- und Nutflankenverschleiß in Einmetall- und Ringträgerkolben. Zitiert bei A. J. Gervé, Z. Werkstofftechnik 3 S. 81–86 (1972)

Kerridge, M.; Lancaster, J.K.: The stages in a process of severe metallic wear. Proc. Roy. Soc., London, Ser. A 236 S. 250–257 (1956)

Kloos, K.H.; Broszeit, E.: Grundsätzliche Betrachtungen zur Oberflächen-Ermüdung.Z. Werkstofftechnik 7 S. 85–124 (1976)

Kloos, K.H.; Broszeit, E.; Schmidt, F.: Verschleiß-Korrelation des Werkstoff-Paarungs-Verhaltens in Modell- und Bauteilsystemen. Darmstadt: Sonderforschungsbereich „Oberflächentechnik" der Technischen Hochschule Darmstadt (1978)

Krause, H.: Der Einfluß mechanisch-chemischer Reaktionen auf das Reibungs- und Abnutzungsverhalten von kubisch-flächenzentrierten und kubisch-raumzentrierten Stählen. Wiss. Zeitschrift der Hochschule für Verkehrswesen „Friedrich List", Dresden, 15 S. 679–689 (1968)

Krause, H.; Christ, E.: Last- und Eigenspannungen eines Radreifens. Eisenbahntechn. Rundschau 25 S. 748–752 (1976)

Krause, H.; Semura, T.: Die Beanspruchung in Wälzkörpern und ihre Auswirkung auf den Werkstoffzustand. VDI-Z. 120 S. 320 (1978)

Lang, O.R.: Gleitlager-Ermüdung unter dynamischer Last: Kriterien zur Dauerfestigkeit metallischer Gleitlager-Werkstoffe. VDI-Berichte Nr. 248 S. 57–67 (1975)

Lang, O.R.; Steinhilper, W.: Gleitlager. Berlin: Springer-Verlag (1978)

Mittmann, H.-U.; Czichos, H.: Reibungsmessungen und Oberflächenuntersuchungen an Kunststoff-Metall-Gleitpaarungen. Materialprüfung 17 S. 366–372 (1975)

Mølgaard, J.: A simulative wear study critically reviewed. Wear 41 S. 57–62 (1977)

OECD Research Group on Wear of Engineering Materials: Friction, wear and lubrication – tribology – glossary of terms and definitions. Paris: OECD (1969)

Orcutt, F.K.: Auffinden von Störungen an mechanischen Komponenten, verursacht durch Reibung und Verschleiß. Technica 19 S. 883–888 u. 895 (1970)

Peterson, M.B.: Wear testing, objectives and approaches in: selection and use of wear tests for metals. Editor: R.G. Bayer. ASTM Special Technical Publication (STP) 615 S. 3–11 (1976)

Pigors, O.; Mielitz, H.J.: Übertragbarkeit von Laborversuchsergebnissen auf das Verschleißverhalten von Bauteilpaarungen unter Betriebsbedingungen. Schmierungstechnik 8 S. 46–48 u. 58 (1977)

Quinn, T.F.J.: The effect of "hot-spot" temperatures on the unlubricated wear of steel. ASLE Trans 10 S. 158–168 (1967)

Salomon, G.: Application of systems thinking to tribology. ASLE Trans. 17 295–299 (1974)

Schlicht, H.: Der Überrollvorgang in Wälzelementen. Härterei-Techn. Mitt. 25 S. 47–55 (1970)

Schmaltz, G.: Technische Oberflächenkunde. Berlin: Springer-Verlag (1936)

Schouten, M.J.W.: Theoretische und experimentelle Untersuchungen zur Erweiterung der EHD-Theorie auf praxisnahe und instationäre Bedingungen. Frankfurt/Main: Maschinenbau Verlag, FKM-Hefte (1973), Nr. 34 (1975), Nr. 40 (1976) u. Nr. 72 (1978)

Scott, D.; Seifert, W.W.; Westcott, V.C.: Ferrography – an advanced design aid for the 80's. Wear 34 S. 251–260 (1975)

Scott, D.; Westcott, V.C.: Predictive maintenance by ferrography. Wear 44 S. 173–182 (1977)

Siebel, E.: Über die praktische Bewährung der mit Verschleißversuchen gewonnenen Ergebnisse. Reibung und Verschleiß, Vorträge der VDI-Verschleißtagung Stuttgart, S. 4–14 (1938)

Stecher, F.; Möllenstedt, G.: Reaktionsschichtbildung. Das Zusammenwirken von Einflußfaktoren auf Werkstoffverschleiß bzw. Werkstoffauftragung (Reaktionsschichtbildung) bei metallischen Reibpartnern. Frankfurt/Main: Forschungsvereinigung Verbrennungskraftmaschinen Heft R 190 (1971)

Uetz, H.: Einfluß der Luftfeuchtigkeit auf den Gleitverschleiß metallischer Werkstoffe. Werkstoffe und Korrosion 19 S. 665–676 (1968)

Uetz, H.; Föhl, J.: Prüftechnik bei einem Verschleißsystem aufgrund der Verschleißanalyse, insbesondere der thermischen Analyse. VDI-Berichte Nr. 194 S. 57–68 (1973)

Vogelpohl, G.: Betriebssichere Gleitlager. Berlin: Springer-Verlag (1958)

Vogelpohl, G.: Verschleißmaß und Verschleißspektrum. Forsch. Ing.-Wes. 35 S. 1–6 (1969)

Wahl, H.: Querschnitt durch das Verschleißgebiet. Metalen 9 S. 49–58, 68–74, 91–96 u. 107–111 (1954)

Wahl, H.: Normung auf dem Verschleißgebiet. Wear *1* S. 211–222 (1957/58)

Wellinger, K.; Uetz, H.: Gleitverschleiß, Spülverschleiß, Strahlverschleiß unter der Wirkung von körnigen Stoffen. VDI-Forschungsheft 449 Ausgabe B *21* (1955)

Wellinger, K.; Dietmann, H.: Festigkeitsberechnung: Grundlagen und technische Anwendung. Stuttgart: Alfred Kröner Verlag (1976)

Ziegler, K.: Funktionsüberwachung von Maschinen und Bauteilen mit Hilfe der Schallmeßtechnik. Schmiertechnik Tribologie *24* S. 5–11 (1977)

3. Kapitel

ASTM D 785 – 65: Standard test method for Rockwell hardness of plastics and electrical insulating materials. Reapproved (1976)

Atkins, A.G.; Tabor, D.: Plastic indentation in metals with cones. J. Mech. Phys. Solids *13* S. 149–164 (1965)

Braunowicz, M.: Effect of grain boundarries and free surfaces. In: The science of hardness testing and its research applications. S. 329–376. Herausgeber: J.H. Westbrook; H. Conrad. Ohio: American Society for Metals (1973)

Bückle, H.: Use of the hardness test to determine other materials properties. In: The science of hardness testing and its research applications, S. 453–494. Herausgeber: J.H. Westbrook; H. Conrad. Ohio: American Society for Metals (1973)

Carter, T.L.; Zaretsky, E.V.; Anderson, W.J.: Effect of hardness and other mechanical properties on rolling contact fatigue life of four high temperature bearing steels. NASA TND 270 (1960)

Dawihl, W.; Altmeyer, G.: Grundlagen des Verschleißes hochharter Werkstoffe. Wear *32* S. 291–308 (1975)

Dawihl, W.; Altmeyer, G.: Zusammenhänge zwischen der Temperaturabhängigkeit des Spannungsintensitätsfaktors und dem Verschleiß. Z. Werkstofftechnik *7* S. 208–211 (1976)

Dengel, D.: Vergleich der Härteprüfverfahren nach Vickers und nach Knoop an Stahlprüfplatten der Härte von ca. 100 bis 950 kp/mm^2 im Prüfkraftbereich von 0,2 bis 1,0 kp. Habilitationsschrift TU Berlin D 83 (1970)

Dengel, D.; Kroeske, E.: Vorstellung eines neuen Gerätes für mechanische Werkstoffprüfungen. Materialprüfung *18* S. 161–166 (1976)

Dengel, D.; Kroeske E.: Vorlastfreie digitale Härtemessung mit dem Vickers-Eindringkörper zur Ermittlung der Härtekennzahl unter Last. VDI-Berichte 308 S. 63–69 (1978)

Diesburg, D.E.; Borik, F.: Optimizing abrasion resistance and toughness in steels and irons for the mining industry. Vail, Colorado: Symposium: Materials for the mining industry (1974)

DIN 50 103: Härteprüfung nach Rockwell, Blatt 1: Verfahren C, A, B, F. Blatt 2: Verfahren N, T. Berlin: Beuth Verlag (1972)

DIN 50 133: Härteprüfung nach Vickers, Blatt 1: Prüfkraftbereich 49 bis 980 N. Blatt 2: Prüfkraftbereich 1,96 bis 49 N Berlin: Beuth Verlag (1972)

DIN 50 145: Zugversuch. Berlin: Beuth Verlag (1975)

DIN 50 150: Umwertungstabelle für Vickershärte, Brinellhärte, Rockwellhärte und Zugfestigkeit. Berlin: Beuth Verlag (1976)

DIN 50 351: Härteprüfung nach Brinell. Berlin: Beuth Verlag (1973)

DIN 53 456: Härteprüfung durch Eindruckversuch. Berlin: Beuth Verlag (1973)

DIN 53 505: Härteprüfung nach Shore A und D. Berlin: Beuth Verlag (1973)

DIN 53 519: Bestimmung der Kugeldruckhärte von Weichgummi – Internationaler Gummihärtegrad (IRHD), Blatt 1: Härteprüfung an Normproben. Blatt 2: Mikrohärteprüfung. Berlin: Beuth Verlag (1972)

Dorn, L.: Beitrag zum Verformungsmechanismus bei der Eindringhärteprüfung und zum Zusammenhang der Vickershärte mit den Kennwerten des Zugversuches. Materialprüfung *11* S. 49–53 (1969)

Exner, H.E.: The influence of sample preparation an Palmqvist's method for toughness testing of cemented carbides. Trans Met. Soc. AIME *245* S. 677–683 (1969)

Eyerer, P.; Lang, G.: Relaxation der Diagonallänge und der Eindrucktiefe bei Vickers-Mikrohärtemessungen an Kunststoffen. Materialprüfung *15* S. 98–103 (1973)

Föppl, A.; Föppl, L.: Drang und Zwang, 2. Band. München und Berlin: Verlag R. Oldenburg (1944)

Freudenthal, A.M.: Materialwissenschaft, Materialfestigkeit und Materialstruktur. Schweizer Archiv *37* S. 315–326 (1971)

Gane, N.; Bowden, F.P.: Microdeformation of solids. J. Appl. Phys. *39* S. 1432–1435 (1968)

Gane, N.: The direct measurement of the strength of metals on a sub-micrometric scale. Proc. Roy. Soc., London, A *317* S. 367–391 (1970)

Grodzinski, P.: Beitrag zur Prüfung der Eindringhärte und Schleifhärte von Hartstoffen. Dissertation TH Braunschweig (1955)

Haasen, P.: Physikalische Metallkunde. Berlin: Springer-Verlag (1974)

Hellwig, G.: Die Rißzähigkeit von Vergütungsstählen. Z. Werkstofftechnik 5 S. 29–34 (1974)

Hengemühle, W.: Härteprüfung. In: Handbuch der Werkstoffprüfung, 2. Auflage. Die Prüfung der metallischen Werkstoffe. Herausgeber: E. Siebel, Berlin: Springer-Verlag (1955)

Hengemühle, W.: Vereinheitlichung des Rücksprunghärte-Prüfverfahrens. Arch. Eisenhüttenwesen 42 S. 201–211 (1971)

Hertz, H.: Über die Berührung fester elastischer Körper und über ihre Härte. Sitzungsberichte des Vereins zur Förderung des Gewerbefleißes S. 449–463 (1882)

Hill, R.: The mathematical theory of plasticity. Oxford: Clarendon Press (1950)

Hornbogen, E.: The role of fracture toughness in the wear of metals. Wear 33 S. 251–259 (1975)

Hornbogen, E.: Gefüge und Festigkeit von Metallen. Z. Metallkunde 68 S. 455–469 (1977)

Johnson, K.L.: The correlation of indentation experiments. J. Mech. Phys. Solids 18 S. 115–126 (1970)

Kassem, A.M.: Zur Bruchzähigkeit und deren Bedeutung. Materialprüfung 16 S. 197–202 (1974)

Kawagoe, H.; Ide, K.; Kishi, T.: Beziehungen zwischen der Warmhärte und den Zugeigenschaften metallischer Werkstoffe bei erhöhter Temperatur. VDI-Berichte Nr. 308 S. 111–116 (1978)

Kieffer, R.Q.; Jangg, G.; Ettmayer, P.: Sondermetalle. Wien u. New York: Springer-Verlag (1971)

Kleesattel, C.: Zur Aufspaltung der Vickers-Härte durch die Einführung neuer Prüfverfahren. VDI-Berichte Nr. 308 S. 39–47 (1978)

Leeb, D.: Neues dynamisches Meßverfahren zur Härteprüfung metallischer Werkstoffe. VDI-Berichte Nr. 308 S. 123–128 (1978)

Link, F.; Munz, D.: Rißzähigkeitsuntersuchungen an einer Titanlegierung. Materialprüfung 13 S. 407–412 (1971)

Meyer, E.: Untersuchungen über Härteprüfung und Härte. VDI-Z. 52 S. 645–654, 740–748 u. 835–844 (1908)

Meyer, K.: Über den gegenwärtigen internationalen Stand der Härteprüfung der metallischen Werkstoffe. VDI-Berichte Nr. 308 S. 1–14 (1978)

Mott, B.W.: Die Mikrohärteprüfung. Stuttgart: Berliner Union (1957)

Moore, A.W.J.: Deformation of metals in static and sliding contact. Proc. Roy. Soc., London, A 195 S. 231–250 (1948)

Müller, K.: Messung der Vickershärte unter Einwirkung der Prüfkraft – ein Verfahren zur Ermittlung der Härte mittels Eindringverfahren an Werkstoffen mit großer elastischer Rückfederung. VDI-Berichte Nr. 160 S. 59–71 (1972)

Munz, D.; Schwalbe, K.; Mayr, P.: Dauerschwingverhalten metallischer Werkstoffe. Werkstoffkunde Band 3. Braunschweig: Vieweg Verlag (1971)

Palmqvist, S.: Metod att bestämma segheten hos spröda material, särskilt hardmetaller. Jernkontorets Ann. 141 S. 300–307 (1957)

Perrot, C.M.: Elastic-plastic indentation: hardness and fracture. Wear 45 S. 293–309 (1977)

Radon, J.C.; Turner, C.E.: Fracture toughness measurements by instrumented impact tests. Eng. Fracture Mech. 1 S. 411–428 (1969)

Scheil, E.; Tonn, W.: Vergleich von Brinell- und Ritzhärte, Arch. Eisenhüttenwesen 8 S. 259–262 (1934)

Schmidt, W.: Die Härte und ihre Beziehung zu anderen Kenngrößen. Oberursel: Deutsche Gesellschaft für Metallkunde FB 34/476 (1976)

Schmidt, W.: Probleme bei der Umwertung von Härtewerten. VDI-Berichte Nr. 308 S. 15–21 (1978)

Schwaab, G.-M.; Tsipuris, J.; Tsipuris, M.: Messungen zur elektronischen Theorie der mechanischen Festigkeit. Z. Phys. Chem. 14 S. 65–75 (1958)

Schwaab, G.-M.; Krebs, A.: Messung und Theorie der Warmhärte von Übergangsmetallkarbiden, insbesondere von Tantalkarbid. Planseeberichte für Pulvermetallurgie 19 S. 91–110 (1971)

Siebel, E. (Herausgeber): Handbuch der Werkstoffprüfung, Band 2. Die Prüfung der metallischen Werkstoffe. 2. Auflage Berlin: Springer-Verlag (1955)

Stoffhütte, Taschenbuch der Werkstoffkunde, herausgegeben vom Akademischen Verein Hütte e.V. in Berlin. Berlin, München: Verlag Wilhelm Ernst u. Sohn (1967)

Stöferle, T.; Theimert P.-H.: Continuous hardness testing Annals of the CIRP 24 S. 371–374 (1975)

Studman, C.J.; Field J.E.: The indentation behaviour of hard metals. J. Phys. D:Appl. Phys. 9 S. 857–867 (1976)

Studman, C.J.; Moore, M.A.; Jones, S.E.: On the correlation of indentation experiments. J. Phys. D: Appl. Phys. 10 S. 949–956 (1977)

Tabor, D.: The hardness of metals. Oxford: Clarendon Press (1951)

Tabor, D.: The hardness and strength of metals. J. Inst. Met. 79 P. 4 S. 1–18 (1951)
Tabor, D.: Moh's hardness scale – a physical interpretation Proc. Roy Soc. 673-B S. 249–257 (1954)
Tabor, D.: The hardness of solids. Rev. Phys. Technol. 1 S. 145–179 (1970)
Tertsch, H.: Die Festigkeitserscheinungen der Kristalle. Wien: Springer-Verlag (1949)
VDI: Härteprüfung in Theorie und Praxis. VDI-Berichte Nr. 308 (1978)
VDI/VDE: Härteprüfung an metallischen Werkstoffen. VDI/VDE-Richtlinie 2616, Entwurf (1978)
Vieregge, G.: Zerspanung der Eisenwerkstoffe. 2. ergänzte Auflage. Düsseldorf: Verlag Stahleisen M.B.H. (1970)
Vöhringer, O.; Macherauch, E.: Struktur und mechanische Eigenschaften von Martensit. Härterei-Techn. Mitt. 32 S. 153–168 (1977)
Walzel, R.: Härteprüfung mit dem Pendelfallwerk. Stahl und Eisen 54 S. 954–957 (1934)
Weichert, R.: Die Wärmeentwicklung beim Bruch in Eisen und ihre Abhängigkeit von Rißgeschwindigkeit und Versuchstemperatur. Diplomarbeit TH Karlsruhe (1968)
Westbrook, J.H.; Conrad, H. (Herausgeber): The science of hardness testing and its research applications. Ohio: American Society for Metals (1973)
Westwood, A.R.C.; Macmillan, N.H.: Environment-sensitive hardness of nonmetals. In: The science of hardness testing and its research applications. Herausgeber: J.H. Westbrook; H. Conrad. Ohio: American Society for Metals (1973)

4. Kapitel

Ackeret, J.; Haller, P., de: Erosion und Kavitations-Erosion. In: Handbuch der Werkstoffprüfung, Band 2, Herausgeber: E. Siebel, Berlin: Springer-Verlag (1939)
Archard, J.F.: Contact and rubbing of flat surfaces. J. Appl. Phys. 24 S. 981–988 (1953)
Archard, J.F.; Hirst, W.: The wear of metals under unlubricated conditions. Proc. Roy Soc., London, Ser. A 236/1206 S. 397–410 (1956)
Archard, J.F.: The temperature of rubbing surfaces. Wear 2 S. 438–455 (1958/59)
Arnell, R.D.; Herod, A.P.; Teer, D.G.: The effect of combined stresses on the transition from mild to severe wear. Wear 31 S. 237–242 (1975)
Avery, H.S.: The measurement of wear resistance. Wear 4 S. 427–449 (1961)
Avery, H.S.: Work hardening in relation to abrasion resistance. Materials for the mining industry (Symp. Vail, Colorado, 1974) Climax Molybdenum Co. (1974)
Bailey, J.A.; Sikorski, M.E.: The effect of composition and ordering on adhesion in some binary solid solution alloy systems. Wear 14 S. 181–192 (1969)
Bamberger, E.N.: Effect of materials – metallurgy view point. In: Interdisciplinary approach to the lubrication of concentrated contacts. Herausgeber: P.M. Ku. NASA SP 237 (1970)
Bartel, A.A.: Passungsrost (Reibrost) – Krebsgeschwür an Metallkonstruktionen. Metall 29 S. 828–832 (1975)
Bartel, A.A.: Reibkorrosion. VDI-Berichte Nr. 243 S. 157–170 (1975)
Barwell, F.T.: The tribology of wheel on rail. Tribology Int. 7 S. 146–150 (1974)
Barwell, F.T.: Wear of machine elements. Im Druck (1978)
Baugham, R.A.: Effect of hardness, surface finish and grain size on rolling-contact fatigue life of M-50 bearing steel. Trans ASME, Ser. D 82 S. 287–294 (1960)
Baumgarten, D.: Reibung und Verschleiß an Scheibenbremsen bei hohen spezifischen Reibleistungen unter besonderer Berücksichtigung von Wasser und Sand zwischen den Reibflächen. ATZ Automobiltechnische Zeitschrift 71 S. 227–230 (1969)
Bayer, R.G.; Ku, T.C.: Handbook of analytical design for wear. Herausgeber: C.W. MacGregor. New York: Plenum Press (1964)
Beagley, T.M.; McEven, I.J.; Pritchard, C.: Wheel/rail adhesion: boundary lubrication by oily fluids. Wear 31 S. 77–88 (1975)
Becker, K.E.: An investigation of pitting failure of surfaces under normal stressing. Proc. Inst. Mech. Engrs., London, Vol 178 S. 56–70 (1963/64)
Berezovski, M.M.: et. al.: – – – Russ. Engng. J. S. 46–49 (1966); zitiert in: Röhrig, K.; Gerlach, H.-G. und Nickel, O.: Legiertes Gußeisen, Band 2. Düsseldorf: Gießerei-Verlag GmbH (1974)
Bierögel, E.: Verschleiß von Radreifen. Stahl u. Eisen 91 S. 1335–1336 (1971)
Bitter, J.G.A.: A study of erosion phenomena. Part I: Wear 6 S. 5–21 (1963); Part II: Wear 6 S. 69–190 (1963)
Blok, H.: Measurement of temperature flashes on gear teeth under extreme pressure conditions. – Theoretical study of temperature rise at surfaces at actual contact under oiliness lubricating conditions. Proc. General Discussion on Lubrication and Lubricants;

Inst. Mech. Engrs., London, 2 S. 14–20 u. 222–235 (1937)

Boas, M.; Rosen, A.: Effect of load on the adhesive wear of steels. Wear 44 S. 213–222 (1977)

Bohmhammel, H.: Entwicklung von Reibbelägen für Kupplungen und Bremsen. Gummi Asbest Kunststoffe 26 S. 924–930, 948, 1063–1064, 1066, 1068, 1072 (1973) und 27 S. 34–38, 183–185, 370–372, 524–528, 738–742, 926–928, 930–934, 939 (1974)

Boley, E.: Untersuchung der Parameterabhängigkeit der scheinbaren Reibungsenergiedichte – ein Beitrag zur Optimierung von Reibpaarungen aus energetischer Sicht. Schmierungstechnik 8 S. 86–88 (1977)

Borik, F.; Sponseller, D.L.; Scholz, W.G.: Gouging abrasion test for materials used in ore and rock crushing: Part I: Description of the test; Part II: Effect of metallurgical variables on gouging wear. J. Mater. 6 S. 576–605 (1971)

Bowden, F.P.; Tabor, D.: The friction and lubrication of solids, Part II. Oxford: Clarendon Press (1964)

Brauer, H.; Kriegel, E.: Untersuchungen über den Verschleiß von Kunststoffen und Metallen. Chemie-Ing. Techn. 35 S. 697–707 (1963)

Bröhl, W.; Brinkmann, P.: Die Laufkranzvergütung von Vollrädern und ihre Bedeutung für den schienengebundenen Verkehr. Glas. Ann. 95 S. 289–295 (1971)

Bröhl, W.; Brinkmann, P.: Zur Beanspruchung der Lauffläche von Eisenbahnrädern. Glas. Ann. 99 S. 1–10 (1975)

Broszeit, E.; Heinke, G.; Wiegand, H.: Über die mechanischen Eigenschaften galvanisch hergestellter Nickeldispersionsschichten mit Einlagerungen von Al_2O_3 und SiC. Metall 25 S. 470–475 (1971)

Buckley, D.H.: Adhäsion, Reibung und Verschleiß von Kobalt und Kobaltlegierungen. Kobalt 38 S. 17–24 (1968)

Buckley, D.H.: Friction, wear and lubrication in vacuum. NASA SP 277 LC-72-174581 (1971)

Buckley, D.H.: Adhesion of various metals to a clean iron (011) surface studied with LEED and Auger emission spectroscopy. NASA Technical Note TND-7018, Washington, Jan. (1971)

Bungardt, K.; Kunze, E.; Horn, E.: Untersuchungen über den Aufbau des Systems Eisen-Chrom-Kohlenstoff. Arch. Eisenhüttenwesen 29 S. 193–203 (1958)

Burckhardt, M.; Glasner von Ostenwall, E.-C.; Näumann, E.: Der Bremsbelag – ein wichtiges Konstruktionselement für das Kraftfahrzeug. ATZ Automobiltechnische Zeitschrift 76 S. 357–365 (1974)

Burwell, J.T.; Strang, C.D.: On the empirical law of adhesive wear. J. Appl. Phys. 23 S. 18–28 (1952)

Campbell, M.I.: An introduction to reinforced thermoset bearings. Tribology Int. 11 S. 177–180 (1978)

Carter, T.L.; Zaretsky, E.V.; Anderson, W.J.: Effect of hardness and other mechanical properties on rolling contact fatigue life of four high temperature bearing steels. NASA TND 270 (1960)

Chevalier, J.L.; Zaretsky, E.V.; Parker, R.J.: A new criterion for predicting rolling-element fatigue lives of through-hardened steels. Trans ASME Ser. F. 95 S. 287–297 (1973)

Collins, A.H.; Pritchard, C.: Recent research on adhesion. Railway Engng. J. (London) 1 S. 19–28 (1972)

Courtney-Pratt, J.S.; Eisner, E.: The effect of tangential force on the contact of metallic bodies. Proc. Roy. Soc., London, A 238/ 1215 S. 529–550 (1957)

Czichos, H.: Über den Zusammenhang zwischen Adhäsion und Elektronenstruktur von Metallen bei der Rollreibung im elastischen Bereich. Z. angew. Physik 27 S. 40–46 (1969)

Czichos, H.: The mechanism of the metallic adhesion bond. J. Phys. D: Appl. Phys. 5 S. 1890–1897 (1972)

Dawihl, W.: Grundlagen und Entwicklungsrichtungen von Schneidwerkstoffen. Teil 1: VDI-Z. 113 S. 1026–1029 (1971); Teil 2: VDI-Z. 113 S. 1123–1127 (1971)

Dawihl, W.; Altmeyer, G.: Grundlagen des Verschleißes hochharter Werkstoffe. Wear 32 S. 291–308 (1975)

Dawihl, W.; Altmeyer, G.: Zusammenhänge zwischen Temperaturabhängigkeit des Spannungsintensitätsfaktors und dem Verschleiß. Z. Werkstofftechnik 7 S. 208–211 (1976)

Dearden, J.: Wear of steel rails and tyres in railway service. Wear 3 S. 43–59 (1960)

Detter, H.: Betriebsverhalten, Eigenschaften und Berechnung von Sinterlagern für die Feinwerktechnik. VDI-Z. 116 S. 305–310 (1974)

Detter, H.: Berechnungshinweise für Gleitlager im Trockenlauf der Gleitpaarung Kunststoff-Stahl. Schmiertechnik Tribologie 22 S. 107–113 (1975)

Dies, K.: Die Reiboxydation als chemisch-mechanischer Vorgang. Arch. Eisenhüttenwesen 16 S. 399–407 (1943)

Diesburg, D.E.; Borik, F.: Optimizing abrasion resistance and toughness in steels and irons for the mining industry. Materials for the mining industry (Symp. Vail, Colorado, 1974) Climax Molybdenum Co. (1974)

DIN ISO 281: Wälzlager – Dynamische Tragzahlen und nominelle Lebensdauer. Teil 1: Berechnungsverfahren. Berlin: Beuth Verlag, Entwurf (1977)

DIN 1494: Gerollte Buchsen für Gleitlager. Teil 4: Werkstoffe. Berlin: Beuth Verlag (1975)

DIN 3979: Zahnschäden an Zahnradgetrieben – Bezeichnung, Merkmale, Ursachen. Berlin: Beuth Verlag (1976)

DIN ISO 4382: Werkstoffe für Gleitlager. Teil 1: Kupfer-Gußlegierungen. Berlin: Beuth Verlag, Entwurf (1977)

DIN ISO 4383: Werkstoffe für dünnwandige Gleitlager – Metallische Schichtwerkstoffe. Berlin: Beuth Verlag, Entwurf (1977)

DIN 17 660: Kupfer-Zink-Legierungen. Berlin: Beuth Verlag (1974)

DIN 17 662: Kupfer-Zinn-Legierungen. Berlin: Beuth Verlag (1974)

DIN 50 281: Reibung in Lagerungen – Begriffe, Arten, Zustände, physikalische Größen. Berlin: Beuth Verlag (1977)

DIN 50 282: Das tribologische Verhalten von metallischen Gleitwerkstoffen – kennzeichnende Begriffe. Berlin: Beuth Verlag (1979)

Duckworth, W.E.; Forrester, P.G.: Wear of lubricated journal bearings. Conf. Lubrication and Wear, London, Paper No. 90 S. 713–719 (1957)

Eberhard, R.; Schlicht, H.; Zwirlein, O.: Werkstoffanstrengung bei Wälzbeanspruchung. Härterei-Techn. Mitt. *30* S. 338–345 (1975)

Eisenhütte; Hütte – Taschenbuch für Eisenhüttenleute. Berlin W. Ernst u. Sohn (1961)

Endo, K.; Okada, T.; Iwai, Y.: Effect of coldworking and grain size on wear of steels. ISLE-ASLE International Lubrication Conference Tokio, Juli (1975)

Engel, P.A.: Predicting impact wear. Machine design *49N* S. 100–105 (1977)

Erdmann-Jesnitzer, F.; Weigel, K.: Untersuchungen zur Pittingbildung. Werkstatt und Betrieb *91* S. 461–469 (1958)

Erdmann-Jesnitzer, F.: Entwicklung kavitationsfester Werkstoffe. HANSA-SchiffahrtSchiffbau-Hafen *110* S. 606–616 (1973)

Erhard, G.; Strickle, E.: Gleitelemente aus thermoplastischen Kunststoffen. Kunststoffe *62* S. 2–9 (1972)

Erhard, G.; Strickle, E.: Maschinenelemente aus thermoplastischen Kunststoffen. Grundlagen und Verbindungselemente. Düsseldorf: VDI-Verlag (1974)

Erhard, G.; Strickle, E.: Maschinenelemente aus thermoplastischen Kunststoffen. Band 2: Lager und Antriebselemente. Düsseldorf: VDI-Verlag (1978)

Eschmann, P.: Das Leistungsvermögen der Wälzlager. Berlin: Springer-Verlag (1964)

Espe, W.: Werkstoffkunde der Hochvakuumtechnik. Berlin: VEB Deutscher Verlag der Wissenschaften (1959)

Eßlinger, P.: Literaturrecherche über Verschleiß von Metallen durch mineralische Stoffe unter Berücksichtigung der bei anderen Verschleißarten gewonnenen Erkenntnisse. Frankfurt: Battelle-Institut e.V. (1960)

Evans, A.G.; Wilshaw, T.R.: Quasi-static solid particle damage in brittle solids-I. Observations, analysis and implications. Acta Met. *24* S. 939–956 (1976)

Feller, H.G.; Matschat, E.: Verschleißuntersuchungen mit der Mikrosonde. Prakt. Metallographie *8* S. 335–344 (1971)

Ferrante, J.; Buckley, D.H.: Auger electron spectroscopystudy of surface segregation in copper-aluminium alloys. NASA TND 6095 (1970)

Ferrante, J.; Smith, J.R.: A theory of adhesion at a bimetallic interface: overlap effects. Surface Science *38* S. 77–92 (1973)

Fink, M.; Hofmann, U.: Die Erscheinung der Reiboxydation bei Elektrolytkupfer. Z. Metallkunde *24* S. 49–54 (1932)

Finkin, E.F.: Examination of abrasion resistance criteria for some ductile metals. Trans ASME Ser. F. *96* S. 210–214 u. 246 (1974)

Finnie, I.; Wolak, J.; Kalil, Y.: Erosion of metals by solid particles. J. of Materials *2* S. 682–700 (1967)

Fleischer, G.: Energetische Methode zur Bestimmung des Verschleißes. Schmierungstechnik *4* S. 269–274 (1973)

Friedrich, C.-H.: Lager und Zahnräder aus duroplastischen Kunststoffen unter besonderer Berücksichtigung von Hartgewebe. Industrie-Anzeiger *87* S. 1953–1958 (1965)

Gabel, M.-B.K.; Bethke, J.J.: Coatings for fretting prevention. Wear *46* S. 81–96 (1978)

Gane, N.; Pfaelzer, P.F.; Tabor, D.: Adhesion between clean surfaces at light loads. Proc. Roy. Soc., London, A *340* S. 495–517 (1974)

Garber, M.E. et al.: Effect of carbon, chromium, silicon and molybdenum on the hardenability and wear resistance of white cast irons. Metal Sci. Heat Treatm. *5* S. 344–346 (1969)

Gilbreath, W.P.: Definition and evaluation of parameters which influence the adhesion of metals. ASTM STP 431, Amer. Soc. Testing. Mats. (1967)

Giltrow, J.P.: A relationship between abrasive wear and the cohesive energy of materials. Wear *15* S. 71–78 (1970)

Glaeser, W.A.: High-temperature bearing materials. A.S.M. Met. Engng. Quat. 7 S. 53–58 (1967)

Goddard, J.; Harker, H.J.; Wilman, H.: A theory of the abrasion of solids such as metals. Nature *184* S. 333–335 (1959)

Greenwood, J.A.; Williamson, J.B.P.: The contact of nominally flat surfaces. Proc. Roy. Soc., London, *A 295* S. 300 ff (1966)

Gregory, J.C.: Thermal and chemico-thermal treatments of ferrous materials to reduce wear. Tribology Int. *3* S. 73–83 (1970)

Grein, H.: Kavitation – eine Übersicht. Techn. Rundschau Sulzer, Forschungsheft, S. 87–112 (1974)

Gugel, E.: Nichtoxidkeramische Werkstoffe für die Verschleißtechnik, VDI-Berichte Nr. 194 S. 139–146 (1973)

Gürleyik, M.Y.: Gleitverschleiß-Untersuchungen an Metallen und nichtmetallischen Hartstoffen unter Wirkung körniger Gegenstoffe. Dissertation TH Stuttgart (1967)

Gürleyik, M.Y.: Kaltverfestigen zum Vermindern der Abnützung an verschleißbeanspruchten Teilen. Maschinenmarkt *83* S. 1503–1506 (1977)

Gundlach, R.B.; Parks, J.L.: Influence of abrasive hardness on the wear resistance of high chromium irons. Wear *46* S. 97–108 (1978)

Haberfeld, E.: Einfluß des Festwalzens des Spurkranzes und der Neigung des Laufkranzes auf den Verschleißverlauf des Radprofils. Schienenfahrzeuge *12* S. 57–60 (1968)

Habig, K.-H.: Zur Struktur- und Orientierungsabhängigkeit der Adhäsion und trockenen Gleitreibung von Metallen. Materialprüfung *10* S. 417–419 (1968)

Habig, K.-H.: Der Einfluß der gegenseitigen Löslichkeit von Metallen auf einige ihrer tribologischen Eigenschaften. Metalloberfläche *24* S. 375–379 (1970)

Habig, K.-H.; Kirschke, K.; Maennig, W.W.; Tischer, H.: Festkörpergleitreibung und Verschleiß von Eisen, Kobalt, Kupfer, Silber, Magnesium und Aluminium in einem Sauerstoff-Stickstoff-Gemisch zwischen 760 und 2×10^{-7} Torr. Wear *22* S. 373–398 (1972)

Habig, K.-H.; Chatterjee-Fischer, R.; Hoffmann, F.: Adhäsiver, abrasiver und tribochemischer Verschleiß von Oberflächenschichten, die durch Eindiffusion von Bor, Vanadin oder Stickstoff in Stahl gebildet werden. Härterei-Techn. Mitt. *33* S. 28–35 (1978)

Habig, K.-H.; Evers, W.; Chatterjee-Fischer, R.: Verschleiß- und Versagensuntersuchungen an gehärteten, nitrierten und borierten Stählen in Abhängigkeit von der Wärmebehandlung des Gegenkörpers und der chemischen Zusammensetzung von Schmierstoffadditiven. Härterei-Techn. Mitt. *33* S. 272–280 (1978)

Halling, J.: A contribution to the theory of mechanical wear. Wear *34* S. 239–249 (1975)

Hammer, P.: Wechselbeziehung von Kaltverfestigung und Abrieb bei Eisenwerkstoffen. Schmierungstechnik *2* S. 136–139 (1971)

Harmsen, U.; Saeger, K.E.: Edelmetalle als Werkstoffe für elektrische Kontakte. Metall *27* S. 714–716 (1973)

Hartung, W.: Überlegungen zur Oberflächenhärtung gußeiserner Nockenwellen. Härterei-Techn. Mitt. *30* S. 33–37 (1975)

Häßler, H.; Kippenberg, H.; Schreiner, H.: WCuB-Sintertränkwerkstoffe hoher Verschleißfestigkeit. 9. Plansee-Seminar, Vorabdrucke (1977)

Hegenbarth, F.: Einfluß der verschiedenen Bremssysteme und der Belag- und Klotzwerkstoffe auf die Radlaufflächen und die Werkstoffauswahl für Radsätze. Proc. 3rd Int. Wheelset Conf. 1969, London, Iron and Steel Inst. ISI Publ. No 132, S. 4.1–4.13 (1970)

Heidemeyer, J.: Einfluß der plastischen Verformung von Metallen bei Mischreibung auf die Geschwindigkeit ihrer chemischen Reaktionen. Schmiertechnik Tribologie *22* S. 84–90 (1975)

Heinicke, G.: Physikalisch-chemische Untersuchungen tribochemischer Vorgänge. Abhandlungen der Deutschen Akademie der Wissenschaften zu Berlin. Herausgeber: P.A. Thiessen, K. Meyer u. G. Heinicke. Berlin: Akademie Verlag (1966)

Heinicke, G.; Sigrist, K.-D.: Zur Kinetik tribochemischer Reaktionen. Chem. Techn. *26* S. 70–75 (1974)

Heinke, G.: Das Verschleißverhalten chemisch und elektrochemisch abgeschiedener Oberflächenschichten. VDI-Berichte 194 S. 229–242 (1973)

Heinrich, W.; Schatt, W.: Untersuchung und Anwendung von aushärtbaren Cu-Ti-Legierungen. Neue Hütte *20* S. 514–519 (1975)

Heller, W.: Herstellung, Eigenschaften und Betriebsverhalten von naturharten Schienen aus Chrom-Manganstahl mit 1100 N/mm^2 Mindestfestigkeit. Eisenbahntechn. Rundschau *21* S. 176–183 (1972)

Hengerer, F.; Lilljekvist, B.; Lucas, G.: Entwicklungsstand der Wälzlagerstähle und ihrer Verarbeitung. Härterei-Techn. Mitt. *30* S. 91–98 (1975)

Henke, F.: Niedrig- und hochlegierter verschleißfester Vergütungsstahlguß. Gießerei-Praxis *23/24* S. 377–407 (1975)

Hentschel, G.: Hochbelastbare Trockengleitlager. Antriebstechnik *15* S. 522–528 (1976)

Herbst, B.: Schienen mit erhöhtem Verschleißwiderstand. Signal u. Schiene *16* S. 296–299 (1972)

Hintermann, H.E.: Neue Lagermaterialien mit guten Trockenlaufeigenschaften. Schweizer Archiv *38* S. 51–59 (1972)

Ho, T.-L.; Peterson, M.B.; Ling, F.F.: Effect of frictional heating on break materials. Wear *30* S. 73–91 (1974)

Ho, T.-L.; Peterson, M.B.: Development of aircraft brake materials. Lub. Engng. *34* S. 146–151 (1978)

Hodes, E.; Mann, G.; Roemer, E.: Lagerwerkstoffe. In: Ullmanns Encyklopädie für Techn. Chemie (4. Aufl.). Bd. 16 Weinheim: Verlag Chemie (1978)

Holinski, R.: Metallurgical changes caused by tribological effects. Konferenzband zum 2. Europäischen Tribologie-Kongreß, Düsseldorf (1977)

Holm, R.: Electric Contacts Handbook. Berlin: Springer Verlag (1958)

Holm, R.; Holm, E.: Electric contacts. Theory and application. Berlin: Springer Verlag (1967)

Hordon, M.J.: Adhesion and cohesion of metals in high vacuum. ASTM-STP 431, Amer. Soc. Testing Mats. S. 109–127 (1967)

Hornbogen, E.: Der Einfluß der Bruchzähigkeit auf den Verschleiß metallischer Werkstoffe. Z. Metallkunde *66* S. 507–511 (1975)

Horstmann, K.H.: Experimentelle Untersuchung der Grübchenbildung an vergüteten Zahnrädern. Schmierungstechnik *7* S. 261–265 (1976)

Hurrics, P.L.: Some metallurgical factors controlling the adhesive and abrasive wear resistance of steels. A review. Wear *26* S. 285–304 (1973)

Hütte: Taschenbuch der Werkstoffkunde (Stoffhütte). Berlin: Verlag W. Ernst u. Sohn (1967)

Jaeger, J.C.: Moving sources of heat and the temperature of sliding contact. Pro. Roy. Soc. N.S.W. *76* S. 203–224 (1942)

Iahanmir, S.; Abrahamson, E.P.; Suh, N.P.: Sliding wear resistance of metallic coated surfaces. Wear *40* S. 75–84 (1976)

Jain, V.K.; Bahadur, S.: Material transfer in polymer-polymer sliding. Wear *46* S. 177–188 (1978)

Jäniche, W.; Heye, H. von: Entwicklung, Erzeugung und Eigenschaften naturharter verschleißfester Schienen. Stahl u. Eisen *81* S. 1253–1263 (1961)

Johnson, R.L.; Buckley, D.H.: Lubrication and wear fundamentals for high-vacuum applications. Proc. Inst. Mech. Engrs. 182 Pt 3A S. 479–490 (1967/68)

Just, E.: Determining wear of tappets and cams at Volkswagen. Met. Progress *98* S. 110–112, 114 (1970)

Kar, M.K.; Bahadur, S.: Mikromechanism of wear at polymer-metal sliding interface. Wear *46* S. 189–202 (1978)

Katavic, I.: Untersuchungen über die Beeinflussung des Gefüges karbidischer Gußeisen bei abrasiver Verschleißbeanspruchung. Wear *48* S. 35–53 (1978)

Keil, A.: Werkstoffe für elektrische Kontakte. Berlin: Springer-Verlag (1960)

Keller, K.: Ziehringe aus Aluminiumbronze im Vergleich zu Ziehringen aus Stahl. Werkstatttechnik S. 55–59 (1959)

Kellog, L.G.: Flight reactor materials development. In: Adhesion or cold welding of materials in space environments. ASTM STP 431 S. 149–180 (1967)

Kern, H.: Der Mechanismus des Stößelverschleißes. Erdöl und Kohle *10* S. 867–871 (1957)

Kessel, H.; Gugel, E.: Wälzlager aus heißgepreßtem Siliziumnitrid. Antriebstechnik *16* S. 130–135 (1977)

Khruschov, M.M.: Resistance of metals to wear by abrasion, as related to hardness. Proc. Conf. Lubr. and Wear, London, S. 655–659 (1957)

Khruschov, M.M.; Babichev, M.A.: Investigation into the wear of metals. Akademy of Sciences in the USSR (1960). NEL Translation 889; National Engineering Laboratory East Kilbride, Glasgow.

Khruschov, M.M.; Babichev, M.A.: Effect of heat treatment and mechanical work hardening of some alloy steels on their resistance to abrasive wear. Friction and Wear in Machinery *19* S. 3–16 (1964)

Khruschov, M.M.: Principles of abrasive wear. Wear *28* S. 69–88 (1974)

Kieffer, R.; Jangg, G.; Ettmayer, P.: Sondermetalle. Wien u. New York: Springer-Verlag (1971)

Kloos, K.H.: Oberfläche und Kaltumformung. In: Mechanische Umformtechnik. Herausgeber: O. Kienzle. Berlin: Springer-Verlag S. 293–339 (1968)

Kloos, K.H.: Werkstoffpaarung und Gleitreibungsverhalten in Fertigung und Konstruktion. Fortschrittberichte der VDI-Zeitschriften, Reihe 2 Nr. 25 (1972)

Knappwost, A.; Wochnowski, H.: Röntgenbeugungsuntersuchungen über den Schwingungsreibabtrag in der Knappwost/Reiser-Prüfmaschine. Schmiertechnik + Tribologie *18* S. 221–223 (1971)

Ku, P.M.: Gear failure modes – importance of lubrication and mechanics. ASLE Trans. *19* S. 239–249 (1976)

Kühnel, R.: Werkstoffe für Gleitlager. Berlin: Springer-Verlag (1952)

Lancaster, J.K.: Dry bearings: a survey of materials and factors effecting their performance. Tribology Int. 6 S. 219–251 (1973)

Lange, K.: Lehrbuch der Umformtechnik. Berlin: Springer-Verlag (1972)

Larsen-Badse, J.: The abrasion resistance of some hardened and tempered carbon steels. Trans AIME 336 S. 1461–1466 (1966)

Law, J.: Non-ferrous brake materials. Railway Engng. J. 4 S. 44–46 (1975)

Littmann, W.E.: The mechanism of contact fatigue. In: Interdisciplinary approach to the lubrication of concentrated contacts. S. 309–377. Herausgeber: P.M. Ku. NASA SP 237 (1970)

Lohrisch, K.-J.; Wagner, K.; Wagner, W.: Eine kinetische Theorie tribochemischer Prozesse. Teil I: Schmierungstechnik 8 S. 227–231, 239 (1977); Teil II: Schmierungstechnik 8 S. 415–420 (1977); Teil III: Schmierungstechnik 9 S. 198–203 (1978)

Lorösch, H.-K.: Neue Erkenntnisse aus Ermüdungsversuchen mit Wälzlagern. Wälzlagertechnik 15 S. 7–10 (1976)

Magnée, A.; Coutsouradis, D.: Comportement à l'érosion par abrasion-impact de quelques alliages ferreux au chrome pour des pièces d'usure. In: Colloque international sur les alliages ferreux à hautes teneurs en chrome et en carbone. St. Etienne (1973)

Marsh, D.M.: Plastic flow and fracture of glass. Proc. Roy. Soc., London, Ser. A 282 S. 33–43 (1964)

Marta, H.A.; Mels, K.D.: Wheel-rail adhesion. Trans ASME Ser. B 91 S. 839–854 (1969)

Marx, U.; Feller, H.-G.: Korrelation tribologischer und mechanischer Kenngrößen am Beispiel von Gold, Gold-Tantallegierungen und Nickel. Teil III: Tribologische Theorien und ihr Gültigkeitsbereich. Metall 33 S. 380–383 (1979)

Matveevsky, R.M.; Sinaisky, V.M.; Buyanovsky, I.A.: Contributions to the influence of retained austenite content in steels on the temperature stability of boundary lubricant layers in friction. Trans ASME Ser. F. 97 S. 512–515 (1975)

Metals Handbook. Metals Park, Ohio: American Society for Metals, 8. Auflage, Vol 1 (1961)

Mittmann, H.-U.; Czichos, H.: Reibungsmessungen und Oberflächenuntersuchungen an Kunststoff-Metall-Gleitpaarungen. Materialprüfung 17 S. 366–372 (1975)

Michalon, D.; Mazet, D.; Burgio, Ch.: A conditioning process for Hadfield's manganese steel and a new method of producing FAM bearings from the same material. Tribology Int. 9 S. 171–178 (1976)

Möller, E.: Bremstrommeln und Bremsscheiben aus Gußeisen. Eisenbahntechn. Rundschau 17 S. 89–95 (1968)

Montgomery, R.S.: Hardness as a guide to wear characteristics of tin-containing nodular cast iron. Wear 24 S. 247–248 (1973)

Moon, I.H.; Lee, J.S.: Wear resistant W-Cu-Co contact material. Plansee-Seminar. Vorabdrucke Band I (1977)

Moore, M.A.; Richardson, R.C.D.; Attwood, D.G.: The limiting strength of worn metal surfaces. Metallurgical Trans. 3 S. 2485–2491 (1972)

Morgenschweiß, O.: Künstliche Reibstoffe für Schienenfahrzeugbremsen. Eisenbahningenieur 17 S. 128–131 (1966)

Müller, R.: Der Einfluß der Schmierverhältnisse am Nockentrieb. MTZ Motortechn.Zeitschrift 27 S. 58–61 (1966)

Naumann, F.K.; Spieß, F.: Gefügeänderung durch Reibung. Hartgebremste Eisenbahnradreifen. Prakt. Metallographie 6 S. 235–239 (1969)

Neale, M.J.: Tribology Handbook. London: Butterworths (1973)

Neunkirchner, J.: Zur Wirkung extrem harter Oberflächenschichten und Plastschichten auf die Tribokorrosion. Schmierungstechnik 8 S. 3–7, 13 (1977)

Newcomb, T.P.; Spurr, R.T.: Friction materials for brakes. Tribology Int. 4 S. 75–81 (1971)

Niemann, G.: Walzenfestigkeit und Grübchenbildung von Zahnrad-und Wälzlagerstoffen. VDI-Z. 85 S. 521–523 (1943)

Niemann, G.; Rettig, G.: Gußeisen mit Kugelgraphit als Zahnradwerkstoff. VDI-Berichte Nr. 27 S. 39–46 (1958)

Niemann, G.; Rettig, H.: Tragfähigkeitssteigerungen bei gehärteten und ungehärteten Zahnrädern. VDI-Berichte Nr. 105 S. 11–18 (1967)

Niemann, G.; Lechner, G.: Die Freß-Grenzlast bei Stirnrädern aus Stahl. Erdöl und Kohle 20 S. 96–106 (1967)

Norman, T.E.; Röhrig, K.: Verschleißfeste martensitische Chromgußeisen. Aufbereitungstechnik 11 S. 356–364 (1970)

Oehler, G.; Kaiser, F.: Schnitt-, Stanz- und Ziehwerkzeuge. 6. Auflage. Berlin: Springer-Verlag (1973)

Ohmae, N.; Nakai, T.; Tsukizoe, T.: Prevention of fretting by ion plated films. Wear 30 S. 299–309 (1974)

Opitz, H.; Gappisch, M.; König, W.; Pape, R.; Wicher, A.: Einfluß oxidischer Einschlüsse auf die Bearbeitbarkeit von Stahl Ck 45 mit Hartmetall-Drehwerkzeugen. Arch. Eisenhüttenwesen 33 S. 841–850 (1962)

Parent-Simonin, S.; Margerie, J.-C.: Tenue de diverses nuances de fontes au frottement abrasif et à l'usure par impact de grenaille. In: Colloque international sur les alliages ferreux à hautes teneurs en chrome et en carbonne. St. Étienne S. 315–340 (1973)

Parker, R.J.; Zaretsky, E.V.: Fatigue life of high-speed ball bearings with silicon nitride balls. Trans ASME Ser. F *97* S. 350–357 (1975)

Pigors, O.: Einige Grundgedanken zum Verschleißvorgang zwischen Rad und Schiene. Wiss. Z. Hochschule für Verkehrswesen F. List., Dresden, *19* S. 659–678 (1972)

Pigors, O.: Verschleißuntersuchungen an Radwerkstoffen im Labor. DET – Die Eisenbahntechnik *23* S. 359–361 (1975)

Pigors, O.: Verschleißvorgang im Grenzschichtbereich der Reibpaarung Rad/Schiene. DET – Die Eisenbahntechnik *23* S. 495–498 (1975)

Pigors, O.; Hucke, K.: Rollverschleißverhalten legierter Stähle bei normaler Atmosphäre. Schmierungstechnik *6* S. 303–307 (1975)

Piltz, H.-H.: Werkstoffzerstörung durch Kavitation. Düsseldorf: VDI – Verlag GmbH (1966)

Pomey, J.: Le frottement et l'usure. Off. Nat. d'Etudes Rech. Aéron. Rapp. Techn. Nr. 36 (1948). NACA Techn. Note 1318 (1952)

Pooley, C.M.; Tabor, D.: Friction and molecular structure. Behaviour of some thermoplastics. Proc. Roy. Soc., London, Ser. A *329* S. 251–274 (1972)

Poniatowski, M.; Schulz, E.D.; Wirths, A.: Der Ersatz von Silber/Cadmiumoxid durch Silber/Zinnoxid in Niederspannungsschaltgeräten. Metall *32* S. 29–32 (1978)

Pratt, G.C.: Graphite/metal composites for dry and sparsely lubricated bearing applications. Tribology Int. *6* S. 259–261 (1973)

Rabinowicz, E.; Tabor, D.: Metallic transfer between sliding metals. An autoradiographic study. Proc. Roy. Soc., London, Ser. A *208* S. 455–475 (1951)

Rabinowicz, E.: Lubrication of metal surfaces by oxide films. ASLE Trans. *10* S. 400–407 (1967)

Rebsch, H.; Kühnel, M.: Friktionswerkstoffe für hohen Energieumsatz. Neue Hütte *20* S. 530–536 (1975)

Rettig, H.: Nitrieren im Getriebebau. Konstruktion *18* S. 107–116 (1966)

Rettig, H.: Einsatzgehärtete Zahnräder. VDI-Z. *111* S. 274–284 (1969)

Rettig, H.: Die Grübchengrenzlast bei Zahnrädern. Maschinenmarkt *75* S. 1770–1776 (1969)

Rettig, H.; Plewe, H.-J.: Verschleißverhalten langsam laufender Zahnräder. Antriebstechnik *16* S. 357–361 (1977)

Rhee, S.K.: Wear mechanisms at low temperatures for metalreinforced phenolic resigns. Wear *23* S. 261–263 (1973)

Richardson, R.C.D.: The maximum hardness of strained surfaces and the abrasive wear of metals and alloys.Wear *10* S.353–382(1967)

Richardson, R.C.D.: The wear of metals by hard abrasives. Wear *10* S. 291–309 (1967)

Rieder, W.: Die Beurteilung der Kontaktwerkstoffe für elektrische Schaltgeräte. Bull. SEV *53* (A 560) S. 830–840 (1962)

Rieger, H.: Über die Zerstörung von Metallen durch Kavitation am Schwinggerät. Z.f. Metallkunde *58* S. 821–827 (1967)

Rieger, H.: Kavitation und Tropfenschlag. Karlsruhe: Werkstofftechnische Verlagsgesellschaft m.b.H. (1977)

Rogalski, Z.; Senatorski, J.: Über den Einfluß der thermochemischen Oberflächenbehandlung auf die Freßbeständigkeit von Konstruktionsstählen. IfL-Mitt. *6* S. 444–452 (1967)

Röhrig, K.: Gefüge und Beständigkeit gegen Mineralverschleiß von carbidischem Gußeisen. Giesserei *58* S. 697–705 (1971)

Roslavlev, S.: Auswahl von Kontaktwerkstoffen für moderne Schaltrelais. Siemens Bauteile Report *13* S. 69–72 (1975)

Rubenstein, C.: A note on the relation between the abrasion resistance and the hardness of metals. Wear *8* S. 70–72 (1965)

Ruthardt, R.: Tribologie elektrischer Kontakte. Metall *29* S. 576–581 (1975)

Sargent, L.B.: On the fundamental nature of metal-metal adhesion. ASLE Trans. *21* S. 285–290 (1978)

Schlicht, H.: Der Überrollungsvorgang bei Wälzelementen. Härterei-Techn. Mitt. *25* S. 47–55 (1970)

Schmid, E.; Weber, R.: Gleitlager. Berlin: Springer-Verlag (1953)

Schober, E.: Untersuchungen von Wechselwirkungen zwischen mechanisch beanspruchten Metalloberflächen und Gasen mit Hilfe radioaktiver Markierung. Berlin: Dissertation der Humboldt-Universität (1970)

Schultheiss, H.: Über die besondere Eigenart des Schienenstahls. Eisenbahningenieur *27* S. 91–96 (1976)

Ścieszka, S.F.: Tribological phenomena in friction couples steel versus composite brake material. Wear in Vorbereitung (1979)

Scott, D.; Blackwell, J.: Study of the effects of material and hardness combination in rolling contact. NEL Report No 239 (1966)

Scott, D.; Blackwell, J.: Study of materials for unlubricated and elevated temperature rolling elements. NEL-Report No 278 (1967)

Scott, D.: New materials for rolling mechanisms. Wear *43* S. 71–87 (1977)

Selwood, A.: The abrasion of materials by carborundum paper. Wear *4* S. 311–318 (1961)

Semenov, A.P.: Effects of the temperature, structure and composition of metal on its cold weldability. Autom. Weld. *27* S. 14–19 (1974)

Siebel, E.; Kobitzsch, R.: Verschleißerscheinung bei gleitender trockener Reibung. Berlin: VDI-Verlag (1941)

Siedke, E.: Zahnräder aus thermoplastischen Kunststoffen für die Anwendung im allgemeinen Maschinenbau. Konstruktion *29* S. 403–408 (1977)

Sikorski, M.E.: Correlation of the coefficient of adhesion with various physical and mechanical properties of metals. Trans ASME Ser. F *85* S. 279–285 (1963)

Silence, W.L.: Effect of structure on wear resistance of Co-, Fe- and Ni-base alloys. Trans ASME Ser. F *100* S. 428–435 (1978)

Spieker, W.; Köhler, H.; Kühlmeyer, M.: Untersuchungen über die Riffelbildung auf Schienen in Versuchsstrecken unter üblichen Bedingungen des Fahrbetriebs. Stahl u. Eisen *91* S. 1470–1487 (1971)

Stähli, G.: Beitrag zum Verschleißverhalten von Gußeisen im Härtebereich seiner wirtschaftlichen Zerspanbarkeit. Gießerei *52* S. 406–410 (1965)

Stähli, G.: Die hochenergetische Kurzzeit-Oberflächenhärtung von Stahl mittels Elektronenstrahl-, Hochfrequenz- und Reib-Impulsen. Härterei-Techn. Mitt. *29* S. 55–67 (1974)

Stähli, G.; Beutler, H.: Bewertung des Verschleißverhaltens bei abrasiver und adhäsiver Gleitbeanspruchung durch Modellversuche. Techn. Rundschau Sulzer 1 (1976)

Stauffer, W.A.: Verschleiß durch sandhaltiges Wasser in hydraulischen Anlagen. Schweizer Archiv *24* S. 218–230 u. 248–263 (1958)

Stevens, A.J.: Powder-metallurgy solutions to electrical-contact problems. Powd. Metallurgy *17* S. 331–346 (1974)

Stöckel, D.: Faserverbundwerkstoffe auf Silberbasis. Metall *26* S. 684–692 (1972)

Stöckel, D.; Schneider, F.: Silber-Nickel-Faserverbundwerkstoffe für elektrische Kontakte. Metall *28* S. 678–683 (1974)

Stoffhütte, Taschenbuch der Werkstoffkunde. 4. Auflage. Herausgeber: A.V. Hütte e.V. Berlin. Berlin, München: W. Ernst u. Sohn (1967)

Stolk, D.A.: Field and laboratory abrasion tests on plowshares. Melwaukee: SAE-Paper Nr 700690 (1970)

Stolte, E.: Bildung und Beständigkeit von Reibmartensit auf Schienenstählen. Stahl u. Eisen *83* S. 1363–1369 (1963)

Stookey, S.: Ceramics made from glass promise dry bearings and high strength. Engineering *188* S. 41 (1959)

Stott, F.; Bethune, B.; Higham, P.A.: Fretting induced damage between contacting steel-polymer surfaces. Tribology Int. *10* S. 211–215 (1977)

Stribeck, R.: Kugellager für beliebige Belastungen. Z. VDI *45* S. 73–79 u. 118–125 (1901)

Strobel, E.; Rebsch, H.; Henkel, H.: Über das Reib- und Verschleißverhalten pulvermetallurgisch hergestellter Eisen-Graphit-Frictionswerkstoffe. Der Maschinenbau *16* S. 547–550, 555 (1967)

Suh, N.P.: The delamination theory of wear. Wear *25* S. 111–124 (1973)

Tabor, D.: Junction growth in metallic friction: the role of combined stresses and surface contamination. Proc. Roy. Soc., London, A *251/1266* S. 378–393 (1959)

Takeyama, H.; Ono, T.: Basic investigation of built-up-edge. Trans ASME Ser. B *90* S. 335–342 (1968)

Trebst, W.: Über den Einfluß der Schienenhärte auf den Rollverschleiß bei Prüfstandsversuchen. Wiss. Z. Hochschule Verkehrswesen „Friedrich List", Dresden, *15* S. 689–694 (1968)

Tylecote, R.F.; Howd, D.; Furmidge, J.E.: The influence of surface films on the pressure welding of metals. Brit. Weld. J. *5* S. 21–38 (1958)

Uetz, H.; Föhl, J.: Gleitverschleißuntersuchungen an Metallen und nichtmetallischen Hartstoffen unter Wirkung körniger Stoffe. Braunkohle, Wärme u. Energie *21* S. 10–18 (1969)

Uetz, H.; Nounou, M.R.: Gleitreibungsuntersuchungen über Reibmartensitbildung im Zusammenhang mit Grenzschichttemperatur und Verschleiß bei Weicheisen und Stahl C 45. Z. Werkstofftechnik *3* S. 64–68 (1972)

Uetz, H.; Nounou, M.R.; Halach, G.: Gleitverschleißuntersuchungen an unlegierten Radreifen- und Schienenstählen sowie austenitischen Auftragschweißungen zur Nachahmung der Beanspruchung bei Kurvenfahrt von Straßenbahnen. Schweißen und Schneiden *24* S. 438–440 (1972)

Uetz, H.; Föhl, J.: Wear as an energy transformation process. Wear *49* S. 253–264 (1978)

Uetz, H.; Sommer, K.: Verschleißverhalten kaltverfestigter Oberflächen. VDI-Berichte Nr. 333 S. 145–157 (1979)

VDI-Richtlinie 2203: Gestaltung von Lagerungen, Gleitwerkstoffe. Berlin: Beuth-Vertrieb (1964)

VDI-Richtlinie 2541: Gleitlager aus thermoplastischen Kunststoffen. Berlin: Beuth-Vertrieb (1975)

Vieregge, G.: Zerspanung der Eisenwerkstoffe. Düsseldorf: Verlag Stahleisen M.B.H. (1970)

Vijh, A.K.: The influence of solid state cohesion of metals and non-metals on the magnitude of their abrasive wear resistance. Wear 35 S. 205–209 (1975)

Vöhringer, O.; Macherauch, E.: Struktur und mechanische Eigenschaften von Martensit. Härterei-Techn. Mitt. 32 S. 153–168 (1977)

Voigt, J.; Clement, M.; Uetz, H.: Zum Verschleißproblem in Trommelmühlen anhand von Untersuchungen in einer Modellmühle. Wear 28 S. 149–169 (1974)

Völker, U.; Gade, U.: Herstellung, Eigenschaften und Einsatzmöglichkeiten gesinterter Reibwerkstoffe. Antriebstechnik 7 S. 64–67 (1968)

Wahl, H.: Verschleißprobleme im Braunkohlenbergbau. Braunkohle, Wärme u. Energie 5/6 S. 75–87 (1951)

Wahl, W.: Untersuchungen über die Bestimmung der Verschleißbeständigkeit und Bruchneigung von harten Werkstoffen, insbesondere Hartguß. Dissertation Universität Stuttgart (1970)

Waterhouse, R.B.: Fretting corrosion. Oxford: Pergamon Press (1972)

Weaver, C.: Adhesion of metals to polymers. Farad. Spec. Dis. Chem. Soc. 18–25 (1972)

Wellinger, K.; Uetz, H.: Gleitverschleiß, Spülverschleiß, Strahlverschleiß unter der Wirkung von körnigen Stoffen. VDI-Forschungsheft 449 Ausgabe B, Band 21 (1955)

Wellinger, K.; Uetz, H.: Verschleiß durch körnige mineralische Stoffe. Aufbereitungstechnik 4 S. 193–204 u. 319–335 (1963)

Wellinger, K.; Uetz, H.; Gürleyik, M.: Gleitverschleißuntersuchungen an Metallen und nichtmetallischen Hartstoffen unter Wirkung körniger Stoffe. Wear 11 S. 173–199 (1968)

Werner, K.: Corrugation and pitting of rolling surfaces – are they contingent upon ultrasonics? Wear 32 S. 233–248 (1975)

Westbrook, J.H.; Bellows, G.; Field, M.; Kahles, J.F.: Machining the superalloys. In: Superalloys, Chapter 19. New York: J. Wiley u. Sons (1972)

Wiegand, H.; Heinke, G.: Beitrag zum Verschleißverhalten galvanisch abgeschiedenen Nickel- und Chromschichten sowie chemisch abgeschiedener Nickelschichten im Vergleich zu einigen Stählen. Metalloberfläche 24 S. 163–170 (1970)

Wiemer, H.: Wartungsfreie Lager – Eine Übersicht aus und für die Praxis. Schmiertechnik Tribologie 17 S. 16–20 u. 22 (1970)

Wilson, R.W.: Designing against wear – wear of cams and tappets. Tribology Int. 2 S. 166–168 (1969)

Wochnowski, H.; Knappwost, A.; Wüstefeld, B.: Calciumhydroxid als Festschmierstoff. Schmiertechnik Tribologie 23 s. 12–14 (1976)

Woodley, B.J.: Materials for gears. Tribology Int. 10 S. 323–331 (1977)

Wright, K.H.R.: Fretting corrosion of cast iron. Proc. Conf. Lubrication and Wear, London 1957, Instn. Mech. Engrs. S. 628–634 u. 888 (1958)

Wykes, F.C.: Summary report on the performance of a number of cam and cam follower material combinations tested in the MIRA cam and follower machine. Nuneaton/Warwicks: MIRA Report Nr. 1970/3 (1970)

Zaretsky, E.V.; Anderson, W.J.: Effect of materials – general background. In: Interdisciplinary approach to the lubrication of concentrated contacts. Herausgeber: P.M. Ku. NASA Sp 237 (1970)

Zum Gahr, K.-H.: The influence of thermal treatments on abrasive wear resistance of tool steels. Z. Metallkunde. 68 S. 783–792 (1977)

N.N.: Stahlguß für verschleißbeanspruchte Kranlaufräder. Fördern u. Heben 21 S. 564–565 (1971)

N.N.: Friction materials – their characteristics and methods of use in brakes and clutches. Engng. Mat. Design 17 S. 13–16 (1973)

Anhang

Archev, N.J.; Yee, K.K.: CVD tungsten carbide wear resistant coatings formed at low temperatures. Plansee-Seminar 9, Vorabdrucke (1977)

Avery, H.-S.: Classification and precision of abrasion tests.: In: Wear of materials 1977. Herausgeber: W.A. Glaser; K.C. Ludema u. S.K. Rhee. New York: The American Society of Mechanical Engineers (1977)

Binder, F.: Refraktäre metallische Hartstoffe. Radex-Rundschau H. 4 S. 531–557 (1975)

Broszeit, E.; Heinke, G.; Wiegand, H.: Über die mechanischen Eigenschaften galvanisch hergestellter Nickeldispersionsschichten mit Einlagerungen von Al_2O_3 und SiC. Metall 25 S. 470–475 (1971)

Buckley, D.H.; Swikert, M.; Johnson, R.L.: Friction, wear and evaporation rates of various materials in vacuum up to 10^{-7} mm Hg. ASLE Trans. 5 S. 8–23 (1962)

Degussa: Edelmetall-Taschenbuch. Frankfurt/Main. Degussa (1967)

DIN 1681: Stahlguß für allgemeine Verwen-

dungszwecke – Gütevorschriften. Berlin: Beuth Verlag (1967)
DIN 1691 (Beiblatt): Gußeisen mit Lamellengraphit (Grauguß) Berlin: Beuth Verlag (1964)
DIN 1692: Temperguß. Berlin: Beuth Verlag (1963)
DIN 1694 (Beiblatt): Austenitisches Gußeisen. Berlin: Beuth Verlag (1966)
DIN 1695 (Beiblatt 1): Verschleißfestes legiertes Gußeisen Berlin: Beuth Verlag, Entwurf (1977)
DIN 1703: Blei- und Zinn-Legierungen für Gleitlager. Berlin: Beuth-Verlag (1974)
DIN 1705: Kupfer-Zinn- und Kupfer-Zinn-Zink-Gußlegierungen (Guß-Zinnbronze und Rotguß) Berlin: Beuth Verlag (1973)
DIN 1709: Kupfer-Zink-Gußlegierungen. (Guß-Messing und Guß-Sondermessing). Berlin: Beuth-Verlag (1973)
DIN 1714: Kupfer-Aluminium-Gußlegierungen. (Guß-Aluminiumbronze). Berlin: Beuth Verlag (1973)
DIN 1716: Kupfer-Blei-Zinn-Gußlegierungen (Guß-Zinn-Blei-Bronze). Berlin: Beuth-Verlag (1973)
DIN 1725, Blatt 2: Aluminiumlegierungen – Gußlegierungen. Berlin: Beuth Verlag (1973)
DIN 1729, Blatt 2: Magnesiumlegierungen – Gußlegierungen Berlin: Beuth Verlag (1973)
DIN 9715: Halbzeug aus Magnesium – Festigkeitseigenschaften. Berlin: Beuth Verlag (1963)
DIN 17 100: Allgemeine Baustähle – Gütevorschriften. Berlin: Beuth Verlag (1966)
DIN 17 200: Vergütungsstähle – Gütevorschriften. Berlin: Beuth Verlag (1969)
DIN 17 211: Nitrierstähle – Gütevorschriften. Berlin: Beuth Verlag (1970)
DIN 17 212: Stähle für Flamm- und Induktionshärten. Berlin: Beuth Verlag (1972)
DIN 17 245: Warmfester ferritischer Stahlguß – Technische Lieferbedingungen. Berlin: Beuth Verlag (1977)
DIN 17 440: Nichtrostende Stähle – Gütevorschriften. Berlin: Beuth Verlag (1972)
DIN 17 445: Nichtrostender Stahlguß – Gütevorschriften. Berlin: Beuth Verlag (1969)
DIN 17 465: Hitzebeständiger Stahlguß – Technische Lieferbedingungen. Berlin: Beuth Verlag (1977)
DIN 17 658: Kupfer-Nickel-Gußlegierungen. Berlin: Beuth Verlag (1973)
DIN 17 670: Bleche und Bänder aus Kupfer und Kupfer-Knetlegierungen. Berlin: Beuth Verlag (1974)
DIN 17 730: Nickel- und Nickel-Kupfer-Gußlegierungen. Berlin: Beuth Verlag (1971)
DIN 17 750: Bleche und Bänder aus Nickel und Nickel-Knetlegierungen. Berlin: Beuth Verlag (1973)

DIN 50 150: Umwertungstabelle für Vickershärte, Brinellhärte, Rockwellhärte und Zugfestigkeit. Berlin: Beuth Verlag (1976)
Dörre, E.: Oxidkeramische Werkstoffe – ihre Eigenschaften und Anwendungen unter besonderer Berücksichtigung des Verschleißverhaltens. VDI-Berichte Nr. 194 S. 121–129 (1973)
Habig, K.-H.; Chatterjee-Fischer, R.; Hoffmann, F.: Adhäsiver, abrasiver und tribochemischer Verschleiß von Oberflächenschichten, die durch Eindiffusion von Bor, Vanadin oder Stickstoff in Stahl gebildet werden. Härterei-Techn. Mitt. *33* S. 28–35 (1978)
Habig, K.-H.: Thermochemisch gebildete Oberflächenschichten auf Stahl. VDI-Berichte Nr. 333 S. 43–51 (1979)
Hübner, H.; Ostermann, A.E.: Galvanisch und chemisch abgeschiedene Schichten. VDI-Berichte Nr. 333 S. 23–35 (1979)
Kellog, L.G.: Flight reactor materials development. In: Adhesion or cold welding of materials in space environments. ASTM-STP 431 S. 149–180 (1967)
Kirner, K.: Plasmaspritzen von Hartstoffen. VDI-Berichte Nr. 333 S. 113–120 (1979)
Knotek, O.; Lugscheider, E.; Eschnauer, H.: Hartlegierungen zum Verschleiß-Schutz. Düsseldorf: Verlag Stahleisen m.b.H. (1975)
Röhrig, K.: Gefüge und Beständigkeit gegen Mineralverschleiß von carbidischen Gußeisen. Giesserei *58* S. 697–705 (1971)
Schumacher, W.J.: Developing new answers to galling and wear. SAMPE J. *13* S. 16–19 (1977)
Stähli, G.; Beutler, H.: Bewertung des Verschleißverhaltens bei abrasiver und adhäsiver Gleitbeanspruchung durch Modellversuche. Techn. Rundschau Sulzer 1 (1976)
Stahl-Eisen-Werkstoffblatt 510–62: Vergütungsstahlguß für Gußstücke mit Wanddicken bis zu 150 mm. Düsseldorf: Verein Deutscher Eisenhüttenleute m.b.H. (1977)
Stahl-Eisen-Werkstoffblatt 835–60: Stahlguß für Flamm- und Induktionshärtung. Düsseldorf: Verein Deutscher Eisenhüttenleute m.b.H. (1960)
Stahlschlüssel, 8. Auflage, Marbach/Neckar: Verlag Stahlschlüssel Wegst KG (1968)
Verein Deutscher Eisenhüttenleute (Herausgeber): Werkstoff-Handbuch Stahl und Eisen. Düsseldorf: Verlag Stahleisen m.b.H. (1965)
Wellinger, K.; Gimmel, P.; Bodenstein, M.: Werkstoff-Tabellen der Metalle. Neu bearbeitete und stark erweiterte 7. Auflage. Stuttgart: Alfred Kröner Verlag (1972)
Wirtz, H.; Hess, H.: Schützende Oberflächen durch Schweißen und Metallspritzen. Deutscher Verlag für Schweißtechnik (1969)
N.N.: Materials selector. Materials Engineering *86* No. 6 S. 1–243 (1977)

Autorenregister

Abrahamson, E.P. 213
Ackeret, J. 187
Altmeyer, G. 125; 247
Anderson, W.J. 122; 204; 205; 206; 207
Archard, J.F. 77; 80; 151; 152; 153; 162
Archer, N.J. 264; 265
Arnell, R.D. 139
Atkins, A.G. 111; 112
Attwood, D.G. 287
Avery, H.S. 186; 187; 194; 268; 269

Babichev, M.A. 169; 171; 173
Bahadur, S. 152
Bailey, J.A. 146; 147; 148
Bamberger, E.N. 204
Bartel, A.A. 231
Barwell, F.T. 58; 237; 239
Baugham, R.A. 204
Baumgarten, D. 240
Bayer, R.G. 27; 28; 140; 212; 213
Beagley, T.M. 237
Becker, K.E. 212
Bellows, G. 290
Berezovski, M.M. 186
Bethke, J.J. 232
Bethune, B. 232; 233
Beutler, H. 182; 184
Bierögel, E. 238
Binder, F. 14; 263; 268
Bitter, J.G.A. 199
Blackwell, J.B. 204; 207
Blok, H. 77; 162
Boas, M. 159
Bodenstein, M. 259; 260; 261; 262; 263
Bohmhammel, H. 240; 241; 242
Borik, F. 84; 126; 179; 186; 195
Bowden, F.P. 37; 86; 111; 117; 143
Bowen, E.R. 58
Bowen, J.P. 58
Bowen, K.A. 61
Brauer, H. 201; 202
Braunowicz, M. 115
Brinkmann, P. 237; 238
Bröhl, W. 237; 238
Broszeit, E. 23; 29; 30; 31; 79; 82; 174; 264
Bückle, H. 108; 114
Buckley, D.H. 145; 148; 150; 274
Bugarcic, H. 73

Burgio, C. 138
Bungardt, K. 185
Burckhardt, M. 238
Burwell, J.T. 13; 35; 139; 151
Buyanovsky, J.A. 158

Campbell, M.I. 220
Carter, T.L. 122; 157; 166
Chatterjee-Fischer, R. 65; 68; 72; 78; 157; 166; 274; 276
Chevalier, J.L. 206
Christ, E. 30
Clement, M. 192; 193
Collins, A.H. 237
Conrad, H. 94
Courtney-Pratt, J.S. 143
Coutsouradis, D. 200
Czichos, H. 18; 19; 38; 77; 79; 88; 144; 152; 222
Czyzewski, T. 30

Danow, G. 31
Dawihl, W. 125; 246; 247
Dearden, J. 237
Dengel, D. 97; 99; 103
Detter, H. 220; 225
Dies, K. 73; 164
Diesburg, D.E. 126; 179; 186
Dietmann, H. 23
Dorn, L. 123; 124
Dörre, E. 263
Dowson, D. 87; 88
Duckworth, W.E. 221

Eberhard, R. 203
Eisner, E. 143
Endo, K. 138
Engel, P.A. 200
Erdmann-Jesnitzer, F. 212; 213
Erhard, G. 222; 223; 225; 230; 231
Eschmann, P. 227
Eschnauer, H. 260; 262; 263
Espe, W. 164
Eßlinger, P. 167
Ettmayer, P. 130
Evans, A.G. 181
Evers, W. 72; 157; 276
Exner, H.E. 126; 127
Eyrer, P. 99

Feller, H.G. 38; 46; 144; 181
Ferrante, J. 144; 148
Field, J.E. 122
Field, M. 290
Fink, M. 165
Finkin, E.F. 173
Finnie, J. 200
Fleischer, G. 18; 141
Föhl, J. 79; 81; 83; 141; 182
Föppl, A. 117; 118
Föppl, L. 24; 30; 117; 118
Forrester, P.G. 220
Freudenthal, A.M. 127
Frey, E. 46
Frey, H. 38; 46
Friedrich, C.-H. 220; 231
Furmidge, J.E. 289

Gabel, M.-B.K. 232
Gade, U. 241
Gane, N. 111; 112; 117; 149; 151
Gappisch, M. 287
Garber, M.E. 185
Gee, A.W.J. de 79; 82
Gervé, A.J., 56; 57
Gilbreath, W.P. 145
Giltrow, J.P. 181
Gimmel, P. 259; 260; 261; 262; 263
Glaeser, W.A. 226
Glasner von Ostenwall, E.-C. 238
Goodard, J. 171
Goodman, L.E. 31
Göttner, G.H. 22
Graham, T.S. 61
Greenwood, J.A. 143
Gregory, J.C. 154
Grein, H. 213
Grodzinski, P. 100
Gugel, E. 207; 226
Gundlach, R.B. 179
Gürleyik, M.Y. 138; 174; 183; 200

Haasen, P. 129
Haberfeld, E. 138
Habig, K.-H. 38; 50; 64; 65; 68; 72; 78; 79; 144; 146; 157; 165; 166; 264; 274; 276
Halach, G. 238
Haller, P. de 187
Halling, J. 212; 213
Hamilton, G.M. 31
Hammer, P. 138
Harbordt, J. 30
Harker, H.J. 171
Harmsen, U. 245
Hartung, W. 235
Häßler, H. 244
Hegenbarth, F. 241
Heidemeyer, J. 163, 40
Heinicke, G. 161; 162
Heinke, G. 79; 83; 84; 85; 166; 174; 175; 264
Heinrich, W. 241

Heller, W. 237; 238
Hellwig, G. 125
Hengemühle, W. 100; 106
Hengerer, F. 204
Henke, F. 184
Henkel, H. 241
Hentschel, G. 223
Herbst, B. 237
Herod, A.P. 282
Hertz, H. 23; 93
Heß, F.J. 31
Hess, H. 265; 266
Heye, H. von 237
Higginson, G.R. 87
Higham, P.A. 232; 233
Hill, R. 122
Hintermann, H.E. 226
Hirst, W. 153
Ho, T.-L. 238, 242
Hodes, E. 218; 220
Hoffmann, F. 65; 68; 78; 166; 274
Hofmann, M.V. 58
Hofmann, U. 165
Holinski, R. 234, 235
Holm, E. 243
Holm, R. 151; 243
Hordon, M.J. 145
Horn, E. 185
Hornbogen, E. 14; 125; 126; 128; 180
Horstmann, K.H. 207
Howd, D. 289
Hübner, H. 264
Hucke, K. 208; 209
Huppmann, H. 61
Hurricks, P.L. 165

Ide, K. 123
Iwai, Y. 138

Jaeger, J.C. 77; 162
Jain, V.K. 152
Jahanmir, S. 213
Jangg, G. 130
Jäniche, W. 237
Johnson, J.H. 58
Johnson, K.L. 122
Johnson, R.L. 145; 274
Jones, S.E. 122
Just, E. 234; 235

Kaffanke, K. 77
Kägler, S.h. 57, 58
Kahles, J.F. 290
Kaiser, F. 250
Kaiser, W. 57
Kalil, Y. 200
Kar, M.K. 152
Kassem, A.M. 125
Katavic, J. 169; 179; 186
Kawagoe, H. 123

Keil, A. 243
Keller, K. 250
Kellog, L.G. 151; 275
Kern, H. 234
Kerridge, M. 38
Kessel, H. 207
Khruschov, M.M. 169; 171; 172; 173; 174; 175; 176; 180; 209; 210
Kippenberg, H. 244
Kirner, K. 266; 267
Kirschke, K. 165
Kishi, T. 123
Kleesattel, C. 96
Kloos, K.H. 23; 29; 30; 31; 79; 82; 249; 250
Knappwost, A. 165; 290
Knotek, O. 260; 262; 263
Kobitzsch, R. 138
König, W. 287
Köhler, H. 237
Krause, H. 29; 30; 40
Krebs, A. 117
Kriegel, E. 201; 202
Kroeske, E. 97; 99
Ku, T.C. 27; 28; 140; 212; 213; 229
Kühlmeyer, M. 237
Kühnel, M. 239
Kühnel, R. 218; 241
Kunze, E. 185

Lancaster, J.K. 38; 222; 224; 226
Lang, G. 99
Lang, O.R. 30; 31; 86
Lange, K. 249
Larsen-Badse, J. 176; 177
Law, J. 249
Lechner, G. 158
Lee, J.S. 244
Leeb, D. 100
Lilljekvist, B. 285
Ling, F.F. 238
Link, F. 125
Littmann, W.E. 203
Lohrisch, K.-J. 161
Lorösch, H.-K. 204
Lucas, G. 285
Lugscheider, E. 260

Matschat, E. 144
Macherauch, E. 129; 130; 176
Macmillan, N.H. 116
Maennig, W.W. 165
Magnée, H. 200
Mann, G. 218; 220
Margerie, J.-C. 209
Marsh, D.M. 136
Marta, H.A. 237
Marx, U. 181
Matveevsky, R.M. 158
Mayr, P. 281
Mazet, G. 138

Mels, K.D. 237
McEven, I.J. 237
Meyer, E. 108
Meyer, H.R. 13
Meyer, K. 96
Michalon, D. 138
Mielitz, H.J. 79
Mittmann, H.U. 38; 152; 222
Mølgaard, J. 79
Möllenstedt, G. 83
Möller, E. 243
Montgomery, R.S. 155
Moon, J.H. 224
Moore, A.W.J. 114
Moore, M.A. 122; 135; 136; 137
Morgenschweiß, O. 241
Mott, B.W. 94
Müller, K. 97
Müller, R. 234
Munz, D. 125; 127

Nakai, T. 232
Näumann, E. 238
Naumann, F.K. 135
Neale, M.J. 225; 236
Neunkirchner, J. 232
Newcomb, T.P. 242
Niemann, G. 140; 158; 207; 229
Norman, T.E. 193
Nounou, M.R. 135; 238

Oehler, G. 250
Ohmae, W. 232
Okada, T. 138
Ono, T. 150
Opitz, H. 247
Orcutt, F.K. 54, 56; 60; 264
Ostermann, A.E. 264

Palmqvist, S. 126
Pape, R. 287
Parent-Simonin, S. 209; 210
Parker, R.J. 296; 207
Parks, J.L. 179
Perrot, C.M. 119
Peterson, M.B. 79; 238; 242
Pfaelzer, P.F. 149; 151
Pigors, O. 79; 208; 209; 237; 238
Piltz, H.-J. 213; 214
Plewe, H.-J. 228; 230
Pomey, J. 165
Poniatowski, M. 245
Pooley, C.M. 222
Pratt, G.C. 226
Pritchard, C. 237

Quinn, T.F.J. 41

Rabinowicz, E. 152; 164; 165
Radon, C.J. 125

Rebsch, H. 239; 241
Rettig, H. 140; 207; 228; 229; 230
Rhee, S.K. 240
Richardson, R.C.D. 171
Rieder, W. 243
Rieger, H. 138; 213; 214
Roemer, E. 218; 220
Rogalski, Z. 157; 158
Röhrig, K. 14; 185; 193; 268; 269
Rosen, A. 159
Roslavlev, S. 245
Rubenstein, C. 141
Ruthard, R. 244

Saeger, K.E. 245
Salomon, G. 18
Sargent, L.B. 144
Schatt, W. 241
Scheil, E. 106
Schlicht, H. 23; 135; 203
Schmaltz, G. 34
Schmid, E. 82; 218
Schmidt, F. 79
Schmidt, W. 102; 104; 124
Schneider, F. 244
Schober, E. 161
Scholz, W.G. 84; 195
Schouten, M.J.W. 88
Schreiner, H. 244
Schultheiss, H. 238

Schumacher, W.J. 272
Schulz, E.D. 288
Schwaab, G.-M. 109; 110; 117
Schwalbe, K. 281
Ścieska, S.F. 240
Scott, D. 58; 204; 207; 227
Seifert, W.W. 58
Selwood, A. 181; 182
Semenov, A.P. 147; 148
Semura, T. 29
Senatorski, J. 157; 158
Siebel, E. 18; 108; 138
Siedke, E. 230
Sigrist, K.-D. 161; 162
Sikorski, M.E. 145; 146; 147; 148; 149; 150
Silence, W.L. 155
Sinaisky, V.M. 158
Smith, J.R. 144
Sommer, K. 138
Spieker, W. 237
Spieß, F. 135
Sponseller, D.L. 195
Spurr, R.T. 242
Stähli, G. 135; 155; 182; 184; 207; 208; 270
Stauffer, W.A. 189, 190
Stecher, F. 83
Steinhilper, W. 86
Stevens, A.J. 244
Stöckel, D. 244

Stöferle, T. 100
Stolk, D.A. 186
Stolte, E. 237
Stookey, S. 226
Stott, F.H. 232; 233
Strang, C.D. 139; 151
Stribeck, R. 204
Strickle, E. 222; 223; 225; 230; 231
Strobel, E. 241
Studman, C.J. 122
Suh, N.P. 212; 213
Swikert, M. 274

Tabor, D. 37; 86; 93; 105; 108; 109; 111; 112;
   116; 121; 122; 123; 143; 149; 151; 152;
   222
Takeyama, H. 150
Teer, D.G. 282
Tertsch, H. 93
Theimert, P.-H. 100
Tischer, H. 165
Tonn, W. 106
Trebst, W. 238; 239
Tsipuris, J. 281
Tsipuris, M. 281
Tsukizoe, T. 232
Turner, C.E. 125
Tylecote, R.F. 145

Uetz, H. 17; 18; 47; 73; 79; 81; 83; 135; 138;
   141; 168; 174; 181; 182; 187; 188; 189;
   192; 193; 196; 197; 198; 200; 201; 238

Vieregge, G. 111; 246; 247; 248
Vijh, A.K. 14; 181
Vogelpohl, G. 52; 53; 86
Vöhringer, O. 129; 130; 176
Voigt, J. 192; 193
Völker, U. 241

Wagner, K. 161
Wagner, W. 161
Wahl, H. 16; 18; 168
Wahl, W. 169
Walzel, R. 100
Waterhouse, R.B. 231; 232
Weaver, C. 144
Weber, R. 218
Weichert, R. 125
Weigel, K. 212
Wellinger, K. 17; 18; 23; 47; 168; 174; 181; 187;
   189; 196; 197; 198; 200; 201; 259; 262;
   263
Werner, K. 237
Westbrook, J.H. 246
Westcott, V.C. 58
Westwood, A.R.C. 116
Wicher, A. 287
Wiegand, H. 174; 175; 264
Wiemer, H. 220; 226

Williamson, J.B.P. 143
Wilman, H. 171
Wilshaw, T.R. 181
Wilson, R.W. 234; 235
Wirths, A. 288
Wirts, H. 265; 266
Wochnowski, H. 165
Woodley, R.B. 229; 230
Wright, K.H.R. 232

Wüstefeld, B. 290
Wykes, F.C. 236

Yee, K.K. 264; 265

Zaretsky, E.V. 122; 204; 205; 206; 207
Ziegler, K. 61
Zwirlein, O. 203
Zum Gahr, K.-H. 177; 178

Sachregister

Abrasion 13, 17, 35, 41 ff., 62, 70 ff., 78, 99, 100, 139, 166 ff., 216, 217, 223, 225, 227, 229, 230, 231, 234, 246, 249, 252
Abrasiver Verschleiß: siehe Abrasion
Adhäsion 13, 15, 35, 37 ff., 66 ff., 78, 140, 142 ff., 151, 216, 217, 223, 227, 229, 230, 231, 232, 234, 237, 246, 249
Adhäsionskoeffizient 144 ff.
Adhäsiv bedingtes Fressen 20, 33, 37, 78, 84, 157, 228, 229, 234
Adhäsive Bindungskräfte 143 ff.
Adhäsiver Materialübertrag 38, 39, 152
Adhäsiver Verschleiß: siehe Adhäsion
Adsorption 36, 82, 134
Adsorptionsschichten 33, 34, 37, 65, 74, 159
Aggregatzustände 34, 35
Almen-Wieland-Verschleißprüfsystem 63
Aluminium 113, 164, 169, 172, 173, 223
Aluminium/Aluminium [1] 145, 146
Aluminium/Eisen 150
Aluminium/Stahl 138
Aluminiumbronzen 172, 173, 249, 250, 251
  siehe auch Kupfer-Aluminium-Legierungen
Aluminiumlegierungen, allgemein 136, 182, 193, 212, 218, 219, 221
Aluminiumlegierungen/Aluminiumlegierungen 148
Aluminiumoxid 116, 134, 164, 174, 206, 226, 246, 247
Aluminium-Zinn-Kupfer-Legierungen 218, 219
Anpassungsfähigkeit 217, 219
Anstrahlwinkel 196
Antimon 182
Apatit 180
Asbest 240 ff
Atomabsorptionsspektroskopie 57
Atomare Bindungen 37, 129, 143
Aufbauschneide 38, 246
Aufgekohlte Stähle 215, 229, siehe auch einsatzgehärtete Stähle
Aufgekohlter Stahl/aufgekohlter Stahl 154
Ausforming 204
Aushärtung 128, 174, 214
Ausscheidungen 113, 174, 176
Ausscheidungshärtung 110, 128, 136, 137, 174
Äußere Grenzschicht 33, 34, 40, 167, 243

---

[1] Der Schrägstrich zeigt an, daß es sich um eine Paarung von Grund- und Gegenkörper handelt.

Austenit 126, 149, 155, 158, 159, 172, 173, 177, 179, 190, 195, 201, 203, 211, 238, 250
Austenitisches Gußeisen 126, 155, 179
Austenitisches Gußeisen/austenitisches Gußeisen 155
Austenitische Stähle 159, 172, 173, 177, 190, 195, 213, 238, 250
Austenitischer Stahl/austenitischer Stahl 149
Avery-Verschleißprüfsystem 63, 194

Bainit 194
Bauteil-Verschleißprüfung 84
Beanspruchungsdauer 51
Beanspruchungskollektiv 18, 20, 21 ff.
Beanspruchungsweg 22, 51
Bearbeitung 12, 17
Belastung 21, 22, 23 ff., 79, 90, 139
B-Metalle 130, 144
Beryllium 130, 169
Beryllium/Beryllium 145
Berylliumbronze 173, siehe auch Kupfer-Beryllium-Legierungen
Betriebliche Verschleißprüfung 59 ff.
Bewegungsablauf 21
Bewegungsform 21
Bezogene Verschleiß-Meßgrößen 49, 51 ff.
Bindungsenergie 14
Blei 164, 169, 182, 226
Blei/Blei 145, 146
Blei/Eisen 150
Blei-Antimon-Zinn-Legierungen 219, 221
Bleibronzen 221, siehe auch Kupfer-Blei-Legierungen
Bleioxid 164
Blei-Zinn-Legierungen 134, 173, 212, 220, 221
Bohrreibung 227
Borcarbidschichten 232
Borierte Stähle 65 ff., 76, 230
Borierter Stahl/borierter Stahl 68 ff., 72, 74, 77, 157
Borierter Stahl/gehärteter Stahl 157
Borierter Stahl/nitrierter Stahl 157
Bornitrid, kub. 13
Bremsen 86, 238 ff.
Brinell-Härte 94, 95, 108
Brinell-Härteprüfung 95, 96
Bronzen: siehe Kupfer-Zinn-Legierungen
Bruch 11, 38, 126
Bruchdehnung 121, 124

Sachregister

Calcit 180
Carbide 159, 169, 176, 178, 179, 185, 201, 232
Celluloseacetat 182
Cermets 226, 240, 242
Checkliste 88, 89
Chemisch abgeschiedene Nickelschichten 175
Chemisch aus der Gasphase abgeschiedene Schichten 247
Chemische Eigenschaften 35, 120, 131
Chrom 166, 169, 223, 232
Chromcarbide 169, 179, 232
Chromoxid 166

Dauerschwingfestigkeit 127
Dauerwälzfestigkeit 140, 207, 229
Dehngrenze 121
Delaminationstheorie 212, 213
Diamant 12, 13, 149, 247, 248
Diamant/Kupfer 151
Diffusion 13, 35, 46 ff., 246, 247
Direkte Verschleiß-Meßgrößen 49 ff.
Dispersionshärtung 128, 136, 137, 174
Drehmeißel/Werkstück 246
Druckeigenspannungen 78, 126, 178, 206, 215, 229
Druckfestigkeit 47
Druckspannung 31, 204
Druckversuch 47
Dünnschichtdifferenzverfahren 56
Durchsatz 51, 52
Duroplaste 129; siehe auch ploymere Werkstoffe
Dynamische Härteprüfung 94

Edelgase 32
Edelmetalle 130, 144, 166
Eigenschaften der Elemente von Tribosystemen 18, 20, 33 ff.
Einbettfähigkeit 217, 219, 221
Eindringkörper 111
Eingangsgrößen 18, 19, 20, 59, 63
Einlauf 51
Einlaufverhalten 218, 219
Einlaufverschleiß 54, 77, 78, 138
Einsatzgehärtete Stähle 207, 221
Einsatzgehärteter (aufgekohlt und gehärteter) Stahl/einsatzgehärteter Stahl 154, 158, 230, 235, 236
Einsatzgehärteter Stahl/nitrierter Stahl 230, 236
Eisen 163, 164, 171
Eisen/Eisen 145
Eisen/Aluminium 150
Eisen/Blei 150
Eisen/Gold 150
Eisen/Kobalt 150
Eisen/Kupfer 150
Eisen/Magnesium 165
Eisen/Nickel 150
Eisen/Platin 150
Eisen/Rhodium 150
Eisen/Silber 150
Eisen/Tantal 150
Eisen/Vanadin 150
Eisenoxide 40, 41, 58, 164, 165, 237
Eisensulfid 131
Elastische Verformung 23 ff., 37, 97, 142, 237
Elastizitätsmodul 23, 26, 122, 131, 139, 143, 173, 174
Elastohydrodynamische Schmierung 30, 87 ff., 229, 234
Elastomere 102, 129
Elektrische Schaltkontakte 243 ff.
Elektrischer Kontaktwiderstand 243
Elektrolytisch abgeschiedene Schichten 250
Elektrolytisch polierte Oberflächen 115
Elemente von Tribosystemen 18 ff. 32 ff.
Epoxidharze 224, 225, 251
EP (extreme pressure)-Additive 19, 159, 228, 247
Erosion 48, 167

Falex Tester 63
Fallhärteprüfung 101
Faserverstärkung 128
Ferrit 149
Ferrographie 57, 58 ff.
Festigkeitshypothesen 23
Festkörperreibung 87, 159, 217, 222 ff.
Feuchte 19, 32, 72, 73, 116
Flächenpressung 25 ff., 79, 81, 139
Flammen-Emissionsspektroskopie 57
Fluorit 180
Flüssigkeitsreibung 86 ff., 217
Formeigenschaften 33, 34, 79, 84, 85
Fressen 15, 20, 33, 37, 38, 41, 157 ff., siehe auch adhäsiv bedingtes Fressen
Freßlastgrenze 228, siehe auch Versagenslast
Füllstoffe 224
Funktion von Tribosystemen 18, 20 ff., 62, 64
Furchungsverschleiß 167 ff.

Galvanisch abgeschiedene Schichten 223
Gasreibung 217
Gebrauchsdauer 54, 227, 228
Gefügeelemente 128
Gefügemäßige Eigenschaften 14, 35, 120, 128 ff.
Gegenkörper 32 ff., 36
Gegenkörperfurchung 167 ff.
Gehärtete Stähle: siehe Stähle
Gehärteter Stahl/gehärteter Stahl 65 ff., 74, 75, 77, 157, 158, siehe auch Stahl/Stahl
Gehärteter Stahl/borierter Stahl 157
Gehärteter Stahl/nitrierter Stahl 157, 230, 236
Gekreuzte-Balken-Verschleißprüfsystem 63
Gekreuzte Zylinder 26, 52
Geometrische Kontaktfläche 37
Germanium 116, 180
Gesamt-Gebrauchsdauer 54, 55
Geschliffene Oberflächen 126, 127
Geschwindigkeit 21, 76, 79, 86, 217, 229

Sachregister

Geschwindigkeit der Tribooxidation 40, 162 ff.
Gestaltänderungsenergiehypothese 23, 28
Getriebe 18, 38, siehe auch Zahnradgetriebe
Gitterstruktur 145
Glas 149, 182
Glas/Glas 149
Gleitgeschwindigkeit 76, 81, 86, 222, 243
Gleitlager 18, 22, 30, 32, 38, 44, 51, 87, 134, 216, 217 ff.
Gleitlagerwerkstoffe 218, 219, 224
Gleitstrahlverschleiß 196 ff.
Gleitweg 22
Gold 169, 213
Gold/Gold 145, 146, 149
Gold/Eisen 150
Gold-Kupfer/Gold-Kupfer 146, 147
Gold-Silber/Gold-Silber 146
Goldlegierungen, allgemein 245
Graphit 155, 166, 208, 222, 225, 226, 235, 241
Grenzreibung 87, 227
Grübchen 20, 44, 45, 51, 135
Grübchenbildung 20, 44, 51, 135, 140, 203 ff., 227, 228
Grundkörper 32 ff., 36
Gummi 168, 181, 182, 189, 200
Gußeisen 126, 169, 179, 184, 185, 186, 187, 193, 194, 195, 209, 210, 221, 223, 229, 234, 240, 243, 251
Gußeisen/Gußeisen 155, 207, 208, 236

Hartchromschichten 232, siehe auch Chrom
Härte 92 ff.
Härtedefinitionen 93, 106
Härteprüfverfahren 94 ff.
Härtewerte 259 ff.
Hartgewebe 231
Hartguß 192, 198, 201, 251
Hartmetalle 46, 110, 111, 125, 126, 168, 201, 247, 248, 251
Hartpapier 231
Härtungsmechanismen 128
Hertzsche Kontaktfläche 23, 31
Heterogene Legierungen 113, 127, 154, 159, 181
Hexagonale Metalle 130, 145, 159
Homogene Legierungen 154, 215
Hydrodynamische Schmierung 82, 86, 166, 217
Hydrostatischer Druck 118, 135, 204

Indirekte Verschleiß-Meßgrößen 49, 52 ff.
Indium/Indium 145
Infrarotdetektor 61
Innere Grenzschicht 34, 66, 167
Instandhaltung 60
Internationaler Gummihärtegrad (IRHD) 97, 98
Interstitielle Mischkristalle 136
Ionische Bindung 115

Kadmium 163, 169, 182, 213, 223, 232
Kadmium/Kadmium 145, 152
Kantenpressungen 220

Karbonitrierter Stahl/karbonitrierter Stahl 158
Kavitation 44, 138, 213 ff.
Keramik/Keramik 144, 151, 159
Keramik/Kunststoff 159
Keramik/Metall 144, 159
Keramische Werkstoffe 38, 41, 44, 129, 134, 166, 180, 207, 214, 215, 222, 226
Kleinlasthärte 108, 109
Klötzchen-Walze-Verschleißprüfsystem 63
Knoop-Härte 94, 95
Knoop-Härteprüfung 95, 96
Kobalt 169
Kobalt/Kobalt 145
Kobalt/Eisen 150
Kobalt/Kupfer 150
Kobalt-Platin/Kobalt-Platin 146, 148
Kobaltlegierungen 155, 226
Kohäsionsenergie 181
Kohlenstoffgehalt 195
Kolben/Zylinder 22, 38
Kontaktfläche 23 ff., 37, 142 ff.
Kontinuierliche Härteprüfung 99, 100
Korrosion 11
Korrosionsbeständige Paarungen 159, 272
Korund 180
Kovalente Bindung 115, 130, 143, 144
Kubisch-flächenzentrierte Metalle 130, 145, 146, 159
Kubisch-raumzentrierte Metalle 145, 159
Kugeldruck-Härteprüfung 97, 98
Kugel/Ebene 26, 31, 117
Kugel/Kugel 26
Kugel/Kugelsockel 26
Kunstkohle 222, 225 ff.
Kunstkohle/Stahl 225
Kunststoffe 110, 122, 129, 134, 213, 220, 231, siehe auch polymere Werkstoffe
Kunststoff/Kunststoff 152, 159, 230
Kunststoff/Keramik 159
Kunststoff/Metall 38, 144, 152, 159, 222, 225, 231, 233
Kunststoff-Metall-Verbundwerkstoffe 226
Kupfer 116, 161, 163, 164, 169, 172, 173, 229, 232, 249, 250
Kupfer/Kupfer 145, 146, 149, 152
Kupfer/Diamant 151
Kupfer/Eisen 150
Kupfer-Gold/Kupfer-Gold 146, 147, 148
Kupfer/Kobalt 150
Kupfer/Nickel 150
Kupfer/Saphir 151
Kupfer/Titancarbid 151
Kupfer/Wolfram 150
Kupfer-Aluminium-Legierungen 148, 172, 173, 249, 250, 251
Kupfer-Beryllium-Legierungen 172, 173, 174, 214
Kupfer-Blei-Legierungen 219, 221
Kupfer-Blei-Zinn-Legierungen 218, 219, 221
Kupfer-Nickel-Legierungen 147, 173

Kupferoxide 134, 164, 166
Kupfer-Titan-Legierung 113, 114
Kupfer-Zink-Legierungen 218, siehe auch Messing
Kupfer-Zinn-Legierungen 218, 220, 221, 229
Kuppen 38
Kurbelwellenlager 219

Lagerprüfstand 84
Längenmeßgeräte 54 ff.
Läppen 65
Lebensdauer 227, siehe auch Gebrauchsdauer
Linearer Verschleißbetrag 49, 54
Löcher 44, 45
Luftfeuchte: siehe Feuchte

Magnesium 164
Magnesium/Magnesium 145
Magnesium/Eisen 165
Magnesiumoxid 116, 162, 164, 165
Mahlverschleiß 167, 189 ff.
Makrohärte 108, 109
Manganhartstahl 138, 187, 190, 193, 194, 195
Maraging Stahl 136
Martensit 137, 149, 176, 177, 201, 203, 211
Martensit/Martensit 149, 154
Martensithärtung 129, 214
Martensitisches Gußeisen 126, 179, 184, 185, 193, 194
Martensitische Stähle 149, 190 ff., 193, 194
Massenmäßiger Verschleißbetrag 49, 54, 55
Materialübertrag: siehe adhäsiver Materialübertrag
Mechanische Aktivierung 162
Mechanisch-technologische Eigenschaften 35, 120, 121 ff.
Mehrkomponenten-Verschleißmessung 57
Messing 172, 173, 182, 229
Messing/Werkzeugstahl 153
Metallische Bindung 143, 144
Metall/Keramik 144, 159
Metall/Kunststoff 38, 144, 152, 159, 222, 225, 231, 233
Metalloxid-Härte 164
Mikrohärte 108, 109
Mikrokontaktflächen 37, 142
Mikrolit 180
Mikrospäne 41
Mikroverschweißung 38
Mild wear 34
Mineralische Stoffe 99, 167
Mischkristallhärtung 128
Mischreibung 52, 72, 86, 87, 160, 217, 227, 229
Modell-Prüfkörper 63
Modell-Verschleißprüfsysteme 31, 63
Modell-Verschleißprüfung 62 ff.
Mohs-Härteprüfung 99
Mohs'sche Härteskala 99
Molybdän 164, 169
Molybdän/Molybdän 145
Molybdäncarbid 179

Molybdändisulfid 224, 225, 241
Molybdänoxid 164

Nephrit 180
Nickel 136, 163, 164, 169, 182, 213
Nickel/Nickel 145, 146
Nickel/Eisen 150
Nickel/Kupfer 150
Nickel-Kupfer/Nickel-Kupfer 147
Nickel-Kupfer-Legierungen 147, 173
Nickellegierungen, allgemein 147, 155, 226
Nickel-Dispersionsschichten 174
Ni-Hard 193
Nickelschichten 119, 174, 175, 223, 232
Nitrierte Stähle 64, 65 ff., 207, 215, 221, 223, 229, 232, 250
Nitrierter Stahl/nitrierter Stahl 65 ff., 77, 157, 158, 230
Nitrierter Stahl/borierter Stahl 157
Nitrierter Stahl/gehärteter Stahl 157
Normalisierter Stahl 199
Normalisierter Stahl/normalisierter Stahl 158
Normalkraft 23 ff., 86
Normalspannung 23
Notlaufverhalten 218, 219, 243
Nullverschleiß 140
Nutzgrößen 18, 19, 59, 63

Oberflächenbereiche 32, 34, 49
Oberflächeneigenschaften 33, 34
Oberflächenermüdung: siehe Oberflächenzerrüttung
Oberflächenzerrüttung 13, 17, 20, 35, 44 ff., 51, 71 ff., 78, 87, 126, 127, 140, 203 ff., 216, 217, 225, 227, 228, 231, 234, 246
Oxidische Einschlüsse 204
Oxidschichten 33, siehe auch Reaktionsschichten

Palladium 169
Palladium/Palladium 145, 146
Palladium-Silber/Palladium-Silber 146
Palladiumlegierungen 245
Partikel 32, 41, siehe auch Verschleißpartikel
Passungen 216, 231 ff.
Passungsrost 12, 41, 74, 231 ff.
Perlit 149, 194
Perlit/Perlit 149
Perlit-Zementit/Perlit-Zementit 154
Perlitisches Gußeisen 193
Phasenumwandlungen 134, 135, 141
Phenolharze 224
Phosphatierte Stähle 223
Physikalische Eigenschaften 35, 120, 130 ff.
Pitting: siehe Grübchenbildung
Pittinggrenze 228
Planimetrischer Verschleißbetrag 49, 54, 55
Plastische Verformung 37, 94, 100, 126, 128, 133, 143, 145, 171, 204, 205, 249
Plastizitätsindex 143
Platin 169

Platin/Platin 145, 146, 152
Platin/Eisen 150
Platin-Kobalt/Platin-Kobalt 146, 148
Pleuellager 219, 221
Polieren 65, 114, 115
Polierte Oberflächen 126, 127
Polyamid (PA) 224, 225, 233
Polyamid 66/Stahl 233
Polyäthylen (PE) 224, 233
Polyäthylen/Stahl 153, 233
Polyäthylenterephthalat (PETP) 182, 224
Polybutylenterephthalat (PBTP) 224
Polycarbonat (PC) 182
Polycarbonat/Stahl 233
Polychlortrifluoräthylen (PCTFE)/Stahl 233
Polyimid (PI) 224
Polymere Werkstoffe 15, 38, 41, 44, 97, 110, 122, 129, 134, 166, 181, 182, 201, 213, 220, 222 ff., 230, 231, siehe auch Kunststoffe
Polymethylmetacrylat (PMMA)/Stahl 233
Polyoximethylen (POM) 224
Polypropylen (PP) 182
Polystyrol (PS) 168
Polysulfon/Stahl 233
Polytetrafluoräthylen (PTFE) 38, 182, 222, 224, 225, 226, 232, 233
Polytetrafluoräthylen/Stahl 153, 233
Polythen 182
Polyurethan (PUR) 182
Polyvinylchlorid (PVC) 182
Polyvinylchlorid/Stahl 233
Prallstrahlverschleiß 196 ff.
Pressung 24 ff., siehe auch Flächenpressung
Primärbindungen 129

Rad/Schiene 30, 216, 236 ff.
Radionuklid-Meßtechnik 38, 56, 82
Rauheit 33, 34, 65, 86, 142
Rauheitshügel 37, 41, 142, 143, 167
Rauhtiefe 19, 65, 115
Reaktionsprodukte 73, 131, 164, 166, 239
Reaktionsschichten 33, 34, 37, 40, 65, 68, 74, 134, 144, 159, 166, 241
Referenzwerkstoff 51, 171
Rehbinder-Effekt 134
Reibbedingte Temperaturerhöhung: siehe Temperaturerhöhung
Reibdauerbruch 11, 12, 231
Reibkorrosion 11, 12, 41, 74, 231 ff.
Reibleistung 80, 134
Reibmartensit 77, 135 ff., 237
Reiboxidation: siehe Tribooxidation
Reibung 12, 19, 20, 37, 38, 86, 116, 139, 223, 225, 236, 249
Reibungsbremsen 12, 216, 238 ff.
Reibungskoeffizient 28, 29, 81, 86, 116, 143, 196, 222, 223, 225, 227, 232, 239, 240
Reibungskraft 20, 28, 86
Reibungswärme 40, 44, 222, 231, 238

Reibungszustand 82, 86 ff., 217, 227
Reibwerkstoffe 240 ff.
Relative Feuchte: siehe Feuchte
Relativer Verschleißbetrag 51
Relativer Verschleißwiderstand 51
Restaustenit 177
Rhodium 169
Rhodium/Rhodium 145
Rhodium/Eisen 150
Riefen 38, 41, 43
Riffelbildung 237
Rißbildung 118, 135, 141, 178, 203, 204, 239
Rißwachstum 135, 178, 205
Risse 44, 45, 178, 186, 203, 207, 215, 237, 239
Rißzähigkeit 125, 180 ff.
Ritzel 230
Ritzhärteprüfung 99, 100
Rockwell-Härte 94
Rockwell-Härteprüfung 95, 96, 97
Röntgenfluoreszensanalyse 57
Rücksprunghärteprüfung 101

Saphir 149, 182
Saphir/Kupfer 151
Sauerstoff 32, 35, 37
Schallabstrahlung 61
Schallemissionsanalyse 61
Scheinbare Reibungsenergiedichte 141
Scherwaben 38
Schichtverschleiß 34
Schienenstähle 238
Schlaghärteprüfung 101
Schleifen 13, 65, 114, 115
Schleifhärteprüfung 99, 100
Schleifrad-Verschleißprüfsystem 63, 186
Schleifteller-Verschleißprüfsystem 63, 70, 71, 168 ff.
Schleiftopf-Verschleißprüfsystem 63, 182 ff.
Schmelzbasalt 168, 198
Schmelztemperatur 14
Schmiegsamkeit 217, 219
Schmierfilm 20, 38, 87, 159, siehe auch Schmierung
Schmierstoff 19, 32, 134, 217
Schmierstoffadditive 84, siehe auch EP-Additive
Schmierstoffbenetzbarkeit 218
Schmierung 12, 36, 60, 86 ff., 159, 215, 217
Schmierungszustand 82, 86 ff., 141, 227
Schneidkeramik 110, 111, 248
Schnellarbeitsstähle 76, 104, 110, 248
Schrägstrahlverschleiß 196 ff.
Schubmodul 130
Schubspannung 23 ff., 117, 204
Schubspannungshypothese 23, 206
Schuppen 38
Schürfverschleiß 174, 175
Schwerer Verschleiß 34, 40
Sekundärbindungen 129
Severe wear 34
Shore-Härteprüfung 97, 101

Sachregister

Siebel-Kehl-Verschleißprüfsystem 63
Silber 169, 213, 232
Silber/Silber 145, 146, 152
Silber/Eisen 150
Silber-Gold/Silber-Gold 146
Silber-Palladium/Silber-Palladium 146
Silberlegierungen 226, 245
Silizium 180
Siliziumcarbid 174, 206, 226
Siliziumnitrid 226
Silumin 193
Simulation von Verschleißvorgängen 64, 79 ff.
Sinterlager 220
Sinterwerkstoffe 220, 241
Spänedetektor 56, 57
Spanende Bearbeitung 32, 33
Spülverschleiß 167, 187 ff.
Stähle 18, 65, 125, 127, 135, 137, 139, 168, 173, 174, 179, 182, 183, 184, 187, 188, 189, 190, 193, 194, 195, 198, 199, 200, 204, 208, 209, 212, 223, 232, 237, 249, siehe auch borierte Stähle, gehärtete Stähle, nitrierte Stähle etc.
Stahl/Stahl 138, 139, 149, 152, 154, 157, 158, 232, 236, siehe auch borierter Stahl/borierter Stahl, gehärteter Stahl/gehärteter Stahl, nitrierter Stahl/nitrierter Stahl etc.
Statische Härteprüfung 94
Stellit 182, 248
Stellit/Stahl 153
Stift-Scheibe-Verschleißprüfsystem 31, 63
Stillstandzeit 22, 54
Stoffeigenschaften 33, 34, 65, 121 ff.
Stoßverschleiß 208 ff.
Strahlverschleiß 18, 167, 196 ff.
Strahlverschleiß-Prüfsystem 63
Streckgrenze 121, 139
Streckgrenzenverhältnis 124
Streifenziehversuch 249, 250
Stribeck-Kurve 86
Struktur von Tribosystemen 18, 20, 32 ff., 59
Sublimation 36
Substitutions-Mischkristalle 136
Sulfidische Einschlüsse 204
Sulfonitrierter Stahl/sulfonitrierter Stahl 158
Systemanalyse 18 ff., 107 ff.
Systemeinhüllende 18

Taber-Abraser 63
Tangentialkraft 29
Tantal/Tantal 145
Tantal/Eisen 150
Tastschnittgerät 54
Teilchenfurchung 167, 181 ff.
Temperatur 19, 21, 76, 77, 90, 109, 110, 111, 129, 160, 162, 222, 225, 240, 242
Temperaturabhängigkeit der Härte 109, 110, 111, 206
Temperaturerhöhung 44, 60, 80, 134, 141, 162 ff., 213, 238

Temperaturmessung 60, 76
Texturhärtung 128
Thermodynamisches Gleichgewicht 160
Thermoplaste 110, 129, 222, 231, siehe auch polymere Werkstoffe
Timkengerät 52
Titan 169, 171
Titan/Titan 145
Titancarbid 114, 116, 149, 206, 232, 247
Titancarbid/Titancarbid 149, 232
Titancarbid/Kupfer 151
Titancarbid/Stahl 232
Titancarbonitrid 247
Titannitrid 247
Topas 180
Tribochemische Reaktionen: siehe Tribooxidation
Tribochemischer Verschleiß: siehe Tribooxidation
Tribochemisches Gleichgewicht 161
Tribologie 12
Tribologische Beanspruchung 17, 32, 33
Tribometer 62
Tribooxidation 13, 35, 40 ff., 68 ff., 77, 78, 131, 160 ff., 164, 216, 217, 223, 231, 232, 237, 239, 244, 246, 247
Triboreduktion 36
Tribosublimation 35, 44
Trockengleitlager 217, 222
Tropfenschlag 138, 213 ff.

Übergangsmetalle 130, 144
Umformung 32, 33, 38, 249
Umgebungsmedium 32 ff., 36, 90, siehe auch Edelgase, Feuchte, Vakuum
UV-Emissionsspektroskopie 57

Vakuum 32, 149, 159, 160, 222, 225, 226
Vanadierte Stähle 65 ff., 76
Vanadierter Stahl/vanadierter Stahl 68 ff., 77, 78
Van der Waalssche Bindung 143
Verchromte Stähle 223, siehe auch Chrom
Verdampfung 36
Verfestigung 108, 109, 111, 122, 123, 124, 127, 128, 134, 135 ff., 147, 171, 172, 195, 214, 237
Verfestigungsexponent 123, 159
Verformungsenergie 124, 125, 210
Vergütete Stähle 136, 137, 193, 207, 221, siehe auch Stähle
Vergüteter Stahl/vergüteter Stahl 158
Verlustgrößen 18, 19, 20, 59, 63
Versagenslast 157
Versagensuntersuchungen 52, 157
Verschleißarten 47 ff.
Verschleißbedingte Durchsatzmenge 54
Verschleißbedingte Gebrauchsdauer 54
Verschleißbetrag 17, 49 ff.
Verschleißdefinitionen 16, 17
Verschleiß-Durchsatz-Verhältnis 52

Verschleißerscheinungsformen 39, 42, 43, 45
Verschleißfeste Werkstoffe 17
Verschleißgeschwindigkeit 52
Verschleißhochlage 52, 78, 139, 167, 182, 183, 188, 192, 193
Verschleißkoeffizient 151
Verschleißmasse 55
Verschleißmechanismen 13, 18, 35 ff., 141 ff., 216 ff.
Verschleiß-Meßgrößen 49 ff.
Verschleiß-Meßmethoden 54 ff.
Verschleißpartikel 14, 17, 32, 36, 54, 58, 59, 60, 141, 223, 231, 240
Verschleißprüfung 47 ff.
Verschleißrate 51, 52
Verschleiß-Schutzschichten 15, 264 ff.
Verschleißtieflage 52, 78, 139, 167, 182, 188, 192, 193
Verschleißvolumen 49, 50
Verschleiß-Weg-Verhältnis 52, 53
Verschleißwiderstand 17, 51, 169 ff.
Versetzungen 108, 128 ff., 137
Vickers-Härte 94, 108
Vickers-Härteprüfung 95, 96, 97
Vier-Kugel-Apparat: siehe Vier-Kugel-Verschleißprüfsystem
Vier-Kugel-Verschleißprüfsystem 52, 63
Viskosität 19, 86
Volumeneigenschaften 33, 34, 47
Volumetrischer Verschleißbetrag 49, 50
Vorverfestigung 137, 138
Vulkollan 188, 189, 198

Wahre Kontaktfläche 37, 142 ff., 145
Walzenpaar 23, 29, 50, 87, 140
Wälzlager 44, 51, 135, 204 ff., 216, 226, 227 ff.
Wälzlagerstähle 204
Wälzverschleiß 203 ff.
Warmhärte 110, 111, 123, 206
Wärmekapazität 81
Wärmeleitfähigkeit 218
Weißmetall: siehe Blei-Antimon-Zinn- oder Blei-Zinn-Legierungen
Wellenwerkstoffe 220, 221

Werkstoffanstrengung 23 ff., 80, 81, 117, 133, 139 ff., 215
Werkstoffeigenschaften 120, siehe auch Stoffeigenschaften
Werkzeuge, allgemein 12, 32
Werkzeuge der Umformtechnik 79, 141, 216, 249 ff.
Werkzeuge der Zerspanungstechnik 38, 134, 141, 216, 245 ff.
Werkzeugstähle 248, 251
Whisker 128
Wolfram 169
Wolfram/Wolfram 145
Wolfram/Kupfer 150
Wolframcarbid 182, 223
Wolframcarbid/Wolframcarbid 153
Wolframlegierungen 245
Wolpert-Härte 97

Zähigkeit 126, 195, 201, 215
Zahnbruchgrenze 228
Zahnräder 19, 44, 51, 207, 230, siehe auch Zahnradgetriebe
Zahnradgetriebe 78, 216, 228 ff.
Zahnrad-Verspannungsprüfstand 84
Zeit 21, 22, 77, 79
Zink 164, 169, 223
Zink/Zink 145, 152
Zinklegierungen 251
Zinkoxid 164
Zinn 164, 169, 229
Zinn/Zinn 145
Zinn-Antimon-Kupfer-Legierung 219
Zinn-Blei-Legierungen 171, 173, 212, 220, 221
Zinnbronzen: siehe Kupfer-Zinn-Legierungen
Zinnoxid 164
Zirkonium/Zirkonium 145
Zwei-Kugel-System 26
Zwei-Scheiben-Verschleißprüfsystem 63
Zwischenstoff 32, 36
Zugfestigkeit 121, 122, 123, 237
Zugspannung 29, 31
Zylinder/Zylinder 26
Zylinder/Mulde 26
Zylinder/Platte 26

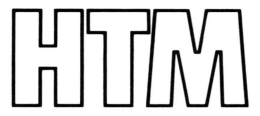
Härterei-Technische Mitteilungen

„Härterei-Technische Mitteilungen" ist das periodisch erscheinende Standardwerk für die Härterei-Technik und Wärmebehandlung.

Die Zeitschrift vermittelt mit richtungsweisenden Exklusivbeiträgen in- und ausländischer Spitzenfachleute einen umfassenden Überblick über die Grundlagen und die fortgeschrittenste Technologie der Wärmebehandlung.

Darüber hinaus erscheint in HTM ein umfangreicher Schrifttumsnachweis, der die gesamte Weltliteratur über Wärmebehandlung und damit verbundener Fachgebiete umfaßt und somit die Voraussetzung für ein langjähriges Nachschlagewerk erfüllt.

In dieser Fachzeitschrift erscheinen u.a. die Vorträge der jährlichen Härterei-Kolloquien, sowie ausgewählte Beiträge der internationalen Veranstaltungen über Wärmebehandlungsfragen.

Ergänzt werden diese Fachbeiträge durch die Ergebnisse von Forschungsarbeiten des Instituts für Härterei-Technik, Bremen.

Herausgeber:
Im Auftrag der Arbeitsgemeinschaft Wärmebehandlung und Werkstoff-Technik e.V., herausgegeben von
Prof. Dr.-Ing. Otto Schaaber
Prof. Dr.-Ing. Walter Stuhlmann

Redaktion:
Prof. Dr.-Ing. Otto Schaaber

Abonnement:
„Härterei-Technische Mitteilungen" erscheint zweimonatlich.

Gerne senden wir Ihnen ein kostenloses Probeheft zu.

Carl Hanser Verlag, Postfach 86 04 20, 8000 München 86